无人农场

——未来农业的新模式

李道亮　编著

机械工业出版社

本书从我国农业劳动力老龄化、农产品劳动力成本增加，以及信息技术快速发展的基本国情入手，论述了我国无人农场发展的基本趋势与需求；从无人农场的概念、技术体系、系统组成、系统演化等方面，系统地构建了无人农场的基础理论框架；重点分析了物联网、大数据、人工智能、智能装备、机器人和云计算等信息技术在无人农场中的基本作用和技术原理；以无人大田农场、无人果园农场、无人温室农场、无人猪场、无人牛场、无人鸡场、无人渔场这七种主要的无人农场类型为案例，全面分析了无人农场的应用场景和工程实施路径。本书内容全面系统，具有先进性和实用性，有较高的参考价值。

本书可供农业领域的各级管理者、技术人员阅读，也可供农业信息化相关专业的在校师生参考。

图书在版编目（CIP）数据

无人农场：未来农业的新模式 / 李道亮编著 . —北京：机械工业出版社，2020.8（2025.4 重印）

ISBN 978-7-111-66114-6

Ⅰ.①无… Ⅱ.①李… Ⅲ.①信息技术—应用—农业 Ⅳ.① S126

中国版本图书馆 CIP 数据核字（2020）第 126765 号

机械工业出版社（北京市百万庄大街 22 号 邮政编码 100037）

策划编辑：陈保华 责任编辑：陈保华 王永新
责任校对：张玉静 封面设计：马精明
责任印制：张 博
北京雁林吉兆印刷有限公司印刷
2025 年 4 月第 1 版第 6 次印刷
169mm × 239mm · 22.5 印张 · 400 千字
标准书号：ISBN 978-7-111-66114-6
定价：79.00 元

电话服务 网络服务
客服电话：010-88361066 机 工 官 网：www.cmpbook.com
010-88379833 机 工 官 博：weibo.com/cmp1952
010-68326294 金 书 网：www.golden-book.com
封底无防伪标均为盗版 机工教育服务网：www.cmpedu.com

随着互联网、物联网、大数据、人工智能、云计算、5G、区块链等新一代信息技术的快速发展，及其与传统产业的深度融合，数字经济成为当今世界经济发展的主要驱动力。农业作为最传统的产业，也不可避免地受到新一代信息科技的洗礼。农场作为农业生产的最基本单元，在完成机械化、电气化、自动化后，随着新一代信息技术的成熟，加之农业劳动力的老龄化和新生劳动力的缺乏，一种崭新的农场正在孕育中，这就是无人农场。2017年，英国哈珀亚当斯大学创建了全球第一家无人农场；同年，日本的无人蔬菜工厂和挪威的深海半潜式无人渔场也相继投入使用。2019年，我国山东、福建、北京等地也开始了对无人大田农场、无人猪场的探索。无人农场——未来农业的新模式已经开启。

从2010年开始，我通过充分利用我所主持的3个欧盟第七框架项目和德国科学基金、国家留学基金、牛顿基金等项目的资助，有幸对德国、比利时、荷兰、挪威、丹麦、英国的猪场、牛场、渔场、鸡场，蔬菜、花卉温室农场，大麦、玉米、甜菜、菜花、土豆等大田种植农场进行了系统深入的现场参观考察，从欧洲典型的农业生产模式、经营模式和发展历程等方面与农场主进行了深入访谈。总的结论就是欧洲农业已经经历了传统农业、机械化农业和自动化农业，现在基本已经实现现代化，其中，农业规模化和集约化是前提，设施化和装备化是支撑，在线化和数据化是特征，市场化和信用化是本质，产供销一体化和标准化是保障。信息化和智能化是目前欧洲农业发展的引擎，通过信息化和智能化使农业更加精准，更加高效，更加安全。这些考察活动和系统的分析与思考，对我从全球的视野、前瞻的视角系统地分析农业发展历程起到了根本的支撑作用，也形成了我对农业4.0的基本特征、发展阶段、演变条件和支撑体系的基本判断。

通过对欧洲和国内农业的调研可以看出，世界各国农业的发展基本遵循了从以体力和畜力劳动为主的农业1.0，到以农业机械为主要生产工具的农业2.0，再到以农业生产全程自动化装备支撑下的3.0，最后达到以无人化为主要特征，以物联网、大数据、云计算和人工智能为主要支撑技术的全要素、全链条、全产业、全区域的智能农业，即农业 4.0。《农业 4.0——即将到来的智能农业时代》就以这样的背景出版了。该书重点阐述了从农业 1.0 到农业 4.0 的基本特征、发展阶段、演变条件和主要场景，特别进行了不同农业阶段的特征比较，指出了无人化是农业 4.0 的基本特征。但该书没有对无人农场进行系统、深入、全面的分析，从这个意义上讲，《农业 4.0——即将到来的智能农业时代》是本书的导引。

2018 年初出版的《农业 4.0——即将到来的智能农业时代》中，判断了我国农业 3.0 实现（智能农业 70% 全国实现）大概要到 2050 年，农业 4.0 的实现要在 2070 年左右。因为农业 4.0 实现的时间还很久远，其技术、模式、组织、业态等都会有很大变化和不确定性，无人农场就没有着手进行系统深入的分析。2020 年初，一场突如其来的新冠肺炎疫情，改变了我这一认知。工厂可以停工，学校可以停学，但农场不能停产，非洲猪瘟和新冠肺炎疫情对设施化养殖无人化需求非常迫切。无人农场是农场发展的最先进状态，即使现在达不到理想状态，但其相关研究和实践可以减少农场的劳动力投入，加速其数字化、网联化、智能化的发展，促进无人农场不断完善，还可以激发同行的热情，并给其以启发。加上几个月的时间在家的宅守，是一个静下心来，整理总结的绝好时机。这些让我下决心系统整理无人农场的主要理论框架、技术体系、主要系统、主要模式、发展路径。理论体系框架是写书的精髓，我根据农业 4.0 的基础，前期对欧洲、美国等发达国家农场的调研，加上系统论、信息论和控制论等理论基础和我们团队多年农业智能化的实践，率先形成了本书的第 2 章。2020 年 2 月 4 日，我吹响了本书写作的冲锋号，力争在疫情结束时完成战斗（当时预判 5 月 1 日学生返校）。于是，我发动我所有的博士、硕士研究生查阅资料，边读边看边想，边整理，边讨论。开始每两天一次全体讨论，为按时完成计划，晚上我经常整理书稿到凌晨 1 : 30，提交意见后才休息，这样，同学们就可以早上起来根据我的新指令开展新工作和任务。后来，随着写作任务的深入，改为 3 天一次全体讨论，再后来穿插交互查检问题，穿插修改。最后，请了几位业内专家提修改建议，并对书稿进行了系统整理。直至 5 月 15 日将书稿提交出版社，历时 100 天，打了一场"集团军歼灭战"。

本书共分三篇。第 1 篇是理论篇，由第 1~3 章组成，重点从概念、技术体系、系统组成、系统演化等方面系统分析了无人农场的基础理论。首先论述了随着我国工业化与城镇化的推进，农业劳动力成本日趋增高，农业劳动力的老龄化与短缺问题逐步显现，传统农业劳动力逐渐减少。"机器换人"趋势显现，无人农场的需求日趋迫切。紧接着阐述了无人农场的概念、特征、技术架构和发展阶段，即无人农场就是采用物联网、大数据、人工智能、5G、智能装备与机器人等新一代信息技术，通过对设施、装备、机械等远程控制、全程自动控制或机器人自主控制，完成所有农场生产作业的一种全天候、全过程、全空间的无人化生产作业模式。最后介绍了无人农场的进阶形态，即无人农场要先经历远程控制的初级阶段，再经历无人值守的中级阶段，最后发展到完全无人的、自主作业的高级阶段，并对无人农场的演化过程进行了理论分析。

第2篇是技术篇，由第4~10章组成，重点分析各种信息技术在无人农场中的作用和技术原理。无人农场是一个复杂的系统工程，是新一代信息技术、装备技术和种养殖工艺的深度融合的产物。无人农场通过物联网技术实现农业生产资源、环境、种养殖对象、装备等各要素的在线化、数据化，通过大数据、云计算和人工智能技术实现对种养殖对象的精准化管理、生产过程的智能化决策，通过边缘计算、智能装备和机器人技术实现无人化作业。本篇重点阐述了物联网、大数据、人工智能、智能装备、机器人、云计算在无人农场中的作用及其如何实现"机器换人"的技术原理，并对每个技术、系统如何实现集成提出了具体思路。

第3篇是应用篇，由第11~18章组成，重点从无人大田农场、无人果园农场、无人温室农场、无人猪场、无人牛场、无人鸡场、无人渔场这七种主要的无人农场类型入手，全面分析了无人农场的应用场景和工程实施路径。对每一种类型的无人农场，从概念、系统组成、特征进行了系统概括，从子系统组成、运行原理和无人控制等方面进行了详细阐述，并系统阐述了基础设施系统、固定与移动装备系统、测控装备系统、管控云平台系统四个层次的系统集成方法、步骤，以期让读者明白基本技术原理与工程实施，以便于指导实践。最后，还对我国未来无人农场的发展布局、重点任务、政策走向进行了剖析，以对政府部门决策提供参考。

无人农场是一个崭新的概念，其理论上也基本是空白的，其实施也是一个复杂的系统工程，目前全世界范围内也是"小荷才露尖尖角"，我国目前农业正处于从机械化到数字化的过渡阶段。因此，本书的很多内容在很大程度上是一种理论设计、推算和预测，同时无人农场涉及电子、通信、计算机、农学、工程、管理等若干学科和领域，知识的交叉性和集成性很强，加上无人农场是一个新生事物，理论、方法、技术、案例都不成熟，深感出版此书的责任和压力的巨大。由于作者水平有限，时间紧，书中疏漏或不妥之处在所难免，诚恳希望同行和读者批评指正，以便以后进行改正和完善，如有任何建议和意见，欢迎与我联系。

在本书编写过程中，我的研究生刘利永、张彦军、沈立宏、王聪、李震、杜玲、刘畅、张盼、王坦、石晨、崔猛、王莹、于光辉、李成、王鹏、徐先宝、王振虎、苗正、王广旭、宋朝阳、全超群、原康、李明明、王亮、袁晓庆等查阅了翔实的资料，并参与了初稿的整理、修改讨论及本书的文字勘误工作。中国农科院北京畜牧兽医研究所熊本海研究员、中国农业大学水利与土木工程学院贺冬仙教授、中国农科院农业信息研究所周国民研究员、国家智能装备工程技术中心孟志军研究员对本书提了许多修改建议。中国农业大学植保学院张燕副教授对全书进行了校稿工作。这里一并表示感谢！

本书凝聚了农业信息化领域很多科研人员的智慧和见解，我首先要感谢我的博士导师中国农业大学傅泽田教授，他为我搭建了农业信息化领域的研究平台，培养了我系统的研究方法、前瞻的国际视野和宏观的战略思维，导师多年来对我在科研教学工作方面的教诲和为人处世中的指导让我受益良多。特别感谢国家农业信息化工程技术研究中心的赵春江院士、上海交通大学的刘成良教授、浙江大学的何勇教授、中国农业科学院的许世卫研究员，他们带领我在农业信息化领域不断努力进取，他们兄长般的关爱和帮助使我不断成长。特别感谢梅方权教授、王安耕教授和汪懋华院士、孙九林院士、罗锡文院士、康绍忠院士、麦康森院士、陈学庚院士、包振民院士等前辈专家在历次学术会议上的指导和建议。特别感谢赵春江院士给了我参与中国工程院咨询研究项目"智慧农业发展战略研究"（2019-ZD-5）的机会，历次会议让我受益颇多。感谢中国农业大学的孙其信校长、田见晖院长安排我参与国家自然科学基金委"我国农业领域重大科技需求"项目，项目历次讨论及专家的许多观点令我茅塞顿开。感谢农业农村部的余欣荣原副部长（现任中国农业绿色发展研究会理事长）、屈冬玉原副部长（现任联合国粮农组织总干事）、张合成原司长（现任中国农业科学院党组书记）、唐珂司长、宋丹阳副司长、陈萍副司长、王小兵主任、张国副主任、刘桂才副主任、王文生副主任、王松处长、张天翊处长、宋代强处长、王耀宗副处长，科学技术部的蒋丹平副司长、许增泰副司长、卢兵友处长、王振中副处长在历次农业信息化相关会议上的指导与建议，他们对本书中无人农场框架的深化和形成有很大促进作用。感谢广州市南沙区蔡朝林书记、徐永副书记，南沙现代农业产业集团钟惠彪书记对南沙无人渔场项目的支持，使我们实现了从理论到实践的探索。最后感谢全国农业信息化的同行，在大家的支持下，我们团队开展了大量调研、会议研讨、课题探讨、基地调研，才有此本书的成稿。最后特别感谢机械工业出版社陈保华编审的大力支持，没有他的推进和鼓励，本书不会这么快与大家见面。

李道高

前言

第1篇 理论篇

第1章 无人农场缘起　　　　　　　　　　　　2

1.1　农业劳动力老龄化 ·················· 2

1.1.1　发达国家农业劳动力人口老龄化趋势 ·········· 2

1.1.2　我国农业劳动力的现状 ············· 4

1.1.3　如何应对老龄化 ·············· 7

1.2　"机器换人"大势所趋 ·············· 8

1.2.1　"机器换人"的必要性 ············· 8

1.2.2　"机器换人"的环境条件分析 ·········· 10

1.2.3　"机器换人"存在的问题及原因 ········· 12

1.3　信息技术进步促使"机器换人"成为可能 ········ 13

1.3.1　物联网实现农业装备互联 ············· 13

1.3.2　大数据使农业实现精准 ············ 13

1.3.3　机器人与人工智能的应用 ·········· 14

1.4　我国发展无人农场的迫切性 ·········· 16

1.4.1　未来30年农业劳动力将越来越短缺 ········· 16

1.4.2　农民的职业化转型迫在眉睫 ·········· 16

1.4.3　提升土地产出率、劳动生产率、资源利用率亟须
　　　　实现"机器换人" ············· 17

第2章 无人农场概述　　　　　　　　　　　　19

2.1　无人农场的定义 ·············· 19

2.2　无人农场的整体架构 ············· 19

2.3　无人农场的关键技术 ············ 21

　　2.3.1　物联网技术 ································· 22

　　2.3.2　大数据技术 ································· 22

　　2.3.3　人工智能技术 ······························ 23

　　2.3.4　智能装备与机器人技术 ····················· 23

2.4　无人农场的系统组成 ······························ 24

　　2.4.1　基础设施系统 ······························ 24

　　2.4.2　作业装备系统 ······························ 25

　　2.4.3　测控装备系统 ······························ 25

　　2.4.4　管控云平台系统 ···························· 25

2.5　无人农场典型应用 ································· 26

　　2.5.1　无人大田农场 ······························ 27

　　2.5.2　无人果园农场 ······························ 27

　　2.5.3　无人温室农场 ······························ 27

　　2.5.4　无人牧场 ································· 27

　　2.5.5　无人渔场 ································· 28

第3章　无人农场演进　　　　　　　　　　　29

3.1　农场的历史变迁 ································· 29

　　3.1.1　农场 1.0——传统农场 ····················· 29

　　3.1.2　农场 2.0——机械化农场 ··················· 30

　　3.1.3　农场 3.0——自动化农场 ··················· 33

　　3.1.4　农场 4.0——无人农场 ····················· 36

3.2　无人农场的进阶形态 ······························ 40

　　3.2.1　远程控制无人农场 ·························· 40

　　3.2.2　无人值守无人农场 ·························· 40

　　3.2.3　自主作业无人农场 ·························· 41

3.3　无人农场的演进动力 ······························ 41

　　3.3.1　农业工业化推动 ···························· 42

　　3.3.2　市场需求拉动 ······························ 43

　　3.3.3　技术变革带动 ······························ 44

　　3.3.4　农业政策助推 ······························ 46

3.4　无人农场的演进路径 ······························· 47

　　3.4.1　从人力操控到远程控制 ················· 47

　　3.4.2　从远程控制到无人值守 ················· 48

　　3.4.3　从无人值守到自主作业 ················· 48

第 2 篇　技术篇

第 4 章　物联网与无人农场　　　　　　　　　50

4.1　概述 ·· 50

　　4.1.1　无人农场对装备互联的需求 ··········· 50

　　4.1.2　物联网的定义 ······················· 52

4.2　传感技术与无人农场 ······················· 53

　　4.2.1　环境传感器 ························· 53

　　4.2.2　农业动植物生理信息传感器 ········· 57

　　4.2.3　农机状态检测传感器 ··············· 60

4.3　机器视觉技术与无人农场 ··················· 62

　　4.3.1　农业视觉信息处理系统框架 ········· 63

　　4.3.2　农业视觉信息增强与分割 ··········· 64

　　4.3.3　农业视觉信息特征提取与目标识别 ··· 67

　　4.3.4　机器视觉在无人农场中的典型应用 ··· 70

4.4　遥感技术与无人农场 ······················· 71

　　4.4.1　遥感技术概述 ····················· 71

　　4.4.2　农作物长势遥感监测 ··············· 72

　　4.4.3　农作物病虫害监测 ················· 73

　　4.4.4　农作物干旱和冻害遥感监测 ········· 74

4.5　农业信息传输技术与无人农场 ··············· 75

　　4.5.1　农业信息有线传输技术 ············· 75

　　4.5.2　农业信息无线传输技术 ············· 77

4.6　面临的问题与发展方向 ····················· 82

第 5 章　大数据与无人农场　84

5.1　概述 ··· 84
5.1.1　无人农场的大数据需求 ············· 84
5.1.2　大数据关键技术 ··························· 86

5.2　大数据获取技术与无人农场 ············· 87
5.2.1　基本定义 ····································· 87
5.2.2　关键技术与原理 ························· 88

5.3　大数据处理技术与无人农场 ············· 91
5.3.1　基本定义 ····································· 91
5.3.2　关键技术与原理 ························· 91

5.4　大数据存储技术与无人农场 ············· 96
5.4.1　基本定义 ····································· 96
5.4.2　关键技术与原理 ························· 97

5.5　大数据分析技术与无人农场 ············· 98
5.5.1　基本定义 ····································· 98
5.5.2　关键技术与原理 ························· 99

5.6　无人农场与大数据结合的发展方向 ······ 101

第 6 章　人工智能与无人农场　102

6.1　概述 ··· 102
6.1.1　无人农场对人工智能的需求 ········· 102
6.1.2　人工智能的定义 ························· 104
6.1.3　无人农场中的人工智能技术 ········· 104

6.2　智能识别技术与无人农场 ··············· 106
6.2.1　基本定义 ····································· 106
6.2.2　关键技术与原理 ························· 106

6.3　智能学习技术与无人农场 ··············· 108
6.3.1　基本定义 ····································· 109
6.3.2　关键技术与原理 ························· 109

6.4　智能推理技术与无人农场 ··············· 112
6.4.1　基本定义 ····································· 113

6.4.2　关键技术与原理 ………………………………………… 113

6.5　智能决策技术与无人农场 …………………………… 117

　　6.5.1　基本定义 ……………………………………… 117

　　6.5.2　关键技术与原理 ……………………………… 118

第7章　智能装备与无人农场　　122

7.1　概述 ……………………………………………… 122

　　7.1.1　无人农场对智能装备的需求 ………………… 122

　　7.1.2　农业智能装备的定义与分类 ………………… 124

7.2　农业装备状态数字化监测 …………………………… 127

　　7.2.1　基本定义 ……………………………………… 128

　　7.2.2　关键技术与原理 ……………………………… 128

7.3　农业装备智能动力驱动 ……………………………… 131

　　7.3.1　基本定义 ……………………………………… 131

　　7.3.2　关键技术与原理 ……………………………… 131

7.4　农业装备自动导航与控制 …………………………… 132

　　7.4.1　基本定义 ……………………………………… 132

　　7.4.2　关键技术与原理 ……………………………… 133

7.5　农业装备智能感知与作业 …………………………… 135

　　7.5.1　基本定义 ……………………………………… 135

　　7.5.2　关键技术与原理 ……………………………… 136

7.6　无人农场智能装备的典型应用 ……………………… 138

　　7.6.1　农业无人作业车 ……………………………… 138

　　7.6.2　农业无人作业船 ……………………………… 139

　　7.6.3　农业无人机 …………………………………… 141

第8章　机器人与无人农场　　145

8.1　概述 ……………………………………………… 145

　　8.1.1　无人农场对机器人的需求 …………………… 145

　　8.1.2　农业机器人的定义 …………………………… 147

　　8.1.3　农业机器人在无人农场中的应用 …………… 147

8.2 目标识别技术与无人农场 ………………………………… 148

8.2.1 基本定义 …………………………………………… 149

8.2.2 关键技术与原理 ………………………………… 149

8.3 路径规划技术与无人农场 ………………………………… 154

8.3.1 基本定义 …………………………………………… 154

8.3.2 关键技术与原理 ………………………………… 155

8.4 定位导航技术与无人农场 ………………………………… 157

8.4.1 基本定义 …………………………………………… 157

8.4.2 关键技术与原理 ………………………………… 158

8.5 作业控制技术与无人农场 ………………………………… 160

8.5.1 基本定义 …………………………………………… 160

8.5.2 关键技术与原理 ………………………………… 161

第 9 章 管控云平台与无人农场 164

9.1 概述 ………………………………………………………… 164

9.1.1 无人农场需要云计算 …………………………… 164

9.1.2 云计算的定义 …………………………………… 166

9.2 云储存与无人农场 ………………………………………… 166

9.2.1 无人农场的云存储 ……………………………… 166

9.2.2 关键技术与原理 ………………………………… 167

9.3 云计算和无人农场 ………………………………………… 178

9.3.1 无人农场的云计算 ……………………………… 178

9.3.2 关键技术与原理 ………………………………… 179

9.4 管控云平台及其部署 ……………………………………… 183

9.4.1 无人农场的管控云平台 ………………………… 183

9.4.2 管控云平台的部署 ……………………………… 184

第 10 章 无人农场系统集成 189

10.1 概述 ………………………………………………………… 189

10.2 无人农场系统集成原则与步骤 …………………………… 191

10.2.1 无人农场系统集成原则 ………………………… 191

10.2.2　无人农场系统集成步骤 …………………………… 192

10.3　无人农场系统集成方法 ………………………… 195

10.3.1　基础设施系统集成 ………………………… 195

10.3.2　作业装备系统集成 ………………………… 196

10.3.3　测控装备系统集成 ………………………… 199

10.3.4　管控云平台系统集成 ………………………… 201

第3篇　应用篇

第 11 章　无人大田农场　　　204

11.1　概述 …………………………………………… 204

11.1.1　无人大田农场的定义 ………………………… 204

11.1.2　无人大田农场的组成和功能 ………………… 205

11.1.3　无人大田农场的类型 ………………………… 207

11.2　无人大田农场的业务系统 …………………… 207

11.2.1　无人耕播系统 ………………………………… 207

11.2.2　无人水肥系统 ………………………………… 209

11.2.3　无人植保系统 ………………………………… 210

11.2.4　无人仓储系统 ………………………………… 212

11.2.5　无人收获系统 ………………………………… 212

11.3　无人大田农场的规划与系统集成 ………… 213

11.3.1　空间规划 ……………………………………… 213

11.3.2　基础设施系统建设 …………………………… 214

11.3.3　作业装备系统集成 …………………………… 215

11.3.4　测控装备系统集成 …………………………… 216

11.3.5　管控云平台集成 ……………………………… 219

11.3.6　系统测试 ……………………………………… 220

第 12 章　无人果园农场　　　222

12.1　概述 …………………………………………… 222

12.1.1 无人果园农场的定义 ………………………………… 222

12.1.2 无人果园农场的组成与特点 …………………………… 223

12.2 无人果园农场作业装备 …………………………………… 223

12.2.1 日常作业系统 ………………………………………… 224

12.2.2 水肥一体化系统 ……………………………………… 225

12.2.3 收获系统 ……………………………………………… 226

12.2.4 果品分级系统 ………………………………………… 227

12.3 无人果园农场的规划与系统集成 ………………………… 227

12.3.1 空间规划 ……………………………………………… 227

12.3.2 基础设施系统建设 …………………………………… 228

12.3.3 作业装备系统集成 …………………………………… 229

12.3.4 测控装备系统集成 …………………………………… 230

12.3.5 管控云平台系统集成 ………………………………… 231

12.3.6 系统测试 ……………………………………………… 232

第13章 无人温室农场 233

13.1 概述 ……………………………………………………… 233

13.1.1 无人温室农场的定义 ………………………………… 233

13.1.2 无人温室农场的组成与功能 ………………………… 235

13.1.3 无人温室农场的类型 ………………………………… 236

13.2 无人温室农场的业务系统 ………………………………… 236

13.2.1 育苗系统 ……………………………………………… 236

13.2.2 温室环境调控系统 …………………………………… 238

13.2.3 农作物生长监测系统 ………………………………… 240

13.2.4 水肥自动调控系统 …………………………………… 241

13.2.5 自动采收系统 ………………………………………… 242

13.2.6 自动分拣包装系统 …………………………………… 243

13.2.7 清洗消毒系统 ………………………………………… 244

13.3 无人温室农场的规划与系统集成 ………………………… 244

13.3.1 空间规划 ……………………………………………… 244

13.3.2 基础设施系统建设 …………………………………… 247

13.3.3　作业装备系统集成 …………………………… 249

13.3.4　测控装备系统集成 …………………………… 251

13.3.5　管控云平台系统集成 ………………………… 253

13.3.6　系统测试 ……………………………………… 255

第 14 章　无人猪场　　　　　　　　　　　　　　257

14.1　概述 ………………………………………………… 257

14.1.1　无人猪场的定义 ……………………………… 257

14.1.2　无人猪场的组成与功能 ……………………… 257

14.2　无人猪场的业务系统 ……………………………… 259

14.2.1　猪场环境智能调控系统 ……………………… 259

14.2.2　无人饲喂系统 ………………………………… 260

14.2.3　无人幼猪繁育系统 …………………………… 261

14.2.4　无人管理系统 ………………………………… 261

14.2.5　无人清洁系统 ………………………………… 262

14.2.6　无人粪污处理系统 …………………………… 263

14.2.7　无人巡检系统 ………………………………… 263

14.3　无人猪场的规划与系统集成 ……………………… 264

14.3.1　空间规划 ……………………………………… 264

14.3.2　基础设施系统建设 …………………………… 265

14.3.3　作业装备系统集成 …………………………… 267

14.3.4　测控装备系统集成 …………………………… 269

14.3.5　管控云平台系统集成 ………………………… 271

14.3.6　系统测试 ……………………………………… 273

第 15 章　无人牛场　　　　　　　　　　　　　　274

15.1　概述 ………………………………………………… 274

15.1.1　无人牛场的定义 ……………………………… 274

15.1.2　无人牛场的组成与功能 ……………………… 275

15.1.3　无人牛场的类型 ……………………………… 277

15.2　无人牛场的业务系统 ……………………………… 277

15.2.1　环境自动控制系统 …………………………………… 277

15.2.2　智能繁育系统 ………………………………………… 279

15.2.3　智能饲喂系统 ………………………………………… 281

15.2.4　自动清洁系统 ………………………………………… 284

15.2.5　疫病防治系统 ………………………………………… 285

15.2.6　无人管理系统 ………………………………………… 287

15.2.7　自动挤奶系统 ………………………………………… 289

15.3　无人牛场的规划与系统集成 …………………………… 291

15.3.1　空间规划 ……………………………………………… 291

15.3.2　基础设施系统建设 …………………………………… 291

15.3.3　作业装备系统集成 …………………………………… 294

15.3.4　测控装备系统集成 …………………………………… 295

15.3.5　管控云平台系统集成 ………………………………… 299

15.3.6　系统测试 ……………………………………………… 301

第16章　无人鸡场 303

16.1　概述 ……………………………………………………… 303

16.1.1　无人鸡场的定义 ……………………………………… 303

16.1.2　无人鸡场的组成和功能 ……………………………… 305

16.2　无人鸡场的业务系统 …………………………………… 305

16.2.1　环境控制系统 ………………………………………… 305

16.2.2　自动饲喂系统 ………………………………………… 306

16.2.3　无人车送料及转运系统 ……………………………… 307

16.2.4　鸡蛋收集和孵化系统 ………………………………… 307

16.2.5　清粪消毒系统 ………………………………………… 308

16.3　无人鸡场的规划与系统集成 …………………………… 308

16.3.1　空间规划 ……………………………………………… 308

16.3.2　基础设施系统建设 …………………………………… 309

16.3.3　作业装备系统集成 …………………………………… 310

16.3.4　测控装备系统集成 …………………………………… 311

16.3.5　管控云平台系统集成 ………………………………… 312

16.3.6　系统测试 ………………………………………… 314

第 17 章　无人渔场　315

17.1　概述 ………………………………………………………… 315

17.1.1　无人渔场的定义 ……………………………… 315

17.1.2　无人渔场的组成与功能 ……………………… 316

17.1.3　无人渔场的类型 ……………………………… 317

17.2　无人渔场的业务系统 ………………………………… 318

17.2.1　饵料精准饲喂系统 …………………………… 319

17.2.2　水质测控系统 ………………………………… 320

17.2.3　巡检系统 ……………………………………… 321

17.2.4　自动收捕系统 ………………………………… 321

17.3　无人渔场的规划与系统集成 ………………………… 322

17.3.1　空间规划 ……………………………………… 322

17.3.2　基础设施系统建设 …………………………… 323

17.3.3　作业装备系统集成 …………………………… 325

17.3.4　测控装备系统集成 …………………………… 327

17.3.5　管控云平台系统集成 ………………………… 329

17.3.6　系统测试 ……………………………………… 330

第 18 章　无人农场发展战略　332

18.1　战略目标 …………………………………………… 332

18.1.1　无人农场技术取得重大突破 ………………… 332

18.1.2　无人农场发展机制不断健全 ………………… 332

18.1.3　无人农场发展政策持续完善 ………………… 332

18.2　战略行动 …………………………………………… 333

18.2.1　加强无人农场关键共性技术攻关 …………… 333

18.2.2　加强物联网技术集成应用与示范 …………… 333

18.2.3　加快人工智能与农业机器人研发 …………… 333

18.2.4　加强农业大数据建设力度 …………………… 334

18.3　战略布局 …………………………………………… 335

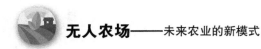

18.3.1　东部沿海发达地区 ································· 335

18.3.2　国有垦区 ··· 335

18.3.3　国家现代农业示范区 ························· 335

18.4　战略政策 ·· 335

18.4.1　编制无人农场发展规划 ····················· 335

18.4.2　强化科技人才支撑 ····························· 336

18.4.3　加强技术标准建设 ····························· 336

18.4.4　探索可持续的发展模式 ····················· 336

18.5　愿景展望 ·· 337

18.5.1　5G 等新技术得到广泛应用 ················ 337

18.5.2　农业机器与人脑深度融合 ·················· 337

18.5.3　机器换人成为现实 ····························· 337

参考文献 ··· 338

第 1 篇　理论篇

第 **1** 章 无人农场缘起

在人工智能强势来袭的今天，机器人写诗、机器人画画已经不是新鲜事了，从AlphaGo击败围棋世界冠军再到现在各式各样的机器人进入到家中忙活家务，人工智能已经逐步融入了我们的生活，解放了人们的劳动力。随着农业机器人应用的推广，无人农场的概念逐渐兴起。如今，人工智能已经开始渗透进农业领域，农业机器人已经可以完成播种、种植、耕作、采摘、收割、除草、分选以及包装等工作。根据英国《每日邮报》报道，英国的一组农业工程师正在尝试创建全球第一家无人农场，在没有任何人进入农田的情况下完成翻地、播种、灌溉直至收获的全部流程，并使用无人机监控农作物（简称作物）的生长。对于我国而言，无人农场还是一个新兴概念，未来我国会出现并大力普及无人农场吗？无人农场的前景如何？本章我们就来谈一谈无人农场的缘起。

1.1 农业劳动力老龄化

1.1.1 发达国家农业劳动力人口老龄化趋势

随着经济社会发展，在生育水平持续下降、人均预期寿命普遍延长的双重作用下，世界人口老龄化已经成为人口发展的不可逆的必然趋势。除非洲国家以外的几乎所有国家，都在经历老龄化的过程。欧洲各国、日本、韩国、中国等国家和各地区都存在老龄化发展趋势，而发达国家是最先进入老龄化社会的。

农业劳动力是农业生产中最主要的资源，世界发达国家人口老龄化影响着适龄劳动力的数量和质量。国际上通常认为，当一个国家或地区60岁以上老年人口占人口总数的10%，或65岁以上老年人口占人口总数的7%，即意味着这个国家或地区的人口处于老龄化社会。当65岁以上老年人口比例达到或超过14%时，该国家或地区就进入了"超老龄社会"。

2018 年全球主要国家老龄化程度排名如图 1-1 所示。由图 1-1 可见，日本 65 岁以上人口比例达到了 27%，在全球人口老龄化问题上排名世界第一，而意大利为 23%，德国为 21%，分别位居第二和第三名。

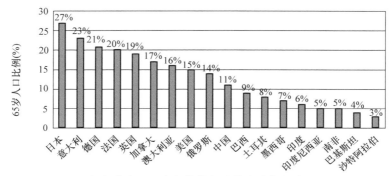

图 1-1 2018 年全球主要国家老龄化程度排名（数据来源：世界银行）

从全世界范围来看，为了应对人口老龄化对农业生产的影响，发达国家长期致力于通过增加人均耕地面积来提高劳动生产率。世界各国农业人口比例情况如图 1-2 所示，由该图可见，发达国家的农业人口比例更低。世界各国农业人口人均增加值如图 1-3 所示，由该图可见，发达国家的农业人口人均增加值更高。因此，提高单位人口的劳动生产率，是未来农业发展的大势所趋。

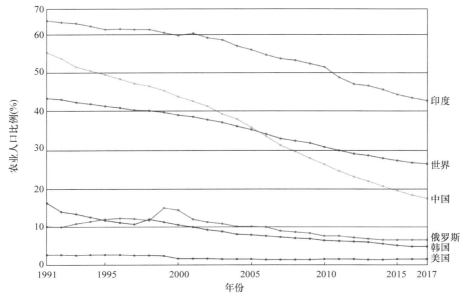

图 1-2 世界各国农业人口比例情况（数据来源：世界银行）

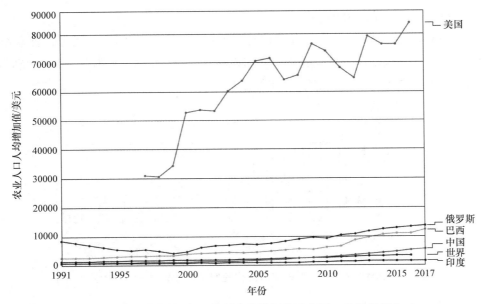

图 1-3　世界各国农业人口人均增加值（来源：世界银行）

1.1.2　我国农业劳动力的现状

　　劳动力的老龄化是人口老龄化的重要表现之一。随着人口老龄化的日趋严重，我国农业劳动力老龄化问题也在不断加大，加之青壮年劳动力的非农化转移等原因，又促使农业劳动力老龄化程度要高于且快于其他产业劳动力的老龄化。目前我国农业劳动力老龄化对于推进农业建设所形成的障碍及挑战是不容忽视的。

1. 农业劳动力短缺问题逐步显现

　　任何产品的生产都需要一定数量的劳动力，我们称之为必要劳动力。相对农业而言，农业必要劳动力是指在一定条件下，为了保证正常的农业生产所需要的劳动力。显然，若实际从事农业生产的劳动力少于农业必要劳动力，则认为出现了农业劳动力短缺。与非农产业相比，农业必要劳动力数量很难衡量。因为它既受地形地貌等自然条件、耕作制度、机械化程度等因素的影响，又受农业生产季节性特征的影响。在实践中，可以采用实地调查分析法来解决这个问题，即在选定的观测点分别走访一定数量的农户，由有经验的户主判断其家庭正常完成农业生产所需要的劳动力数量。由于每个农户的土地面积是已知的，因而容易得到单位面积的必要劳动力数量。一个关于河南省南部的个案研究显示：2011 年，包括山地、丘陵、淮河平原 3 个观测点的农业劳动力短缺率（短缺数量与必要劳动力数量的比值）分别为

7.3%、6.2% 与 6.6%，2015 年短缺率则分别为 23.2%、22.1% 与 18.5%，农业劳动力短缺率呈加速增长态势。另一个实证研究表明，我国东部和中部区域的农业劳动力流出数量已经越过农业劳动力流出最高点，农业劳动力短缺问题严重。

2. 农业劳动力老龄化问题愈发突出

按照国际劳工组织的划分标准，老年劳动力是指 45 岁以上的劳动人口。我国劳动力年龄结构变化如图 1-4 所示。

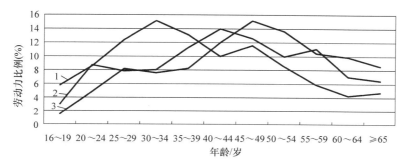

图 1-4 我国劳动力年龄结构变化

1—2000 年 2—2010 年 3—2015 年

注：根据 2000 年、2010 年全国人口普查数据以及 2015 年全国 1% 人口抽样调查数据计算所得。

从图 1-4 中可以看出，我国劳动力老龄化的速度很快。相比较而言，农业劳动力老龄化的速度更快、程度也更高，农业劳动力老龄化程度显著高出全部劳动力平均水平 18.21%。另一方面，中位年龄也可以很好地反映出我国农业劳动力的老龄化状况。2000 年、2010 年、2015 年全部劳动力的中位年龄分别为 36 岁、39 岁和 41 岁，而同期农业劳动力中位年龄则分别为 37 岁、43 岁和 47 岁，比全部劳动力平均水平分别高了 1 岁、4 岁和 6 岁。

显然，人口出生率下降，人口老龄化程度加剧是我国老年农业劳动力比例不断上升的主要原因；而行业收入差距与生活条件、方式的城乡差异使得更多的年轻劳动力进入二三产业和城镇谋生，导致农业劳动力的老龄化程度显著高于非农产业。

3. 劳动力在农产品成本中的比重日趋提高

21 世纪以来，我国以农民工为主体的普通劳动力工资在不断上涨，这一现象的产生主要源于我国农村有效剩余劳动力数量的持续下降，且普通劳动力供求关系正在发生转折性的变化。

随着"刘易斯拐点"的到来和人口红利的逐步消失，我国劳动力成本发生着巨大变化，特别是 2004 年"民工荒"现象的出现，进一步加剧了劳动力成本的上涨。

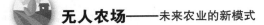

下面选取 2000—2017 年间的数据进行分析，并以 2000 年为基期，利用换算后的消费价格指数剔除通货膨胀因素，得出 2000—2017 年农业从业人员平均工资水平变化情况。我国农业从业人员平均工资呈现持续上涨趋势，从 2000 年的 0.5184 万元增长至 2017 年的 3.6073 万元，累计增长 5.96 倍，年均增长率为 12.09%，其中 2009 年和 2012 年增长幅度最大，增长率分别高达 21.90% 和 19.71%。不同阶段增长率存在较大波动，2004—2009 年，增长率持续快速上升，可能源于大量农村剩余劳动力进城务工，农业劳动力机会成本急剧上升。2009—2017 年增长率呈现波动式下降趋势，但由于工资基数的持续增加，工资增长的势头仍显强劲。

农业劳动力成本的上升会进一步增加农业成本。面对劳动力成本持续上升的趋势，一方面要充分认识到这一趋势的合理性和积极意义，进一步采取措施改善劳动者社会保障和福利水平，切实维护劳动者权益，在提高劳动力市场资源配置效率的同时，又要让劳动者充分分享经济发展成果；另一方面，要加大对农村劳动者的教育和培训投入，提高劳动者技能和素质，有助于增强农民工在城镇就业居住的稳定性，鼓励技术进步和产业升级，通过提高劳动生产率来减轻劳动力成本上升的负面影响。

4. 农村劳动力向城市流动趋势显著

改革开放以后，随着传统计划经济体制向市场经济体制转轨，我国的工业化和城市化步伐不断加快，伴随其中的一个重要现象就是农村劳动力向城市、城镇流动。农村劳动力流动的根本原因就在于城市较高的预期收入和农业边际生产率的十分低下。我国农村劳动力流动开始于 20 世纪 80 年代，至今已形成数量十分庞大的农民工队伍。如第一次农业普查（1996 年）数据显示，外出从业劳动力为 7222 万人，第二次农业普查（2006 年）数据显示已增加到 13181 万人。根据《2013 年全国农民工监测调查报告》显示，2013 年末农民工总量达到了 2.69 亿人，其中 1.66 亿人是外出劳动力。这表明随着经济的发展，农村劳动力外出务工人数不断增多，农村劳动力流向城镇的速度加快。同时，从流动地区来看，西部地区是主要的劳动力流出地，农民工跨省流动就业的主要去向是东部沿海发达地区和大中城市。流出劳动力多以青年人为主，且文化程度较高。农村劳动力大量向城镇非农产业的流动必然会导致农村劳动力存量及结构的变化，进而影响农业劳动力数量和结构。

5. 农业劳动力就近非农就业现象普遍

在工业化进程中，特别在工业化加速发展阶段，不仅仅表现为城市工商业和人口规模的迅速扩张，同时还伴随着农村工商业或非农产业的快速发展，使得部分农村劳动力以不离乡或兼业方式参与到非农产业。劳动力外出在一定程度上是农业和农村非农产业发展不足的一种替代和选择，农村非农产业和农业发展水平越高，外出务工者就会明显减少。改革开放以来，随着乡镇工商业的发展，乡镇企业成为吸纳农村劳动力非农就业的主要场所。乡镇企业一方面为所在地区的农民提供了更多的就业机会，增加农民收入，另一方面该地区的农产品可能成为乡镇企业的采购对象，解决农民的销售问题。随着乡镇基础设施环境不断改善、东部一些劳动密集型产业向中西部地区转移，以及城市农民工返乡创办企业大量出现、外出务工生活成本增加等多方面原因，就近非农就业成为农村劳动力新的选择。资料显示，在目前的打工者群体中，约有 1.03 亿农民工是在农村非农产业就业，其中就包括了众多不离乡或兼业方式在周边从事非农产业和就地打工的劳动力。由此可见，由于农村工商业发展也分流了相当数量的农村劳动力就近从事非农产业或兼业，从而导致从事农业的劳动力规模和结构发生变动。

总之，从上面的分析来看，劳动力城乡流动与城市化、农村劳动力非农就业等多种因素的结合，导致农村劳动力规模不断下降，同时对中国农村劳动力的变动产生了重大影响。而农业劳动力是农村劳动力的重要组成部分，农村劳动力的变动势必会影响到农业劳动力，使其产生相关变动。

1.1.3 如何应对老龄化

与发达国家一样，由于生育率的下降和预期寿命的延长，我国在 21 世纪将面临老龄化程度不断加深的局面，老龄化是我们必须面对的形势。与发达国家不同的是，我国经历了较为急速的人口转变，老龄化发展迅速，老年人口规模庞大，人口"未富先老"、老龄化"城乡倒挂"情况严重。面对已经到来的老龄化社会，我们既不必过分担忧，也不能等闲视之，要在充分、清醒的认识我国人口发展的状况与未来趋势的基础上，以新的思维、新的策略应对老龄化的挑战。

1. 发展无人农业（建设无人农场）

真正的无人农业，就是从播种到收获全部实现自动化，使用无人驾驶车辆和小型无人机实施监测，并且通过卫星系统掌握和传输种植数据，不需要人工劳动。现代的农场高度自动化和各种创新机械化让农民用最少的劳动力种出更多粮食。无人耕种机可以精准地前往预定的位置，并且在几厘米的距离上自动均匀地播种；收割机可以基于 GPS 的定位准确地收割农作物。通过采用无线网络，将土壤湿度、环境因素等信息全部汇总到远方的服务器供专家进行分析。在未来，随着农业数据的

海量收集，农民将不用亲自下地种田，只要在手机上完成简单操作，机器就能自动完成全部农业生产工作。这种无人农业是未来农业发展的终极目标。

2. 培养新型职业农民

培育新型职业农民是推进现代农业转型升级的迫切需要，农村劳动力不断减少，素质结构性下降的问题日益如初，"谁来种地"成为一个重大而紧迫的课题。当前我国正处于改造传统农业、加快向现代农业大生产转变的时期，现代农业对能够掌握应用现代农业科技，能够操作使用现代农业物质装备的新型职业农民需求也更加迫切，随着家庭农场、智慧农场逐渐增多，农业生产加快向产前、产后延伸，分工、分业成为发展趋势，具有先进耕作技术和经营管理技术，拥有较强市场经营能力，善于学习先进科学文化知识的新型职业农民就成为发展现代农业的现实需求。新型农业经营主体培育的重点是农民、农户，国家政策支持的重点是新型职业农民。培育起来的新型职业农民逐步走上具有相应社会保障和地位的职业化道路，促使农民愿意留在农村从事农业生产。基于此，无人农业、无人农场的梦想才可能实现。

1.2 "机器换人"大势所趋

"机器换人"是推动传统农业实现产业转型升级的一项重要举措，是以现代化、自动化的装备提升传统农业，推动技术红利替代人口红利，成为新的农业优化升级和经济持续增长的动力之源。

1.2.1 "机器换人"的必要性

1. 劳动力价格上涨使农业生产人工成本增加

随着劳动力价格的持续上涨，我国农业的"人口红利"正在逐渐消失。以现代化、自动化的装备提升传统农业，推动技术红利替代人口红利，将成为中国农业经济持续增长的必然之选。农村劳动力特别是青壮年劳动力大量外迁就业，不仅造成农村空心化、农民老龄化，而且还导致从事农业生产的高素质劳动力缺乏，农民劳动价值观念的转变，从而导致农业生产劳动力价格逐年上涨，农产品生产成本逐年提高。

由表1-1可知，农业劳动力短缺带来的劳动力价格上涨和农产品生产人工成本的问题日趋严重。为此，要解决上述问题必须加快农业领域"机器换人"的步伐。

表 1-1　2000—2014 年全国三大粮食作物平均每亩人工成本雇工工价变化

年份	生产成本 / 元	生产成本构成		人工成本占生产成本比例（%）
		物质与服务费用 / 元	人工成本 / 元	
2000	282.09	160.09	122	43.25
2001	280.52	155.72	124.8	44.49
2002	319.37	189.32	130.05	40.72
2003	324.3	186.64	137.66	42.45
2004	341.38	200.12	141.26	41.38
2005	363	211.63	151.37	41.7
2006	376.65	224.75	151.9	40.33
2007	399.42	239.87	159.55	39.95
2008	463.8	287.78	176.02	37.95
2009	485.79	297.4	188.39	38.78
2010	539.39	312.49	226.9	42.07
2011	641.41	358.36	283.05	44.13
2012	770.23	398.28	371.95	48.29
2013	844.43	415.12	429.31	50.84
2014	864.63	417.88	446.75	51.67

注：1 亩 = 666.6 m²。

2. 农业劳动力转移流动影响农业生产稳定性

当前及今后一个时期，我国仍将处于工业化、城镇化快速发展的阶段，农村劳动力向城市及非农产业转移的趋势不可逆转，"谁来种地""谁来养猪"的问题将进一步凸显，由此影响农业生产的稳定，因而迫切需要通过农业"机器换人"来缓解农业生产劳动力短缺。另外，社会经济的持续发展使农民群众收入不断提高，同样迫切希望减轻农业劳动强度，实现轻松体面地劳动，改善自身生活质量，对农业"机器换人"发展的需求也更加迫切、更加旺盛。因此，农业"机器换人"的程度高低和范围大小已经成为影响农业生产稳定的重要因素。

3. 土地产出率、资源利用率和劳动生产率总体不高

农业生产采用机械化措施可以在单位时间内投放大量的机械能，以机械能增加为媒介，并结合其他生物措施、农艺措施，对生产对象投入更多的物料，这种强化投入作用将大幅提高太阳能、无机能和生物能之间的转化能力，实现土地单位面积农产品产量增加和土地生产率的提高。另一方面，使用农业机械替代人畜力作业，

以较少的劳动投入完成给定的生产任务,实现农业劳动生产率的提高。此外,高性能农业机械装备能够按照农业标准化生产要求进行精量、精确、高效作业,实现农业生产中的节种、节水、节肥、节药、节油,以此提高农业资源和生产要素利用率。目前我国土地经营还不够规模,这种经营规模也说明我国劳动力与土地经营规模之前的配置关系还不合理,农业劳动生产率水平低下,如表 1-2 所示。

表 1-2 2019 年第二季度我国各省(自治区、市)农业劳动生产率累计值

省 (自治区、市)	劳动生产率 / (元 / 人)	省 (自治区、市)	劳动生产率 / (元 / 人)	省 (自治区、市)	劳动生产率 / (元 / 人)
北京	352011	江西	222972	安徽	222848
天津	223970	山东	223903	福建	164536
河北	300315	河南	211220	青海	183218
山西	222908	湖北	362824	宁夏	176324
内蒙古	204818	湖南	215824	新疆	179960
辽宁	224268	广东	256104	云南	226660
吉林	204729	广西	217809	西藏	162688
黑龙江	156010	海南	217665	陕西	286438
上海	329056	重庆	208838	甘肃	171323
江苏	184607	四川	227384	贵州	243742
浙江	167923				

4. 农业经营变革的步伐进一步加快

培育新型农业生产主体、推进农业适度规模经营、发展社会化服务,以及构建新型农业经营体系是农业经营体制变革的重要内容。以手工作业为特征的传统生产方式是无法适应现代农业经营体系中规模化、专业化、社会化的发展要求,必须采用以现代机械装备技术为手段的现代农业生产方式。另一方面,按照农业产业化要求,目前全国农业发展应根据资源优势,实行区域化布局、专业化生产、规模化建设、系列化加工、社会化服务等。因此,加快农业领域"机器换人",既是推进农业体制机制完善创新的重要手段,也是加快农业产业化进程的客观要求。

1.2.2 "机器换人"的环境条件分析

1. 农业"机器换人"政策环境日趋完善

在政策支持上,我国各地都在制定"机器换人"的相关政策措施。以浙江省为例,浙江省各级政府不仅重视工业等领域的"机器换人",同样也非常重视农业领

域"机器换人"。2016 年 2 月浙江省人民政府发布《关于加快推进农业领域"机器换人"的意见》(浙政办发〔2016〕19 号),明确了农业"机器换人"的总体要求、发展重点和政策措施等;同年省农业厅出台了《农业领域"机器换人"推进行动计划(2016—2018 年)》,并对行动计划的总体要求、目标任务、主要措施和工作要求等都做出了详细安排;与此同时,2016 年 9 月农业部同意将浙江省作为创建全国农业"机器换人"示范省。另外,2015 年 8 月国务院办公厅和农业部分别出台《关于加快转变农业发展方式的意见》(国办发〔2015〕59 号)、《关于开展主要农作物生产全程机械化推进行动的意见》(农机发〔2015〕1 号),上述各种政府精神文件的出台使全省各县(市、区)开展农业"机器换人"的政策环境得到进一步优化。

2. 农业"机器换人"财政资金投入逐年增加

农机购置补贴资金是体现国家扶持农业机械化发展的重要来源。据财政部发布的消息,2018 年各级农业农村、财政部门扎实推进农机购置补贴政策实施,全年工作进展顺利,共实施中央财政农机购置补贴资金 174 亿元,扶持 163 万农户购置机具 191 万台(套),绩效目标超额完成,便民利民成效显著。2018 年是新一轮农机购置补贴政策实施的启动年,与往年相比,2018 年各省补贴范围均有所扩大,重点新增了支持农业绿色发展的机具,比如河南、湖南、四川、山东等生猪大省,将清粪机、粪污固液分离机等畜禽粪污资源化利用机具纳入补贴范围。而在资金规模保持稳定的基础上,所有省份都明确,只要购置补贴范围内符合资质条件的机具均予补贴兑付,取消了申请补贴指标等门槛,稳定了农民购机预期。

3. 农业"机器换人"装备保障更加有力

自 2013 年起,我国就成为全球第一大农机装备大国,但不是农机装备制造强国。从总体来看,农机装备研发制造能力滞后于现代农业发展对各种机械装备需求。为满足农业现代化发展对中高端农机装备技术的需求,国家将农机装备产业列入《中国制造 2025》中的十大重点领域之一。该举措必将加快推进我国农机装备产业转型升级,提升中高端农机装备研发制造水平,增加农机行业的产品有效供给能力,进而为农业领域"机器换人"提供更加有力的装备支撑与保障。

4. 农业"机器换人"已有较好条件基础

21 世纪以来,我国劳动力优势逐渐弱化,随着农业对于精准化生产要求的提升,机器人产业也正迎来一轮爆发。有业内专家指出,"机器换人"有利于加快传统农业进行转型升级,促使技术红利代替"人口红利",为农业持续增长提供技术支持。我国农业生产基本已实现了从人畜力为主向机械化作业为主的历史性跨越，一批自动化、智能化的农业机械涌现出来，让广大农民从原来的高强体力劳动中解放出来，同时还为农业尤其是粮食生产连年丰收提供了强有力的技术支持。

1.2.3 "机器换人"存在的问题及原因

1. 自然环境和农作制度的多样性加大了"机器换人"难度

由于自然环境、农作物种植品种和耕作制度的多样性，农业生产过程中必然会对农机装备种类、性能及使用方式提出更高的要求。由此可见，自然环境和农作制度的多样性都将增加农业领域"机器换人"的难度。

2. 农机农艺结合不够紧密降低了"机器换人"效果

农业生产手段的机械化和农业生物措施的科学化是发展农业生产力的两个重要因素。要实现这一目的，需要农机与农艺融合，农业生物措施现代化与农业工程措施现代化协调发展。农艺现代化与农业机械化的关系就如同"事"与"器"的关系，欲成其"事"，必要利其"器"，才可能达到"事半功倍"的效果；同样农机化发展也离不开生物和农艺科学进步，如不培养出果实结果部位整齐且成熟期一致的果树品种，则很难实现水果收获机械化。

3. 农业规模化经营程度低阻碍了"机器换人"进程

农业机械装备作为一种现代化生产工具，其要求有一定的生产规模，若规模过小，提高劳动生产率的功能则无法得到体现。农业机械化作为一种以商品化、专业化、社会化为基础的农业生产方式，要求大规模作业，要求社会化的生产和经营方式，才能更有利于发挥作用，提高其经济效益和社会效益。然而目前我国农民单家独户的分散经营占有相当大比重，同时现有的一些农业经营组织的规模总体上不大，农民分散经营、经营组织规模偏小造成农业生产规模小，由此阻碍了农业机械化用于社会化大生产优势的发挥，进而延缓了农业"机器换人"进程。

4. 农机社会化服务滞后于"机器换人"需求

扩大和提高农业机械的应用范围与利用率是农业领域"机器换人"的主要内容。发展农机专业合作社、农机作业服务公司等农机社会化服务组织，既是促进农机共同使用和提高农机具利用率的客观需要，也是体现中国特色农机化发展道路中"专业经营、共同使用"的手段。然而我国现有各类农机社会化服务组织在服务规模、经营管理服务机制、农机装备水平、农机人员素质、基础设施配套等都不适应农业社会化大生产的要求，目前农机服务组织提供的作业服务项目主要局限于粮食生产产中环节，其服务能力与当今农业发展对"机器换人"的要求存在较大差距。

1.3 信息技术进步促使"机器换人"成为可能

1.3.1 物联网实现农业装备互联

物联网技术是世界信息化发展的新阶段，主要由无线通信网络、互联网、云计算、应用软件、智能控制等技术构成。物联网本身是以实现控制和管理发展而来的网络技术，通过传感器和网络将管理对象连接起来，完成信息的感知、识别和决策等智能化的管理和控制。物联网技术的普及，为现代农业的发展提供了广阔的平台，是现代农业发展的新机遇。同时，农业产业的快速发展也为物联网提供了更广阔的应用环境。物联网技术的飞速发展和普及推广，有效地推动了农业产业的快速发展。针对传统农业种植成本高、不易管理等问题，物联网技术实现了对农作物的生长状况进行实时检测和智能管理。实现设备的远程控制，改变了传统农业的种植模式。所有机器硬件和传感器互联互通，收集机器、农作物、土壤、气候等具体信息，集中处理挖掘，互联网 + 农业，从而实现精准农业。

1.3.2 大数据使农业实现精准

大数据是信息化高度发展的必然结果。由于世界信息技术的不断飞速发展，电子信息化设备在人类生活中广泛普及应用，使得信息数据的产生、获取、传输都来到了前所未有的新高度；同时存储技术的快速发展为海量的数据存储提供了技术保障，使得对于大数据的分析应用成为可能。

在农业领域，信息化建设和农业物联网技术的不断深入发展，以及近些年电子信息科技的不断发展，所带来的电子采集设备的多元化及廉价化，使得农业物联网得到了快速的发展。加之国家对农业科技信息化建设不断投入，以及对智慧农业、精细化农业、农业物联网科技等项目的大力开展，使得我国目前的农业科技水平实现了快速的发展。农业领域已经成为大数据应用的又一个重点领域。农业物联网中的数据已经显现出了大数据的 5V 特点，即海量数据（Volume）、处理速度快（Velocity）、数据类型多样性（Variety）、价值大（Value）、精确性高（Veracity）。相信大数据技术应用于农业领域之后，一定可以给农业的发展带来新的活力和机遇。但是，由于农业领域本身就属于一个多学科交叉应用领域，众多学科、行业的技术都在农业领域有相应的应用，并且农业具有地域性分布明显，受季节、气候、地形影响明显等特征，所以它所产生的数据具有明显的异构性，很难用现有的常规方法来处理分析其数据集。在整个农业的生产、加工、销售流通、质量溯源、农业管理等过程中会产生多种多样的数据类型，包括文本、图像、视频、声音、文档等，这些数据由结构化、半结构化及非结构化组成。面对如此庞大且种类繁多的农业数据，首先第一步需要解决的是对数据的采集，其次是对数据的存储，最后才是对数据的分析挖掘。

我国是农业大国，国家对于农业的发展高度重视。现阶段的农业产业结构调整措施、科技兴农战略、农业信息化建设目标，无不体现着国家对于农业发展的高度重视。政策的倾斜伴随着国家对农业投入的逐年增加，不管是资金方面还是技术方面，都给予了非常大的支持。目前精细化农业是农业发展的新趋势，精准农业大概由十个系统组成，即全球定位系统、农田信息采集系统、农田遥感监测系统、农田地理信息系统、农田专家系统、智能化农机具系统、环境监测系统、集成化的系统、网络化管理系统和培训系统。这些系统的建设和高新科技应用息息相关，甚至有人提出精准农业发展可以概括为"高科技＋大数据"，这种说法在一定程度上也体现出了在农业精准化发展道路上大数据技术所扮演的重要角色。因此，大力发展农业大数据技术，通过使用大数据技术来解决农业发展中出现的问题，对于农业信息化、现代化、精准化的发展是非常有利有益的。

现阶段我国为了促进农业领域大数据技术的不断发展，国家积极部署农业领域大数据的相关研究工作。在 2013 年，中国农业科技农业信息研究所发起创建了信息联盟，国内首家"农业大数据产业技术创新战略联盟"成立。该平台成立标志着我国农业领域大数据发展研究进入新的阶段，通过该联盟的建立能够更好地促进人才专家队伍的聚集，同时也加强了技术方面的交流与共享。在国家层面上，国家已经将农业大数据认定为现代农业的新型资源要素，将大数据列为国家基础性战略资源，并通过发布一系列的战略措施来大力推进农业领域大数据的发展。例如：2015年国务院印发的《促进大数据发展行动纲要的通知》和农业部印发的《推进农业农村大数据发展的实施意见》中对于农业大数据方面的发展都提出了具体部署要求；2016 年农业部印发的《农业农村大数据试点方案》，要求通过试点示范工程，扎实稳步推进农业农村大数据的发展和应用。

1.3.3 机器人与人工智能的应用

展现国家农业现代化水平的重要标志是农业机械化水平的发展。发达国家中，如美国已经开始研究农业机器人，并且已经取得了一些较先进的成果。而我国在农业机器人发展方面是相对落后的，发展时间相对来说也较晚，以至于目前依然处于初期阶段，在各个方面都落后于发达国家。

农业机械化是实现农业现代化的重要标志。目前随着我国人口结构不断老龄化的趋势来看，我国农村劳动力极度缺乏，产业成本逐年增高。同时，我国还面临着农业生产成本快速增高、地区环境污染不断加重、水资源短缺、土壤肥力逐渐下降和耕地资源不断缩减等问题。另外，在生产的实践中，有大量的农业智能机器人进行农田操作，从而大大降低了人工劳动强度以及生产成本，也提高了产业的循环率，解决了农业生产劳动力资源不足、生产力低下的主要困难。

各种各样的农业机器人，有的用于耕地，为种植准备土壤、施肥、灌溉，还有的可以消灭害虫、除草、收割和运送（通过无人机）。随着机器人在农业中的应用，很典型的情况就是，产量增加了很多倍，成本也降低了很多倍。

无人机是一种空中机器人，可用于精确农业，主要用于优化大田农作物的生产。此外，电动自动拖拉机和联合收割机也正在开发和整合。精准农业概念是基于观察和测量以及种植领域决策的概念（一般通过卫星成像或无人机来评估农作物的"健康"情况，有些农作物的特殊部分需要机器人专门处理），总的来说，旨在增加货币收益，同时降低成本。

人工智能被应用于农业领域有其自身独特的优势所在，其主要依托计算机技术，为农业的生产提供指导、分析、检验、规划等工作，为农业生产的各个阶段提供有利的帮助，有利于提高农业生产的产量和质量，为解决现代农业人口不断下降的难题提供了一种较为可行的方法。总结人工智能在农业领域中的应用主要在三个方面：一是提高土地等自然资源的有效利用，二是提高机器的生产率以达到自动化，三是实现农业和食品生产智慧化。农业有许多专业领域，包括种植农作物、饲养家畜和加工农产品，这些领域中的大部分都可以使用人工智能技术。此外，另一个关键是如何优化农业用地等自然资源的利用率，包括土壤、有限的水资源等。华为技术正推进通过在土壤中埋入小型传感器，以改良含盐分高的耕地的新计划，还与被称为"杂交水稻之父"的中国著名农业科学家袁隆平合作，在青岛设立创新中心。为了提高土壤、水等的利用率，将需要大量带有数据分析功能的 AI 传感器，这些传感器能够将数据传输到云端。在这方面，窄带物联网标准（NB-IoT）已经在农业中得到了广泛使用。

1.4 我国发展无人农场的迫切性

1.4.1 未来 30 年农业劳动力将越来越短缺

农村劳动力短缺是伴随着农村劳动力流动产生的，通过对未来农村劳动力人口的变动预测、农业劳动力需求预测以及劳动力非农化转移的趋势分析及综合比较，测算了我国未来 30 年农村劳动力规模将逐年减少。

农村劳动力的流动是一个国家在现代化发展过程中必然要经历的阶段，反映了这个国家在城市化、工业化过程中的必然趋势。随着大批文化素质高、懂技术的农村劳动力转移到城市务工或者经商，农业劳动力短缺问题变得越来越严重，留守农村的劳动力出现了明显的"老龄化"和"女性化"趋势。发展无人农场无疑是解决农业劳动力短缺的有效措施。

1.4.2 农民的职业化转型迫在眉睫

我国正处于传统农业向现代农业转化的时期，出现了农村"老龄化"和"空心化"的问题。实现农民职业化，无疑是解决三农问题、实现农业现代化的又一有效办法。

我国的农业历史悠久，几千年来一直坚持以民生为根本。不过传统农业模式的局限性以及许多弊端同时也导致了我国农业历来"靠天吃饭"的局面，农作物的健康生长得不到保证，农户们常常凭着自身经验进行应对，进行亡羊补牢式的种植管理。随着现代农业科技的不断发展，实现用人操控的农业机械化向现代精准农业下的"机器换人"模式转型，可在最大程度上规避了传统农业生产的弊端，成为打开困局的"金钥匙"。

农民职业化，首先需要培育出专业化的职业农民，进行专业化的生产经营和规模化的生产操作培训，从而加快农业的现代化和产业化。职业农民作为新时期农民的典型代表和中坚，富有改革和开拓的精神，充满着创业的激情与活力，具有较强的风险承受能力，拥有一定的农业经营管理素质，愿意为我国农业现代化和产业化进行各种有益的尝试。同时，职业化过程中可以提高农民的整体素质和业务能力，从而增加农业的生产经营能力，提高农业综合生产力和效益，实现粮食增产和农民增收。进行农民职业化建设，提高了农民从事农业生产的积极性和加大了农业的市场投入，新型农民能掌握更多先进的耕作技术和科学文化知识，因而可以提高农业生产的科技含量，实行规模化经营，走市场化道路，增加农业生产经营的灵活性和多样化，从而全面促进劳动生产率的提高。

随着人口红利影响力的逐渐消退，人才的受教育程度不断提升，加强了另一层面的技术人才飞速发展。因为新机器的介入，生产或服务的条件及环境已发生了本质的变化，对留下来与机器"相伴"的人来说，无法避免地将迎来一个"换脑"的过程。就人才的质量而言，需求不是低了，而是高了，而且不是高了一点点，是高了一个甚至几个层次。"机器换人"之后，人才的重要性更加显现。这对地方政府、企业和求职者个人，都提出了新的要求。对地方政府而言，应出台种种激励政策，采取种种招引人才举措，不仅要做大基数，更要从地方产业转型升级发展的视角，去招引一些高素质的适配人才。与此同时，仍要创造条件，做好战略发展项目的人才储备和建设，还要加强高素质人才培训平台的建设。对于企业而言，在加大引才力度的同时，更要提升自主人才培养能力，针对"机器换人"人才短板，对症下药，做好内部挖潜文章，全面提升员工的技能水平。

1.4.3 提升土地产出率、劳动生产率、资源利用率亟须实现"机器换人"

1. 机器换人是提升土地产出率的重要保障

土地的质量关系到我国粮食的安全和农业的可持续发展。随着长期、大规模的高强度垦殖，我国土地资源量减少，质量退化，尤其是干旱地区多年采用轻养传统耕作制度，直接导致了土壤的退化。在对土地的保护性耕作技术中，"机器换人"提供了大大的空间。

保护性耕作在平整的耕地表面种植，通过平作减少耕地表面积，从而降低土壤水分蒸发；机械免耕播种，一次性能够完成整理播种、覆土镇压工序；在播种出苗后进行化学除草、中耕施肥。保护性耕作是耕作制度的一场革命，最快捷有效的方法便是机械的大量推广。

2. 提高劳动生产率的关键就在于机器换人

从现代农业经济发展现实看，影响劳动生产率的因素包括：劳动者的平均熟练程度、科学的发展水平及其在农业技术上的应用程度、生产过程的社会结合以及自然条件。因此，提高农民的劳作熟练程度可以提高劳动生产率，但是这种提高在一定条件下是有最高限值的，其变动不会大到突破限值。农业劳动工具从现代意义上讲也有很多选择，其弹性最大。传统工具虽然也大大提高了农业劳动生产率，但到近代已无潜力可挖；而现代的农业机械，一方面可以提高人的劳动能力，另一方面可以替代人畜力，使农业生产率成百倍的提高。农业机械与劳动者的高质量集合，成为农业生产力中最具活力的因素，对农业的发展也将是革命性的巨大推动，对提高农业劳动生产率尤其如此。

农业机械化的发展由小型机械向大型机械过渡，并且迈向无人机械化，这将随着耕作方式及生产制度的慢慢转变而逐渐转变。农机在农业生产中对于生产力的提高是毋庸置疑的。总之，提高农业劳动生产率，离不开农业机械化；大量使用农业机械可以节省劳动力，不仅提高劳动的质量和效率，而且可以提高农业劳动者的生活质量；使用农业机械，可以使土地永续利用，最大限度的发挥生物科技的作用，没有农业机械化，劳动生产率和土地生产率的提高将会成为空中楼阁。

3. 农业资源利用率亟须通过"机器换人"提升

我国是农业大国，纵观我国农业发展，农业资源呈现逐年减少的趋势，农业资源的相关法律也未得到完善，农业资源的利用状况不够乐观，具体体现在以下3个方面：

1）耕地资源逐年减少。随着我国社会经济的发展，土地资源的开采与使用力度越来越大，耕地资源呈现逐年下降的趋势，再加上我国人口的增长，给我国的土地资源造成了更大的压力。面对当前日益严峻的土地资源形势，科学利用土地资源显得尤为重要。

2）农业生态环境保护亟须加强。当前我国农业在生产过程中存在很多浪费农业资源的现象，对农业资源的浪费和肆意开发也给农业生态环境带来巨大压力，其最主要原因是农业资源的开发技术落后、开发方式过于粗放。

3）缺乏科学完善的有关农业资源的法律法规。我国农业资源的发展缺乏相关法律法规的约束，进而导致异地开发和资源盲目性利用的现象明显，最终导致我国农业资源出现严重的浪费现象。因此，现代农业的发展必须提高农业资源的利用效率，而当前我国农业资源的利用率较低，亟须通过"机器换人"、合理利用耕地、改变传统的农业资源开发方式等措施提高我国农业资源利用率。

第**2**章 无人农场概述

2.1 无人农场的定义

　　无人农场就是劳动力在不进入农场的情况下，采用物联网、大数据、人工智能、5G、机器人等新一代信息技术，通过对设施、装备、机械等远程控制、全程自动控制或机器人自主控制，完成所有农场生产作业的一种全新生产模式。全天候、全过程、全空间的无人化作业是无人农场的基本特征，装备代替劳动力的所有工作是本质。全天候无人化就是从种植或养殖的开始到结束时间段内，每天24h人不进入生产场地，所有业务工作都由机器完成。因此，无人农场需要对农场动植物的生长环境、生长状态、各种作业装备的工作状态进行24h全天候监测，以根据监测信息开展农场作业与管理；全过程无人化就是农业生产的各个工序、各个环节都是机器自主自动完成的，不需要人类的参与，特别是业务对接环节，都需要装备之间通过通信和识别，完成自主对接；全空间的无人化是在农场的物理空间里，不需要人的介入，无人车、无人船、无人机和移动机器人完成物理空间的移动作业，并实现固定装备与移动装备之间的无缝对接。

　　随着物联网、大数据、人工智能等新一代信息技术的发展，英国、美国、以色列、荷兰、德国、日本等发达国家陆续开始构建无人大田农场、无人猪场、无人渔场。2019年，我国山东、福建、北京等地也开始了无人大田农场、无人猪场的探索。无人农场作为未来农业的一种新模式，已经开启。

2.2 无人农场的整体架构

　　无人农场的整体架构如图2-1所示。

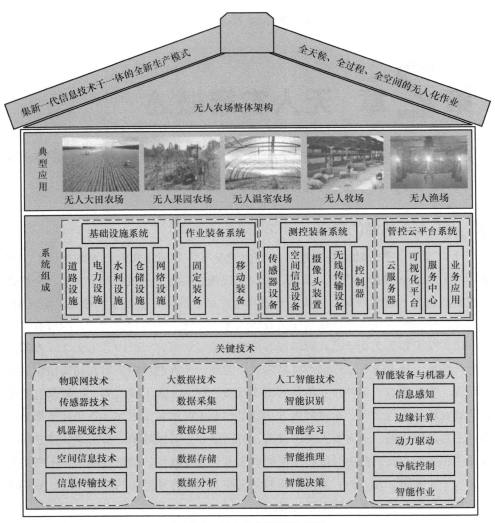

图 2-1　无人农场的整体架构

　　根据功能和应用不同，无人农场的整体架构分为关键技术、系统组成和典型应用三部分。关键技术是由物联网技术、大数据技术、人工智能技术、智能装备与机器人技术等组成，是实现无人农场信息感知、信息传输、数据处理、智能决策和智能作业的关键支撑；系统组成主要是指无人农场的四大系统，即基础设施系统、作业装备系统、测控装备系统和管控云平台系统，无人农场四大系统协同运行，共同实现农场生产和管理无人化，从而保障整个无人农场的正常运行；无人农场的典型应用主要是实现大田种植、温室种植、果园种植、畜禽养殖和水产养殖等农业生产、管理整个过程的无人化，提高了农业生产率。

2.3　无人农场的关键技术

无人农场是一个复杂的系统工程，是新一代信息技术、装备技术和种养工艺的深度融合产物。无人农场通过对农业生产资源、环境、种养对象、装备等各要素的在线化、数据化，实现对种养殖对象的精准化管理、生产过程的智能化决策和无人化作业，其中物联网技术、大数据技术、人工智能技术、智能装备与机器人技术四大技术起关键性作用。图 2-2 所示为无人农场关键技术的组成。

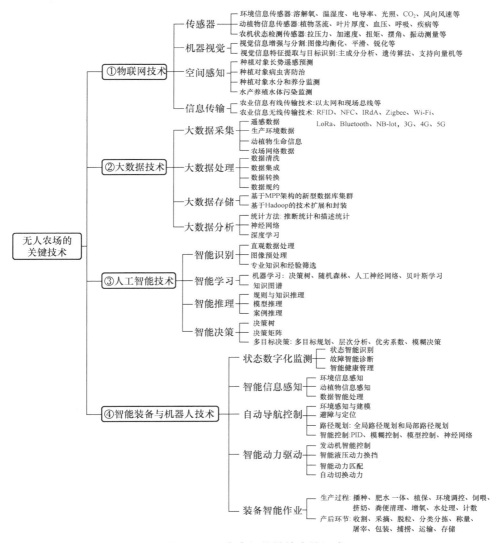

图 2-2　无人农场关键技术的组成

2.3.1　物联网技术

物联网技术是无人农场的基本组成部分。农场要实现无人化作业，首要面临的问题就是装备、农业种养殖对象和云管控平台要形成一个实时通信的实体网路，装备根据环境、动植物生长实时状态开展相应作业，因此物联网技术使各种装备网联化成为可能。

1）物联网为无人农场提供全面感知环境的传感器技术，通过环境的感知，确保动植物生长的最佳环境。

2）物联网技术提供以机器视觉和遥感为核心的动植物表型技术和视觉导航技术，确保动态感知动植物的生长状态，为生长调控提供关键参数。

3）物联网技术提供各种装备的位置和状态感知技术，为装备的导航、作业的技术参数获取提供可靠保证。

4）物联网技术提供5G或更高通信协议的实时通信技术，确保装备间的实时通信。

无人农场环境、装备、动植物信息的全面感知技术和信息可靠传输技术是物联网应用于无人农场的两大关键支撑技术，是实现无人农场精准自主作业的基础。

2.3.2　大数据技术

无人农场中各种作业都是通过智能装备完成的，装备依靠各种实时数据的分析开展精准作业。无人农场时时刻刻产生海量高维、异构、多源数据，因此如何获取、处理、存储、应用这些数据是必须解决的问题。大数据技术为无人农场数据的获取、处理、存储、应用提供技术支撑：

1）大数据技术提供农场多源异构数据的处理技术，进行去粗存精、去伪存真、分类等处理。

2）大数据技术能在众多数据中进行挖掘分析和知识发现，形成有规律性的农场管理知识库。

3）大数据技术能对各类数据进行有效的存储，形成历史数据，以备农场管控进行学习与调用。

4）大数据能与云计算技术和边缘计算技术结合，形成高效的计算能力，确保农场作业，特别是机具作业的迅速反应。

数据的实时获取技术、数据智能处理技术、数据智能存储技术和数据分析技术是无人农场采用的四大关键大数据技术，为无人农场智能装备的精准作业提供了数据支撑，从而实现无人农场的无人化精准化管控。

2.3.3　人工智能技术

无人农场的本质就是实现机器对人的替换，因此机器必须具有生产者的判断力、决策力和操作技能。人工智能技术的支撑给无人农场装上了"智能大脑"，让无人农场具备了"思考能力"。

1）人工智能技术给装备端以识别、学习、推理和作业的能力。首先体现在装备端的智能感知技术，主要包括农场动植物生长环境、生长状态、装备本身工作状态的智能识别技术；其次是装备端的智能学习与推理技术，实现对农场各种作业的历史数据、经验与知识的学习，基于案例、规则与知识的推理，以及机器智能决策与精准作业控制。

2）人工智能技术为农场云管控平台提供基于大数据的搜索、学习、挖掘、推理与决策技术，复杂的计算与推理都交由云平台解决，给装备以智能的大脑。

无人农场人工智能技术主要包括智能识别、智能学习、智能推理和智能决策四大关键技术。利用这些技术可实现了云管控平台的无人化，这是无人农场的关键所在。

2.3.4　智能装备与机器人技术

无人农场要实现对人工劳动的完全替换，关键是靠智能装备与机器人完成传统农场人工要完成的工作。智能装备与机器人是人工智能技术与装备技术的深度融合，除了上面提到的人工智能技术外，装备与机器人还需要机器视觉、导航、定位，以及针对农业生产场景中各种作业的运动空间、时间、能耗、作业强度的精准控制技术的支撑。无人农场智能装备主要包括无人车、无人机、无人船和移动机器人等移动装备，以及智能饲喂机、分类分级机、智能肥水一体机等固定装备。无人农场机器人分为采摘机器人、自动巡航管理机器人、除草机器人、种植机器人、喷雾机器人、水产养殖水下捕捞机器人等。一般情况下，固定装备与移动装备协同完成无人农场的各种作业，无人车、无人船、无人机在移动装备中发挥重要作用。无人农场智能装备与机器人技术主要包括状态数字化监测技术、信息智能感知技术、边缘计算技术、智能作业技术、智能导航控制技术和智能动力驱动等关键技术。智能装备与机器人能够在无人农场中完成自主精准作业，实现无人农场生产过程中的精准化、高效化和无人化。

2.4 无人农场的系统组成

　　不同应用场景下无人农场的具体表现形式不同，但大致由基础设施系统、作业装备系统、测控装备系统和管控云平台系统组成（见图2-3）。无人农场系统多、设备多，每个子系统之间又相互关联且协调运行，缺少任一部分都难以实现农场的无人化。无人农场四大系统能够各自完成自己的任务，又相互联系，协同运行，共同完成无人农场智能生产和管理等任务，共同保障整个无人农场的正常运行。

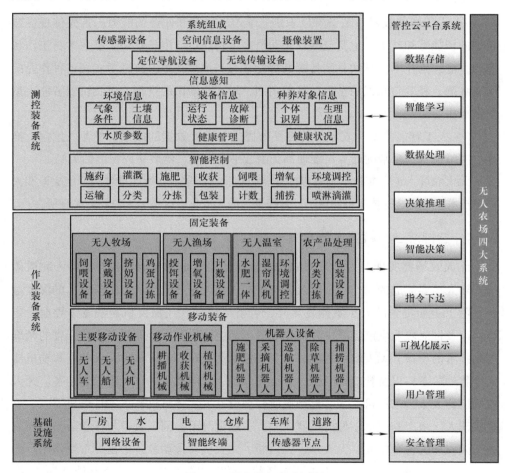

图 2-3　无人农场四大系统

2.4.1 基础设施系统

　　基础设施系统提供了无人农场基础工作条件和环境，是支撑作业装备系统、测控装备系统和管控云平台系统运行的基础条件。基础设施系统通常包括厂房、道路、水、电、仓库、车库、温室等基础条件，以及无线通信节点和传感器等装备布置设施，是无人农场的基础物理构架，为农场无人化作业提供工作环境保障。由于农业场景差异大，无人农场的基础设施系统也有一定差异，但基本前提是为机器换人提供最可实现的条件。基础设施系统是无人农场必不可少的一部分，是整个无人农场正常运行的保障。

2.4.2　作业装备系统

作业装备系统是指完成无人农场各种农业生产、管理任务的设备和装置的总称，分为固定装备系统和移动装备系统。固定装备系统无须移动即可完成农场的主要作业，比如猪场、鸡场的饲喂设备、粪便处理设备、自动捡蛋设备，渔场的投饵、增氧、循环水处理设备，果园的滴灌设备，温室的水肥一体化设备、通风降温设备等。固定装备系统既可以实现单独调控，也可以与其他装备结合，进行系统的作业控制。移动装备系统是指必须要在移动过程中完成农场作业，比如大田农场的各种移动作业机械，如耕播种机械、收获机械、植保机械等。无人农场中最重要的移动装备是各种无人车、无人船、无人机等设备，不仅能够实现无人运输任务，还可以作为搭载其他智能作业装备的平台，如无人拖拉机可搭载播种、收获设备实现大田的各种农业生产任务，无人船可搭载智能投饵机和自动捕捞机器人设备，无人机可搭载变量喷雾设备实现农场的无人植保。移动装备系统与固定装备系统是农场作业的执行者，无人农场的作业需要移动装备系统与固定装备系统配合作业，实现对人工作业的替换。

2.4.3　测控装备系统

测控装备系统包括监测装备系统和控制装备系统两部分。监测装备系统主要是通过各种传感器、摄像装置、采集器、控制器、定位导航装置、遥感设备等实现环境信息、种养对象生长状态和装备工作状态的获取，并完成信息的可靠传输，保障实时通信，从而实现无人农场全面的信息感知。控制装备系统是根据获取的信息接收控制指令，快速做出响应，进行作业端的智能技术以及精准变量作业控制。测控装备系统是农场的感官系统，为农场状态提供关键信息支撑。

2.4.4　管控云平台系统

无人农场管控云平台系统是无人农场的大脑，是大数据与云计算技术、人工智能技术与智能装备技术的集成系统。无人农场云平台通过大数据技术完成各种信息、数据、知识的处理、存储和分析，通过人工智能技术完成数据智能识别、学习、推理和决策，最终完成各种作业指令、命令的下达。此外，云平台系统还具备各种终端的可视化展示、用户管理和安全管理等基础功能。管控云平台系统是无人农场最重要的组成部分，是无人农场的神经中枢。

2.5 无人农场典型应用

无人农场的本质都是实现完全的机器对人工的替代，实现无人农场从生产到产后环节整个过程的无人化。场景不同，无人农场的表现各异，根据农业生产方式及类型不同，无人农场大致分为无人大田农场、无人果园农场、无人温室农场、无人牧场和无人渔场五大典型农场。图2-4所示是无人农场的五大典型应用。

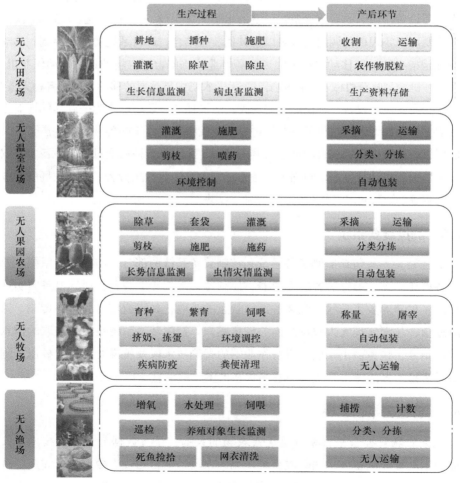

图 2-4　无人农场的五大典型应用

2.5.1 无人大田农场

无人大田农场是最早提出的无人农场概念类型，英国哈珀亚当斯农业大学建立的无人农场就是这种类型。它的基本设计思路就是农场的耕、种、播、收、灌和植保作业都通过无人驾驶拖拉机及相应的作业机械实现，进而实现无人操作。后来的研究者又在此基础上增加了无人机遥感、长势监测，以及无人车农业生产资料运输、仓储的无人化作业等。无人大田农场的应用能够动态监测农作物的种植类型、种植面积、土壤信息、农作物长势、灾情虫情，实现无人大田农场的生产过程—产后环节—管理全程无人化。

2.5.2 无人果园农场

无人果园农场主要通过自主除草机器人、自主剪枝机器人、植保无人机、套袋机器人、无人运输车、仓储搬运机器人等移动智能化设备实现果园的日常无人作业；通过对水肥一体化施用装备精准智能调控实现果园灌溉和施肥，确保果树生长在最佳状态；通过采摘机器人、自动分拣装备、自动包装装备实现果园的采收；同时，采用无人运输车和装载机器人对肥料、农药等生产资料开展库房与果园间的运输与加注等工作。

2.5.3 无人温室农场

无人温室农场通过自主调节风机、湿帘、遮阳网、补光灯等自主调控温室环境，让温室作物（蔬菜、花卉、水果）生长在最佳的环境下；通过园艺整枝机器人开展日常剪枝打岔等管理，通过对水肥一体化施用装备精准智能调控实现温室灌溉和施肥；通过采摘机器人、无人运输车、自动分拣装备、自动包装装备实现温室果蔬的采收；最后，通过无人运输车和装载机器人对肥料、农药等生产资料开展库房与温室间的运输与加注等工作。

2.5.4 无人牧场

无人牧场根据养殖对象种类不同分为无人畜场和无人禽场。无人畜场通过无人运输车和装载机器人开展饲料等库房与养殖间的运输，以及饲料仓加注，通过自主饲喂设备实现猪、牛等精准饲喂；通过空气过滤装置和温湿度调控装置，确保猪牛等养殖动物生长在最佳的环境；通过挤奶机器人、粪便清扫机器人、饲草（料）给喂机器人完成畜场的日常作业。无人禽场通过无人运输车和装载机器人开展饲料等库房与养殖间的运输，以及饲料仓加注，通过自主饲喂设备实现鸡等的精准饲喂；

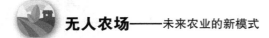

通过空气过滤装置和温湿度调控装置，确保鸡等养殖动物生长在最佳的环境下；通过粪便的自动收捡和处理装备，实现粪便的自动处理；通过自动捡蛋、包装设备，实现鸡蛋的自动捡拾包装。

2.5.5 无人渔场

无人渔场通过自动增氧和水处理装备，自主调控养殖水体环境，让鱼、虾、蟹、贝等生长在最佳的环境下，确保生长环境最优；通过无人运输车和装载机器人开展饲料等库房与养殖间的运输与饲料仓自主加注，通过自主饲喂设备（含无人机或无人船载的移动设备），实现鱼、虾、蟹、贝的精准自动饲喂；通过无人机、无人船、水下机器人等实现养殖现场的巡检；通过智能吸鱼泵、分鱼器、活鱼船等装置实现鱼、虾、蟹、贝类的收获；通过水下机器人实现死鱼捡拾、网衣巡检、鱼类生长监测、网衣清洗等作业。无人渔场类型较多，包括无人池塘养殖、陆基工厂养殖、网箱养殖、海洋牧场等。

第**3**章 无人农场演进

农场的出现，形成了规模化、组织化的农业生产新模式，对于提高劳动生产率、土地产出率和资源利用率具有重要意义。随着技术的不断进步，农业生产力加速提升，农业生产方式持续改进，农场形态也随之不断演进。在各类因素的综合作用下，无人农场成为农场发展的必然趋势和终极目标。

3.1 农场的历史变迁

放眼全球不同历史时期，无论农场形态如何变迁，农场均在农业生产领域扮演了重要角色。农业生产方式的变迁，是推动农场形态演进的核心因素。从传统农耕时代到当今的信息时代，在漫长的历史进程中，农场大致经历了四个主要的发展阶段。

3.1.1 农场 1.0——传统农场

传统农场是指以提高农业生产力为根本目的，通过组织化的方式，大量集中劳动力和生产工具，具有土地规模较大、边界相对固定等特点的农业生产场地。传统农场的农业生产以人力、畜力为主，劳动力和土地处于核心地位，劳动工具基本均为简单的手工工具（如铁器）和畜力机械，农业生产方式延续了古老而原始的传统农耕方式。

传统农场的历史十分悠久，奴隶社会的奴隶主庄园可认为是最原始的农场，但是真正意义上农场的出现，应当追溯到封建社会早期。在以小农经济为主体的中国，最早的传统农场起源于汉朝，汉朝实行的屯田制经历朝历代发展，演变出了军屯、民屯和商屯三种类型，一直延续到明清时期，屯田制的基础就是大量连片农田形成的农场。在欧洲，传统农场兴起于中世纪晚期，起初的农场是封建领主的庄园。14 世纪末，英国农奴制濒于瓦解，出现了大量租地农场。15 世纪末，随着新航路的开辟，不断加剧的圈地运动催生了大量农场，特别是 17 世纪英国政府立法公开支持圈地后，圈地运动席卷欧洲各国，土地空前集中，涌现出了一大批规模较大的农场，农场成为欧洲农业生产的基本单位。

在 20 世纪初，以内燃机为动力的农业机械广泛使用前，传统农场一直是农场的主流形态，存在了近两千年。如今传统农场明显落后，只有部分欠发达国家或者土地条件不适宜动力机械作业的区域还存在一定比例的传统农场。我国的传统农场已基本消亡，尚存的传统农场规模较小，普遍转型为以农业休闲为主的农耕园区，农业生产的价值早已被文化体验所取代。

3.1.2　农场 2.0——机械化农场

机械化农场是在传统农场的基础上发展起来的，利用各种动力和配套农机具装备农业，大量使用现代农业机械取代人力和畜力作业，进行更加专业化、社会化和企业化的农业生产组织管理的农场形态。机械化农场促进了生产力的极大发展，不仅大幅提高了劳动生产率，还显著降低了劳动强度和生产成本，推动农业生产由主要依靠劳动者数量增加和土地面积扩大的粗放型生产模式，逐步向主要依靠农业机械等技术进步的集约型生产模式转变。纵观全球，欧美主要发达国家早已迈过了机械化农场阶段。目前，我国大部分农场已基本实现机械化，正在向更全面、更高质量的机械化迈进。

1. 机械化农场的主要发展阶段

从全球农场的发展历史来看，机械化农场的发展离不开两次工业革命的推波助澜，伴随农业机械的发展，大致经历了三个阶段。

第一阶段为半机械化阶段。在 19 世纪至 20 世纪初，传统农场大量使用新式畜力农业机械，如 1831 年出现马拉收割机，1836 年出现马拉谷物联合收获机，1850—1855 年间先后制造并推广使用了谷物播种机、割草机和玉米播种机等。这一阶段是传统农场向机械化农场的过渡时期。

第二阶段为基本机械化阶段。20 世纪初，第一次工业革命波及农业领域，以内燃机为动力的拖拉机逐步取代畜力，作为牵引动力广泛用于各项田间作业。其后，各类动力农业机械层出不穷，如 20 世纪 30 年代后期，英国创制成功拖拉机的农具悬挂系统，与拖拉机配套的农机具由牵引式逐步转向悬挂式和半悬挂式，使农机具的质量减小、结构简化；20 世纪 40 年代起，欧美各国的谷物联合收获机逐步由牵引式转向自走式；20 世纪 60 年代，水果、蔬菜等收获机械得到发展。这一阶段农业机械由简单到复杂，由使用畜力到使用蒸汽动力、汽油动力甚至电力，欧美主要发达国家先后实现了农业机械化，机械化农场风靡一时。

第三阶段为综合机械化阶段。20 世纪 70 年代，第二次工业革命迅速发展至农业领域，电气化农业机械不断增多，农场所拥有的各种农业机械和农机动力进一步增加，农业机械在性能、质量、功率、使用率等方面都较之以前有了巨大的提升。电子技术逐步应用于农业机械，农业机械开始装备微型计算机，融合了信息与通信技术、计算机网络技术、控制与检测技术等先进科技的农业机械比普通农业机械具有更强大的功能。在农机行走导航、作业状态监控和故障报警等方面体现了较强的智能化，推动机械化农场向更高阶的农场形态过渡。

2. 发达国家机械化农场的发展情况

美国是全世界最早广泛采用机械化进行农业生产的国家，率先实现了农业机械化，其机械化农场的发展历程具有典型代表性。1800—1860 年，简易打谷机、割草机、收割机、中耕机、马拉草耙、皮特式打谷机、小麦播种机、玉米种植机以及其他用途的农业机械被接连发明出来，得到了大范围推广，基本上实现了农业生产从耕地、播种到收割一系列过程的农业半机械化。伴随农业机械的推广，农场效益大幅提升，刺激农场数量不断增加，1860—1910 年，美国农场总数由 200 万个增加到超过 600 万个。1910 年以后，以内燃机为动力的各种农业机械逐步增加，主要农作物的关键作业普遍采用拖拉机等农业机械进行牵引。1910—1920 年，美国农场拖拉机的数量由 1000 台猛增到 24.6 万台，谷物联合收割机由 1000 台增加到 4000 台，农业中使用的动力由 2793 万马力（2054 万 kW）增加到 3750 万马力（2758 万 kW）。到了 1941 年，美国农场广泛采用各种新型农业机械进行生产，在全国范围内普及了农业机械化生产，农业产量达到了前所未有的高度，推动了美国全球农业霸主地位的形成。在农业机械普及的过程中，机械化水平和劳动生产率更高的大农场的优势不断凸显，农业竞争开始向集约化经营的大农场经济倾斜，一般的中小农场被大农场逐步蚕食鲸吞，农场数量从 1940 年的 635 万个锐减至 1960 年的 396.3 万个，再降至 1978 年的 243.6 万个，大农场则迅速增加。据统计，1997 年前后，美国平均每名农业劳动者占有农地 118.2hm^2，每千名农业劳动者拥有拖拉机 1484 台，每名农业劳动者创造的增加值为 39523 美元。

德国机械化农场的发展与美国相似，20 世纪 50 年代中期开始加强农业生产过程中的机械化，农场主通过使用机械来提高生产率，并以此降低生产成本。20 世纪 70 年代，德国基本实现了农业机械化，平均每千公顷农用地拖拉机的数量在欧洲排名第一。家庭农场一直是欧美国家农场的主体，占比高达 80% 左右，合伙农场和企业农场占比并不高。主要发达国家机械化农场的发展历程大多相似，表现为

农业机械快速普及，农场耕地规模不断扩大，农业机械保有量逐步增加，农业生产率大幅提升，如表 3-1 所示。

表 3-1　主要发达国家家庭农场规模及机械数量变化情况（1930—2010 年）

国家	比较项	1930 年	1940 年	1950 年	1960 年	1970 年	1980 年	1990 年	2000 年	2010 年
美国	农场规模 /acre①	156.91	173.96	214.98	311.35	397.84	425.02	59.62	434.90	417.61
	户均机械数量 / 台	0.14	0.25	0.67	1.32	1.72	1.87	2.41	2.14	2.06
加拿大	农场规模 /acre①	222.39	234.75	276.76	358.30	462.09	509.04	595.52	674.60	775.91
	户均机械数量 / 台	0.11	0.41	0.81	1.30	1.85	2.32	2.95	3.16	3.76
澳大利亚	农场规模 /acre①	3528	3658	3788	4554	4924	6963	8898	9778	10500
	户均机械数量 / 台	0.58	0.75	0.99	1.19	1.46	2.05	2.70	3.32	3.85
法国	农场规模 /acre①	27.18	35.83	44.48	54.36	64.25	76.60	79.07	108.73	130.97
	户均机械数量 / 台	0.18	0.28	0.36	0.41	0.82	1.23	1.48	2.14	2.42
日本	农场规模 /acre①	2.74	2.79	2.17	2.55	2.84	2.99	4.57	5.41	7.14
	户均机械数量 / 台	0.03	0.04	0.04	0.05	0.24	0.60	1.18	1.26	1.61

① 1acre=4046.856m²。

3. 我国机械化农场的发展情况

与欧美国家相比，我国农业机械化起步晚，与之相应的机械化农场出现也较晚。新中国成立初期，我国农业机械化的基础十分薄弱，全国农业机械总动力仅 8.1 万 kW，拖拉机仅 200 余台。20 世纪 50 年代，国家通过建设机械化国营农场和农业拖拉机站等方式，开启了农业机械化试点。国营农场是新中国依据计划经济原则创办的农业生产组织，承担着引领我国农业实现机械化和现代化的宏伟使命，全国农垦系统为此进行了艰巨的尝试。

改革开放后，国营农场进行管理体制改革，转向探索新的运营模式，迎来了机械化大发展时期。到 1997 年年底，农垦农业机械总动力达 1095.66 万 kW，其中大中型农用拖拉机 6.04 万台，小型拖拉机 19.49 万台。全系统机耕率达 83.6%，比全国平均水平高 30%；机播率为 72%，高出全国平均 43%；机收率为 54%，高出全国平均 40%。国有农场的规模化优势，使其成为这一时期我国推进农业机械化的主战场。同一时期，我国农村开始实行家庭联产承包制，土地由人民公社时期的集中经营变为分散经营，恢复到以家庭为核心的传统小农经济模式后，由于耕地规模太小，不利于机械耕作，一定程度上延缓了全国农业机械化进程。

2008 年，党的十七届三中全会首次提出有条件的地方可以发展家庭农场，2013 年，中央一号文件明确鼓励和支持承包土地向家庭农场流转，引发了家庭农场的迅猛发展。截至 2018 年年底，进入农业农村部门名录的家庭农场有 60 万家，比 2013 年增长 4 倍多。农业农村部监测数据显示，平均每户家庭农场经营耕地面积 200.2 亩，是全国承包农户平均经营耕地面积 7.5 亩的近 27 倍，家庭农场的土地 71.7% 来自土地流转，占全国承包耕地面积的 13.4%，基本实现了适度规模经营。家庭农场的规模化，加之 2004 年启动的农机购机补贴政策，促进了农业机械的推广应用。调查显示，72.09% 的家庭农场拥有拖拉机，29.04% 的农场拥有联合收割机，17.07% 的农场拥有插秧机，家庭农场成为我国机械化农场的主角。

2018 年，我国农机总动力达到 10.04 亿 kW，各类农业机械拥有量约 1.98 亿台（套），全国农作物耕种收综合机械化率达到 69.10%，相比 2006 年的 39.3% 大幅提升。2019 年，全国农作物耕种收综合机械化率超过 70%，小麦、水稻、玉米三大粮食作物生产基本实现机械化，正在迈向更全面、更高质量的农业机械化。

3.1.3 农场 3.0——自动化农场

计算机及网络技术的出现，催生了自动化农场。自动化农场是具有自动控制功能的各类农业机械，通过农场信息管理系统和农业生产作业管理系统，将农业装备与农场管理、农业生产作业相互关联，使用自动化装备代替传统农机装备，实现农业生产管理自动化的新一代农场。自动化农场为高质量推动农场规模化经营提供了有力保障，特点是农业生产管理高度智能，但是仍然离不开人的操作和管理。自动化农场更契合当今社会发展的高效、节约、绿色的理念，有利于节约生产资料，实现土地利用率的最大化，在调动土壤生产力和改善环境方面能够取得最大的经济效益和最佳的环境效益。欧美发达国家利用早已实现农业机械化的优势，迅速普及农业机械的自动化，并借助网络通信技术的发展，快速完成了农场的自动化转型，大部分农场已经达到了高度自动化。我国以国家级、省级现代农业示范区为支撑，一些基础较好的现代化农场、农业园区在自动化农场的示范应用方面开展了大量探索，自动化农场的比例逐步加大，但受生产环境、成本等因素影响，自动化农场尚未成为我国农场的主流形态，总体仍然处于机械化农场向自动化农场的过渡阶段。

1. 自动化农场的主要发展阶段

第一阶段：初步发展期。20 世纪 70 年代末，电子技术逐步应用于农业机械作业过程的监测和控制，自动化控制技术与农业机械相结合，实现了农业机械行走导航、作业状态监控和故障报警等方面的自动化，逐步向作业过程的自动化方向发展；这一时期还出现了农业专家系统，并集成了地理信息系统、电子技术、信息网络、模型建立、模拟优化等技术，运用多种媒体技术开展农业生产管理和咨询。20 世纪 80 年代中后期，专家系统、病虫害诊断开始由咨询服务转向分析决策、农产品销售管理。结合了专家系统的农业机械，其自动化程度不断增强并开始大规模推广应用，机械化农场向自动化农场的转型开始加速。

第二阶段：高速发展期。20世纪末，随着计算机和网络技术的广泛应用，各类农业机械进一步发展，出现了精良的大型农业装备，并配备了自动控制、GPS等信息化模块，形成了自动化的农业装备，能自动地进行一系列的复合式操作，取代了许多人为的操作，使农业机械可以完全不依靠人工操作而独立地完成田间作业任务，在精准作业、自动化程度、安全可靠性、多能通用方面均得以体现。通过农场信息管理系统和农业生产作业管理系统，这些自动化的农业装备与农场管理、农业生产作业相互关联，实现了农业生产的自动化，真正意义上的自动化农场逐步成为农场主流形态。

第三阶段：广泛应用期。21世纪初，由于电子技术、信息技术的快速发展，智能农业技术能有效地解决劳动力人口不足的问题，受到很多国家的重视。在农业作业管理网络化的支撑下，自动化农业机械具备了较强的智能化，出现了形态各异的智能农机，通过智能农机大数据平台，多机物联、协同作业，推动自动化农场开始向精准农场、智能农场发展。农业中使用人工智能技术的比例开始大幅增加，设施农业、设施园艺、农业精准种植技术快速发展，日本、美国、荷兰等国开启了农业机器人的研究与应用，自动化农场已经朝着更高级的农场形态开始演进。

2. 发达国家自动化农场的发展情况

美国是全球农业现代化程度最高的国家，广泛分布的自动化农场以精准农业著称，从农业机械的自动化发展到了农场生产管理的全面自动化。以信息技术为支撑的精准农业于20世纪90年代初在美国开始出现，基于发达的农业网络体系，精准农业在美国农业生产全过程、全环节快速发展，形成了一种互联互通的系统。美国农机智能装备市场十分成熟，农业智能装备技术遥遥领先，尤其是大型和超大型农业智能装备的生产和应用世界领先，产生了一大批享誉全球的精准农业装备企业，是美国农场实现自动化的重要技术支撑。美国自动化农场主要集中在变量施肥喷药、杂草自动识别技术、大型喷灌机的精准控制技术的规模化、产业化应用。2008年，美国20%的农场用直升机进行耕作管理，很多中等规模农场和几乎所有大型农场都安装了GPS定位系统。对于特大型农场，将市场信息、生产参数信息、资金信息和劳力信息等集中起来，经优化运算，选定最佳种植方案，形成了"计算机集成自适应生产"模式。2015年，美国六大精准农业技术应用中，土壤取样、农田绘图、变率处理播种技术的应用最为广泛，其中无人机应用增速最快。目前，美国20%的耕地、80%的大农场均采用了物联网设备和技术，其中玉米、小麦主产区39%的生产者使用了物联网技术，大型农场人工智能设备和技术普及率高达80%，促进了农场经济效益的提高。2010 年，美国各类农场总数约 220 万个，仅有 350 多万个农业劳动力，农场规模平均高达 418acre，但是，每个农场的劳动力平均仅为 1.6 人，充分证明了自动化农场的巨大威力。

德国主要发展 50km^2 以下的中小型家庭农场。20 世纪 90 年代，在自动化控制、农作物模拟模型、计算机辅助决策、遥感、精确农业等技术成功应用后，德国开始尝试多项技术的集成应用，以提高智能化，实现高度的自动化。依托工业 4.0 战略，德国重点突破农业信息化关键技术，带动整个农业领域信息化进程，以农用智能装备为主导，农业信息化建设进入信息技术成熟化、产业化和专业化的发展阶段。德国自动化农场通过多项技术的集成应用，能够控制同一地块中不同位置所需施肥量和植保剂的施用量，以避免过度施肥造成的环境污染和经济浪费。基于 3S 技术 [遥感技术（RS）、地理信息系统（GIS）、全球定位系统（GPS）的统称] 的大型农业机械装备在计算机自动控制下，能够完成精准播种、施肥、除草、采收、畜禽精准投料饲喂、奶牛数字化挤奶台等各类农业作业任务。

日本自动化农场以轻便型智能农机具应用为特征，非常符合其适度规模经营型精细化农业的发展需要。为应对农业资源环境与人口的约束，日本积极推进现代信息与通信技术在家庭农场作业中的应用，是全球精准农业的代表之一。日本自动化农场大力推广应用农业机械作业引导系统以及田间土壤简易分析、土壤采集、农作物生长发育信息测定、粮食收获信息测定等装备，如基于实时动态全球定位系统、方向传感器等开发了自动六排水稻插秧机，极大地提高了水稻种植效率；利用遥感无人机实时监测小麦生长状况，实现小麦产量监测。2004 年，农业物联网被列入日本 E-Japan 计划，截至 2014 年，有半数以上农户选择使用农业物联网技术。此外，日本大力发展各类农业机器人，计划在 10 年内普及农业机器人应用。

3. 我国自动化农场的发展情况

我国农业自动化领域的研究早、应用晚，自动化农场尚未大规模普及。20 世纪 80 年代，我国就开始了农业专家系统的研究；1980—2000 年，在国家 "863" 计划的推动下，农业专家系统取得了重大突破。

2000—2010 年，随着计算机技术、电子技术、通信技术的发展，数字农业、精准农业的概念出现，国内农业专家结合 3S 技术，开展了精准农业发展体系的研究，并初步形成了以变量施肥、精准灌溉、信息采集分析与决策系统为主的中国精准农业技术体系，重点围绕种养殖环境信息采集分析技术、农作物生长模型与仿真技术、农业数字化管理与智能控制技术、精准农业管理等共性技术展开了研究，并在农产品流通服务、农业综合信息集成与推广、农村信息服务体系方面开展了示范推广应用。2009 年，江苏农垦利用卫星定位自动驾驶实现了拖拉机高精度直线行走（±2cm）接垄与苗间作业，并实现了夜间、雾天的全天候作业，同时配套开沟播种联合作业机实现了导航精准开沟播种作业，配套行间苗侧深施肥机实现了精准深施肥作业，较高的自动化水平大大提高了作业质量标准和作业效率。

2010 年至今，由于物联网技术以及人工智能技术的涌现，我国农业信息技术进入了以物联网技术为主要关键词，人工智能技术为主要探索方向的应用研究阶段，移动互联、大数据、云计算、3S 技术开始深入融合，农业质量安全溯源、种养殖环境监测、无人化农机作业、大田精准种植、水肥一体化精准灌溉取得了突破性发展。2016 年，黑龙江七星农场建成了覆盖全场 122 万亩耕地的 200 个监测点、20 个小型气象站、20 套地下水位监测装置，借助物联网平台可提取影响农作物生长的水温、泥温、水位、二氧化碳、光照、蒸发量、降雨量和土壤质量等要素信息和农作物长势信息，利用自然环境、生产种植、资源资产、业务管理四大方面的农业大数据制定规范的种植模式，实现了农业生产、管理的智能化和自动化。

目前，部分装置自动化的农业机械在我国农村地区，尤其是农业发达地区得到了广泛应用，而全自动农业机械和农业机器人还处在试验阶段，受成本和技术因素制约，短期内难以普及应用，距离机械化农场全面完成自动化农场的转型尚需时日。

3.1.4 农场 4.0——无人农场

无人农场是在劳动力不进入农业生产作业现场的情况下，采用物联网、大数据、人工智能、5G、机器人等新一代信息技术，通过对设施、装备、机械的智能调度，自主完成农业生产全过程的农场终极形态。无人农场是新一代信息技术、智能装备技术与先进种养殖工艺深度融合的产物，将通过机器换人实现对农业劳动力的彻底解放，代表着农业生产力的最先进水平。无人化（即装备代替劳动力的所有工作）是无人农场的本质，全天候、全空间、全过程的无人化作业是无人农场的基本特征，全天候无人化就是从种养殖的开始到结束，每天 24h 无需人类参与；全空间的无人化是农场的任何物理空间和作业现场无需人类出现；全过程无人化就是农业生产的各个工序、各个环节无需人类介入。无人农场能够实现农业生产全过程的信息感知、定量决策、智能控制、精准投入和个性化服务，进而实现农业生产集约、高产、优质、高效、生态、安全等可持续发展的目标。

1. 无人农场的研究与应用进展

目前，无人农场在全球主要国家已经显露雏形，部分发达国家的无人农场已进入小范围应用阶段，正在加速向综合型、实用型、普及型农场演进。在无人农场的研究与应用方面，无论是起始时间点还是技术先进性，主要发达国家均领先于我国。在众多新一代信息技术中，农业机器人可以看作是无人农场研究与应用的标志。

发达国家对农业机器人的研制起步早、投资大、发展快，这些国家农业规模化、多样化、精确化和设施农业的快速发展，有效地促进了农业机器人的发展。20世纪 80 年代以来，以日本为代表的发达国家纷纷启动农业机器人研发，嫁接、采摘、除草、移栽、分选和农田作业机器人相继研制成功，陆续进入应用阶段，如澳大利亚的剪羊毛机器人、荷兰的挤奶机器人、法国的分拣机器人、日本和韩国的插秧机器人、丹麦的除草机器人、西班牙的柑橘采摘机器人、英国的蘑菇采摘机器人等。纵观全球，日本一直居于农业机器人研发的世界领先地位，番茄、黄瓜、葡萄、柑橘等水果和蔬菜收获类机器人现已应用于农业生产。

我国农业机器人发展较晚，目前仍处于起步阶段。20 世纪 90 年代中期，我国开始了农业机器人技术的研发。虽然我国的科研人员已经在自动嫁接、智能采摘和除草、水果分级生产线和导航方式等农业机器人研究领域取得了一定的研究成果，但是整体发展水平和速度仍然不及发达国家。

与工业生产领域相比，农业生产环境、作业对象及使用者等截然不同，国内外已研发成功的农业机器人难以实现商品化量产和大面积普及，这也为我国快速追赶发达国家提供了机遇。在近年来我国奋力发展物联网、大数据、云计算、人工智能等新一代的信息技术的大背景下，我国与发达国家在农业机器人研究与应用方面的差距正在日益缩小，存在跟跑变并跑的可能。

事实上，农业机器人只是无人农场的一个重要技术领域，无人农场的普及还有赖于设施、装备和机械等的集成应用，全球无人农场总体尚处于发展早期。从当前发展态势来看，主要发达国家已经走过了无人农场的起步阶段，高度自动化的农场里开始大量应用各类农业机器人，农场对人的依赖度越来越低，几个人管理一个大农场的案例比比皆是，在无人农场的示范应用取得突破后就能得到快速推广。我国无人农场预计还将经历一个较长时期的试点示范，农场设施、装备等各类基础条件成熟后，才能迎来大规模的普及。

近年来，国内外越来越重视无人农场的应用，出现了许多真正意义上的无人农场。2017 年，英国创建了世界第一个无人大田；同年，日本创建了第一个无人蔬菜农场，挪威创建了第一个无人渔场；随后，美国、澳大利亚、韩国也陆续开始创建无人农场。几乎是在同一时间，我国江苏、福建、山东、北京等地也开始了无人农场的应用探索。

国内外争先恐后的示范应用表明，无人农场作为未来农业的新模式已经开启。

2. 国外领异标新的先进无人农场

1）英国诞生全球首个无人农场。2017 年，英国哈珀亚当斯大学一个研究团队创建了全球第一家无人农场，研究人员开发了一种自动拖拉机，在没有任何人进入农田的情况下，农场主通过控制室进行操作，5 月份条播了春播作物大麦，经过数月耕作，9 月份收割了麦子，全过程没有人工直接介入，实现了粮食作物播种、浇灌和收获的全程无人作业。

2）日本无人蔬菜农场投入运营。2017 年，由总部位于日本京都的 Spread 公司建造的全自动无人蔬菜农场投入运营。这座农场占地 4800m²，农场的种植、管理和收获环节完全由计算机和机器人控制，是亚洲最大的蔬菜工厂。所有种植过程，从发芽到播种，从收获到交付，甚至连监控二氧化碳水平以及照明环境，全部实现自动化。机器人农场的产量不仅提高了 25%，劳动力成本也下降了一半。与传统农场相比，这种室内农场具有不可比拟的优势。由于采用立体栽培和水培技术，不消耗土壤资源，占地面积极少，多达 98% 的水可以循环使用，无须喷洒杀虫剂，光照和温度、湿度按需调控，摆脱了对自然条件的依赖，更容易实现工厂化运作。

3）挪威无人渔场投入使用。2017 年，世界首座、规模最大的深海半潜式智能养殖场在挪威投入使用。这座海上"超级渔场"的整体容量逾 25 万 m³，相当于 200 个标准游泳池；总高 69m，相当于 23 层楼高；船体总装量 7700t，可抗 12 级台风。这座渔场不仅规模大，还搭载了现代化设备，可实现高度无人化养殖，是一个全球领先的养殖平台，集挪威渔业先进养殖技术、现代化环保养殖理念和世界顶端海工设计于一身，融入了生物学、工学、电学、计算机、智能化等技术，安装各类传感器 2 万余个，水下水上监控设备 100 余个，生物光源 100 余个，配备了全球最先进的三文鱼智能养殖系统、自动化保障系统和高端深海运营管理系统及对应子系统，将复杂的养殖过程控制变得异常简单和准确。在饲料收集储存、饲料投放、鱼群的清洁捕捉、死鱼的收集、鱼群监控、水质检测、水温检测等方面，系统都实现了智能化和自动化，仅需要 6~7 名员工就能实现一次养鱼 150 万条。按照一个周期 14 个月养 150 万条三文鱼计算，可产 8000t 鱼肉，带来 1 亿美元的经济效益。

4）美国无人农场高效运转。2018 年，美国加州一家新创公司创建了美国第一个完全由机器人运作的农场。这座农场拥有两位机器人农夫，可以完成全部的种植流程。其中一个机器人负责植物的托举和运送，另一个机器人负责播种、移栽等精细操作，两个机器人相互配合，根据植物在整个生命周期中的需要动态调整其生长空间，大大优化了空间效率。机器人还可以通过机器学习和人工智能检测害虫与疾病，在问题扩散前处置受污染植物。凭借人工智能软件，全年无土壤水培工艺，以及在有效利用空间的情况下移动植物，能够生产出比传统农场增加 30 倍的产量，而用水量比传统农场少 90%。更为重要的是，机器人可以不知疲倦地持续工作，极大地提高了生产率。

3. 我国异彩纷呈的典型无人农场

1）2018 年，江苏兴化举行了我国首轮农业全过程无人作业试验，标志着我国首个无人农场开始启动建设。该试验融合了北斗导航系统、智能汽车、车联网和无人战术平台等领域的先进技术，对标国际先进作业模式和技术趋势，以智能感知、决策、执行为基本技术方案，各类装备按照平原地区、黏土壤土、稻麦两熟等代表性农艺要求，首次全过程、成体系地运用于实际生产。试验过程中，10 余台无人驾驶的农机完成了耕种、打浆、插秧、施肥施药、收割等农业生产环节的作业。参与试验的无人农机都安装了智能感知设备，行动路线按计算机设定好的程序进行，采用双天线卫星导航系统，实现了厘米级的定位精度。用了一下午的时间，所有的无人农机系统都按照作业要求进行了作业演示，完成了 500 亩的无人作业任务。该试验计划循序渐进，通过耕、种、管、收、储、运等环节的数字化、智能化和网联化，推出具有中国特色和市场竞争力的无人农机、农具等产品和无人农艺、标准体系，打造真正的无人农场。

2）2019 年，福建利用首款人工智能农业机器人在中国 - 以色列示范农场智能蔬果大棚进行了全天候生产巡检，标志着福建人工智能农业机器人从研发阶段正式进入了实际应用阶段。这款机器人有清晰的五官和手脚，耳朵安装两个 700 万像素摄像头，眼睛安装两个 500 万像素摄像头，头顶安装风速风力、二氧化碳、光合辐射等感应器，嘴巴下方安装温度、湿度传感器，采用多路传感器融合技术，通过边缘计算装置、人工智能识别算法进行快速响应和前端智能决策，可以实现农业生产环境的智能感知、实时采集。机器人底部的轮子可完成 360° 旋转和移动，流畅地沿着栽培槽自动巡检、定点采集、自动转弯、自动返航和自动充电，如果途中遇到障碍物还能自动绕行。此外，这款机器人可以实时回传大量清晰的图像和视频，能够通过 VR 进行远程会诊、远程教学等，为后续的人工智能应用提供更多基础数据来源。通过数据积累和人工智能算法，下一步机器人能够完成深度学习，最终将帮助制定生产管理决策，如自动判断农作物的健康状况、病虫害的发生情况等，甚至可以直接通过"仿生手"防治或采摘。在农场的远程监控大屏幕上，通过农业机器人实景智能巡检平台能实时显示机器人巡检的轨迹，以及各种采集回来的图片、视频和环境数据，再通过平台的云端协同、可视化智能分析，可以实现农场的无人化作业。

3）2019 年，山东淄博打造了山东首家 5G 生态无人农场。基于 5G 网络的自走式喷灌车集成了 5G、物联网、大数据等技术，宽达 300m，可以横跨整个地块进行作业，能够实现对小麦的无人精准高效灌溉。同时，基于 5G 网络的无人机在农机管理系统的操控下，可以对农场 500 亩农田自动开展喷药作业。在农场监控室内，通过农场生态监控系统大屏幕，农场管理人员不仅可以随时监控各个块区的实时情况，而且还可以通过大数据计算，结合气候条件、土壤元素含量、土地墒情进行综合作业管理，使农作物的种植管理更加科学，大大提高了农业生产率。

3.2　无人农场的进阶形态

无人农场的发展目标是机器人深度参与农业生产全过程，逐步替代人力，并参与农业作业的决策管理。根据机器人参与深度的不同，可将无人农场划分为三个不断进阶的形态，依次为远程控制无人农场、无人值守无人农场和自主作业无人农场。

3.2.1　远程控制无人农场

远程控制是无人农场的初级阶段。该阶段采用远程控制技术，通过人对设施、装备、机械等的远程控制，实现农场的无人化作业。该阶段的特点是仅实现了机器代替劳力，还需要人进行远程操作、参与决策与控制，只是不需要人到现场参与劳作，将人从繁重的体力劳动中解放了出来，因此远程控制无人农场也可称作徒手农场或有人值守的无人农场。

在远程控制无人农场阶段，机器人的管理决策能力尚未成熟，因而需要对农场动植物的生长环境、动植物的生长状态、各种作业装备的工作状态进行 24h 全天候监测，并将各种监测数据存入云端，根据监测信息开展农场作业与管理，从而有效提高设备利用率和管理效率，确保机器人的农业作业过程安全可靠。

全空间无人化是远程控制无人农场的主要特征。通过高精度传感技术、电子技术、地理遥感技术、机器人技术等综合应用，促使智能化、自动化农业机械装备技术得到快速发展。这些智能装备与自动驾驶技术融合，具备了无人化操作能力，因而在农场的任何物理空间和作业现场，均不需要人的现场介入，只需要通过远程控制，智能化的无人设备就能够完成物理空间的移动作业，并实现固定装备与移动装备的无缝对接。

3.2.2　无人值守无人农场

无人值守是无人农场的中级阶段。该阶段不需要专人 24h 在远程监控室对农场装备进行远程操作，系统可以自主巡航作业，但仍需要人的参与，主要是农业作业指令的下达与生产管理的决策。该阶段人参与农场生产过程的时间大大缩短，无须时刻值守，必要时参与决策管理即可。

在无人值守无人农场阶段，各类农业机器人的数量不断增多，不同形态和功能的机器人间的协同协作更加紧密；同时各类农业生产模型逐步成熟，信息系统的智能规划和闭环控制能力更趋强大，基本能够实现农业生产作业的全程自动控制；农场与人的交互进一步减少，人在农场中的角色实现了从控制者到决策者的转变。

全天候无人化是无人值守无人农场的主要特征。利用人工智能、视频监控、图像识别等技术，集成农业专家智慧与知识的决策支持系统，能够实现农场可视化远程监测、远程控制、灾害预警等智能管理。即使在无人值守的情况下，包括机器人在内的各类智能设备也能按照既定的作业规划开展全天候作业，不需要人的实时操控。

3.2.3 自主作业无人农场

自主作业是无人农场的高级阶段。该阶段完全不需要人的参与，所有农场的作业与管理，都有云管控平台自主计划、自主决策、自主作业，并由装备自主完成所有农场业务，是完全无人的自主作业农场，也是农场发展的终极形态。

在自主作业无人农场阶段，农业机器人能够实现自主控制、智能决策。通过物联网、大数据、云计算、人工智能等技术，综合协调农业生产环境、动植物生长体征、农业生产装备甚至农产品的储运分销等数据。作业管理能够精确到每一株作物或每一个动物个体，实现智能、柔性、精细化生产作业，并将人彻底从农业生产管理中解放了出来。

全过程无人化是自主作业无人农场的主要特征。在高度智能化的农场生产管理场景中，农业生产的各个工序、各个环节都由机器人自主自动完成，特别是业务对接环节，均由装备之间通过通信和识别，完成自主对接，整个生产管理过程中不需要人类以任何方式参与。

3.3 无人农场的演进动力

无论是从传统农场到无人农场的代际演进，还是无人农场自身形态的进阶，都离不开多种动因的共同作用。农业已具备按工业化模式发展的基础是演进的前提，真实而迫切的市场需求是演进的原动力，技术进步则是演进的直接驱动力，不断利好的农业政策更是加速演进的助推器。

3.3.1 农业工业化推动

长期以来，农业人力密集、技术低端、效益不佳的形象已经深入人心。随着时代的发展和技术的进步，加之资源环境约束趋紧，正在倒逼农业生产方式加速变革，工业化发展模式或许可以成为农业发展的有效路径。这是因为农业已具备工业化模式发展的基础。

1. 农场规模化初具

农业规模化是大趋势，欧美发达国家之所以已经达到了自动化农场高度发展的阶段，一个重要原因是农场的规模化为自动化机械提供了用武之地。即使是在土地资源稀缺的日本，适度规模化的农场也已经成为农业发展的基本单位。我国在国有农场、现代农业园区的基础上，近年来加快土地流传，催生了一大批适度规模化的家庭农场。土地流转加快，仅仅依靠人力无法完成劳作，高强度的耕种压力需要工业化的模式。而家庭农场的不断涌现，使农业基本具备了形成规模效益的基础，扫清了农业按照工业化模式发展的主要障碍。

2. 产业化基础增强

随着家庭农场的规模不断扩大，家庭农场逐渐由家庭式经营向企业化经营转变，即家庭农场使用一定的劳动资料，以现代化企业的经营管理方式，从事商品性农业生产以及与农产品直接相关的经营活动。这一变化具有极其重要的现实意义，为农业赋予了工商业属性，农业的外向性将不断增强，使农业具备了产业化基础。

3. 劳动力要素改观

农村青壮年劳动力日益减少是困扰我国农业发展的突出问题。在无人农场时代，通过机器换人，传统劳动力变成了高度智能化的机器人，智能农场管理系统摒弃了纯经验式的耕作模式，使农业劳动力要素彻底改观。特别是农业机器人具有不知疲倦、反应快速的先天性优势，适合进行高强度的具有工业化模式的农业生产。

4. 抗风险能力提高

由于生产周期长，农业的高风险、低利润的产业特性较为突出。无人农场信息化技术的应用可更好地调控农作物生长环境，使其更好地满足农作物生长需求，从而提高农作物的产量和品质。这有利于实现农作物的高产稳产，提高土地的产出率，提高农业生产抵御自然灾害的能力，使农业具备了较强的抗风险能力，并有助于更好地吸引资本的进入。

5. 品质需求日益提高

随着我国人民生活水平的不断提高和农产品准入制度的实行，人们开始追求更加生态化、更加绿色健康的饮食文化，对高品质农产品的需求越来越高。然而，现阶段我国大部分农业生产模式采用传统的管理模式，即粗放式管理，分级分选不到位，人工强干预下的农产品标准化不高，品质把控较难。工业化的标准生产模式能够有效解决品质把控难题，提高品质管控需要工业化的模式。

3.3.2 市场需求拉动

我国农业市场未来将面临两大困境：一是农业供给全球化倒逼我国农业技术进步，通过高度自动化和机器换人大幅提高农业劳动生产力；二是新生代人群对农业生产管理的喜好和选择迫使传统农业加速进行现代化升级，大量的智能装备和机器人应用将成为必然。

1. 低成本是农业发展的必由之路

低效率、高成本已经成为困扰我国农业发展的一大关键难题。我国农业生产率较低，美国、法国、德国的人均劳动力所负担耕地面积分别是我国的 145 倍、55 倍、45 倍；同时，随着农业劳动力老龄化问题的加剧，我国农业劳动力成本大幅提升，农产品成本中劳动力成本高达 70%，导致我国农产品价格全面超过国际平均价格。

如何实现低成本的发展之路已成为我国农业长远发展的关键。各类自动化农业机械，尤其是机器人的应用，将大大缓解农业劳动力成本问题。没有人在岗，机器人、大数据和物联网也能一直工作，这样就可以在不增加劳动力的情况下扩大种植面积，还可实现比以前更加细致的田间管理。虽然农业智能装备的初始购置费用较高，但是其生产率远远超出人力，通过人工智能可以进行高强度作业，完全可以抵销初始购置成本，并不断拉低后期使用成本。随着人工智能和新材料技术的快速发展，机器人关键部件性价比大幅度提升，我们有理由相信农业机器人在农业生产中将大有作为。

2. 低强度将成为未来劳动者的基本诉求

无人农场的核心是机器替人，人不再是劳动者，基础工作都交给了机器人。人直接从事农业生产管理的时间大大缩短，更多的是管理者和决策者，甚至管理和决策的任务也交给了机器人，只需发现和纠正存在的问题，人的工作强度大大降低，农业不再是辛苦劳动的代名词。

农业机器人可以像人体一样感知信息并采取行动。在农业生产中应用农业机器人，不仅能大大减轻人的劳动作业强度，提升劳动生产率，促进生产质量提高，还能有效避免化肥、农药等化学物品对人体的危害。

3. 职业偏好迫使农业改变落后的传统形象

无人农场时代，人们再也不必天天蹲在田间地头，休息日更加有保障，平衡了工作与生活，改变了农业"土、累、脏、险"的负面印象。农业以有科技含量的、收益良好的行业形象出现，符合年轻一代追求"体面"工作的期望，更能吸引年轻人加入。

　　未来的无人农场将看不到农民。农民们坐在家里喝着茶，听着歌，遥控着各类农业机械和装备，动动手指就能管理整个农场，自动完成杀虫、施肥、除草等作业，不再经受日晒雨淋之苦。遥控各类农业机械和装备就像玩手机一样简单，农民的职业体验将彻底改变。

3.3.3　技术变革带动

　　物联网、大数据、人工智能和机器人四大关键技术在无人农场中扮演不同角色，缺一不可。采用不同的技术集成方案，可以形成各种应用场景。随着四大关键技术的不断进步、完善与成熟，将带动无人农场早日普及。

1. 物联网技术为无人农场撑起发达的神经网络

　　农业是物联网技术应用需求最迫切、难度最大、集成性特征最明显的领域。农业物联网技术在农业生产、经营、管理和服务中的具体应用，就是运用各类传感器与射频识别（RFID）、视觉采集终端等感知设备，广泛采集大田种植、设施园艺、畜禽养殖、水产养殖、农产品物流等领域的现场信息；按照约定的协议，通过建立数据传输和格式转换方法，充分利用无线传感器网络、电信网和互联网等多种现代信息传输通道，实现农业信息多尺度的可靠传输；最后将获取的海量农业信息进行融合、处理，并通过智能化操作终端实现农业的自动化生产、最优化控制、智能化管理、系统化物流、电子化交易，进而实现农业集约、高产、优质、高效、生态和安全的目标。

　　农业物联网技术是实现无人农场的必要支撑。物联网之于无人农场相当于神经网络之于人，在物联网技术的支撑下，无人农场就像长了五官的人一样，可以自如地感知和传输环境、农场及动植物的各类信息。进而通过农业物联网解放设备、机械的生产力，使设备、机械在准确信息与农业业务模型指导下，实现智能化，摆脱人的约束，以优于人为控制的合理性与准确性保持更长时间的运行。

2. 大数据与云计算技术共同建构无人农场的经验宝库

　　农业数据主要是对各种农业对象、关系、行为的客观反映，一直以来都是农业研究和应用的重要内容，但是由于技术、理念、思维等原因，对农业数据的开发和利用程度不够，一些深藏的价值关系不能被有效发现。

　　农业大数据已成为现代农业的新型资源要素，也是重要的农业科技创新方向，不仅促进现代农业的生产、经营、管理和服务，而且还耦合催化三产融合。农业大数据依托于大数据分析，运用大数据理念、思维及技术处理农业数据，进而指导农业生产、农产品流通和消费，是跨行业、跨专业的数据分析与挖掘，是探索农业数据价值的重要手段。通过快速的数据处理、综合的数据分析，发现数据之间潜在的价值关系，进而优化农业生产流程，提升农业产业附加值，推进农业生产智能化发展进程。因此，大数据技术是实现无人农场必不可少的关键技术。

云计算是以互联网为基础的网络，可以凭借虚拟化的方式实现资源共享，其核心内容就是通过互联网实现软件、网络、储存、计算等资源的统一调度与管理，从而满足不同用户的需求。云计算技术可以为农业生产提供大量的信息数据存储服务，大幅度提高农业生产信息数据的综合分析能力。云计算在解决农业生产的分散性、封闭性及滞后性等方面具有显著优势，能够节省大量硬件、软件投入成本，减少对维护人员的需求，弥补当前我国农业普遍存在的农地高度分散、生产规模偏小、时空变异较大、量化与规模化程度差、稳定性和可控程度低等行业性弱点，非常适合地域分散的农场。

大数据和云计算就像一对孪生兄弟，相互帮衬，围绕数据做文章。通过不断的数据积累和计算挖掘，持续建立和丰富无人农场的生产管理经验宝库，并在迭代升级的过程中超越传统农业生产管理者的经验，形成更加科学合理的生产、经营、管理的方法论，为"机器换人"奠定了知识基础。

3. 人工智能技术让无人农场拥有会思考的大脑

人工智能技术能够最大程度地实现机器的智能化运行。运用智能技术解决各种实际问题，可贯穿于农业生产的产前、产中、产后直至销售阶段，以其独特的技术优势提升农业生产技术水平，实现智能化的动态管理。人工智能技术可有效助力农业生产要素的合理分配、科学管理与经营，加速农业的深度改造，推动农业全产业链体系的紧密结合。

"机器换人"是无人农场的核心，能够替换人的机器必须像人一样具备思考能力，在实际的农业生产经营过程中进行判断、决策和技能操作，这一重要条件离不开人工智能技术的支撑。有了人工智能的无人农场，就像生出了智慧的大脑，可以自主进行学习训练，在训练过程中不断增长智慧，实现基于案例、规则和知识的推理，从而做出最优化的决策，最终形成超越人类的思考能力，并把自己的智慧赋予机器，促成机器对人的替代。

4. 机器人技术促成"机器换人"目标的最终实现

农业机器人可以在实际农业生产作业中真实模拟人的具体作业动作，代替人完成各类农业作业任务，具有高效率、低能耗、低污染的作业生产优点。农业机器人主要包括三类：第一类是行走系列农业机器人，主要用于在大面积农田中进行耕作、施肥、除草、喷雾等作业；第二类是机械手系列机器人，主要用于在温室或植物工厂中进行嫁接、采摘、育苗、育种等作业；第三类是畜禽养殖辅助机器人，如英国开发的挤奶机器人、澳大利亚研制的剪羊毛机器人和欧洲多个国家使用的精确饲喂机器人等。

物联网技术、大数据和云计算技术、人工智能技术主要是在信息技术层面为无人农场的实现进行技术准备，与数据、算能、算力的关系较为紧密。机器人技术明显有别于前三项技术，其特点是虚实结合、重在落地，着力将信息技术与机械、自动化等技术进行有效整合与深度融合，具有极强的综合性。机器人技术能够使各类机械、装备像人一样参与农业生产作业全过程，从而让"机器换人"成为现实，迈出无人农场极为关键的最后一步。

3.3.4 农业政策助推

无人农场是农业发展的主要方向，也将是未来农业竞争的主战场。我国老龄化、少子化社会问题加剧，资源环境保护压力高，农产品的安全供应和优化供给成为社会消费关注的焦点。这些都促使农业政策不断优化，一系列与无人农场技术相关政策的引导和刺激，将加速无人农场的不断演进。

1. 支持创新与应用的农业政策助力无人农场发展

技术创新与应用是农业政策的重点，一系列政策文件均提出了加强物联网、云计算、大数据、人工智能等现代信息技术在农业方面的综合应用的要求。2015年，农业部印发《关于推进农业农村大数据发展的实施意见》，该意见明确了农业农村大数据发展和应用的总体要求和目标任务；2016年，农业部等8部门联合印发了《"互联网+"现代农业三年行动实施方案》，该方案明确提出，"在管理方面，重点推进以大数据为核心的数据资源共享开放、支撑决策，着力点在互联网技术运用"。2017年，国务院印发了《新一代人工智能发展规划》，该规划提出，"发展智能农业，建立典型农业大数据智能决策分析系统，开展智能农场、智能化植物工厂、智能牧场、智能渔场、智能果园、农产品加工智能车间、农产品绿色智能供应链等集成应用示范"。

2. 国家战略导向推动社会资本深度参与无人农场实践

在我国乡村振兴战略、数字化农业战略等多种因素的推动下，阿里、京东、百度、腾讯等国内互联网巨头纷纷结合自身优势，布局智慧农业。阿里云正式发布ET农业大脑，具备数字档案生成、全生命周期管理、智能农事分析、全链路溯源等功能，已在国内大型生猪养殖企业特驱集团、国家级农业龙头企业海升集团等落地应用。京东以无人机农林植保服务为切入点，整合集团物流、金融、生鲜、大数据等能力，与地方政府、农业上下游龙头企业、农业领域专家等共同合作，构建开放、共生、共赢的农业合作平台，打造智慧农业共同体。百度与麦飞科技合作研发农业遥感智能监测系统，对农作物病虫害实施智能化监测，并完成精准施药。腾讯借助物联网系统和腾讯云平台积极布局养鹅、种菜、智慧农业和生鲜渠道，解决农业生产管理、供应链管理、产品溯源三大问题。可以预期，政策的不断强化，技术创新将更加活跃，也将吸引更多资本进入，从而大大加速无人农场的快速普及。

3.4　无人农场的演进路径

世界各国农业的发展都先后经历了生产装备化、装备数字化、数字网联化、决策智能化、作业无人化等不同阶段，且阶段间不可逾越。四个不同代际的农场演进过程漫长而艰辛，无人农场三种形态的进阶同样需要一个不断演进的过程，并具有其固有的演进规律。

3.4.1　从人力操控到远程控制

人力操控的机械化农场之所以不能称其为无人农场，是因为在空间、时间两个维度都无法摆脱人的参与。而远程控制农场已经实现了空间维度的无人化，因为可以看作是初级无人农场。

从人力操控农场到远程控制的无人农场，最直接的动因是各类农业机械和装备实现了高度的自动化，能够借助大量的田间设施、设备的传感网络获得准确的作业数据，并借助智能农场系统进行线上作业管理。上述三个条件同时具备，才使得非现场的远程控制得以实现，从而完成了从人力操控农场到远程控制无人农场的演进。

远程农场的存在的必要性在于：一是大田、设施等农业生产作业场景的地面平整度、空间距离等方面标准化不足，不具备十分成熟的无人化作业条件；二是高度自动化的农业机械尚处于个体智能阶段，不同农业机械之间的协同、农业机械与作业场景的协同等还需要依赖有人操作的智能系统才能实现；三是农业动植物的本体特征监测手段尚不成熟，尤其是当前还难以准确建立其生长模型。上述三个因素一旦突破，远程控制的无人农场就可以迈向更高阶的无人农场。

3.4.2 从远程控制到无人值守

无人值守无人农场的进步体现在不仅摆脱了空间约束，还部分摆脱了时间约束，因而比远程控制无人农场更先进，是无人农场的中级阶段。无人值守无人农场虽然还需要人不定期介入生产作业过程，但是已经充分实现了时间自由，并且人的身份从控制者转变成了决策者。

从远程控制无人农场到无人值守的无人农场，最关键的是农业机械达到了高度智能化，不同农业机械之间的协同、农业机械与作业场景的协同等完全可以交由智能系统代为实现，人的主要作用是设定作业参数和进行作业决策。

在无人值守无人农场阶段，人工智能的应用已经十分广泛，大量的农业机械和装备因为有了高度智能，因而可以看作是形态各异的农业机器人。这一阶段的农场里由于机器人频繁穿梭往来，与传统意义上的机械化农场完全是两种观感。然而，这一阶段由于人工智能应对突发、复杂情况的能力不完全具备，同时由于农业生产的试错代价过高，无法完全交由尚未完全成熟的机器人进行作业管理，因而还是需要人在关键环节或时点介入。

3.4.3 从无人值守到自主作业

自主作业无人农场彻底地摆脱了空间、时间两个维度的约束，因而是名副其实的无人农场，也是无人农场的终极阶段。自主作业无人农场已经成为完全独立的生产部门，作业过程与人没有任何联系，人只需享用已经收获好的农产品即可，从此，几千年来人参与农业生产的历史将彻底被改写。

从无人值守无人农场到自主作业无人农场，主要依赖于超级人工智能技术的出现。这一阶段，农场作业环境将被改造以适应自主作业需求，动植物生长机理和模型完全被掌握并量化。在超级人工智能技术的支撑下，依托无人化的农业生产管理系统，自然环境、农业设施、农业机器人、农业动植物等貌似互不相关的农业要素之间可以进行自主交互。它们之间通过"对话"协同，能够达到农业生产作业和管理的最优化，最大程度地实现农业生产的集约、生态、高效、安全，使得农业生产进入了"无人胜有人"的最高境界。

第 2 篇　技术篇

第**4**章 物联网与无人农场

农场要实现无人化作业，首要面临的问题就是装备、农业种养殖对象和管控云平台要形成一个实时通信的实体网路，装备根据环境、动植物生长实时状态开展相应作业。物联网技术使各种装备网联化成为可能，为无人农场提供全面感知环境的传感器技术，通过环境的感知，确保动植物生长在最佳的环境下；提供以机器视觉和遥感为核心的动植物表型技术和视觉导航技术，确保动态感知动植物的生长状态，为生长调控提供关键参数；提供各种装备的位置和状态感知技术，为装备的导航、作业的技术参数获取提供可靠保证；提供以 5G 或更高通信协议的实时通信技术，确保装备间的实时通信。本章将以无人农场机器人的"神经末梢"（传感器、机器视觉、遥感和可靠传输）为重点，阐述如何通过物联网技术使无人农场实现"机器换人"。

4.1 概述

4.1.1 无人农场对装备互联的需求

无人农场是一种全新生产模式，需要装备具有人工的所有能力，要有感知环境的能力，判断农业动植物生长状态的能力，自主作业的能力。这就需要三大技术的支撑：一是对环境、装备、动植物生长的全面感知技术；二是装备之间的可靠传输技术；三是装备端的智能信息处理，以采取精准的作业控制。

（1）全面感知技术 农业信息全面感知技术的核心有四部分：传感器、射频识别（RFID）、机器视觉、遥感（RS）。

1）农业传感器主要用于采集各个农业要素信息，包括种植业中的光、温、水、肥、气、作物长势等参数；畜禽养殖业中的二氧化碳、氨气、二氧化硫等有害气体含量，空气中尘埃、飞沫及气溶胶浓度，温度、湿度等环境指标参数；水产养殖业中的溶解氧、酸碱度、氨氮、电导率、浊度等参数；农业装备运行中的状态参数、位置信息等。

2）RFID 可通过射频信号自动识别目标对象并获取相关数据，识别工作无须人工干预，可工作于各种恶劣环境。在无人农场上主要应用于动物跟踪与识别、数字养殖、精细作物生产、农产品流通等。

3）机器视觉技术通过构建相应的图像采集子系统、图像处理子系统、图像分析子系统、反馈子系统等实现农业视觉信息的综合利用，如无人渔场中大围网的网衣监测、鱼病诊断，无人果园的果实自主采摘、果树长势监测，无人畜场中养殖对象的发情监测等。

4）RS 是快速获取大面积农作物信息的有效技术手段，具有大面积同步观测、时效性强、综合性强的特点。在无人农场中的应用主要是大面积农作物长势监测、作物水分监测、养分监测和农作物产量估算。

（2）可靠传输技术　农场信息可靠传输技术指将无人农场中农业要素通过感知设备接入传输网络中，借助有线或无线的通信网络，随时随地进行高可靠度的信息互联和共享。农业信息传输技术可分为有线传输、无线传感器网络技术（WSN）和移动通信技术。拖拉机、收获机及喷药机等是实现农场无人化作业的重要动力机械。电子控制技术已逐步应用到农机各个系统中，如发动机控制系统、动力输出系统、后悬挂系统及驾驶操作系统等。

1）为适应农机电子控制设备的应用需求，控制器局域网络（CAN）应运而生。CAN 总线是一种串行多主站控制器局域网总线，主要原理是把车身上相关控制器都联系起来，实现发动机控制器、变速器控制器、车身控制器及其他控制器的通信。车身 CAN 网络中包含有农机车身状态信息数据及农机作业时的各信息数据，对农机 CAN 数据采集并解析可以得到农机的作业状态信息。

2）WSN 是以无线通信方式形成的一个自组织多跳的网络系统，由部署在无人农场监测区域内大量的传感器节点组成，负责感知、采集和处理网络覆盖区域中被感知对象的信息，并发送给观察者。其中，ZigBee 技术是基于 IEEE802.15.4 标准的关于无线组网、安全和应用等方面的技术标准，被广泛应用在无线传感网络的组建中，如大田灌溉、农业资源监测、水产养殖、农产品质量追溯等。

3）第五代移动通信技术（5G）的性能目标是高数据速率、减少延迟、节省能源、降低成本、提高系统容量和大规模设备连接。6G 网络将是一个地面无线与卫星通信集成的全连接世界。通过空间复用技术将卫星通信整合到 6G 移动通信，实现全球无缝覆盖。作为无人农场中农业信息远距离传输的重要组成部分，5G 以及未来 6G 的重要性不言而喻。

（3）装备端的智能处理　装备端的智能处理是精准作业的前提，需要对作业对象进行识别、定位、作业，这就需要智能化的边缘计算技术与机电液的控制技术相结合，实现装备对人工作业的替代。本章主要介绍全面感知技术和可靠传输技术，装备端的智能处理将在第 7 章具体介绍。

4.1.2　物联网的定义

物联网是通过智能传感器、射频识别（RFID）、激光扫描仪、全球定位系统（GPS）、遥感等信息传感设备及系统和其他基于物 - 物通信模式（M2M）的短距无线自组织网络，按照约定的协议，把任何物品与互联网连接起来，进行信息交换和通信，以实现智能化识别、定位、跟踪、监控和管理的一种巨大智能网络。

无人农场的装备互联，形成一个网络，即端 - 网 - 云。

1）"端"层由各种传感器、智能终端和智能装备构成，包括水质传感器、土壤墒情传感器、气象站、二维码标签、RFID 标签等感知传感，读写器、摄像头、GPS 等感知终端，以及植保无人机、采摘机器人、无人播种机、无人拖拉机、无人收割机等智能装备。"端"层的作用相当于人的"眼、耳、鼻、皮肤"等感知器官和四肢，它是物联网识别物体、采集信息、执行生产作业任务的来源。

2）"网"层由各种私有网络、互联网、有线和无线通信网、网络管理系统等组成，相当于人的"神经中枢"，负责物联网"端"层与"云"层的实时交互。

3）"云"层是物联网和用户（包括人、组织和其他系统）的接口，它与农业需求结合，融合预测预警、优化控制、智能决策、诊断推理、视觉信息处理等先进技术，实现农业物联网的智能应用。

无人农场的端 - 网 - 云技术框架见图 4-1。

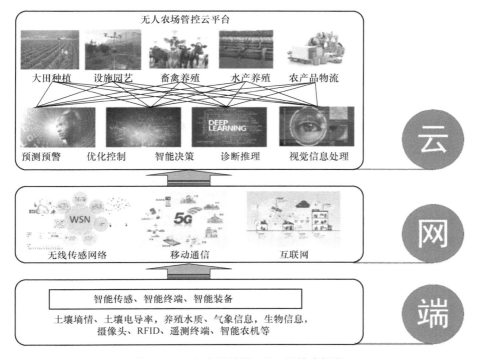

图 4-1　无人农场的端 - 网 - 云技术框架

4.2　传感技术与无人农场

在传统农业中，农民会根据自然环境的变化决定具体的生产活动，对浇水量、通风时间、播种时间、增氧等重要因素的控制，全凭多年积累或者祖祖辈辈相传的经验，所以有了农谚、二十四节气等，但依然存在着很大的人为因素和实际操作误差，对作物或畜禽等的生长和发育均会造成影响。而无人农场建设的首要环节是消除上述问题的不确定性，需要借助灵敏快速的传感器来解决。传感器是一种能够将监测目标的特征信息，基于一定的物理或者化学规律转换为电信号的器件或者装置。无人农场传感器包括环境传感器、动植物生命信息传感器和农机装备状态传感器。下面将对这三类传感器的工作原理和应用背景进行详细介绍。

4.2.1　环境传感器

无人农场环境信息感知通过对动植物生长所需要的水、土壤、空气等环境要素进行感知，实现无人农场生产全程环境信息可测可知，为无人农场自动化控制、智能化决策提供可靠数据源。无人农场环境感知端主要包括溶解氧、pH（酸碱度）、溶液电导率、叶绿素、土壤含水率、土壤电导率、太阳照射度、光照强度、空气温度和湿度、风速风向、降雨量、二氧化碳、大气压力等传感器。下面简要介绍一下无人农场用到的主要环境传感器技术及其原理。

（1）溶解氧 溶解氧是指溶解于水中的空气中的分子态氧。溶解氧对于鱼类等水生生物的生存是至关重要的，许多鱼类在溶解氧低于3~4mg/L时难于生存。因此，使用溶解氧传感器实时在线监测无人渔场的溶解氧含量，对于无人渔场中溶解氧精准调控具有重要意义。目前溶解氧检测主要有电化学覆膜法和荧光淬灭法两种方式。

1）Clark极谱法溶解氧传感器，由Pt（Au）阴极、Ag/AgCl阳极、KCl电解液和高分子覆膜四部分组成。测量时，在阴极和阳极之间施加一个0.7Vdc左右的恒定极化电压，溶液中的氧分子透过高分子膜，然后在阴极上发生还原反应。在温度恒定的条件下，电极扩散电流的大小只与样品氧分压（氧浓度）成正比。

2）溶解氧光学法测定是基于溶液中的氧分子对金属钌铬合物的淬灭效应原理，可根据电极覆膜表面荧光指示剂荧光强度或寿命变化来测定溶液中溶解氧的含量。由于金属钌铬合物与氧分子的淬灭过程属于动态淬灭（分子碰撞），本身不耗氧、化学成分稳定，尤其是选择荧光寿命（本征变量）作为复杂养殖水体溶解氧含量的测定依据，可极大提高溶解氧传感器的检测准确度与抗干扰能力。

（2）pH pH描述的是溶液的酸碱性强弱程度。养殖水体pH值过高或过低，都会直接危害水生动植物，导致生理功能紊乱，影响其生长或引起其他疾病的发生，甚至死亡。因此，在无人渔场生产环节使用pH传感器进行环境调控显得至关重要。常见的在线复合式pH电极，由内外（Ag/AgCl）参比电极、0.1mol/L HCl外参比液、1 mol/L KCl内参比液与玻璃薄膜球泡组成。在进行pH测定时，玻璃薄膜两侧的相界面之间建立起一个相对稳定的电势差，称为膜电位，且介质中的H^+浓度与膜电位（相对于内Ag/AgCl参比电极）的数学关系满足Nernst响应方程。

（3）溶液电导率 溶液电导率描述的是溶液导电的能力，可以间接反映溶液盐度和总溶解性固体物质（TDS）含量等信息。盐度作为水产养殖环境的一个重要理化因子，与养殖动物的渗透压、生长、发育关系密切。因此，应用电导率传感器实时监测无人渔场的盐度信息，探索盐度对不同动物、不同发育阶段的影响机制，就可有目地精准调控养殖动物的生长发育，更好地为无人渔场生产服务。为了克服传统两电极电导率传感器在线测量时电极易钝化、易漂移等缺点，通常采用新型四电极测量结构，即两个电流电极和两个感应电压电极，通过两个电流电极之间的电流与电导率呈线性关系。

（4）叶绿素　叶绿素 a 是植物进行光合作用的主要色素，普遍存在于浮游植物（主要指藻类）和陆生绿色植物叶片中。在水体中其含量反映了浮游植物的浓度，可以通过传感器对水中叶绿素 a 浓度的在线测量，来监视无人渔场是否出现了赤潮或者水质污染。科研上常测定陆生植物叶片叶绿素含量以表征无人农场中的作物生长状况，生产上也往往依据叶色变化作为无人农场看苗诊断和肥水管理的重要指标。叶绿素 a 荧光法检测原理：使用 430nm 波长的光照射水中浮游植物（或者陆生植物叶片），浮游植物（或植物叶片）中的叶绿素 a 将产生波长约为 677nm 的荧光，测定这种荧光的强度，通过其与叶绿素 a 浓度的对应关系可以得出水中或者植物叶片中叶绿素 a 的含量。

（5）土壤含水率　土壤含水率是指百克烘干土中水分含量。应用传感器快速、准确测定无人农场土壤含水率，对于探明作物生长发育期内土壤水分盈亏，以便做出灌溉或排水措施等具有重要意义。时域反射法（TDR）测定土壤含水率，简单、快速且受土壤质地、温度和盐分影响小，一直作为土壤水分原位测量方案的首选仪器。对于不同含水率的土壤介质，其介电常数不同。根据电磁波在不同介质中传播速度的差异性，可以计算其介电常数，进而估算出土壤的含水率。

（6）土壤电导率　土壤电导率是反映土壤电化学性质和肥力特性的基础指标，影响到土壤养分转化、存在状态及有效性，是限制植物和微生物活性的阈值。在一定浓度范围内，土壤溶液含盐量与电导率呈正相关。因此，可以通过对无人农场土壤电导率的直接测定，间接地反映土壤含盐量，从而对无人农场精准施肥调控提供指导。电流 - 电压四端法在测量土壤电导率时，对土壤的扰动影响很小，既可以实现原位监测，也可以挂载在农业作业机械上随时随地使用，备受农业生产管理者的青睐。所谓电流 - 电压四端法，与溶液四电极电导率测量原理相同，均是通过检测两个电流电极之间的电流值来换算介质（土壤）电导率的。

（7）太阳辐照度　太阳辐照度是指太阳辐射经过大气层的吸收、散射、反射等作用后到达地球表面上单位面积单位时间内的辐射能量。太阳辐射是植物进行光合作用的必要条件，对于维持植物生长温度，促进其健康生长极其重要。因此，通过对无人农场太阳辐照度长期监测，对于无人农场中作物种植结构优化配置具有重大的参考意义。目前对太阳辐射量的测量可以分为光电效应和热电效应两种。光电效应主要采用光电二极管或硅光电池等作为光探测器，灵敏度好，性价比高，响应速度快且光谱响应范围宽。光电二极管或硅光电池在太阳光照射下，其短路电流与太阳辐照度呈线性关系。热电效应则是将多个热电偶串接起来，测量温差电动势总和，并基于赛贝尔效应换算出太阳辐照度。

（8）光照强度　光照强度是指单位面积上所接收可见光（400~760nm）的光通量。农作物从光照中获得光合作用的能量，同时光照也影响着作物体内特定酶的活性。因此，光照强度的监测对于无人农场作物生产调控极其重要。光照强度传感器是基于光电效应原理而设计的。为了模拟人眼的光谱敏感性，通常选用光扩散较好的材料制成光照小球，并置于光电传感器受光面作为光照度传感器的余弦修正器，不仅成本低廉，校正效果也比较好。

（9）空气温度和湿度　过高的空气温度易使植物细胞脱水，影响其生理代谢；温度过低，植物组织易受损。在动物养殖方面，空气温度和湿度偏高会影响动物的摄食行为和生理代谢速率，甚至引起疾病。因此，无人农场中高质高产的目标要依靠适宜的环境来保障。通常对于空气温度和湿度的测量大多采用集成有湿敏元件和温敏元件的微型数字器件，诸如 SHT1x 系列、HTU1x 系列、DHT1x 系列传感器等。

（10）风速风向　风是作物生长发育的重要生态因子。适宜的风可以调节作物各个层次的温度和湿度分布，促进农作物的生长发育。而大风却能破坏作物体内的水分平衡，致使作物的器官外形畸变。同时风也是花粉和种子的传播者，能够促进作物受粉和繁殖。因此，对无人农场风速风向进行定量、定性的科学分析，挖掘作物生长与风向风速的相关规律，可为保障无人农场稳定生产，趋利避害创造条件。标准的风速测量装置包括风杯和皮托管，分别基于机械和空气动力学原理。风向部分由风向标、风向度盘等组成，风向示值由风向指针在风向度盘上的位置来确定。

（11）降雨量　降雨量是指从天空降落到地面上的雨水，未经蒸发、渗透、流失而在水面上积聚的水层深度，单位用 mm 表示。室外大田种植水资源的来源很重要的一部分来自降雨，土壤中渗入的雨水如果过量，会致使作物根部缺氧，植物在较低的吸收作用下，缺乏营养供给，限制其生长。如果土壤中的水含量不足，农作物生理活动将受到影响，表现为植株萎蔫，甚至死亡。因此，利用降雨量传感器对无人农场降雨量进行实时监测，辅助无人农场云管控平台对降雨状况进行定量、定性的科学分析，挖掘出农作物与降雨量相关的规律，可为保障无人农场高效生产，趋利避害创造条件。降雨量测定方法主要以翻斗式雨量筒为主，通过测定 1min 内翻斗翻转的次数（通过干簧管开关状态判断）来计算降雨量。

（12）二氧化碳　二氧化碳是植物进行光合作用的重要原料之一，促进早熟丰产，增加果实甜度。畜禽场中的二氧化碳浓度过高会导致动物缺氧，发育迟缓，甚至引发疾病。因此，使用二氧化碳传感器实时在线监测无人温室或者无人畜禽场中的二氧化碳浓度，对于无人农场云管控平台精准调控无人温室作物的生长条件或无人畜禽场的通风换气具有重要的意义。二氧化碳浓度测量通常采用基于 Beer-Lambert 原理的红外吸收散射法，传感器响应速度快，灵敏度高，预热时间短。二氧化碳的最佳红外吸收点位于 4.26μm 处。

（13）大气压力　大气在地球重力场的作用下，对地球表面施予的压力，称为大气压力。单位面积上受到的大气压力，称大气压强。大气压力的变化是其他气候条件形成的关键要素，影响着农作物的地域分布。大气压力的变化同时影响着水中溶解氧的溶解度，大气压力降低，溶解度就变小。因此，针对无人农场环境大气压力监测，对于无人农场的气象预报和灾害预警具有重要意义。数字气压计的工作原理是在压敏元件上搭建一个惠斯通电阻桥，外界的压力变化引起惠斯通电阻桥臂的失衡，从而产生一个电势差，这个电势差与外界的大气压力呈线性关系。

4.2.2　农业动植物生理信息传感器

农业动植物生理信息传感器是将农业中的动物和作物的生理信息转换为易于检测和处理的量的器件和设备，是无人农场端 - 网 - 云中获取动植物生理信息的唯一途径。通过对植物生理信息的检测，可以更好地估计植物当前的水分、营养等生理状况，从而更好地指导灌溉、施肥等农业生产活动。通过对动物生理信息的检测，可以更好地掌握动物的生理状况，以便更好地指导动物养殖的生产和管理。植物生理信息感知传感器主要包括植物茎流、植物茎秆直径、植物叶片厚度、植物叶片叶绿素含量和植物归一化植被指数（NDVI）传感器等。动物生命信息感知传感器主要包括动物脉象、呼吸、体温、血压传感器等。

1. 植物生理信息感知传感器

（1）植物茎流　在作物蒸腾过程中，作物根系从土壤中吸收的水分通过作物茎秆送到叶面，并通过叶片气孔散发到大气中，茎秆中的液体一直处于流动状态。通常在植物茎秆的某一点处进行加热，根据加入茎流中的热量向上传输的速率以及与周边液流的热交换程度（热传输与热平衡理论），即可计算出茎秆的水流通量。植物茎流传感器可以长期连续观测无人农场植物茎秆的液流，是进行作物栽培、植物水分关系和植物生物量估算等研究的重要工具。

植物径流的热学测定方法主要有热扩散、热平衡和热脉冲法。热脉冲和热扩散法通过在作物活体内植入热源和温度探针的方法进行测量，尽管具有较高的测量精度，但是同时具有破坏性且不适合茎秆较细的植物的问题。为了弥补上述两种方法的不足，研究者对热平衡法进行了大量的研究。热平衡法测定茎流的思想是：如果向茎秆的一部分提供一定数量的恒定热源，在茎秆内有一定数量茎流流过的条件下，此处茎秆的温度会趋向于定值。在理想情况下，即不存在热损失时，提供的热量应等于被茎流带走的热量。

（2）植物茎秆直径和叶片厚度　利用作物本体的水分状况作为无人农场精量灌溉的依据，要比利用土壤水分状况更加可靠。通过直接监测植物生理指标确定植物体内水分含量的方法主要有叶片相对含水量、冠层温度、叶水势、气孔导度、茎秆直径与叶片厚度等。由于植物茎、叶、果实等器官体积的微变化与植物体内的含水量有直接关系，所以，茎秆直径变化法与叶片厚度法具有简单、无损、适合长期连续监测的优点。作物茎秆直径变化法采用线性差动变压位移传感器（LVDT）。考虑到植物叶片厚度通常在 $300\,\mu m$ 以下，且质地柔软，选择应力较小的线性差动电感式位移传感器（LVDI）进行叶片厚度测量较为合适。

（3）植物叶片叶绿素含量和植物归一化植被指数　植物缺乏氮、磷、钾、铁等营养元素时，其叶片的形态、植株的姿势等表型不同。叶色作为最简单的作物营养状况判断依据，其主要思想是：不同叶色，微观上表现为叶绿素含量、含氮量的不同，这些变化都会在叶片的光谱特性上有所反映。植物叶片叶绿素含量通常应用 SPAD 叶绿素计测定，通过测量叶片在两种波长的光谱透过率（650nm 和 940nm）来确定叶片当前叶绿素的相对数量（CRC）。检测植物营养状况的另一个重要参数是归一化植被指数（NDVI），通过660nm 红光反射率和 780nm 近红外光反射率组合计算获得，它反映着植被繁衍变化的信息。这两种指标可用于指导无人农场小麦、玉米、水稻、棉花等作物管理决策。

2. 动物生理信息感知传感器

动物的生理信号（心电、脑电、血压、呼吸、体温等）可反映其生命活动状态，无人畜禽场中养殖对象健康水平评估、疾病预防及诊治均需要监测动物的血压、体温、呼吸、脉搏等指标。动物生理信息感知传感器作为在不同养殖条件下获取动物生理数据的重要分析手段，其在监测过程中探测到的任何微小的机能变化或其对环境条件所起的刺激反应，都对无人畜禽场的健康管理具有极为重要的研究意义。

（1）动物脉象　动物体内各器官的健康状态、病变等信息不同程度地显现在脉象中。机体脉象中含有关于心脏、内外循环和神经等系统的动态信息，通过对脉搏波检测获得含有诊断价值的信息，可用预测机体内部某些器官结构和功能的变化趋势。脉搏传感器是一种能将各浅表动脉搏动压力转换成易于观察和检测电信号的元器件或者装置，目前有压力式脉搏传感器和光电式脉搏传感器，此外还有超声多普勒技术及传声器等。

（2）动物血压　动物血压是动物最为重要的生理指标之一，畜禽患有发热、血液病、心血管等疾病常常伴随着血压不正常。因此，针对无人农场畜禽的血压测定，在动物治疗和健康筛查方面具有重要的参考价值。血压间接测量法的基本原理是通过检测血管壁的运动、搏动的血流以及血液的脉波来间接测出相应的压力值。由此衍生出的经典方法有动脉张力测定法、容积补偿法和脉搏波速测定法。近年来，随着微机电系统（MEMS）技术的逐渐成熟，一种基于 MEMS 超声波贴片血压传感器应运而生，这款贴片传感器集成压电式电极阵列，通过超声波传导的方式捕获位于皮肤下方 4cm 处的血管直径信息。另外，这款贴片以一层薄薄的柔性有机硅基底制成，能够很好地贴合人体皮肤，即使皮肤发生弯曲、伸展等动作，也不会影响其传感器性能。笔者认为，这种采用超声波贴片测量人体血压的方法，对于无人农场动物可穿戴监测设备的研究提供了有力的技术保障。

（3）动物呼吸　畜牧和养殖产业中，对动物个体信息及其行为的智能感知与分析构成了精准畜牧的核心。动物呼吸异常，可能是由于遭受病毒感染、消化不良或者患有呼吸综合征等其他动物疾病。实时监测畜禽呼吸状况，对于无人畜禽场动物疾病预警、环境精准调控、降低养殖风险有着极其重要的作用。目前，针对动物的呼吸监测方法主要有人工观察法和无损监测方法两类。人工观察法依靠工人经验判断并记录动物的呼吸频率和强度，效率低，准确性差难以满足无人农场自动化控制的需求。无损监测法，顾名思义，即在不影响观测动物正常生活的前提下，采用现代信息技术（如机器视觉、Wi-Fi 信道分析、智能传感器）对养殖对象的呼吸特征进行监测的手段。使用先进传感器进行呼吸监测，具有低成本、快速、准确等特点。例如：基于体表心电图的特征分析，提取动物的呼吸节律；通过高灵敏气压传感器，检测动物鼻孔气流压强差来确定动物的呼吸强度等。

（4）动物体温　随着畜禽养殖集约化程度不断提高，动物群体患病的案例也屡见不鲜，患病的种类多样化（猪瘟、禽流感、蓝耳病等）且患病频率也在增加。体温作为动物最重要的生命特征之一，可用于判断多种动物疫病。因此，针对无人畜

禽场养殖动物进行大面积的体温精确监测，对于动物疫情的防控和治愈观察具有极其重要的意义。动物体温监测一般采用非接触式红外温度传感器或者接触式热敏型电阻传感器。通常为了安装和使用方便，选择集成度高、小尺寸、高精度的数字温度芯片做成无线标签的形式进行贴身测温。

4.2.3 农机状态检测传感器

智能农业机械实现自动化控制，是以安装在车身关键部位的传感器感知为依据，及时准确判断农业机械工作状况，发现潜在的问题并即时反馈调整，不仅能够延长农业机械的使用寿命，同时能够提高农机的工作精度、工作效率，降低工作能耗，节省资源的投入。根据传感元件和测量条件的不同要求，除广泛应用的应变式传感器外，在农机工作状态检测中应用较多的还有：光电、电感、电涡流、电磁式传感器等。

（1）应变式传感器　应变式传感器是由弹性元件、电阻应变片、外壳及补偿电阻等附件组成。应变片在传感器上的连接形式通常采用惠斯登全桥结构，每一桥臂上为单片或多片串联，这样可提高灵敏度并有温度补偿的效果。工作时，弹性元件受力变形，粘贴在弹性元件表面上的电阻应变片随之变形。当使用恒流源供电时，电桥的输出与应变片阻值变化量呈线性关系。应变式传感器在智能农业机械上的主要应用见表4-1。

表4-1　应变式传感器在智能农业机械上的主要应用

传感器名称	用　途
BLR-1型通用拉压力	测量农业机械的牵引力和悬挂测力
圆环式拉力传感器	测量拖拉机和农机的动态牵引力、牵引阻力，机具静态的重力、支反力等
六分力测力传感器	测量铧式犁耕地时，土壤对犁体作用力大小、方向及受力变化规律
耕深传感器	用来将犁的耕深变化量转换为电量的变换器
气体和液体压力传感器	测量拖拉机液压系统的压力、内燃机气缸的爆炸压力、植保机械的喷射压力和压差及犁铧表面所承受土壤的压力
加速度传感器	测量拖车机架、联合收割机底盘的振动和加速度
扭矩传感器	可用于联合收割机、旋转犁、开沟机等农业机械的功率及效率检测

（2）光电式传感器　光电式传感器按照光电元件输出量形式可分为模拟式和脉冲式两种。在农业机械的测试中应用较多的是脉冲式光电传感器。其基本原理是利用光敏二极管或光敏三极管在受光或无光照时"有"或"无"电信号输出的特性，将被测参量变换为易于检测的频率脉冲。由于光电式脉冲传感器具有结构简单、工

作可靠、测量精度高等优点，因而特别适合测量农业机械的转速、流量、扭矩、播种均匀性等参数（见表 4-2）。

表 4-2　光电式传感器在智能农业机械上的主要应用

传感器名称	用　途
SZGB-1 型光电式传感器	测量农业机械的转速
GS-1 型测速传感器	测量拖拉机作业时前进速度和驱动轮的打滑率
YHY 型油耗传感器	测量农业机械发动机的耗油量
光电式扭矩传感器	测量农业机械传动系统的性能参数

（3）电感式传感器　电感式传感器的工作原理是电磁感应，可以将位移、振动、流量、压力等非电量转化为线圈自感或互感系数的变化。电感式传感器具有检测结构简单、测量精度和灵敏度高、抗干扰能力强等优点，非常适合在智能农业机械机电控制系统中应用（见表 4-3）。

表 4-3　电感式传感器在智能农业机械上的主要应用

传感器名称	用　途
差动变压式传感器	测量农业机械位移量以及能够转为为位移的各种参数，如角度、拉压力，压差
摆角测量传感器	测量拖拉机上、下悬挂杆垂直和水平夹角以及转向机构的转向角度等
电感式牵引力传感器	测量农业机械的牵引力
流体压差传感器	测量植保机械风机的微压测量
液位测量传感器	测量农业机械油箱里油面的位置
振动测量传感器	测量拖拉机驾驶座位、拖车机架、联合收割机底盘的振动情况

（4）电涡流传感器　电涡流传感器主要是固定于框架上的扁平线圈，与一个电容器并联构成并联谐振回路。根据金属表面产生电涡流的原理，传感器线圈在高频信号的激励下产生高频交变的磁场。当被测体与传感器靠近时，被测体由于交变磁场的作用，表面上产生与磁场相交链的电涡流。电涡流的产生将损耗传感器线圈的能量。两者相距越近，能量损耗越大。线圈能量的损耗会使传感器的等效电阻和品质因素发生变化。被测体的物理性质变化时，传感器线圈的电路参数也会发生变化，因此用电涡流传感器可以将被测的非电量转换为电量来进行测量。电涡流传感器测量线性度和灵敏度高，抗干扰能力强、耐油污污染且具有静态和动态地无接触连续测量的优势，因此在农业机械测量压力、转速、厚度等参数方面应用广泛（见表 4-4）。

表 4-4 电涡流传感器在智能农业机械上的主要应用

传感器名称	用途
压力和力传感器	测量气吸式播种机的吸气压力、植保机械和联合收割机上风扇进出口的压力
转速传感器	测量旋耕机旋转轴、联合收割机的滚筒轴、功率分配轴等的转速
轴向位移传感器	测量农业旋转机械的轴向位移
偏心测量传感器	测量农业旋转机械的轴弯曲程度
滚动轴承状态传感器	测量农业机械滚动轴承、电机换向器整流片动态信息
厚度传感器	测量农业机械的金属板部件的形变量

除了上述四类传感器应用在农机状态检测以外,还有一些常见的传感器,如使用水温传感器检测农机水箱内的温度,检查农机是否正在超负荷使用;使用燃油温度传感器来实时监测工作过程中的燃油密度,以计算燃油密度和喷油脉宽,改善发动机的排放性能;使用霍尔传感器安装在农业机械动力输出档位控制杆上,通过霍尔传感器检测探头和霍尔传感器检测点的相对位置关系来判断农机是否正在作业;使用超声波、红外光栅、倾斜度等传感器监测农机作业深度等。

4.3 机器视觉技术与无人农场

机器视觉技术是指使用智能机器代替人类视觉进行物体和环境识别的技术。利用计算机来模拟人的视觉功能,通过视觉传感器获取外界信息,加以理解并通过逻辑运算,使信息在计算机中得以体现,最终用于实际检测、测量和控制。这是农业物联网"端"层中重要的信息获取手段。无人农场通过机器视觉系统实现对农田的实时监控并将农作物生长状况、病虫害等情况及时反馈给云端,进而远程控制农业机器人对农作物进行喷药、灌溉、施肥等操作。无人农场中农产品质量检测是利用机器视觉技术检测农产品有无质量问题,并从颜色、几何形状、缺陷程度等方面对其分级。无人农场中的作业机器人是一种集传感技术、监测技术、人工智能技术、通信技术、图像识别技术、精密及系统集成等多种前沿科学技术于一身,以农产品为操作对象,具有自主行走、定位、识别目标、协同合作,以及辨别颜色、纹理、气味特性的柔性自动化或半自动化设备。机器视觉技术在无人农场中充当着"眼睛"的角色,对提高无人农场生产的安全性和无人农场的智能化管理具有不可取代的作用。本节简要介绍了农业机器视觉系统的工作原理、关键技术和应用实例。

4.3.1　农业视觉信息处理系统框架

基本的农业视觉信息处理系统，需要集成光源、成像系统、图像数字化系统、图像处理软件系统、计算机系统、复杂一些的视觉信息处理系统，还会涉及机械设计、传感器、电子线路、可编程逻辑控制器（PLC）、运动控制、数据库等。视觉信息处理系统的基本框架如图 4-2 所示。

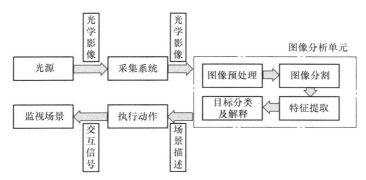

图 4-2　视觉信息处理系统的基本框架

视觉信息处理主要的步骤如下：

（1）图像采集　图像采集主要包括四个环节：照明、成像、光电图像转换和图像数字转换。

构建照明系统的关键是光源的选择。目前常用的光源分为两类：自然光源和人工光源。自然光源主要是太阳光；人工光源则包括热辐射光源（如白炽灯）、气体放电光源（如荧光灯）、固体发光光源（如 LED）、激光光源（如气体激光源）、辐射光源（如 X 射线）等。光源也可根据照射形式分为点光源和均匀光源。

成像系统由镜头完成，光电图像转换由摄像机或照相机实现，图像数字转换由图像采集卡完成。摄像机按响应光谱可以分为可见光摄像机、紫外线摄像机和红外线摄像机等，按成像芯片可分为 CCD 摄像机和 CMOS 摄像机两类，按 CCD 芯片类型可以分为线阵扫描摄像机和面阵扫描摄像机，还可以按色彩、灵敏度、输出速度等分类。图像采集卡按采集的视频信号分为模拟卡和数字卡，按数据传输方式分为 PC 总线卡、PC104 总线卡、IEEE1394 卡和 USB 卡，按视频信号的标准分为标准视频信号采集卡和非标准卡。

（2）图像预处理　图像预处理通常包括去除低频背景噪声、对单个粒子图像的强度进行归一化、去除图像的反射和掩蔽部分等。图像预处理的目的是改善图像数据，以抑制不必要的失真或增强关键图像特征，便于后续的图像处理。

（3）图像分割　图像分割是数字图像处理和分析中常用的一种技术，通常根据图像中像素的特征，将图像分割成多个部分或区域。图像分割可以包括前景和背景的分离，或者基于颜色或形状的相似性对像素区域进行聚类。

（4）特征提取　特征提取是一个降维过程，通过降维将原始数据的初始集合降维为更易于管理的组进行处理。这些大型数据集的一个特点是需要大量计算资源来处理大量变量。特征提取是选择和／或将变量组合成特征方法的名称，它有效地减少了必须处理的数据量，同时仍然准确、完整地描述了原始数据集。

（5）特征分类与目标识别　分类是运用某种决策标准将待分类数据集中每个元素分配到类别的某个有限集合的过程。分类的关键问题是如何确定分类标准，因此分类总是需要构造一个或多个决策函数，用于计算待分类目标与指定类之间的相似程度，并通过构造分类规则实现分类。图像识别是在图像特征分类的基础上，采用信息比对的方式，识别和检测数字图像中的对象的过程。

（6）理解与反馈　根据图像处理和分析结果，反馈到执行机构，实现预设的任务，如果蔬采摘、水果分拣、鱼病诊断、机器人视觉导航等。

根据上面的描述可知，农业机器视觉技术的重点是视觉图像特征的提取方法和原理，难点是视觉信息的模式识别方法及步骤。下面将对这两方面的内容进行简要的说明。

4.3.2　农业视觉信息增强与分割

1. 图像增强

农业数字图像由于成像系统、图像采集系统以及传输系统的不完善，往往存在大量的噪声而不能直接在自动视觉检测系统中使用，必须先对其进行噪声过滤、目标增强等图像预处理操作。图像中的噪声以高斯噪声和脉冲噪声为主，高斯噪声的特点是噪声强度的分布基本符合高斯分布，而脉冲噪声的特点是随机分布且强度为最大值或最小值，因此也称作椒盐噪声。对机器视觉系统来说，所用的图像预处理方法并不考虑图像降质原因，只将图像中感兴趣的特征有选择地突出并衰减其不需要的特征，因此预处理后的输出图像并不需要去逼近原图像。这类图像预处理方法统称为图像增强。

图像增强的目的是为了消除噪声、抑制背景并突出目标物，以便更容易地实现图像分割，得到清晰的目标物。图像增强技术按照算子所属的技术范畴分类，分为空域法增强和频域法增强。增强方法主要有直方图均衡、图像平滑、图像滤波、图像锐化等。

直方图均衡化是一种调整图像强度以增强对比度的技术。在图像强度直方图的指导下，通过改变像素值来修改图像的动态范围。图像的强度直方图是一个计数表，每个计数表代表一个强度值范围。计数表记录图像中每个强度值范围出现的次数。对于彩色（RGB）图像，R、G 和 B 分量中的每个分量都有一个单独的表条目。直方图均衡化创建一个非线性映射，该映射重新分配输入图像中的强度值，使得生成的图像包含强度的均匀分布，从而生成平坦（或接近平坦）的直方图。此映射操作是使用查找表执行的。由于更好地利用了可用的动态范围，因此生成的图像通常会将更多的图像细节显示出来。

直方图均衡化过程如下：

1）计算原图像的灰度直方图 $P_r(r_k)$。

2）计算原图像的灰度累计分布函数 S_k，进一步求出灰度变换表。

3）根据灰度变换表，将原始图像各灰度级映射为新的灰度级。

图像平滑，也称为"模糊"，目的是为了减少图像中的噪声或生成较少像素化的图像。大多数图像平滑方法都是基于低通滤波器。经典的低通滤波器包括归一化块滤波器、中值滤波器、非线性双边滤波器和高斯滤波器。锐化数字图像意味着去除模糊、增强细节和去叠。锐化过程基本上是对数字图像应用高通滤波器处理或者进行微分运算。

2. 图像分割

在计算机视觉中，图像分割是将一幅数字图像分割成多段的过程。分割的目的是简化与 / 或改变图像的表现形式，使之更有意义，更易于分析。图像分割通常用于定位图像中的对象和边界。更准确地说，图像分割是将标签分配给图像中的每个像素，使得具有相同标签的像素共享某些视觉特征的过程。图像分割的结果是一组共同覆盖整个图像的片段，或者是从图像中提取的一组轮廓。区域中的每个像素在某些特征或计算属性（如颜色、强度或纹理）方面相似，相邻区域在同一特征上存在显著差异。

传统的图像分割方法有基于区域的图像分割方法、基于边缘检测分割方法、基于小波分析的图像分割方法、基于遗传算法的图像分割及基于主动轮廓模型的分割方法。

分割不同对象的一个简单方法是使用它们的像素值。需要注意的一点是，如果对象和图像的背景之间存在强烈的对比度，那么它们的像素值将不同。在这种情况

下，我们可以设置一个阈值。低于或高于该阈值的像素值可以相应地分类（作为对象或背景），这种技术称为阈值分割。如果有多个对象和背景，则必须定义多个阈值，这些阈值统称为局部阈值。

在具有不同灰度值（像素值）的两个相邻区域之间始终存在一条边。边缘可以看作是图像的不连续局部特征。我们可以利用这种不连续性来检测边缘，从而定义物体的边界，这有助于我们检测给定图像中多个对象的形状。其中，滤波器和卷积是检测这些边缘的数学理论基础。

基于小波变换的阈值图像分割方法的基本思想是，首先由二进制小波变换将图像的直方图分解为不同层次的小波系数，然后依据给定的分割准则和小波系数选择阈值门限，最后利用阈值标出图像分割的区域。整个分割过程是从粗到细，由尺度变化来控制，即起始分割由粗略的 L2（R）子空间上投影的直方图来实现。如果分割不理想，则利用直方图在精细的子空间上的小波系数逐步细化图像分割。分割算法的计算会与图像尺寸大小呈线性变化。

遗传算法（GA）是一种模拟达尔文生物进化理论的随机搜索算法。基本思想是一个群体由许多个体组成，每个个体代表一个可行的问题解决方案。通过个体的适应度值来评价个体的质量，然后通过选择、交叉、变异等遗传操作来选择群体。不断演化到最优解，最后收敛到全局最优解。它是一种自组织、自适应的搜索算法，具有高度的并行性和优越的全局空间优化能力。基于遗传算法的图像分割技术将传统的图像分割算法与遗传算法相结合，以遗传算法为主要框架，利用传统图像分割算法的功能作为适应度函数，在复杂解空间中指导搜索方向。同时，利用遗传算法的高度并行性和良好的全局搜索能力，在描述图像特征的参数空间中找到一个"合适的点"来区分目标和背景。

主动轮廓模型是图像分割中最重要的算法之一。它可以分为两种类型：基于边缘的模型和基于区域的模型。根据边缘或梯度信息来驱动轮廓以识别期望对象的边界，但无法检测到边界较弱的物体。两种模型的成功与否取决于初始轮廓和对噪声的敏感性。与基于边缘的模型相比，基于区域的模型利用区域统计信息来控制主动轮廓的变化，从而优于基于边缘的模型，对初始轮廓和噪声的敏感度较低。

得益于不同学科、不同领域中的新理论和新方法，分割技术也在不断向前发展，涌现出诸如基于特征编码、基于区域选择、基于 RNN、基于上采样/反卷积、基于提高特征分辨率、基于特征增强、基于 CRF/MRF 等诸多新方法。分割算法的快速性和准确性一般无法同时兼顾。因此，如何提高图像分割算法的分割速度并保证分割精度，一直是人们不断追求的目标。

4.3.3 农业视觉信息特征提取与目标识别

1. 图像特征提取

对分割出来的农业目标进行特征提取，得到用于描述该目标的初始特征集合，这是实现农业目标分类的基础和关键。在保证分类精度不降低的前提下，从初始特征集合中选择出分类能力最强的最小特征子集，可以最大限度地降低分类器设计的复杂性并提高分类速度，这是实现在线实时分类的前提和保障。

颜色、形状和纹理是描述目标最常用的特征，但由于农业目标的种类很多、颜色与形状各异，因此很难使用某一种特征区分各种不同的农业目标。为了区别更多种类的农业目标，还需要增加纹理特征以反映目标的细腻程度。这样通过组合使用颜色、形状和纹理特征，就可以区分大部分农业目标，从而提高农业目标分类的准确率。常见的特征提取算法主要有 LBP 算子、HOG 算子、Laplacian 算子、Harris 算子、SIFT 算子及 SURF 算子等。

1）局部二值模式（LBP）是一种理论简单、计算高效的非参数局部纹理特征描述子。它基于当前像素值对相邻像素进行阈值化，可以有效地捕捉图像的局部空间模式和灰度对比度。

2）方向梯度直方图（HOG）特征描述子的原理是：图像中局部对象的外观和形状可以用强度梯度或边缘方向的分布来描述。图像关于 x 和 y 方向上的导数（梯度）可用，随着强度的突然变化，边缘和角落周围的梯度幅度会出现峰值，边缘和角落比平面区域包含更多关于对象形状的信息。因此，梯度方向的直方图被用作该描述子的特征。

3）拉普拉斯方法（Laplacian）在图像的二阶导数中搜索零交叉点来寻找边缘。边缘呈现斜坡的一维形状，计算图像的导数可以突出其位置。这种边缘定位方法具有"梯度滤波器"边缘检测滤波器家族的特征，也包括 Sobel 方法。如果渐变值超过某个阈值，则像素位置被声明为边缘位置，这种方法被称为拉普拉斯边缘检测。

4）Harris 角点检测器是一种具有旋转不变性、光照变化不变性和图像噪声不变性的著名兴趣点检测器。Harris 角不是尺度不变的，它是基于一个信号的局部自相关函数，其通过在不同方向上的少量位移来测量信号的局部变化。

5）尺度不变特征变换（SIFT）是目前应用最广泛的特征提取算法之一。它的尺度、平移和旋转不变性，对对比度、亮度和其他变换的鲁棒性，使其成为特征提取和目标检测的首选算法。SIFT 算法实现分四步：首先是检测尺度空间极值，接着是定位关键点，然后是确定方向，最后是对关键点进行描述。

6）SURF 特征提取算法基于与 SIFT 相同的原理和步骤，但是每个步骤的细节是不同的。该算法主要包括三个部分：兴趣点检测、局部邻域描述和匹配。SURF 算法借助 Haar 特征以及积分图像的技术，极大地缩短了算子的响应时间。

特征的质量直接影响分类的结果，而特征向量的维数则对分类器的复杂度和分类速度有一定的影响。特征选择的任务是从众多特征中找出那些最有效的特征，从而降低特征向量的维数进而达到简化分类器设计、提高分类速度和分类精度的目的。

为了选出对分类最有效的特征，需要制定一个标准来衡量特征的有效性。用分类器的错误率作为衡量标准是一种很自然的思路，即只要找到使分类错误率最小的那组特征就是最有效的特征。但在实际情况中，由于经常无法得知各类的先验概率和条件概率分布，使得计算错误率比较困难，因此经常使用类别的可分离性判据作为标准来衡量特征的有效性，如基于类内类间距离的可分性判据、基于概率分布的可分性判据、基于熵函数的可分性判据等。

2. 图像目标识别

图像识别主要研究待检测图像样本中已分割出目标的性质和属性，识别出目标对象的类别，从而让计算机理解图像的含义。图像识别是图像分析的延伸，根据从图像分析中得到的相关特征描述对目标进行归类，输出被检测样本目标的类别标号信息。

图像识别就是目标特征判别的过程，需要先对计算机进行训练，使其先"认识"各类目标，即把各类目标的特征集数据储存到计算机，并训练学习出一个目标分类模型，如此便赋予了计算机识别目标的能力；再输入未知目标的特征集，计算机调用分类模型进行计算，便输出目标类型，实现对未知目标的识别。

图像识别的关键是待检测目标的特征集与分类器的训练。识别过程中，特征维数并不是越多越好，也不是越少越好。特征数量多，容易造成信息冗余；特征数量少，信息量不足。因此，如何从高维原始特征集中选择出最能区分各类目标的某种或某几种组合特征是图像识别研究的重点。对图像特征集进行选择和降维的一般方法有主成分分析法（PCA）、蚁群优化算法（ACO）和遗传算法（GA）。

1）主成分分析法（PCA）是一种无监督线性降维技术，通过将高维空间投影到低维子空间来提取高维空间中的信息。可以基于相似数据点之间的特征相关性对其进行聚类，而不需要任何监督（或标签）。主成分分析是一种统计学过程，它使用正交变换将一组可能相关变量的观测值转换为一组称为主成分的线性不相关变量的值。

2）蚁群优化算法（ACO）是受观察真正的蚂蚁在寻找食物过程中发现最短路径启发而来的，其核心思想就是在寻找目标过程中通过正反馈机制确定最优路径。在解决特征选择方面的问题时，首先对原始特征集的所有特征进行编码；然后初始指定每个特征被选中的概率；蚂蚁根据初始概率随机选择特征并按随机比例变异；判断蚂蚁所选特征组成的特征集识别率是否达到预期；如果达到预期则确定最优特征子集，否则调整特征信息素，蚂蚁继续选择特征，直到达到预期目标。

3）遗传算法（GA）是启发于达尔文生物进化理论，通过生存竞争规则选择物种，在这种规则下最好的基因片段被保留以适应生存环境，而且有多种优秀基因片段均被保留时，多种优秀基因片段能融合进化出更优秀的物种。在用遗传算法选择最优特征集时，特征即基因，特征子集即物种，约束条件即生存竞争。

分类识别就是根据特征集数据判断单个样本类别的过程。主流的分类识别方法有贝叶斯分类、K-近邻（KNN）分类、人工神经网络（ANN）分类及支持向量机（SVM）等。

1）贝叶斯分类算法是一种利用概率统计知识，如最小错误率或最小风险贝叶斯决策规则进行分类的算法。

2）K-近邻（KNN）分类算法是一种非参数有监督学习技术。简单地说，KNN算法通过曼哈顿或欧氏距离在K个最近的例子中找到最常见的类来对未知数据点进行分类。K个最近的数据点中的每个数据点都会进行投票，投票数最高的类别获胜，K为交叉验证值。KNN算法是一种鲁棒性强、通用性强的分类器，常用作人工神经网络和支持向量机等复杂分类器的基准。

3）人工神经网络（ANN）分类算法属于机器学习的范畴，包括训练和分类两个阶段。训练是一个学习过程，其目的是为了调整神经元的连接强度，希望神经网络的输出与理想输出尽可能地一致。训练好的神经网络就可以直接实现分类。

模糊分类是指在分类过程中采用了模糊逻辑的方法或思想，经常和其他分类方法联合使用，比如模糊K-近邻、模糊神经网络、模糊支持向量机等。

4）支持向量机（SVM）算法是一种有监督的机器学习算法，可用于二值分类或回归。支持向量机构造一个最优超平面作为决策曲面，使得数据中两个类之间的分离裕度最大。支持向量是指训练观测的一小部分，用于支持决策曲面的最优位置，一般使用核函数进行内积运算来代替空间变换，以减少计算量。

4.3.4 机器视觉在无人农场中的典型应用

机器视觉技术在无人农场中的应用主要有三个方面：农业机器人、农作物病虫害监视和农产品质量检测。机械手系列农业机器人的主要目标是识别作业对象。2009年，中国农业大学的袁挺等人研制出国内第1台黄瓜采摘机器人。该机器人基于近红外光谱特征图像提取技术，分离黄瓜果实与茎叶后，再通过双目立体视觉进行目标识别与定位。2015年，上海交通大学贺橙林等人设计了一种基于机器视觉的苹果采摘机器人。该机器人使用中值滤波方法对苹果原始图像进行预处理，应用最大类间方差算法（Otsu）进行自适应阈值分割和Canny边缘检测获得苹果果实的边界轮廓；然后，依据随机Hough圆检测方法识别苹果形心在图像中的位置；最后，根据双目立体视觉原理计算出苹果的三维坐标。

机器视觉技术在农业机械自主导航应用方面，2013年，南京农业大学王宝梁等人基于开放式系统结构思想研制出一种农田喷药机器人。该研究通过垂直投影法定位作物行中心线，经图像预处理、Canny边缘提取、形态学运算等操作分离农作物与杂草，最终实现了机器人的自主行走和药物喷洒作业。2018年，辽宁工程技术大学李军锋等人提出一种基于混合阈值与偏移行中线的视觉导航路径识别方法，有效解决了农业机器人视觉路径识别易受光照和杂草影响、识别精度低以及行进速度慢等问题。

对于病虫害的防治，现多采用大规模喷洒药物的方式予以解决，不利于农业系统内部的可持续发展。在病虫害监视领域引入机器视觉技术，可针对确定的病害及虫害类别，实施小范围内有效的抑制与打击，进而促进农业领域视觉型智能化控制系统的开发与应用，确保农产品品质。2013年，浙江大学的韩瑞珍等人开发了一套大田害虫远程自动识别系统，研究首先通过Otsu法实现对害虫图像H空间的自适应阈值分割，然后应用SVM分类器对16个形态特征和9个颜色特征进行分类并自动识别。2019年，四川省农业机械研究设计院的潘梅等人开发了一套茶园害虫智能识别系统，该系统利用CCD相机+镜头+自然光源集成平台，实现茶园害虫图像的实时采集，图像预处理后通过阈值分割、形态学腐蚀和膨胀等方法实现害虫的精确定位，接着进行SIFT特征点提取，最后使用SVM技术实现茶园害虫的模式识别。

农产品质量检测一直是农产品分级中的一个难题。利用机器视觉技术，在农产品分选生产线上同时完成农产品质量检测和分级，是机器视觉在农产品应用研究上的方向和目的。例如，为了评价金边鲷的储存新鲜度，Dowlati等人采用一种数字彩色成像系统研究金边鲷鱼冰冻储藏过程中的表型变化，通过人工神经网络与简单回归算法的联用，挖掘出不同品质下的金边鲷鱼眼部和腮颜色视觉成像特征，结果表明利用腮颜色评价金边鲷鱼的新鲜度具有更高的精度。为了快速无损测定鱼的质量，Rerkratn 等人在紫外线灯光照条件下，应用图像分割算法获得鱼骨面积，在此基础上借助 K 均值聚类和阈值算法估计鱼片质量。为了实现对完整虾和破损虾快速、准确、无损的分离和鉴定，Zhang Dong 等人提出了一种基于进化构建（ECO）特征的质量评分算法，其中 ECO 特征提取来自 28 个图像，经过 Gabor、中值模糊、自适应阈值等图像变换，结果表明算法的识别准确率高达 95.1%。

4.4 遥感技术与无人农场

无人农场生产过程中，快速准确获取农作物的生长信息和环境信息成为制约无人农场发展的关键问题。遥感技术由于具有大面积同步无损观测、时效性强、客观反映地物变化等优点，一直作为获取无人农场空间信息的重要工具，已经在无人农场农作物长势监测、农作物病虫害防治、农作物干旱和冻害遥感监测等系统开发方面得到了广泛应用。本节主要论述了农业遥感技术的基本原理和主要方法。

4.4.1 遥感技术概述

遥感是一门艺术和科学，它在不与被研究对象直接物理接触的情况下，在一定距离内收集有关真实世界的物体或区域的信息。遥感是一种利用除地面外的空间技术监测地球资源，获得更高的精度和准确度的工具。遥感技术的原理（见图 4-3）是利用电磁波谱（可见光、红外线和微波）来评估地物的特征。目标对这些波长区域的典型响应是不同的，因此它们可用于区分植被、裸露土壤、水和其他类似特征。

遥感技术主要包括信息源、信息获取、信息处理和信息应用四大部分。在农业遥感监测中，农作物、土壤常作为遥感技术要探测的信息源。通过遥感技术中的遥感平台和传感器获得农作物长势、病虫害以及土壤养分、水分的相关信息，然后利用光学仪器和计算机相关设备对所获得的信息进行处理分析，同时与各种农业专业模型进行耦合或同化，提取有效信息。农田管理者可以依据这些有效信息，了解不同生长阶段中作物的长势，及时发现作物生长中出现的问题，采取针对性措施及时解决。

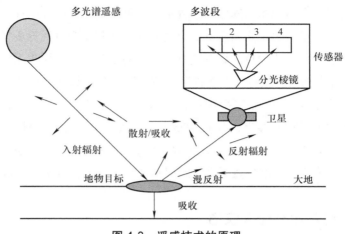

图 4-3　遥感技术的原理

4.4.2　农作物长势遥感监测

农作物长势泛指农作物的生长发育状况及其变化态势。对农作物长势的动态监测不仅是农情遥感监测与估产的核心部分，同时也是农作物品质监测的基础。作物生长早期的长势主要反映作物的苗情好坏，生长发育中后期的长势则主要反映作物植株发育形势及其在产量丰欠方面的指定性特征。作物长势间接反映土壤墒情、肥力及植物营养状况，利于精量控制施肥和灌溉，保证作物的正常生长。

基于遥感的农作物长势监测是建立在绿色植物光谱理论基础上的。由于植被光谱反射率与植被类型、种类组成、植被覆盖度、叶绿素含量、含水量、土壤物理特征、大气状况等多种因素有关，不同植物类型影响特征不同，即使是同一种植物，在不同的生长发育阶段，其反射率波谱率也细微差别。因而，可根据绿色植物反射率变化规律监测作物长势、物候期，以及识别作物类型。

图 4-4 所示为绿色植物叶片光谱响应特征及河北平原小麦长势遥感监测图。在可见光范围内（0.4~0.7μm）有两个吸收谷和一个反射峰，即 0.45μm 蓝光、0.65μm 红光和 0.55μm 绿光。在近红外区（0.7~1.3μm）反射率急剧上升，呈现出陡而突出的峰值，形成绿色植被的独有特征，主要是因为叶肉海绵组织结构内有很多具有很大反射表面的空腔，并且细胞内的叶绿体呈水溶胶状态，辐射能量大都被散射掉，形成高反射率所致。利用植被近红外高反射和红波段强吸收的差异，极大突出植被信息，区分绿色植物与土壤、水体等，也是植被生物量和长势监测研究的重要基础。

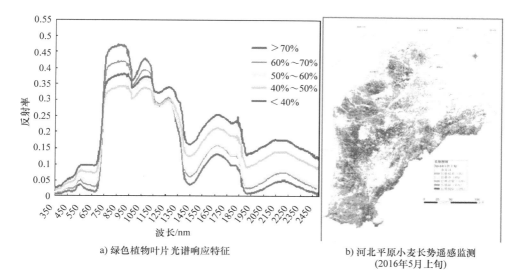

a) 绿色植物叶片光谱响应特征   b) 河北平原小麦长势遥感监测
（2016年5月上旬）

图 4-4　绿色植物叶片光谱响应特征及河北平原小麦长势遥感监测图

植被指数（VI）是对地表植物状况的简单、有效和经验的度量。植被指数的定义目前有 40 多种，不同定义来源于卫星可见光和近红外波段的不同计算组合。常见的植被指数有比值植被指数（RVI），主要用于监测大范围的森林虫害；差值植被指数（DVI），主要用于农作物成熟期冠层高光谱数据，进行估产研究；归一化差值植被指数（NDVI），具有可部分消除太阳高度角变化、卫星视角和大气影响等优点，常用于监测叶绿素含量、叶面积指数（LAI）、生物量与叶片氮素含量等作物长势关键参数。

4.4.3　农作物病虫害监测

农作物病虫害是无人农场生产上的重要生物灾害。为了有效地防治无人农场病虫害，首先必须及时、准确掌握病虫害的发生发展情况。应用遥感技术监测无人农场中的植物病虫害，主要通过以下途径：

1）应用可见光和红外遥感手段（被动遥感技术）探测病虫害对植物生长造成的影响，跟踪其演变状况，分析估算灾情损失。

2）应用可见光和红外遥感手段监测病虫害孳生地，即虫源或寄主基地的分布及环境要素变化来推断病虫害爆发的可能性。

3）应用微波遥感手段（昆虫雷达）直接研究害虫及寄主的活动行为。

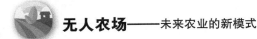

农作物生长过程中一旦遭遇病虫害，植物的叶片首先出现变化，可能有落叶、卷叶、残叶。微观生理上表现于叶绿体组织等遭受破坏，养分水分吸收、运输、转化等机能受到影响。这些变化必导致植物光谱反射特性的变化，通过分析高分辨、大比例遥感图像上的光谱变异情况，即可辨别出农作物受病虫害袭击的异化影像。由于作物种类、水分养分状况、生育期、所处地理位置等因素的不同。绿色植物叶片光谱特征各波段反射值的具体数据（见图4-4）会稍有差异，但这些光谱曲线的总轮廓特征基本保持一致。当植物感染病虫害时，随着病虫害危害的加重，一方面会引起植物叶片组织的水分代谢受阻，叶色黄化、褐化，以至枯死，光合作用速率下降，叶片的各种色素含量随之减少；另一方面害虫可能吞噬叶片或引起叶片卷缩、脱落，生物量减少。两种结果在植物光谱特征曲线上表现为可见光区（400～700nm）反射率升高，而近红外区（720～1100nm）反射率降低。这就是遥感技术能够探测植物病虫害的理论依据。

目前，应用地面高光谱遥感与高光谱航空影像解译分析相结合的方法对农作物病虫害进行监测较为常见。其主要技术流程包括：地面光谱获取加农学采样，航空高光谱影像获取、预处理及光谱重建，分析生化量、农学参量和光谱特征，病虫害光谱诊断模型的建立、验证，高光谱影像病虫害反演，病虫害波谱数据知识库构建，建立病虫害诊断专家系统及发布消息。

4.4.4　农作物干旱和冻害遥感监测

干旱和冻害是目前世界上最严重的两种自然灾害，其对农作物造成的损失巨大，随着全球气候的变迁，干旱和冻害发生的频率和强度愈演愈烈。传统的田间定点旱情、冻害监测法费时、费力、效率低、精度差，难以满足全球、区域尺度农业干旱、冻害监测的需求。近年来，随着各国遥感卫星的陆续发射升空，基于这些卫星影像的干旱和冻害研究迅速发展，极大地推动了农业干旱和冻害遥感监测的应用。

农业干旱遥感监测，其实是对土壤水分的遥感监测，根据工作原理不同，可分为以光谱反射率为基础的状态监测方法和以作物生长模型为核心的模拟方法两大类。第一类通过直接提取反射光谱的空间特征构建干旱指数，并结合农作物长势描述指标，推演出土壤的水分变化情况，衍生出的方法有基于土壤热惯量、基于蒸腾量、基于冠层温度和基于微波技术。第二类则以农作物生长模型为依据，基于农作物关键生长参数（如叶面积指数）准确反演，通过作物模型同化的方法，间接反映出土壤含水率，代表方法主要有基于作物长势、基于作物生长模型、基于综合冠层温度与作物长势。前者模型原理清晰、构建简单，不足是因地表复杂性限制带来的普适性问题。后者尽管使得干旱监测与作物生长特征摄水需求紧密结合，但是模型原理复杂且鲁棒性不强，限制了该方法的深入应用。

作物在遭受冻害后，作物的生理生态功能受阻，如叶片细胞结构破损、叶绿素含量、叶片含水量、光合作用速率等发生变化，导致红边位移，进而植被指数也会发生变化。采用改进的单一 NDVI 指数，或者通过主成分分析，寻找描述冻害程度的最优植被指数组合进行作物冻害监测与评价一直是前沿研究热点。

4.5 农业信息传输技术与无人农场

无人农场信息传输以网络为载体，高效、及时、稳定、安全的传递农业物联网"端"层获取的数据和农业物联网"云"层加工后的数据，在"云"层和"端"层之间起承上启下作用。信息传输是农业物联网正常运行的根本保证，更强调可靠性和安全性。本节从目前农业物联网需求大、应用面广、发展潜力大的农业信息有线传输和无线传输两种数据交换形式，阐释了网络传输的基本概念和核心技术，并对各种典型网络技术在农业物联网应用案例进行了简要的介绍。

4.5.1 农业信息有线传输技术

农业信息传输按照传输介质分类，可以分为有线通信和无线通信。有线通信是指通过双绞线、同轴电缆、光纤等有形媒质传输信息的技术。常用的农业信息有线传输技术有以太网和现场总线。无线通信是利用电磁波信号在空间中直接传播而进行信息交换的通信技术，进行通信的两端之间不需要有形的媒介连接，如 RFID、NFC、IRdA、Zigbee、Wi-Fi、LoRa、Bluetooth、NB-Iot 及 3G、4G、5G 等。通信技术主要是强调信息从信息源到目的地的传输过程所使用的技术，各通信技术之间的协同工作依据开放系统互联参考模型 OSI。

1）现场总线（Fieldbus）作为无人农场数字通信网络的基础，沟通了生产过程现场及控制设备之间、传感器之间及其与更高控制管理层次之间的联系。它不仅是一个基层网络，而且还是一种开放式、新型全分布控制系统。这项以智能传感、控制、计算机、数字通信等技术为主要内容的综合技术，已经受到世界范围的关注，成为自动化技术发展的热点，并将导致自动化系统结构与设备的深刻变革。

2）控制器局域网（CAN）总线是一种用于车辆内部通信的通信系统。该总线允许许多微控制器和不同类型的设备在没有主机的情况下进行实时通信。与以太网不同，CAN 总线不需要任何寻址方案，因为网络的节点使用唯一的标识符。这将

向节点提供有关所发送消息的优先级和紧急性的信息。即使在发生冲突的情况下，这些总线也会继续传输，而普通以太网则会在检测到冲突时立即终止连接。它是一个完全基于消息的协议，主要用于车辆。无人农场中的智能农机需要使用更多的电子控制单元（ECU），对农机作业过程进行在线测量和有效控制，如发动机性能在线监测、在线智能测产、变速器控制、变量播种、变量施肥等。每个 ECU 都只是独立的"信息岛"，而 CAN 总线可将各个"信息岛"通过网络互连的方式连接起来，在"信息岛"之间传递命令和数据信息，实现整个农业机械系统的集中监视和分布控制。CAN 总线实时性强、可靠性高、抗干扰能力强，在我国目前已经成功地应用于农业温室控制系统、储粮水分控制系统、畜舍监视系统、温度及压力等非电量测量与检测等农业控制系统。

3）RS-485 总线采用平衡发送和差分接收的半双工工作方式：发送端将 UART 口的 TTL 信号经过 RS-485 芯片转换成差分信号 A、B 输出，经过线缆传输之后在接收端经过 RS-485 芯片将 A、B 信号还原成 TTL 电平信号。RS-485 总线传输速率与传输距离成反比。使用该标准的数字通信网络能在远距离条件下以及电子噪声大的环境下有效传输信号。基于上述 RS-485 总线技术的特点，无人农场固定装备的分布不规则性对 RS-485 的传输无影响，RS-485 总线可以用于无人农场中的数据传输及控制指令传输。

4）SDI-12 总线是美国水文和气象管理局所采用的数据记录仪（Data Logger）和基于微处理器的传感器之间的串行数据接口标准。SDI-12 总线技术属于单线总线技术，即在一根数据线上进行双向半双工数据交换。SDI-12 总线至少可以同时连接 10 个传感器，每个传感器线缆长度可以是 200ft（60.96m）。SDI-12 总线的通信速率规定为 1200bit/s。SDI-12 设计的目标是为了实现电池供电低耗电、低成本、多个传感器并行连接等。目前，国内基于 SDI-12 协议的产品主要集中在环境气象、水文、土壤监测传感器，以及具有 SDI-12 接口的数据采集器等。

5）以太网（Ethernet）是应用最广泛的局域网通信方式，同时也是一种协议。以太网接口就是网络数据连接的端口。以太网使用总线型拓扑和 CSMA/CD（即载波多重访问 / 碰撞侦测）的总线技术。无人农场可充分利用现成的以太网网络实现远距离的数据采集、传输和集中控制。例如：网络型环境监测传感器，带有 RJ45 网线接口，集成网关通信功能，支持 TCP Modbus 或主动上报监测数据至服务器的功能；网络摄像头，带有除了具备一般传统摄像机所有的图像捕捉功能外，机内还内置了数字化压缩控制器和基于 Web 的操作系统，使得视频数据经压缩加密后，通以太网送至终端用户，而远端用户可在计算机、手机上使用标准的网络浏览器，根据网络摄像机的 IP 地址，对网络摄像机进行访问，实时监控目标现场的情况，并可对图像资料实时编辑和存储，同时还可以控制摄像机的云台和镜头，进行全方位地监控；固定式的网络型农业生产设备，即通过局域网组网的方式，对其进行集中统一生产管理，达到协同互联的目的。此外，以太网还广泛应用于无人农场技术集成中管理与控制终端、以太网交换机 / 路由器、Web 应用服务器、数据库服务器、光载无线交换机、GPRS/3G 网关等设备之间的接口互联。

4.5.2 农业信息无线传输技术

无线通信是指利用电磁波信号在自由空间中传播的特性进行信息交换的一种通信方式。无线通信技术有诸多优点，使用无线通信技术的设备之间无须铺设线缆，通信不受农业环境限制，抗干扰能力强，网络维护成本低，且易于扩展。无线通信技术沟通了农业各要素之间的联系，使得无人农场中的各种固定农业机械、移动机器人、传感器、机器视觉以及遥感监测平台之间的信息交互变得更加简单、高效和智能。

常见的无线通信传输技术按照传输距离的不同分为三种：近距离无线通信技术、短距离无线通信技术和远距离无线通信技术。

1. 近距离无线传输技术

1）射频识别（RFID）利用电磁波自动识别和跟踪附着在物体上的标签。RFID 标签由一个微型无线电转发器、一个无线电接收器和一个发射器组成。当由来自附近 RFID 读取器设备的电磁询问脉冲触发时，标签将数字数据（通常是识别库存编号）发送回读取器。RFID 标签有无源标签和主动标签两种类型。无源标签是由来自 RFID 阅读器的询问无线电波的能量驱动的。主动标签由电池供电，因此可以在距离 RFID 阅读器更大的范围内读取，可达数百米。与条形码不同，标签不需要在读卡器的视线范围内，因此它可能嵌入到被跟踪的对象中。RFID 是一种自动识别和数据捕获（AIDC）技术，其具有读取距离远、识别速度快、数据存储量大及多目标识别等的优点，在农畜产品安全生产监控、动物识别与跟踪、农畜精细生产系统、畜产品精细养殖数字化系统、农产品物流与包装等方面已广泛应用。

2）近场通信（NFC）顾名思义是射频识别（RFID）技术的一个子集。随着当今消费电子的不断发展，它越来越受到人们的欢迎。这种无线通信技术提供的是低带宽和高频率，允许在厘米范围内传输数据。NFC 工作频率是 13.56MHz，可以提供高达 424kbit/s 的传输速率。NFC 标签基于 ISO14443 A、MIFARE 和 FeliCa 标准进行通信和数据交换，其不需要进一步配置即可启动会话来共享数据，具有很好的舒适度和易用性。NFC 标签的阅读也非常简单，只需将其贴近 NFC 阅读器即可完成阅读，不需要提前建立连接，NFC 这一特性源于感应耦合的架构使用。此外，NFC 兼容蓝牙和 Wi-Fi。基于 NFC 的技术特点及优势，其在农业物联网领域中的应用不断被发掘，如农产品入库、流转、运输等流通场景。RFID 标签与 NFC 阅读器的组合，能够很好地应对物流的需求，保证仓库管理各个环节数据输入的速度和准确性。

3）IrDA 是红外数据协会的缩写，该协会制定了近距离红外通信标准。IrDA 红外通信是一种廉价、安全且广泛采用的视距无线传输技术，允许设备之间轻松地点对点定向"通话"。IrDA 要求通信设备之间无遮挡且短射程，限制了其在农业生产中的应用，一般仅限于近距离人机遥控操作。

2. 短距离无线传输技术

1）Zigbee 通信是在 IEEE 802.15.4 无线个人局域网（WPANs）标准上专门为控制和传感器网络而构建的，是 Zigbee 联盟的产品。该通信标准定义了物理层和媒体访问控制层（MAC），用于距离短、功耗低且传输速率不高的各种电子设备之间进行双向数据传输。Zigbee 无线个人局域网可以工作在 868MHz（欧洲标准）、902 ～ 928MHz（北美标准）和 2.4GHz（全球标准）频段。其中，250kbit/s 的数据传输速率最适合传感器和控制器之间的周期性数据、间歇性数据和低反应时间数据传输的应用。Zigbee 支持主对主或主对从通信的不同网络配置。此外，它还可以在不同的模式下运行，从而节省电池电量。Zigbee 网络可以通过路由器进行扩展，并允许多个节点相互连接，以构建更广泛的区域网络。

Zigbee 网络系统由不同类型的设备组成，如 Zigbee 协调器（ZC）、路由器（ZR）和终端设备（ZED）。每个 Zigbee 网络必须至少由一个充当超级管理员和网桥的协调器组成。Zigbee 协调器负责在执行数据接收和发送操作时处理和存储信息。Zigbee 路由器充当中间设备，允许数据通过它们来回传递到其他设备。路由器、协调器和终端设备的数量取决于网络的类型，如星型、树型和网状网络。

目前 Zigbee 技术已普遍应用于农业生产中。可以选用 Zigbee 模组和传感器组成低功耗、低成本的无线采集节点，通过无线组网的方式与网关互联；网关再将传感器的数据通过有线或者远距离无线传输的方式上传到服务器；服务器根据获取到的传感器数据进行数据库管理和决策支持。

2）蓝牙（Bluetooth）是一种基于 IEEE802.15.1 无线技术标准的短程通信技术，旨在取代连接便携式设备的电缆，保持高度的安全性。蓝牙技术是在 Ad-Hoc 技术的基础上开发的，也称为 Ad-Hoc Pico 网，是一种覆盖范围非常有限的局域网。蓝牙技术的低功耗和高达数十米（10 ~ 100m）的传输范围为多种使用模式铺平了道路。蓝牙技术在 2.4 ~ 2.485GHzISM 频段下工作，使用调频扩频，全双工信号（标称跳频为 1600hop/s）。蓝牙 1.2 版支持 1Mbit/s 数据传输速率，蓝牙 2.0 版引入了 EDR 标准，支持 3Mbit/s 数据传输速率。蓝牙芯片价格昂贵，且信号容易被干扰，因此在农业中的应用较少。当需要在农业现场建立近距离的人机无线交互时，利用智能手机或者平板计算机中的蓝牙功能及 App 进行控制可能是一个不错的选择。

3）Wi-Fi 是一种 WLAN（无线局域网）技术。它在移动数据设备（如笔记本计算机、平板计算机或电话）和附近的 Wi-Fi 接入点（连接到有线网络的特殊硬件）之间提供短程无线高速数据连接。最新 Wi-Fi ac 标准允许每个通道的速率高达 500Mbit/s，总速率超过 1Gbit/s。Wi-Fi 802.11ac 仅在 5GHz 频段运行。Wi-Fi 比任何通过 GPRS、EDGE 甚至 UMTS 和 HSDPA 等蜂窝网络运行的数据技术都要快得多。Wi-Fi 接入点覆盖的范围为室内 30 ~ 100m，室外单个接入点可覆盖约 650m。

Wi-Fi 技术在农业中的应用比较广泛。在植物工厂中，基于 Wi-Fi+Zigbee 智能控制系统，可将植物生长阶段的各项指标进行调节、定时定量及定位等系统运算处理，将传感器采集的信息进行数字化，并实时传送到网络平台，通过服务器及相关软件处理及信息汇集，精确地控制如浇灌、增氧、窗帘开关及补光等相关设备。

4）Lo-Ra 是 LPWAN 通信技术中的一种，是美国 Semtech 公司于 2013 年发布的一种基于扩频技术的超远距离无线传输方案，主要工作在全球各地的 ISM 免费频段（即非授权频段），包括主要的 433MHz、470MHz、868MHz、915MHz 等。其最大的特点是传输距离远（1 ~ 15km），功耗低（接收电流 10mA，休眠电流 <200nA），组网节点多，节点/终端成本低。Lo-Ra 应用前向纠错编码技术，在传输信息中加入冗余，有效抵抗多径衰落，提高了传输可靠性。

就 Lo-Ra 网络的实际体系结构而言，终端节点通常处于星型拓扑结构中，网关如同一个透明的网桥，负责在终端节点和后端中央网络服务器之间中继消息。网关到终端节点的通信通常是双向的，也可以支持多播操作，这对于诸如软件升级或其他大规模分发消息等功能很有用。此外，Lo-Ra 采用了唯一的 EUI64 网络层密钥、唯一的 EUI64 应用层密钥以及设备特定密钥（EUI128）三层加密方法，确保 Lo-Ra 网络保持足够的安全性。基于 LoRa 的上述优势，使得 LoRa（终端＋网关）集成

方案成为农业物联网大规模推广应用的一种理想的技术选择。支持 LoRa 的设备可处理无人农场中发生的众多情况，从跟踪漫游在巨大牧场中的牛群到监控土壤湿度，LoRa 技术简化并改善了每种智慧农业应用的日常运行。

3. 远距离无线传输技术

全球移动通信系统（GSM），是移动电话用户广泛使用的数字移动网络。GSM 使用时分多址（TDMA）与频分多址（FDMA）两种多址技术，它将频带分成多个信道。通过 GSM，语音被转换成数字数据，数字数据被赋予一个信道和一个时隙。在另一端，接收器只监听指定的时隙，并将呼叫拼凑在一起。很明显，这种情况发生的时间可以忽略不计，而接收者并没有注意到发生的"中断"或时间分割。GSM 是三种数字无线电话技术（TDMA、GSM 和 CDMA）中应用最广泛的技术。与第一代移动通信系统相比，GSM 突出的特征是保密性好，抗干扰能力强，频谱效率高和容量大。

码分多址（CDMA）是一种使各种信号占据一个传输信道的复用技术。它通过扩频方法优化了可用带宽的使用。该技术通常用于超高频（UHF）蜂窝电话系统，频带范围为 800MHz ~ 1.9GHz。码分多址系统不同于时频复用系统，在这个系统中，用户可以在整个持续时间内访问整个带宽，其基本原理是利用不同的 CDMA 码来区分不同的用户。CDMA 技术特点是具有很强的抗干扰能力，保密性能好，通信质量高，建网成本低和低功率密度。

GSM 和 CDMA 是不同的两种 2G 网络制式。中国移动和中国联通采用的 2G 网络制式为 GSM，而中国电信的 2G 网络制式采用了 CDMA。基于 GSM 和 CDMA 的第二代移动通信技术在网络化分散、广域作物监测领域已经进行了广泛的集成与应用，如早期利用 CDMA 进行涉农信息的传输，基于 GSM 或 CDMA 短消息技术的土壤墒情、温室环境、农业气象实时信息采集系统。

GPRS 是一种分组交换技术，能够通过蜂窝网络进行数据传输。用于移动互联网、彩信等数据通信。理论上，GPRS 的速率限制是 115kbit/s，但在大多数网络中大约是 35kbit/s。非正式地说，GPRS 也称为 2.5G。GPRS 覆盖面广，接入速度快（<2s），实时性强，非常适合用于间歇的、突发的、频繁的、小流量的数据传输。

农业远程信息监控工作中，野外环境监测站与监测中心远程服务器之间的数据交换以 GPRS 网络为桥梁。现场监测站周期性采集各个传感器所测量的农业环境信息，同时进行数据帧打包，并控制 GPRS 模块将包含环境信息的数据帧发送到 GSM 基站。数据帧经 SGSN 封装处理后，将被上传到 GPRS 网络上。接着，GGSN

从 GPRS 网络获取对应的封装数据且对数据进行进一步处理后，即可借助 Internet 网络将数据传输到远程服务器端。

第三代移动通信技术，即 3G 网络技术，通常包括高数据速率、始终处于数据访问状态和更大的语音容量。高数据速率可能是最突出的功能，当然也是最热门的功能。3G 支持实时、流媒体视频等高级功能。目前有三种不同的 3G 技术标准，即美国 CDMA2000、欧洲 WCDMA、中国 TD-SCDMA。

TD-SCDMA 是时分同步码分多址技术的简称，是以我国知识产权为主，被国际上广泛接受和认可的无线通信国际标准。TD-SCDMA 集 CDMA、TDMA、FD-MA 技术优势于一体，频谱利用率高，抗干扰能力强。它采用了时分双工、联合检测、智能天线、上行同步、软件无线电、动态信道分配、功率分配、接力切换、高速下行分组接入等关键技术。

基于 3G 的第三代农业移动互联技术不仅能够提供所有 2G 的信息化业务，同时在农业视频远程诊断、农业环境远程监控、农业短信息服务、农业参考咨询服务、农业移动流媒体服务、农业远程教育服务等方面能够保证更快的速度，以及更全面的业务内容。

4G 是第四代无线技术的缩写，是一种可用于手机、无线计算机和其他移动设备的技术。这项技术为用户提供了比第三代（3G）网络更快的互联网接入速度，同时也为用户提供了新的选择，如通过移动设备接入高清（HD）视频、高质量语音和高数据速率无线信道的能力。4G 技术的无线宽带上网、视频通话等功能非常适合在田间或养殖场开展实时、交互式的农业信息技术服务，如大田病虫害辅助诊断、养殖场畜禽疾病辅助诊断等。带有 4G 模组的嵌入式终端，如摄像头、智能手机、PAD 等，可以高速无线上网，且体积小，易携带，续航能力强，从而解决了农业信息化设备野外部署环境制约问题。

NB-IoT 是一种适用于 M2M、物联网（IoT）设备和应用的窄带无线电技术，属于低功耗广域网（LPWAN）的范畴，需要以相对较低的成本在更大范围内进行无线传输，并且电池寿命长，功耗小。NB-IoT 使用 LTELTE 授权频段，使其设备能够双向通信。NB-IoT 的优点是利用移动运营商已经建成的网络，从而确保建筑物内外的充分覆盖。NB-IoT 一个扇区能够支持 10 万个连接，支持低延时敏感度、超低的设备成本、低设备功耗和优化的网络架构。NB-IoT 终端模块的待机时间可长达 10 年。在同样的频段下，NB-IoT 比现有的网络增益 20dB，相当于提升了 100 倍覆盖区域的能力。

随着 NB-IoT 技术的发展，农业物联网也开始采用 NB-IoT 技术。由于其超低功耗、超强覆盖、超低成本、配置简单等优势，及时地解决了当前农业物联网的难点和痛点，为农业物联网提供了技术保证，同时促进了农业物联网的快速发展。当前，NB-IoT 技术在农业中的应用还处于探索阶段，主要聚焦在农田环境监测与牲畜生理监测领域。

5G 是基于近些年移动数据流量暴涨、移动通信频谱稀缺、网络容量不足等挑战发展起来的第五代蜂窝移动通信系统。5G 的性能目标是高数据速率、减少延迟、节省能源、降低成本、提高系统容量和大规模设备连接。5G 网络技术的主要优势在于，Gbit/s 的峰值速率能够满足高清视频、虚拟现实等大数据量传输。另一个优点是空中接口时延低于 1ms，满足自动驾驶、远程医疗等实时应用。此外，5G 支持多用户、多点、多天线、多摄取的协同组网以及跨网自适配。

无人农场需要网络支持海量的设备连接和大量小数据包频发。由于农业物联网设备常常部署在山区、森林、水域等 4G 信号难以到达的地方，因此亟须基于 5G 技术实现对农业物联网升级。例如：在智慧蜂业应用中，由于养蜂基地常常处于偏远山区，无法通过 4G 网络对蜂群的生理特征进行实时监视，因此非常适合应用 5G 技术进行数据传输。在深海养殖中，采用 5G 技术进行高通量的高清视频传输和监控，能够很好地解决光缆铺设成本高、难度大的问题。在数字果园应用中，借助 5G 技术，攻克无人农机的反应延迟等关键技术难题，支持无人农机实时多媒体数据的采集和传输，实现无人农机的精准移动巡检、果园产量精准预测。可以想象，5G 技术将在未来的几年给农业带来颠覆性的变化，无人农场将布满传感器，大量机器视觉、人工智能等新技术与智能设备将一起融入农业，物联网云端将处理更加复杂的海量业务，种植技术智能化、农业管理智能化、种植过程公开化、劳动管理智能化水平将取得突破性进展。

4.6　面临的问题与发展方向

物联网技术是新一代信息技术的高度集成和综合应用，是支持无人农场无人作业、物物互联互通的关键技术。

农业传感器作为现代农业信息化发展过程中必不可少的组成部分，对于无人农场的发展起着至关重要的作用。到目前为止，农业遥感的发展仍存在一些问题，影响了农业遥感的产业化运行。

1）监测精度的问题。由于遥感技术本身具有不确定性，导致农业遥感监测会产生来自多方面的误差。既有遥感数据本身带来的误差，也有分类识别解译和反演过程中产生的误差。

2）农情遥感机理和定量研究不足的问题。由于地表作物类型、分布情况和生长发育的复杂性及成像条件等因素，农作物遥感影像上会产生"同物异谱"和"同谱异物"现象，需要进一步从作物成像和产量形成机理上来定量研究农业遥感。

农业物联网中，农业遥感技术无论是从农业遥感监测应用程度来看，还是就遥感技术本身而言，今后不仅有很大的发展空间，而且代表了未来的发展趋势。

1）为提高农作物识别精度、遥感定量反演精度，将来应尽可能地综合采用多源遥感数据（从低空间分辨率到高空间分辨率，从多光谱到高光谱，从光学遥感技术到雷达技术、激光雷达技术）。

2）农情遥感监测中的作物波谱、类型识别模型和产量预测模型的定量研究将会在应用的驱动下进一步深入。

3）地理空间人工智能结合了空间科学、机器学习中的人工智能方法、数据挖掘和高性能计算，可从空间大数据中提取知识。这是农业遥感技术未来的发展方向之一。

无人农场是农业发展的终极目标，未来无人农场将全面部署海量的智能设备，有负责监测农场环境信息的微纳传感器，有执行作业生产和自动巡检的仿生机器人，也有农产品智能分选及节能加工装备，所有设备通过农业物联网的云 - 网 - 端互联互通。无人农场能否以最优的生产条件去运行，直接取决于设备间"协同合作"的实时性、安全性、可靠性、精确性。在未来，农业物联网的"网"层对农业信息传输技术的要求有以下几点：

1）无缝化网络覆盖，即无人农场中的所有网络设备接入网络不受地理位置、时间的限制。

2）传输速率的峰值能达到 100Gbit/s ~ 1Tbit/s，定位精确到厘米级，网络延时缩小到微秒级。

3）具有网络中断概率小于百万分之一的超高可靠性和每立方米百个设备连接的高密度。

4）支持多网融合、业务融合，地面、卫星、机载网络三方的无缝连接。

5）与人工智能等新技术的深度融合，提升农业装备在感知、定位、资源配置等方面的智能化水平。

6）在网络传输安全方面，未来的农业信息传输技术应具备抵御网络攻击和追查攻击源头的能力。

第 **5** 章 大数据与无人农场

无人农场在生产过程中，通过在基础设施中搭建智能传感器等数据感知装备，获取无人农场的遥感数据、生产环境数据、动植物生命信息以及网络涉农数据等，实现源源不断的农场数据获取。基于庞大的农场大数据，要想实现无人化精准管控，必须经过大数据处理、存储及分析，将海量农场数据中的有用信息挖掘出来，并应用于无人农场中的智能装备，进行精准作业，从而实现精准化、智慧化以及个性化管控。因此，若想实现无人农场无人化精准管控，其最大的基础需求就是海量、有效的农场大数据。

5.1 概述

5.1.1 无人农场的大数据需求

无人农场之所以能实现无人化管控，其最关键的基础就是农场大数据，其代替了人的视觉感知（数据获取）、双手（控制、执行及应用），甚至是大脑（智能处理、决策），来驱动农场内的一切农事操作井然有序地进行（见图 5-1）。但是无人农场内部包含无人鸡场、无人猪场、无人牛场、无人渔场、无人大田和无人温室，以及各种智能装备（无人机、无人车、无人船、机器人等）等，其在生产过程中会产生海量的数据，这些海量数据具有来源广泛、参数复杂、类型丰富的特点。因此，如何获取大量的农场数据并从中提取有用信息服务于无人农场成为最关键的问题。大数据技术作为目前农业领域智慧管理的最新技术，其最大的优势是通过采用相关技术，从具有海量、多来源、多类型等特征的数据中，挖掘有用信息并服务于生产过程智慧化管理。因此，无人农场管理迫切需要大数据技术的支撑。

图 5-1 无人农场简化网络物理系统

在无人农场日常生产过程中，农场内的智能装备需要大量的实时数据支持，以指导进行精准的农场作业。例如：获取作物的生长环境信息，用以指导施肥、灌溉等；获取动植物生理生态信息，用以指导投喂、出圈等；获取机器或者设备的运作、轨迹信息，用以指导机器人采摘、避障作业等。单一的数据采集手段无法完全获取农场内的全部信息，具有相当大的局限性，无法满足精准作业的数据需求。因此，无人农场亟须采用遥感、视觉、智能传感器等大数据获取技术，采集动植物生长环境数据、动植物生理生态数据以及服务于无人农场的智能装备数据等。

无人农场内部无人牛场、鸡场、渔场以及大田等数据获取系统彼此独立管理，数据获取手段及数据来源均存在差异性，进而造成不同系统获取来的海量数据中存在数据异常、重复相似性数据多、数据冲突、类型多、格式差异明显、多媒体数据占用内存大等挑战。因此，无人农场亟须采用数据清洗、集成、转换、规约等大数据处理技术，从大量的数据中获取有效的信息，为后期数据存储及分析应用奠定良好的数据支持。

无人农场生产环境复杂，生产过程容易受到外界环境及气候的干扰，要想实现无人化管理，必须获取各种无人农场相关的历史数据来总结规律，进行精准决策与作业。但是，当数据来源于同一个养殖或者种植设施时，其彼此之间关联性强；当将无人农场内各个基础设施的数据都获取的时候，其彼此之间关联性不强，这为海量大数据的存储带来了挑战。因此，无人农场亟须采用大数据存储技术对农场数据进行高效、有序、合理的存储。

无人农场大数据分析是实现无人农场智慧化、精准化无人作业及管控的关键所在。针对存储的无人农场内不同基础设施的海量大数据，必须通过从数据中获取相关规律代替传统的人为经验知识，然后驱动农场内的智能装备进行精准作业，进而实现无人农场的精准管理及决策。因此，无人农场亟须采用大数据分析技术，从海量大数据中获取农场无人化管控所需要的知识及规律。

5.1.2 大数据关键技术

大数据技术就是可以从海量的多种多样的数据中提取有价值信息的能力，其可实现对大容量、多类型、高复杂性数据的处理及分析。而无人农场正是基于数据驱动的一种新兴产业模式，其内部包括各种基础设施，时时刻刻产生海量、多类型的农场数据。因此，大数据技术恰能满足无人农场的精准作业需求。无人农场中采用的大数据技术主要包括大数据获取、大数据处理、大数据存储、大数据分析与大数据应用（见图5-2）。最终要实现的目标就是从无人农场获取的海量大数据中挖掘有用信息，并服务于农场生产过程智能化、自动化及无人化。

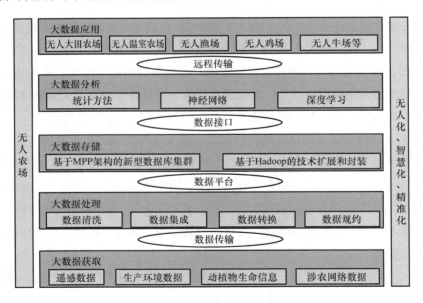

图 5-2 无人农场大数据五大关键技术逻辑导图

1）大数据获取主要是为了解决第一大技术需求——如何获取多来源数据。农场大数据主要来自于农场内部的智能设备、环境传感器以及相应的自主作业监控等，它是实现无人农场产业生态的基础。大数据获取方式主要有 Web、流媒体、移动端、传感器、视觉、遥感等。

2）大数据处理主要是为了解决第二大技术需求——如何处理杂乱的多源数据。农场大数据主要包括非结构化数据、半结构化数据及结构化数据三种类型。为了避免原始数据的噪声干扰，将数据格式进行规范，为数据挖掘奠定基础。大数据处理主要包括数据清洗、数据集成、数据规约、数据转换等。

3）大数据存储主要是为了解决第三大技术需求——如何存储海量大数据。从简单的开放系统的直连式存储（DAS）、网络附加存储 (NAS)、存储区域网络（SAN）等存储方式，逐步扩展到数据聚合平台，最终形成云服务，主要包括基于大规模并行处理架构（MPP）架构的新型数据库集群技术及基于分布式系统基础架构（Hadoop）的技术扩展和封装技术。

4）大数据分析与应用主要是为了解决第四大技术需求——如何挖掘有用信息。相关技术主要包括统计技术、神经网络技术以及深度学习技术。大数据分析与应用是无人农场大数据产业链的关键环节。从海量数据中，运用大数据挖掘技术获取潜在有用信息，解决农场生产过程中各种问题，从而实现无人农场大数据服务的精准化、个性化和智能化。

综上所述，无人农场需要大数据实时获取技术、大数据智能处理技术、大数据存储技术和大数据分析与应用技术，后边的章节将对这些技术进行详细介绍。

5.2　大数据获取技术与无人农场

5.2.1　基本定义

大数据技术的优势之一就是可实现对多来源数据的采集及处理。农场大数据获取技术主要指通过在无人农场内部搭建智能传感系统来获取生产环境信息、动植物生命信息等数据，为农场的无人化精准管控奠定数据基础。其主要包括网络通信体系、农业数据传感体系、传感适配体系、软硬件接入体系及智能识别体系，可实现对非结构化、半结构化、结构化的大量数据的智能识别、跟踪定位、接入传输、数据转换、监控处理及管理应用等。数据获取的技术主要包括地面传感器、遥感卫星、物联网、智能移动终端、射频技术等。同时，针对网络农业相关数据，可采用网络爬虫技术、开放应用程序编程接口（API）等智能、新颖、高效的数据获取技术。

5.2.2 关键技术与原理

1. 无人农场遥感数据获取

无人农场遥感数据获取主要是指通过遥感搭载相关设备等对无人农场内的作物种植区域进行大范围测量、远程数据采集等，其采用的主要技术是遥感技术，该技术具有获取数据速度快、测量数据范围广、获取数据手段多、周期短等特点。其中，常见的搭载工具包括卫星遥感、航空遥感、无人机遥感等；常见的遥感设备主要包括以可见光、微波、紫外线为核心技术的光谱仪，照相机，多光谱扫描仪，高光谱，微波辐射计，合成孔径雷达等；根据遥感平台搭载传感器的工作方式，又可将遥感数据获取方式分为主动方式和被动方式两种。

无人农场在生产过程中，由于全天无人参与，这就需要通过数据获取并提取有用信息进行自动作业，实现农场内的一切农事正常进行。例如：无人大田种植基地，在生长过程中可能会受生物因素及非生物因素的影响，导致作物出现病害。通过遥感技术可以获取作物的遥感图像及光谱数据，然后自动分析、提取相关特征，以用于作物病害诊断及预警。在进行数据获取时，可在当天天气状况良好且无乌云遮挡的条件下，采用相应的遥感设备对目标区域内的作物特性进行测量并记录，然后经过传送到达无人农场数据分析中心，对所得目标区域内的多源异构数据进行识别、分析及应用。

针对无人农场内大范围作物病害识别问题，由于无人农场内种植面积较大，作物病害初期难以通过肉眼发现，摄像设备也不能精准识别病害并进行预警。采用遥感技术搭载多光谱设备便可实现病害的精准识别，如通过 $0.7 \sim 0.9\,\mu m$ 的近红外光谱所得图像可精准判别小麦及燕麦的黑穗病，通过 Landsat 图像可识别无人农场内作物的病害面积及所属作物的种类。此外，还可应用于无人农场内作物的产量估计与长势估测、土地资源的利用与保护，以及农业气象灾害预测等方面。

2. 无人农场生产环境数据获取

无人农场生产环境数据获取，主要是针对农场内部与动植物生长密切相关的生长环境、气象因素、土壤因素等，采用农业智能传感器或者无线传感网技术等进行实时、动态采集及监测。无人农场内部包含了无人温室、无人大田等，其在生产过程中受诸多非生物因素的影响，常见的有生长环境（大棚类型、地膜、裸露土壤等）、气象因素（极端天气、二氧化碳、空气温湿度、风向、光照强度、蒸发量等）、土壤因素（土壤温湿度、盐度、水位、pH 及矿物质含量等）等。因此，可采用无线传感技术对上述数据进行实时采集，为作物的生长环境智能调控提供数据支持。

无人农场环境广阔，基础设施众多。为避免数据传输过程中发生数据包丢失及冲突，无线传感网技术是一种比较好的选择。无线传感器网络（WSN）在运行过程中，就是通过监测节点的各种传感器获取农场内动植物生长所在环境，以及智能设备作业的实时信息数据，然后通过无线方式发送至路由器，路由器再将数据发送至协调器；协调器通过 RS232 连接数据转换装置（DTU），将实时数据进一步通过互联网的方式传输至远程服务器；远程服务器收到实时数据，并显示于监控终端，供用户查看及分析。基于 WSN 的无人农场数据获取工作原理如图 5-3 所示。

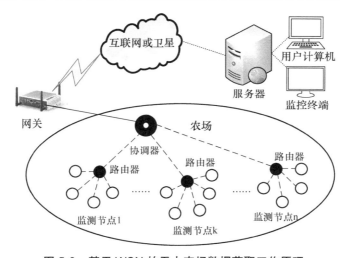

图 5-3　基于 WSN 的无人农场数据获取工作原理

在水产养殖环境中，水质对水产动物生长发育至关重要，传统农场工作人员判断水质状况，多通过天气状况，水体的颜色及气味等经验知识进行水质好快的判断，容易受主观因素影响，导致结果不精确。而无线传感器网络可通过溶解氧、pH、氨氮等传感器实时获取水体的状况，如当水体溶解氧浓度过低时，会自动开启增氧机进行水体增氧，以保证水体氧气充足。此外，随着农业与其他学科交叉应用的发展，微电机系统、光线传感器、电化学传感器以及仿生传感器等新型传感器，以及光谱、高光谱、多光谱、核磁共振等先进的无损检测方法，在作物、土壤数据采集方面已得到广泛的应用，大大提升了农场生产环境数据的广度、精度及频度。

3.无人农场动植物生命信息智能感知数据获取

无人农场动植物生命信息智能感知，就是指对无人农场内部养殖的牲畜类动物、种植的作物等的生长、生理、发育等生物生理信息进行采集、记录，如作物的氮含量、叶绿素含量、病害类型、病害等级等生理信息指标，动物的体温、进食

量、饮水量、发情状况及日常活动轨迹等。常用的数据采集技术包括机器视觉技术、光谱技术、热红外技术及人工嗅觉技术等。

生物因素严重制约作物的健康生长，常见的因素包括作物品种（小麦、玉米、大豆等）、作物发育状况（生长状况、生育期、氮含量、叶面积指数、叶绿素含量、氮积累量以及干物质积累等）、虫害天敌（草蛉、瓢虫、蜘蛛、食蚜蝇、寄生蜂等）、周边生物环境（木本植物、蔬菜、禾本科植物等）等。采用动植物生命信息智能感知数据获取技术，可改变传统的以经验为主、人为测量的方式，提升生命感知的科学性、实时性、动态性。随着农业信息技术的发展，上述数据的远程、非接触、无损获取成为可能。

在无人农场小麦氮含量预测方面，可以通过无人机搭载热红外成像设备，在无人农场上空无遮挡的条件下，获取目标区域小麦的冠层热成像数据，选取一些与氮含量紧密相关的光谱指数对目标区域内的小麦氮含量进行预测模型构建，进而实现氮含量无损预测。此外，基于获取所得无人农场内的动物生命信息，还可应用于无人农场动物福利监测系统的搭建，可实现与动物福利相关的参数实时采集及上传功能，且与云计算系统及智能移动终端实时连接，以便于数据的快捷处理及分析应用。

4. 无人农场涉农网络数据抓取

无人农场涉农网络数据爬虫技术是指通过爬虫等大数据获取技术，对涉农网站、微博、论坛以及博客中的数据进行动态监控、定向获取的过程，进而对各种涉农数据进行集成和汇总，以方便更进一步的分析及利用。随着互联网技术的快速发展，网络数据越来越多，其中包含了很多有利于无人农场发展的具有潜在价值的数据（如农产品市场价格、农产品市场供需情况等）。通过采用网络爬虫技术可从提抓取相关的数据，为无人农场发展奠定良好的基础。

无人农场的生产运营主要是为了解放生产力，自主完成市场所需农产品的业务需求。因此，除了遥感数据、生产环境数据以及动植物生命信息等相关数据，还需要网络爬虫技术获取农产品网络相关政策及市场需求数据。网络爬虫技术基于一种给定的规则，然后实现对万维网等信息进行自动爬取的小程序及脚本，具有深度优先及广度优先两种策略。通过网络爬虫技术可在短时间内爬取大量的数据，通过与Hadoop结合使用，可显著提高数据的采集能力。此外，DeepWeb中也含有大量的农业数据。这些数据具有规模大、范围广、异构性、实时动态变化、数据涌现的特点。我国的农搜、搜农等网络搜索引擎均是面向涉农数据获取的平台，经历多年积累，积累了海量数据，可为无人农场的快速发展及推广奠定良好的基础。

在无人农场产品的市场预测方面，通过采用爬虫技术获取农业网页 Web 数据，对其进行自动抽取及采集，然后采用共享虚拟存储器（SVM）进行文本分类识别，结合物联网异构数据采集技术，搭建涉农网络数据自动采集及分类系统。此系统的搭建为无人农场的发展提供了网站数据支持，实现了从物联网、农业网站自动爬取及分享数据的功能，同时可为相关农业农户提供农产品市场行情、农业资讯以及产品供求在线查询等个性化功能。

5.3 大数据处理技术与无人农场

5.3.1 基本定义

大数据处理技术就是在保证原有的数据信息量及语义的情况下，通过数据清洗、数据集成、数据规约、数据转换等技术，降低噪声对数据分析的干扰及影响，将原始数据变成对最终决策及控制有用的数据，同时将数据的格式进行规范，为后期的数据存储及分析应用奠定良好的基础。无人农场是基于信息化技术快速发展而兴起的新兴产业。由于生产环境受外界环境干扰较多，经过数据获取所得原始数据中可能含有大量的噪声数据，同时可能存在缺失或不一致的数据，并且随着获取的数据量不断增加，噪声数据也会累加。这会严重影响后期分析建模的精度及效率，甚至对最终决策结果产生影响。因此，通过大数据处理技术可将农场数据进行清洗、集成、转换及规约，使农场数据满足存储及后期分析的基础要求。

5.3.2 关键技术与原理

1. 数据清洗

数据清洗就是指对农场大数据中的噪声数据、不一致的数据以及遗漏数据进行去除的过程。随着无人农场信息化的不断发展，农场内部每天会产生大量的数据。虽然数据量不断增加，数据获取范围广泛，数据类型丰富，但是要想实现无人农场的精细化管理，对数据质量也有相应的高标准要求。

无人农场大数据在产生过程中受诸多因素（如天气突变、网络延迟等）干扰，导致获取的农场大数据中可能存在异常数据、重复相似记录的"脏数据"，导致数据质量不佳。无人农场中涵盖了无人温室、无人果园、无人鸡场、无人猪场、无人牛场、无人渔场等，每个设施均有自己的业务系统，将产生大量的数据。对产生大量的数据，如果不加以清洗，会造成"垃圾进，垃圾出"的严重现象，同时导致无人农场大数据利用率不高，进而不能充分地服务于无人农场产业发展。因此，需要通过数据清洗的方式净化数据。

在无人农场大数据中心搭建交互式农场大数据清洗系统，可实现对采集来的各种基础设施的数据进行噪声去除等处理，使数据满足后期存储及分析的要求。其主要采用机器学习算法分析所得农场大数据的语义结构，然后进行对比，将不符合此语义结构的数据视为清洗目标，对其进行清除，达到数据清洗的目的。

（1）异常数据清洗　　常用的异常数据清洗方法有以下几种：

1）基于统计学的方法。通过计算字段值的标准差及均值，然后使用置信区间识别数据中的异常字段及相关记录。

2）基于聚类的方法。通过计算字段记录区间内的欧氏距离、明考斯基距离、曼哈顿距离等参数，然后以此为依据对数据记录空间进行聚类，进而将字段中前期检查未被发现的"孤立点"进行清除。

3）基于模式的方法。通过结合聚类及分类等方法，对农场大数据的模式进行识别，然后针对新的无人农场大数据，就可以发现模式不匹配的数据字段，然后对其进行清除。但是，由于无人农场中具有多种基础设施，获取的数据之间大多数不相关，因此很难找出与模式匹配的数据。

4）基于关联规则的方法。该方法主要针对无人农场大数据中具有低置信度及支持度的数据具有一定的作用。

（2）相似重复记录数据清洗　　针对无人农场大数据中具有相似和重复特点的数据字段，对其进行检测及匹配可实现数据的清洗。在数据属性匹配方面，常用的主要方法包括 Smith-Waterman 算法、基于递归的匹配方法以及 R-S-W 方法等。在数据相似重复记录检测方面，最基本的检测算法是结合排序＋合并的方法。基于优先队列的方法也可实现对无人农场大数据的排序，将记录的数据假设为字符串，然后计算这个字符串之间的编辑距离，以此为依据将重复相似的数据字段进行清除。由于无人农场大数据众多，为了提高重复相似数据的检测效率，可采用基于近邻排序的方法（SNM）进行重复相似字段清除，此方法的弊端就是过分依赖大数据中的关键字字段，而多趟近邻排序算法（MPN）可弥补此方法的缺陷。此外，还可以对无人农场大数据中的相似记录数据采用直接聚类、先统计后排序再进行聚类、实例级约束聚类、基于增量、基于 q-grams 相似函数、结合 Map Reduce 模型的方法，实现无人农场大数据中重复相似数据的清洗。通过采用高效的大数据清洗方法，可为无人农场的精准决策提供依据。

2. 数据集成

数据集成就是将无人农场内部不同来源的数据，以一定的规则合并存储在同一个数据库的过程，方便后期数据存储及应用，解决从无人农场中获取所得数据的模式匹配、数据值冲突检测与处理等问题。因此，在进行无人农场数据处理时，需要采用数据集成技术将这些大数据进行合理高效的集成，为后期的数据存储及分析奠定良好的基础。

无人农场内部涵盖了无人鸡场、牛场、渔场等基础设施，会产生大量不同类型的数据，并存储于各个设施不同的应用系统内部，且均处于采集回来的初始状态，具有明显的数据结构异构及语义异构特性。采用数据集成技术就是将农场内不同来源的数据进行处理，然后对数据源中的数据属性及概念进行明确的定义，制定统一的标准，实现对多来源数据的集成处理。

在无人农场信息管理网络平台的开发中，由于农场数据来源多，且格式差异性大，特对其进行格式标准化；再基于可扩展置标语言（XML）搭建标准的数据接口，将不同来源的数据按照通信协议进行标准格式解析及存储；然后结合 PHP、服务器、MySQL 数据库、网站技术搭建网络平台。

（1）模式匹配　无人农场大数据获取过程中，由于数据来源多，格式类型丰富，所以如何将不同格式的数据进行汇总及整合是一大难题。而模式匹配是通过将采集的无人农场大数据进行一个迭代循环的过程，期间调用多个模式匹配智能算法（如简单匹配算法、复杂匹配算法以及基于重用的模式匹配算法），获取相应的若干匹配结果，然后对所得结果进行再次组合，获取相似或者相同的匹配模式。经过模式匹配，可将无人农场内不同格式及来源的数据进行汇总及整合，为数据存储奠定了良好的基础。

（2）数据值冲突检测及处理　在无人农场数据处理中，由于无人鸡场、猪场、牛场等局部数据库都是各自独立管理、运行的，具有一定的自治性，所以容易造成各个局部数据库的数据之间可能存在语义或者数据值的冲突问题，进而导致数据源冲突，使得数据对象的描述出现多层含义，直接导致在查询的时候出现错误的结果。针对上述问题，常用的有两种解决方案：

1）全局模式法。该方法的基本思想是通过对无人农场大数据建立一个全局模式，来实现其与局部数据源之间的映射对应关系。但是，该方法过多的依赖于相关的数据源模式或者应用系统，如果出现一个新的模式需要加入集成处理过程中，一旦具有潜在的冲突，将会造成全局模式的大范围修改，不利于无人农场的高效管理。

2）基于域本体的方法。该方法的基本思想就是针对无人农场大数据先构建一个机器可以理解的本体，用以表述数据中概念与概念之间的关系，无人鸡场、猪场、牛场等获取来的数据源都可以被视为这个本体的含义。该方法所述的知识虽然属于特定的域，但是其与局部模式及应用系统是独立的，相对来说，更便于管理。

3. 数据转换

数据转换就是将来自不同养殖设施的数据按照统一的格式标准进行转换，以便于后期存储及应用。通过采用数据转换技术，可替代人完成数据格式的统一，使农场内不同设施的数据获取及统一实现自动化，从而不断完善农场内的数据处理机制，提升数据处理智慧化水平。因此，随着无人农场生产环境及设施的不断完善，需要采用数据转换技术将农场内部数据格式进行统一，以提高农场智能决策及控制效率。

无人农场生产过程中，由于存在多个子养殖设施，其彼此之间由于养殖规模、养殖对象、业务要求等不同，所产生的数据格式及类型也存在明显的差异性。常见的数据类型有整数型、浮点型等，数据格式有 .txt、.xls、.csv 等。一般根据不同业务的不同需求，可采用数据转换技术将数据类型统一为整数型或者浮点型，将数据格式统一为 .txt、.xls、.csv 三者之一。例如：在无人农场作物病虫草害等多元异构数据的转换中，基于关系数据库与 XML 之间的映射关系，将病虫草害等关系型数据转换为 XML 文档数据；然后结合病虫草害数据本身的特点，构建数据转换模型，进而搭建数据转换系统。

XML 具有灵活性、可扩展性、结构化及可试验性的特点，它是无人农场大数据描述及传输过程中最常用的一种方法。基于元素树的数据转换方法的基本思想是基于元素树，根据无人农场不同来源数据之间的映射关系获取执行指令，然后执行指令并将结果插入模型中的对应位置，从而得到了 XML 文档；反之，通过执行反向指令，又可以将 XML 中的数据转换为关系数据库中的数据。其中主要涉及由 XML 到关系数据库（RDB）的转换与由 RDB 到 XML 的转换两个主要过程。

（1）由 XML 到 RDB 的转换 其基本转换思想是基于以获取的无人农场大数据，根据文档类型定义（DTD）创建元素树，然后获取农场数据源之间的映射关系，解析 XML 数据文档，然后创建数据库模式并保存数据。其转换原理如图 5-4 所示。

（2）由 RDB 到 XML 的转换 如果需要将无人农场数据库中的数据转换为 XML，主要面临两种情况：其一就是农场应用系统根据现有数据库中的数据生成一个 DTD，然后基于此 DTD 得到相应的 XML 文档；其二就是农场应用系统根据一个已有的 DTD 和数据库中的数据生成一个 XML 文件。在无人农场信息集成及转换中，这也是最主要的两种情况。其转换原理如图 5-5 所示。

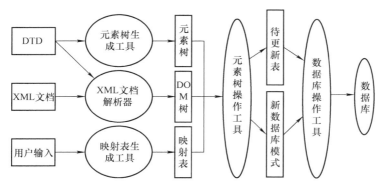

图 5-4　XML 到 RDB 转换原理

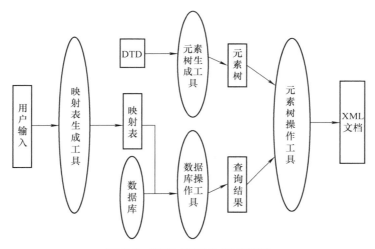

图 5-5　RDB 到 XML 转换原理

4. 数据规约

数据规约就是在最大可能保持农场大数据原貌的情况下，最大限度地简化数据，进而获取较小数据集的处理过程。常见的数据规约操作有数据压缩、立方体压缩等处理方法。通过采用上述方法，可将无人农场内通过遥感、视觉等技术获取的作物病害图像、冠层图像进行压缩，进而减小数据量，降低计算时间等。因此，数据规约技术对于后期农场数据的分析具有重要的意义。

无人农场在生产运营过程中会产生大量、多类型的数据，如数值数据、音频数据、视频数据、图像数据等，其数据量大且本身占用内存较多。因此，为了减小系统储存负荷以及网络传输压力，在保证数据不受损的情况下，通过采用数据压缩及

立方体压缩技术对音频及视频数据进行简化，同时减小数据的大小，可满足后期数据分析的要求。

在无人农场内部数据传输过程中，大多采用的是无线传感网络技术。在农场实际应用过程中，传感器节点布置范围广，获取的数据量大，给数据传输带来了负担。通过使用数据规约中的数据压缩技术，在保持数据原貌的基础上最大可能的简化数据，可实现采集所得数据的完美重建，同时大大地降低了传输的数据量，解决了数据传输压力大的难题。

（1）数据压缩　随着互联网技术的快速发展，无人农场多媒体数据的产生逐渐增多，如各种农情监控、遥感监测等数据，为保障无人农场多媒体数据在互联网上的有效传输，必须对其进行压缩处理。数据压缩就是采用压缩算法针对无人农场大数据中的冗余信息而设计的，即通过一定的编码方式，消除大数据中的这些冗余信息（如空间、时间、结构、视觉等），达到不失真压缩的效果。或者以人的听觉及视觉生理特性为基础，在允许的失真范围内进行有效失真的压缩，以达到良好的压缩比。常见的压缩方法主要包括无损压缩和有损压缩。无损压缩主要是根据统计方法，获取多媒体数据出现概率的分布特性，并以此为依据获取消息与数据之前的对应关系，进而进行准确的压缩。有损压缩主要是采用高效的有限失真算法，降低无人农场多媒体数据中的冗余信息，但是在压缩和解压缩过程中可能会损失部分数据。

（2）立方体压缩　由于无人农场每天24h内均处于无人参与的过程，农场内部一切决策及控制均由数据驱动完成。虽然数据是一切精准决策及控制的前提，但是随着数据量的不断增加，农场大数据立方体维度结构以及大数据本身的维度逐渐复杂，极易产生数据爆炸情况。数据立方体压缩技术的出现解决了此问题。其压缩的基本原理与上述压缩方法的不同之处是，通过去除数据之间的冗余信息降低数据立方体的尺寸，以达到压缩的目的。这其中绝大多数属于无损压缩的方式，可以在不失真的情况下完全恢复初始数据。此外，通过采用立方体压缩技术，可以平衡无人农场系统查询速率与存储负担之间的矛盾，同时为后期的数据存储及分析应用奠定良好的基础。

5.4　大数据存储技术与无人农场

5.4.1　基本定义

大数据存储就是将获取到的多类型海量农场大数据源，经过上述数据处理后，以某一指定的数据格式记录于计算机内部存储设备或者外部存储介质上的过程。无人农场农业生产过程中,一方面获取的农业大数据具有数据量大、数据类型丰富等特点,给数据存储带来了难题;另一方面,数据存储需要满足上层接口对于数据查询及处理的强扩展、高通吐的要求。在海量数据存储需求及动态数据流不断涌入的刺激下,传统的基于关系数据库检索方式存在检索速度慢、维护较为麻烦等问题。基于 MPP 架构的新型数据库集群、基于 Hadoop 的技术扩展和封装的出现,解决了上述问题,还可应对不同类型数据的存储要求。

5.4.2 关键技术与原理

1. 基于 MPP 架构的新型数据库集群

基于 MPP 架构(见图 5-6)的新型数据库集群技术是一种主流的关系型数据库存储技术,重点面向无人农场内的基础设施大数据。该技术采用独享型体系结构,然后通过多项大数据技术(粗粒度索引、列存储等)协作,再配合 MPP 架构本身高效率的分布式计算方式,实现对分析类应用的支持。此外,运行环境通常为较低成本的计算机服务器,因此该技术具有高扩展性及高性能的特点。

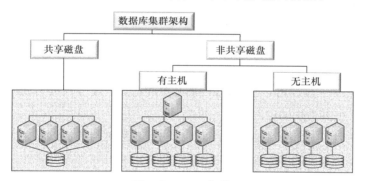

图 5-6　MPP 架构

无人农场生产过程中,由于存在多个相对独立的养殖基础设施(如无人大田、无人鸡场、无人牛场、无人温室、无人渔场等),获取所得数据量大且类型丰富,主要分为关系型数据与非关系型数据。其中,无人大田、无人鸡场等基础设施各自获取的数据之间关联性强,可称之为关系型数据,因此需要采用基于 MPP 架构的新型数据库集群技术进行存储。

2. 基于 Hadoop 的技术扩展和封装

基于 Hadoop 架构(见图 5-7)的技术扩展和封装是一种主流的非关系型数据库技术,主要以 Hadoop 为主扩展出有关的大数据处理及分析技术,以此克服传统关系型数据库在进行数据存储中遇到的困难。此外，基于 Hadoop 的技术在针对半结构化、非结构化的数据处理、挖掘、计算方面更擅长。因此，通过使用该技术，可对无人农场内部的非关系型数据存储提供良好的技术支撑。

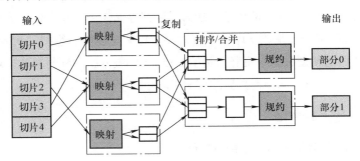

图 5-7　Hadoop 架构

　　无人农场内部的无人大田、无人鸡场、无人牛场、无人猪场、无人温室、无人渔场等基础设施获取的数据之间，由于数据内容及数据类型等存在差异性，数据之间关联性弱，因此称之为非关系型数据，需要采用基于 Hadoop 技术扩展与封装技术进行存储。其整个运行过程中最重要的工作就是实现映射（map）和规约（reduce）的设计，当有一个新的计算作业提交，其会被拆分为多个映射，并分给不同的节点执行。当映射执行任务结束时，将过程中生成的中间文件输入规约任务，规约对其进行进一步的处理并输出最终的结果。在存储和计算无人大田和无人渔场等非结构化数据时，通过充分利用 Hadoop 开源的优点，配合相关大数据技术水平的不断提高，可使其后期的应用场景不断扩大。

　　目前最广泛的应用就是通过对 Hadoop 进行扩展及封装，以此来实现无人农场内部各养殖基础设施的非关系型大数据的存储及分析，其中涉及多种 NoSQL 技术。通过对无人农场内无人鸡场、猪场、牛场、渔场等基础设施非关系型数据的存储，然后提取温度、湿度等环境信息，可实现不同养殖设施同一天同一时刻同一环境因子下的环境信息对比分析，进而指导生产环境的智慧化管理及控制。

5.5　大数据分析技术与无人农场

5.5.1　基本定义

　　大数据分析技术，就是对无人农场内获取的所有与基础养殖设施相关的数据以及相关涉农网络数据进行挖掘、分析，以提取有用信息的过程。无人农场在生产过程中一切的农事操作，如无人大田的自动播种、施肥、灌溉等，无人温室的自动育苗、环境信息采集、追肥等，无人鸡场的环境信息采集、动物生理状态监测、饵料投喂等均通过大数据驱动来自动完成。因此，通过使用大数据分析技术，挖掘农场大数据中的有用信息，然后去进行自动灌溉、播种、农产品包装及搬运等相关精准决策，为无人农场智慧化管理提供数据依据。

5.5.2 关键技术与原理

1. 统计方法

统计方法就是通过对农场大数据进行收集、分析并从中得出结论的方法，通常分为推断统计方法和描述统计方法两种。统计方法作为一种适用于所有学科的一种通用的基础数据分析方法，只要有数据就可以通过统计方法解决基础的数据处理问题。因此，可采用统计方法实现对无人农场内基础数据的处理。

随着无人农场数据分析过程中对定量研究的日益重视，统计方法已被应用到农场内各个基础养殖设施的众多方面，如鸡场、牛场的生产环境因子日变化趋势、日均温、日最高温、日最低温等。在无人农场生产过程中，大多时候会选取主要影响因素对作物或者动物的生长发育提供良好的环境，而针对大量、多属性、多类别的数据，应从中提取需要的主要影响因素，而统计方法正好可以解决此问题。

在无人农场内的无人温室管理中，由于温室作物生长过程主要受温度、湿度、二氧化碳浓度、光照强度等地上因素，以及土壤湿度、养分等地下因素的影响，为从中获取哪些因素是对作物生长发育影响最大的，可通过采用统计方法中的主成分分析对农场大数据进行分析，提取对作物生长影响最大的因素进行着重监管及控制，以达到作物最佳生长的目的。此外，通过对温室内采集所得全天或者一段时间内的温度、湿度、光照强度等数据进行可视化分析，以图像的形式进行展示，便于远程监控温室内部小气候的变化情况，进而实现无人温室的智能化管控水平。针对无人农场内的梯田种植，根据水分需要分为低、中、高 3 个等级。通过搭建一个无人农场智慧环境分析系统，采用智能传感器获取土壤中的水分信息，通过无线传输的方式发送至无人农场内的服务器并存储于数据库中，然后针对采集所得信息进行智能分析，为作物生长营造一个适宜的环境。统计方法目前主要用于农场内基础数据的分析及应用，对于较为复杂的数据及应用场景，能力较为有限。

2. 神经网络

神经网络技术就是通过模仿生物神经元之间的信号传递过程，进行网络传输结

构及功能设计的一种复杂信号处理技术。其通过多个信号处理单元组成网络结构，然后在接收外部信号的刺激下动态响应，从而进行信号处理。其中处理单元指的是神经元，而网络的信息处理过程是通过神经元之间的相互作用完成的。

在无人农场生产过程中，通过获取的农场大数据，去预测未来某一时期气候的变化或者某一种环境因素的变化情况，以此来指导无人农场正常作业。如在无人农场的气象预测方面，以无人温室温度预测为例，通过从存储器中提取某一温室某一时间段内的环境因素及时间节点数据，以此为样本数据进行模型训练，可以时间、光照强度、风速、二氧化碳浓度等因子为输入数据，相应的温度为输出数据，得出无人温室温度预测模型；然后基于此模型，将实时获取的环境数据进行输入，便可预测出未来某一时间无人温室内的温度状况，进入进行智能决策，如通风口的自行关闭或者打开。

此外，农场内无人牛场会定时生产新鲜牛奶，在对牛奶存储过程中需要耗费电能，此时牛奶冷却作为消费者，而太阳能电厂作为生产者。基于无人农场内获取的历史数据，采用神经网络技术构建生产者与能源存储之间的需求模型，可实现无人牛场与太阳能发电场之间的能源智慧调度。神经网络技术除了在无人温室内的气候预测、能源调度方面有所应用外，还可应用于无人大田的产量估计、病害预测，以及无人牛场、鸡场、猪场、渔场内的环境因素预测。

3. 深度学习

深度学习作为一个新型的数据处理技术，起源于神经网络技术，是机器学习研究中的一个新型领域。其通过构造及模仿人的大脑进行分析学习，用以解释如图像、声音和文本的相关农场大数据。例如：网络结构中含有多隐层的多层感知器就是一种典型的深度学习结构，其主要通过将低级特征进行组合形成高级的抽象特征，然后用于目标分类、目标识别等应用场景。

在无人农场生产过程中，不仅产生数值型数据，还会通过视觉技术获取大量的图像及音频数据。神经网络技术虽然也可以通过相关算法实现对图像及音视频数据的处理，但是不同的数据源涉及的特征提取方法不同，导致分析过程复杂，严重影响农场数据分析效率。因此，深度学习技术更适合处理复杂数据。其可以通过设置多层网络结构，对图像中的内容进行理解和认识，代替了人眼识别或者认识目标的过程，进而实现机器人或者智能设备在作业过程中的路径规划、目标识别、场景分析等，显著提升作业的智慧化及精准化。

无人温室内果蔬的自动采摘过程中，可将获取的果蔬图像通过深度学习进行目标识别模型训练；然后基于此模型，搭载视觉传感器的机器人捕捉到果蔬目标时，可对其进行识别，通过轨迹规划算法计算抓取目标果蔬的距离及轨迹，进行精准采摘。此外，机器人在无人农场内的运动轨迹均是基于深度学习算法实时获取机器人所在周边场景图像，进行自动视觉及路径规划的。因此，深度学习在农场大数据分析方面更为快捷，且适用于很多自动化场景，在后边的章节中会有详细论述。

5.6 无人农场与大数据结合的发展方向

无人农场内包含无人鸡场、猪场、牛场、渔场等，其在生产过程中会源源不断地产生具有容量大、来源广泛、类型丰富、多源异构等特点的农场数据。大数据技术作为目前农业领域应用广泛的数据处理及分析技术之一，其最大的优势就是可从海量多来源、多类型数据中挖掘有效信息。因此，针对无人农场，采用大数据技术可满足无人农场管控的精准化、智慧化、个性化要求。

无人农场与大数据的结合作为农业领域一个新兴的技术领域，今后的发展方向如下：

1）加强无人农场大数据基础建设力度。通过增强互联网以及物联网信息化水平，不断完善无人农场内的数据采集标准及制度，增强数据采集的全面性及数量，为无人农场的精细化管理及决策奠定坚实的数据支撑。

2）促进无人农场大数据开源共享。无人农场的发展是农业智慧发展的必由之路，其以数据为支撑。因此，针对无人农场数据应该加强立法建设，制定农场数据共享机制及行为规范，加强数据使用过程监管力度，为无人农场数据公开、共享利用提供法律保障。同时，针对农场数据格式及规范，制定相关标准，以此保证农业领域内不同部门及单位对无人农场数据的对接及使用，进而实现全国甚至全球范围内无人农场大数据的共享利用。

3）优化无人农场数据挖掘分析能力。无人农场生产过程受外界环境的变化呈现复杂多变的特点。因此，需要实时对无人农场大数据的模型库及知识库进行更新及优化，进而减小多模型组合使用时所造成的误差积累问题。此外，可将多种先进方法进行二次开发，搭建一种高性能的数据分析及处理架构，以提高无人农场数据处理的精度及速度。

4）加强无人农场大数据专业人才培训。针对我国无人农场发展的需求，应该加强高校、科研机构在无人农场大数据人才方面的培养力度，制定相关学科及培训机构，进而培养无人农场与大数据技术的复合型人才。

第**6**章 人工智能与无人农场

无人农场的核心任务是对劳动力的替换，其关键在于对人类思维的模拟。除了前面两章提到的物联网、大数据技术外，还需要人工智能技术来对无人农场中的问题进行正确的分析和解决，从而保证农场的正常运行。人工智能技术是协同智能感知装备和智能作业系统的中间环节，其任务是处理、整合、分析感知到的数据信息，下达给智能装备正确的命令，完成一套完整的作业过程。利用人工智能技术可以给监测设备、数据采集装备、云端管理系统等装上"大脑"，也就是利用人工智能智能化、创新化的技术特点，来模拟人类在农场中智慧工作的过程，让整个农场具有"思考"能力，用机器代替人类。本章着重阐释了人工智能技术在无人农场云端管理平台中的应用原理，重点介绍了智能识别、智能学习、智能推理和智能决策四项技术原理和实际应用。

6.1 概述

6.1.1 无人农场对人工智能的需求

无人农场的重中之重就是解决如何用机器代替一切传统人类智能和人类劳动力的问题，仿照传统农场中人类耕种的流程，查看农作物状况，判断问题，讨论分析，再进行施肥、施药、灌水等工作。无人农场对人工智能提出了相关的技术需求，从农场中各类信息的采集、监管、优化、调控、决策、作业等方面全面实施无人操作。这就要求整个系统是全面的、自动化的、无遗漏的、智能的，要对智能装备感知到的信息进行筛选和处理，这就是所谓的智能识别；对农场中的历史数据、专业知识和经验进行学习，这就是所谓智能学习；要对发生的问题，进行因果判断，这就是所谓智能推理；更要积极"思考"，寻找拟解决问题的办法，最后下达"命令"，支配整个农场的日常运作，这就是所谓智能决策。

1）无人农场需要智能识别技术。无人农场依靠各类传感器获得大量的农田信息，但获取到的信息和数据量巨大且杂乱，获取后也仅仅是对农场中各类信息的简单汇总。单一的大数据处理技术并不能针对不同类型的数据进行处理，并且通过智能装备感知的初始农场信息数据并不是完美，专业知识和农场经验也不是完全适用的。有些无用甚至有误的信息会干扰云端管理系统对这些知识的梳理和学习，从而影响云端做出的决策，若发出不合理的指令，将误导装备和机器人作业。而智能识别正是对这些问题进行前期处理，减轻学习负担，提高决策和作业的准确性。

2）无人农场需要智能学习技术。无人农场通过智能感知和智能识别等技术已在云端系统存储了庞大的数据和知识，这些看似毫无关系的信息实则存在一定的规律和逻辑，故需要对这些数据进行解析。解析的过程就是模拟人类学习的过程，因此还要求无人农场具有智能学习的能力，将这些复杂的数据进行归纳总结，使其条理清晰，逻辑了然。云端系统需要利用智能学习技术对这些知识进行学习和训练，找到高效的学习方法和训练模型，为无人农场中问题的判断和决策打下基础。

3）无人农场需要智能推理。通过智能识别和智能学习技术，已将大量归纳后的知识和经验存储在云管理系统中。如果农场中监测到的参数超出了限定范围，那就代表着发生了异常情况。由于这些异常情况较复杂，简单的识别和学习无法对其进行内在了解，这时就需要无人农场具备智能推理的能力。智能推理技术可根据知识与规则、所建立的模型和以往的案例对产生的问题进行解析和判断，找到问题发生的原因，判定问题的性质，全方面认识问题，逐步推理出相关结论。这些推理出的结论是对问题深层次的认知，更是云端管理系统做出正确决策并提供最佳解决办法的基石。

4）无人农场需要智能决策技术。无人农场在进行了问题的认识和判断后，已经对异常情况和农场信息有了一定的了解和掌握，接下来就需要解决问题，这时就需要无人农场具备智能决策的能力。云端系统根据储备的知识和经验，提供有效解决问题的方法以及这些方法的成功率，从而指导云端管理系统做出正确决策，同时对智能作业装备下达执行命令。这是模拟人类遇到问题进行思考、想出解决办法的过程，也是人工智能技术的关键。

基于以上四种技术的支持，无人农场云端管理系统从信息的识别、知识的学习、问题的判断、决策的做出等方面全面实现无人化操作，具备可筛选、会学习、能思考、会做事的能力，取代了人类分析、解决问题的过程。但这也仅仅是云端管理平台的无人化，无人农场在云端发出命令信号后，还需要进行实际的农场作业，真正解决农场中的问题，维持日常运作。因此，无人农场还需要智能作业技术，利用智能设备、智能机器人等智能化装备执行云端系统下达的命令，完成传统农场中人力需求量最大的田间作业任务。由于智能作业技术主要体现在智能装备上，所以将在下一章进行详细介绍。

6.1.2 人工智能的定义

人工智能（AI）是一门企图了解、模拟人类智能，延伸人类智能的技术，并生产出一种新的能以人类智能相似的方式做出反应的智能机器。通俗地说，人工智能就是要研究如何使机器具有能听、会说、能看、会写、能思维、会学习、能适应环境变化、能解决各种实际问题和异常情况的一门学科。

人工智能技术不仅具有学习、知识运用能力，还可以模仿人类思维逻辑，处理不确定性事件，对问题的判断没有主观臆断，决策方案也优于人类的解决办法。这些技术特征使人工智能技术在无人农场中得到广泛应用。人工智能技术贯穿于整个无人农场，从实际作业装备端到云端管理系统：在农场的作业现场，对环境状态监测，对动植物生长过程调控与决策，以及控制装备作业等；在云端管理系统，对已存储的数据进行预处理和学习，对无人农场中波动或异常情况进行原因分析和解释，提供适用的解决办法并指挥装备端进行实际作业，完全将生产者需要做的事情用机器进行替代。充分利用人工智能自身的技术特点让智能装备具有能感知、作业、可解决实际问题的功能，赋予云端管理系统可识别、会学习、能推理、做决策的能力。

我国是农业大国，耕种面积大，耕作过程需要大量的劳动力、时间和财力，无人农场的大面积应用将大大解决劳动力的问题，提高农场生产率。人工智能技术是无人农场无人化的理论基础，将专业人员的学习能力、判断能力、决策能力和实际作业能力赋予装备和云端系统，是无人农场的中转、指挥中心。无人农场的实现，需要人工智能技术承担起"大脑"的作用，充分利用智能化、机械化的系统和设备，将实际问题形式化，在云端系统完成整个农场情况掌握以及问题的解决，摆脱依靠人类智力来解决问题，为无人农场的建设提供了可靠的技术保障。

6.1.3 无人农场中的人工智能技术

人工智能技术在对装备和管理平台赋予智能化的过程中，需要对农场中感知到的信息进行筛选和预处理；对知识和经验进行归纳和总结，并建立学习模型；对环境、农业动植物、装备异常状态进行推理和预判，并对推理和预判后的结果做出决策，及时下达正确的命令，指挥智能装备进行无人作业等。本书根据人工智能技术在无人农场中的实际作用，将人工智能在云端管理系统涉及的技术主要分为智能识别、智能学习、智能推理以及智能决策四项技术（见图 6-1）。这四项技术是维持农场无人化作业的保障，缺一不可。这种分类方法区别于传统意义上的人工智能分类，是依据人工智能技术在无人农场中执行的任务和工作流程进行分类的。本章后面将会详细介绍这四项技术的概念、技术原理及其在无人农场中的典型应用等。这四项技术是使无人农场具有"思维"能力的核心所在，其具体作用如下：

1）"仿照人类进行预处理"，简化无人农场中感知到的数据集，提取有用信息，降低数据所占的云端存储空间，做到物尽其用。

2）"仿照人类进行学习"，对农场中的历史数据、知识经验等进行学习，构建无人农场中的智能学习模型，设计不同研究对象的信息学习模型。

3）"仿照人类进行推理"，农场中参数发生变化时，对问题进行分析和判断，找到问题发生的原因。

4）"仿照人类做出决策"，对农场做出下一步的计划、决策，传达正确的命令，并采取必要措施。

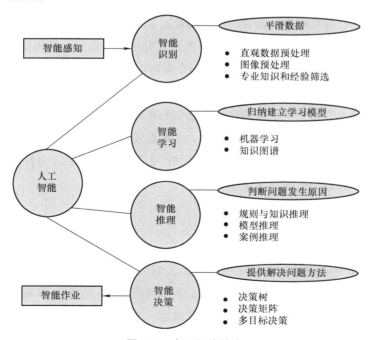

图 6-1　人工智能技术

6.2 智能识别技术与无人农场

由于无人农场中涉及的生物种类多且环境复杂，导致智能装备感知到的数据较为杂乱，这给后期处理和计算增加了负担。智能识别是为解决这一问题而提出的技术，是无人农场中的各类信息进入到云端管理系统之前的预处理过程。智能识别技术不仅仅是对大量数据信息的挑选，还包括对一些不易采集、质量差的数据集的优化。预处理的数据会更加规范，更符合云管理平台的要求，后期处理所占内存和用时也更少，从而可减轻无人农场的工作负担。

6.2.1 基本定义

智能识别技术是模拟人类对信息进行挑选的过程，也是无人农场智能化的体现，其实质是利用计算机对数据进行预处理、分析和理解，以识别各种不同模式的目标和对象，是深度学习算法的一种实践。这个过程必须要排除输入的多余信息，抽出关键的信息，同时还需要人工智能技术整合提取后的信息，将分阶段获得的信息整理成一个完整的知识印象。

无人农场智能识别技术的特点：具备识别和筛选的技能，可识别出错误的历史数据，筛选出可在无人农场中应用的知识，避免无人农场对数据的全盘吸收。经过智能识别后的数据存储在无人农场的云端管理系统中，与之前杂乱存放不同，智能识别后挑选出的数据消除了无关信息，恢复了有用真实信息，使得信息更加清晰、规整，增强了有关信息的可检测性，从而最大程度地简化了数据。

根据无人农场中云端接收和学习的信息属性，信息可分为数值信息、图像信息和专业知识经验。这三类信息包含了农场中所有的感知信息和需要学习的知识，但每一种对象的识别和处理方法不尽相同。无人农场根据这些信息和知识的自身特点采取不同的预处理方式，最终达到取其精华，去其糟粕的效果，为智能学习提供了规范、适用、有效的数据和专业知识。

6.2.2 关键技术与原理

1. 直观数据预处理

直观数据是指采集的信息，也就是无人农场可直接使用的信息，无须进行转换和间接处理，可直接用于学习和决策，例如环境温度与湿度、酸碱度，动物的体温，水中的溶解氧量等，这些都属于直观数据。在属性上，这类数据通常以数字加单位的形式呈现。基于人工智能技术的预处理过程区别于大数据中的数据处理，是针对每种数据的特点而制定的适用性处理方案，对这类数据的预处理就是对数值进行深层次的合理性筛选。

经过预处理后的直观数据，不仅删除了因硬件装备导致的错误数据，还平滑了正常范围内的数据，使其更加符合无人农场标准数据的要求。由于传感器等智能感知装备测出的结果就是用于评定该监测对象的参考标准，这个过程虽然没有间接信息的转换，但还是存在一定的测量误差。结合直观数据预处理的技术特征，无人农场需要使用智能识别技术，将这些数据在学习之前进行预处理并送至云端存储。

在无人农场中，仅温度变量就涉及很多不同场景，室外温度、大棚温度、土壤温度、渔场温度、牛棚温度等，每一种温度都要在合理的范围内。智能识别技术首先要对这些数据的来源进行区分，判断是否存在因机器故障等外在原因引起的离谱数据，然后将异常数据和正常数据分离，再通过建模、回归分析等方法对这些数据进行校正，校正的过程是对智能装备硬件测量误差的一种弥补。这种细微的处理都是大数据技术无法实现的。经过这样一系列处理后的数据会更加合理、准确，可提高历史数据的可靠性。

2. 图像预处理

所谓图像预处理，是指将感知到的每一帧图像分检出来交给识别模块进行识别。其主要目的是消除图像中无关的信息，恢复有用的真实信息，增强有关信息的可检测性、最大限度地简化数据，从而提高特征提取、图像分割、匹配和识别的可靠性和准确性。

无人农场中的各项参数，并不是都可以直接进行监测的。针对一些无法直接得到的参数，通常使用间接测量的方法来获取，其中最常见的就是依靠机器视觉技术获取监测对象的图像信息。这些相机虽可以无干扰地在无人农场中使用，但由于农场中环境复杂，设备较多，采集到的图像中往往存在大量的无用信息。大田中的图像质量受环境和天气影响严重，畜舍和禽舍中的图像又具有很大的随机性，可能一天采集到的图像中只有几幅是完整可用的，并且图像所占据的存储空间较大，这些质量较差的图像不仅无用，还会白白占用云端的存储空间。同时，图像质量的好坏会直接影响智能学习的效果，并干扰智能决策的准确性。而经过预处理后的图像质量大大提高，恢复出更多可用于学习和训练的数据集，更加有利于无人农场中参数的提取。

无人农场中有大量难以直接测量的参数，例如渔场中鱼的数量、虾的体尺参数，猪场中猪的体宽和体重，大田中农作物的叶宽和株高，以及果园中水果的数量和大小等。这些参数即使依靠一些接触式传感器仍然不易测量，但可通过计算机视觉技术，全方位无死角地采集到众多 2D、3D 图像，从这些图像信息中提取出所需的长度、宽度、体高，甚至体重等信息。因此，在图像存储、使用之前，将图像进行平滑、滤波、膨胀、傅里叶变换、去燥、重建、压缩等一系列的预处理，这不仅使得一些图像可以重新使用，还压缩了存储空间，这时图像中提供的信息都是便于云端使用、处理的宝贵信息。

3. 专业知识和经验筛选

专业知识和经验是指在专业领域内，人类对客观世界的认识成果，它包括事实、信息的描述和在实践中获得的技能经验。专业知识是经过验证的正确结论，无人农场中的这类数据区别于上面直观和图像数据，不是采集到的农场客观参数，而是人们在不断的实践和作业中，对传统农场中自然现象的认知和归纳。

这些知识和经验在传统农场中是完全适用的，但无人农场区别于传统农场，这些知识和经验在无人农场中不一定合理。知识和经验的筛选是一次可行性分析的过程，因此无人农场利用智能识别技术，可对这些未知的知识和经验做出可行性分析和判断，筛选出可适用于无人农场的知识和经验，避免因不适用性的结论进行错误的分析，做出无法实现的决策。

无人农场是没有任何人为干预的农场，传统知识库中的知识和经验大多数都依赖人为完成，无人农场需要对这部分知识进行判定，初步判断在无人的情况下，是否可以用机器进行代替。如果判定后为不可行，人工智能则需要舍去对这部分知识的学习，选择其他方法重新进行事物的认知。例如：有经验的果农在判断水果成熟度时常常对其进行触摸、敲击、闻味等进行判断，但这种方法是人工智能无法模拟的。通过智能识别技术，对这种方法进行可行性分析后，发现智能装备和机器人完成这项工作时消耗的成本过高，可行性差，所以将这种经验和专业知识进行剔除，不再存储到无人农场的云端系统中。

6.3 智能学习技术与无人农场

智能学习是无人农场无人化管理的前提。云端管理系统经过相关专业知识、经验、历史数据等信息的学习和存储，对农场从生物到设备都有详细的了解，这些信息和知识的储备为接下来问题的诊断、方案的提供乃至实际作业打下了基础。智能学习是对智能识别后的农场信息进行梳理、总结和归纳的过程，通过对这些数据的不断训练，建立高效的学习模型，快速梳理这些信息之间的逻辑关系，达到全面掌握无人农场各项情况的目的。

6.3.1 基本定义

智能学习技术是获取知识的基本手段，也是人工智能技术的前期准备，其目的是使人工智能系统做出一些适应性变化，系统在下一次完成同样的或类似的任务时比前一次更有效。针对无人农场而言，就是需要清楚以前的农场中人类智能以及劳动力都做了什么，学习了什么，掌握了什么知识，有什么经验。知识是智能的基础，智能学习就是不断地获取知识并运用知识的过程，也是农场智能化的核心。

无人农场中涉及的知识广泛且杂乱，智能学习技术可将这个庞大的知识体系进行系统的划分和存储，方便信息的检索和应用，使无人农场变得更加"博学"，达到甚至超越人类的智能的能力，更加高效的管理整个农场。通过对农业知识的学习，智能装备或云端管理平台在接收到相关信息以及对相关情况做出判断时，都具有了丰富的经验和知识储备。这个学习过程是通过机器实现的，这也是无人农场的关键技术支撑，用机器代替传统人类学习和专业技术的掌握，将相关知识和技能存储在机器中。

智能学习技术是无人农场进行智能推理、决策，甚至进行智能作业的先决条件。无人农场中智能学习的范围是广泛的，例如农作物的形状、种子等级的划分标准、养殖动物的健康状态、环境的相关参数，以及农业专业知识和经验的学习。当然，学习的过程也面临着很多的困难和挑战，例如如何将知识在智能学习系统中进行表示，如何了解知识的特性等。为了解决这些问题，必然涉及相关的技术方案，机器学习和知识图谱是两种可应用在无人农场中的智能学习方法。

6.3.2 关键技术与原理

1. 机器学习

机器学习是利用计算机学习所有需要人类掌握的知识，是一门多领域的交叉学科，涉及概率论、统计学、微积分、算法等复杂理论。用计算机模拟人类的学习行为，以便获取新的知识和技能，重新组织已有的知识结构并不断改善自身的性能。其理论和方法已经被广泛应用于解决农业工程和科学领域的复杂问题。机器学习不仅使计算机能够模拟人类学习活动，也是实现人工智能与农业生产有机结合的学科。目前，传统的机器学习的研究方向包括决策树、随机森林、人工神经网络、贝叶斯学习等方法。

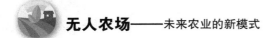

在无人农场中，机器学习的主要内容包括历史数据、农业专业知识和经验。这些内容涵盖了农业领域内人类掌握的所有知识和数据，因此机器学习技术可替代农场中人类的学习。其应用原理可以用一个简单的例子进行说明，例如农民进行农作物的种植，需要把每类农作物的物理属性归纳总结出来，如颜色、大小、形状、高度等特征，对应农作物的产量、汁水多少、成熟度等输出变量。通过人工智能系统将数据传输给机器进行训练、学习和分析，它就会构建出一个农作物的物理属性与其品质之间的相关性模型。对这些数据抽取特征（特征已知，作为判断依据）、标注结果（结果已知，作为判断结果），即告诉机器根据什么样的特征可以出什么样的结果，用机器学习算法找规律或建模型，找到规律之后可以对其他的特征数据进行结果预测。经过这样一系列学习后的系统是相对智能的机器，之后再进行农作物种植时，输入采集到农作物的物理属性（测试集），机器学习可利用之前构建的模型对农作物的品质进行估计和预测，其工作流程如图 6-2 所示。有了机器学习的技术支撑，无人农场就不再需要人工掌握这些农场中的数据，并且这些算法还会依据每次预测后的结果进行自动更新和完善，完成模型的自动修正。训练的数据会不断地累计，这样用机器学习进行预测的结果会越来越准确，同一个算法，稍加改进可以应用在多个对象上，例如苹果、橘子、香蕉、葡萄等，这样学习后的结果既精准又高效。

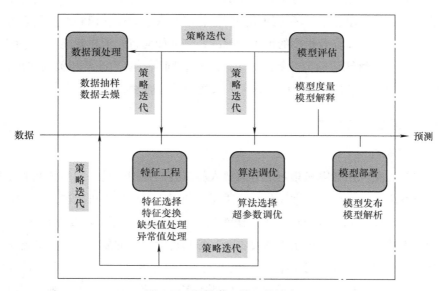

图 6-2　机器学习的工作流程

无人农场通过机器学习，可以让农场从播种到收获的每一个环节实现自动化，不需要人类的参与和帮助。目前，通过机器学习已经实现了对大田中农作物和杂草的区分、果园中果实成熟度的划分，以及牛场中奶牛体况的评价等。机器学习需要对农场中各项参数全面掌握，不仅达到人类学习的标准，还要超过人类的能力，这些知识包括一些目前还没有涉及领域的学习，例如对农场工作人员经验的学习，天气、气候等变化规律的学习，甚至对一些突发情况的学习，如干旱、洪涝等极端情况。

2. 知识图谱

知识图谱，是显示知识发展进程与结构关系的一系列不同的图形，用可视化技术描述知识资源及其载体，挖掘、分析、构建、绘制和显示知识及它们之间的相互联系。作为一种智能学习的手段，知识图谱通过可视化的技术手段，将与农业相关的概念、实体、事件以及各部分之间的关系进行描述，是一种结构化的语义知识库，也是农业人工智能的重要基石。机器虽然可以模仿人类的视觉、听觉等感知能力，但往往需要学习的数据种类过多且逻辑关系复杂，为了加快机器对人类知识和能力的掌握，可采用绘制知识图谱的方法帮助学习。

根据无人农场分散式、异质多元、组织结构松散的特点，知识图谱技术可以构造复杂化的知识网络，将这些离散的信息相互关联，把所有不同种类的信息连接在一起而得到的一个关系网络，提供了从"关系"的角度去分析问题的能力，形成可视化的语义网络，使得云端管理系统更加轻松地学习复杂的农业知识。智能学习技术通过强大的搜索和查询能力，在极短的时间内完成对海量信息的准确查询，并对这些信息进行整理和统计，以最简单的方式展现出来。农业知识的快速掌握是推动农业人工智能不断进步的重要基础，而相关知识对于人工智能的价值就在于让机器具备认知能力，这样的云端管理系统更加智能，能够替代更多的人类任务。但也正是由于人工智能的强大，可辅助人类更深入地了解客观世界，挖掘、获取、沉淀依赖人类智能无法掌握的知识，这些知识与人工智能系统相辅相成，共同进步。目前，可在农业中应用的知识图谱绘制工具包括 CiteSapce、Ucinet、Gephi、Pajek 四种。该技术以其强大的语义处理能力和开放组织能力，为无人农场的知识化组织和智能应用奠定了基础。

无人农场中的农业知识是人工智能的主要学习对象。在无人农场的远端管理系统中，根据监测到的数据进行标准分类和扩展，构建知识图谱。例如：关于农作物病虫害的知识是大量且杂乱的，但这其中还是有一定逻辑关系的，传统的学习方法只会将这些知识全部吸收，其学习过程往往过于复杂，增加了农业人工智能系统的工作量。可将农作物病虫害的相关信息构建成一个知识图谱，以谷类非斑类病害知

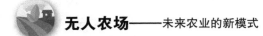
识学习为例。其知识图谱如图 6-3 所示。该知识图谱可清晰地展现谷类病害的特征与病害名称之间的直接或间接关系。反之，当农业人工智能系统学习了相关病害特征属性后，也可以反向推理出病害的种类划分，所学到关系病害特征属性的相关知识越多，推理后得到的病害识别结果也越精确。这种可视化的学习方法也是人类在学习中常常使用的，快捷的知识掌握可大大减缓农业人工智能系统的繁重工作量，加快信息处理速度。

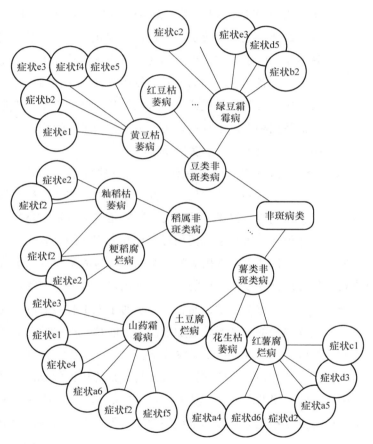

图 6-3　基于谷类非斑类病害的知识图谱

6.4　智能推理技术与无人农场

　　智能推理，是指根据云端管理系统中存储的知识和经验，对无人农场中发生的动态变化或异常情况进行原因分析、问题性质判断，并做出符合客观事实结论的过程。无人农场云端管理系统的智能识别和智能学习是进行智能推理的基础和前提，智能推理是无人农场进行问题解决的关键技术，智能推理得出的结论直接关系着所做出决策的可靠性，牵动着智能作业的实际效果。因此，无人农场智能推理技术是人工智能技术的核心。

6.4.1　基本定义

智能推理技术是利用机器模仿人类进行推理的过程，由一个或几个已知的判断（前提）推出新判断（结论）的思维形式，任何一个推理都包含已知判断、新的判断和一定的推理形式。作为推理的已知判断称为前提，根据前提推出新的判断称为结论。前提与结论的关系是理由与推断、原因与结果的关系。智能推理技术以此为原则，模仿人类思维，完成不需要人类参与的推理过程。

人工智能是利用计算机来模拟人类智能的过程，上一节已经介绍了人工智能技术学习知识的方法，但仅仅使它拥有知识还是不够的，还必须具备思维能力，让机器能够模拟农场工作人员的思维规律。当计算机学习了一系列的农业相关知识后，便可以将知识表示出来，并在计算机中进行存储，然后再利用智能推理的方法，按照某种策略从已有事实和知识中推理出结论，其基本任务就是从一种知识或经验推断出另一种判断。智能推理的基础是农业知识的学习，也是农业问题求解的主要手段。无人农场中的智能推理也可称为利用农业知识、经验等进行广义问题求解的智能过程，这个过程是靠计算机的算法和程序实现的。

在农业人工智能系统的知识库中，存储着大量的经验及农业常识，数据库中存放着各类农作物的性状特征、动物的行为特点、环境参数等历史数据。当无人农场需要判断是否该做决策时或做什么决策时，就是一次推理的过程，即从农作物的性状和环境参数这些初始事实出发，利用知识库中的知识及一定的控制策略，对农作物等监测对象的状态进行判断，逐步推出相关结论。在农场的日常运作中，员工在处理不同工作，对不同事件做判断时，采取的推理方法也是不同的。农业人工智能技术在仿照人类农场中的工作流程时，依据所得出结论的途径对推理的方法进行划分，具体可分为规则与知识推理、模型推理、案例推理。

6.4.2　关键技术与原理

1. 规则与知识推理

基于规则与知识的推理是指以产生式规则表示知识的推理，各条规则之间相互独立，知识具有很强的模块特性，易于解释。其具体含义为，如果前提满足，则可

得出结论或者执行相应的动作，前提是规则推理的执行条件。无人农场中可靠的专业知识和真实的历史数据都可作为规则推理的前提，大量的前提条件为规则推理的进行提供了技术支撑和保证，确保规则推理方法在无人农场中的广泛应用。

规则与知识推理的逻辑形式对于农业人工智能的重要意义在于，它对机器所模仿到人类的思维保持严密性和一贯性，并有着不可替代的校正作用，所有的结果真实有效，其结果可作为系统规则和基准，有效避免了人类主观臆想产生的错误判断。因此，基于知识与规则推理出的结论准确性极高，可作为无人农场中的确定性条件，是云端管理系统中的理论基础，其结论可以直接进行使用，无须验证。这为无人农场中异常情况和问题的判断提供了准确的信息支持。

在无人农场中，经常会遇到一些以某些一般的判断为前提，得出一些个别、具体的判断。规则与知识推理是非常严格的逻辑推理，从反映客观世界对象的联系和关系的判断中得出新判断的推理形式。例如："所有的水果成熟度都可以采用激光的方法进行检测，苹果是水果，所以苹果的成熟度可以采用激光来进行检测"，这也是一种经典的三段论来进行演绎推理的形式。在利用规则推理进行判断时，应遵守两个最基本的要求：一是前提的判断必须是真实的，也就是例子中水果的成熟度可以用激光进行检测，以及苹果是水果这两个大前提都一定真实；二是推理过程必须符合正确的逻辑形式和规则，计算机在进行推导时的程序须符合规定。

2. 模型推理

模型推理是指建立问题的模型，运用已有的理论和经验对此模型进行推理，最终得到结果。这种推理方法更加严密，其逻辑性强、准确性高、更易掌握问题的实质。与基于规则的推理方式不同，基于模型的推理是利用反映农场中事件内部规律的客观情况进行模型建立，包括定性物理模型和因果模型。模型推理也是构建知识系统推理机制的一种方法，是对认识进行表征的过程。建模可由整体到局部分为：组织模型、模块模型和组件模型。

模型推理技术在理论上采用约束系统进行推理。首先对建模对象的约束特征用规定的语言描述出来；然后将约束特征转化入并行约束编程框架，即约束系统进行推理，框架将输入问题的外部约束与建模对象的内部约束进行匹配、组合；最终得到输出结果。在无人农场中，对智能装备进行分析时，可按功能将装备分成若干部件，而每个功能部件可以表示为定性物理模型，部件之间的关系就是因果模型。通过使用这种模型的推理方式，机器对农业智能装备的设计和故障诊断更加有利。

除了对装备故障的分析，模型推理也是无人农场对动植物未来长势预测的重要手段。农业人工智能系统通过对大田中采集的信息进行分析，找到产生问题的不同原因，通过所建立的无人农场模型，并对该地区的农田采取较小的调整和控制措施，推理出农作物对环境的需求，无须等发生问题后再采取措施，是一种高效的作业手段。例如：在对大田中玉米的生长情况进行监测时，利用采集到的玉米叶片长度、节间高度和玉米株高的相关信息，计算这些参数与土壤含水率的关系；进而构建玉米水分胁迫模型，用建立好的模型判断玉米受水分胁迫的程度；再将判断结果反馈到农业人工智能系统的指挥控制中心，并计算出玉米所需水分灌溉量，正确指导无人灌溉作业的实施。

3. 案例推理

案例推理是借助先前求解问题经验，通过类比和联想的方法解决当前的相似问题，也就是利用寻找相似案例的推理法，找到解决旧问题的方法来适用于解决新的问题，是一种最接近人类决策的过程。案例推理方法在模拟人类解决问题时，通过搜索过去存储下来类似情况的处理方法，再对过去类似情况处理方法进行适当修改，来解决新的问题。过去的类似情况及其处理技术称为案例。过去的案例还可以用来评价新的问题及新问题的求解方案，并且对可能的错误进行预防。

对无人农场来说，这是一个至关重要的方法，因为案例推理的方法非常适用于需借助经验来进行判断的场合，有效克服了基于规则、知识和模型等难于推理的脆弱性缺陷。该方法的核心就是要借鉴农民的田间经验和农业上的成功案例，在无人农场中，案例推理的应用十分广泛，最典型的就是对智能装备故障的诊断。首先从云端管理系统所存储的以往案例中检索出与当前故障问题相似的案例，并选择一个或多个相似案例；然后以设备的结构、零件特征、运行记录等信息做铺垫，根据装备的运行状态对所选案例进行适当调整和改写，从而获得当前问题的结果；最后将修正、调整后的新案例添加到案例库中以备重用。其工作流程如图 6-4 所示。人工智能系统与智能设备实际使用情况的结合，提高了设备维修的准确性、直观性，使维修周期、成本得到合理优化。

无人农场可以在没有任何相关问题经验的前提下，只需正确采集到问题的信息和属性值，就可以从案例库中快速得到根据相似度排序后的问题判断。这种推理方法可以解决一些没有经验的突发状况，发现规则与知识推理中忽略的特殊现象，从而可以提高无人农场的运行效率。具体的案例都是来源于真实农场的实践，没有经过理论的抽象与精简，是对客观事实的全面反映。与另外两种推理方法相比，案例推理能够切实增加实证的有效性。

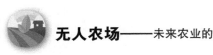

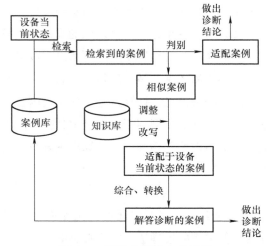

图 6-4　案例推理的工作流程

4.智能推理与预测

预测是指根据过去和现在的已知因素，运用已有的知识、经验和科学方法，对未来环境进行预先估计，并对事物未来的发展趋势做出估计和评价。智能推理技术除了可以对已发生问题进行性质判断外，还具有预测的功能。为了实现这一目标，利用预测模型和专业知识与来自无人农场的实时信息进行融合，对未发生的事情或即将发生的事情进行合理预测。这也是智能推理技术在无人农场中的另一个应用。

无人农场中智能装备的零件更换成本很高，但装备的磨损和故障却是必然存在的，如果等到出现故障再做处理必然会降低效率，耽误生产。这就要求农场对装备维护具有高效的智能调度能力。因此，利用智能推理技术对智能装备性能以及农产品产量的预测是必要的。智能推理技术在农场中的预测工作流程遵循以下步骤：安装在智能装备上的传感器通过物联网和大数据平台将感知到有关机械状态的信息传输至云管理平台，这些信息为预测问题提供了关键的参数，再通过描述性和双变量分析，确定传感器的测量值和配置变量，从而估计和预测此类机器的逐渐退化情况，使无人农场对维护操作做出明智的决策。预测流程如图 6-5 所示。

利用智能推理的方法，对农场中的装备和作物的生长环境预测，不仅可以提前预防设备故障的出现，尽早做出预防措施，还可以利用预测的结果对病害问题进行防治。合理预测和提早的预防措施对提高无人农场的运行效率和经济效益都是必不可少的。结合历史数据，建立模型，用预测的方法估计农场中未知的事件，综合参数的变化实时更新预测结果，提高农场的作业效率和生产效益。

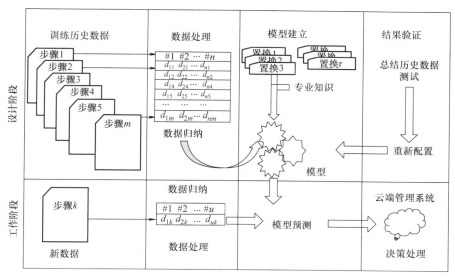

图 6-5　预测流程

6.5　智能决策技术与无人农场

智能决策是保证无人农场正常运作的关键技术手段，该技术以农业知识为指导，综合运用数学、管理学、自动控制等科学理论，在不确定、不完备、模糊的无人农场环境下，通过智能推理技术对问题的描述和认识，对复杂决策问题进行求解，为云端管理系统提供可靠的运行方案。

6.5.1　基本定义

智能决策技术是人工智能和决策支持系统融合的产物。智能决策系统的处理对象主要是半结构化或非结构化信息，由计算机协调多个智能机制模拟人类的思维决策，从而提供最终的解决方案。

无人农场对发生的问题进行合理分析和准确判断是远远不够的。根据智能推理的结果对问题有了专业性的判断后，还需要一个下达命令的过程，也就是采取什么样的措施去应对和解决发生的问题。智能决策系统支持系统可以为无人农场提供分析问题、模拟人类决策过程的环境，综合利用智能学习的知识和经验，提供出最优解决方案。整个过程不需要人的参与，使采集与学习、推理与判断、决策与行动完全贯通在一起，可以持续完成决策，采取行动，然后继续决策，继续采取行动，实现无人农场过程的完全自动化。

智能决策支持系统充分利用专家系统，通过智能推理等技术手段，使无人农场用人类的知识处理复杂的决策问题。智能决策支持系统是以求解为主，也就是系统的重要任务就是找到合理的解决方案。无人农场中的智能决策支持系统主要由知识库管理系统、数据库管理系统、方法库管理系统、模型库管理系统等组成，其结构如图6-6所示。无人农场中的环境是复杂多变的，而做决策的部分更要采取及时、恰当的控制策略应对待解决的问题，使其沿着预定的方向发展，提高无人农场的工作效率，降低问题带来的负面影响。例如：农场中的奶牛在饲养的过程中需要实时监测，以便掌握最新的个体情况，对体况异常等情况相应、实时地做出正确决策，确保无人农场高效运行。

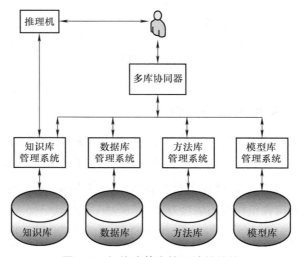

图 6-6 智能决策支持系统的结构

6.5.2 关键技术与原理

1. 决策树

决策树是一种在已知各种情况发生概率的基础上，直观运用概率分析，判断其可行性的技术，也可以进行风险型决策分析。其结构是由决策模型和状态模块交替组成的一种树结构。决策树作为一种树形结构，其中每个内部节点表示一个属性上的测试，每个分支代表一个测试输出，每个叶节点代表一种类别。决策树模型如图6-7所示。

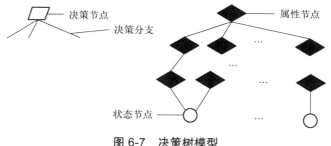

图 6-7　决策树模型

　　决策树通过分析可以采取的决策方案及其可能出现的状态或结果，来比较各种决策方案的好坏，从而做出正确的判断。决策问题的结构包括决策人可能采取的行动、随机事件和各种可能后果之间的关系，都可以用决策树来形象、直观地表示。决策系统从决策树的根部，也就是最初的决策点出发向前直到树梢。当遇到决策点时，系统需要从该点出发的树枝中选择一枝继续向前；当遇到状态点时，决策系统无法控制沿哪一枝继续，这时需要由状态要件决定。决策树方法利用了概率论的原理，以树形图作为分析工具，其基本原理是用决策点代表决策问题，用方案分枝代表可供选择的方案，用概率分枝代表方案可能出现的各种结果，经过对各种方案在各种结果条件下损耗的计算比较，为无人农场提供决策依据。无人农场利用决策树进行决策分析的基本步骤为：①构成决策问题，根据决策问题绘制树形图；②确定各种决策可能的后果，并设定各种后果的发生概率；③评价和比较决策，依据一定的评价准则选择一种最适合的决策。由于无人农场的面积广泛，情况多变，状态的描述往往是非常复杂的，例如评价奶牛的体况，必须要用多属性来进行刻画，如髋骨、体高、臀角、背线等。以树的形式对各类解决办法进行比较，不仅增加了该形式的表达能力，也提高了准确性。

　　决策树具有阶段性明显、层次清晰和便于决策机构集体研究的特点。在无人农场中应用时，可以细致地考虑农场的复杂环境因素，并能直观地显示整个决策问题在时间和决策顺序上不同阶段的决策过程、全部可行方案和可能出现的各种自然状态，以及各可行方法在各种不同状态下的期望值，更有利于做出正确的决策。当然，决策树法也不是十全十美的，这种方法无法适用于一些不能用数量表示的决策，对各种方案的出现概率的确定有时主观性较大，可能会出现一些错误的决策。

2. 决策矩阵

　　决策矩阵又称为损益矩阵，以系统中给出的损益期望值作为决策的参考标准。该方法多用于解决资源分配最优化的问题，具体包括预备方案、概率以及损益值。

其中，预备方案是一种可控的因素，为决策变量；概率是指农场每一种状况发生的概率，包括环境、天气等外界客观的实际情况，是不可控因素，也称为状态变量；损益值是指每种方案的损益值。人工智能技术可根据无人农场中待解决问题发生的条件构成一个矩阵决策表。

在无人农场中，每一年对不同作物产量要求是不同的，因此每年的耕种季节都要使用决策矩阵进行种植决策。通过对耕地面积、可供灌水量、种植作物的种类、消耗的财力和物力、预计产量列出矩阵表，合理安排每一种作物的耕种面积，进行最大利润化种植。矩阵决策对决策环境的信息要求很高，也是一种十分贴近实际情况的决策方案，在无人农场中得到广泛应用。

决策矩阵技术既克服了常规方法过于简单、无法全面考虑无人农场中的每一项环境参数的问题，也理清了外界错综复杂的关系。用表格矩阵的方式将各项与农业有关的数据与拟解决问题的方案联系起来，数据随着方案的变化而变化，在综合考虑经济、生态环境等因素的前提下，选择出最佳的解决方案。

3. 多目标决策方法

多目标决策是针对具有多个目标的决策问题提出的解决方案，通过分析各目标重要性大小、优劣程度，分别赋予不同权数。常采用的方法有：多属性效用理论、字典序数法、多目标规划、层次分析、优劣系数、模糊决策等。其应用的原则为：除去从属目标，归并类似目标；把那些只要求达到一般标准而不要求达到最优的目标降为约束条件；采取综合方法将能归并的目标用一个综合指数来反应。

无人农场在使用多目标决策方法时，首先要求云端管理系统要清楚问题的结构和态势，也就是问题的客观事实，其次要清楚决策的导向和偏好结构，也就是最终达到的目标。该方法的流程如下：

第一步，将定性的信息定量化，不确定或模糊的概念确定化。

第二步，根据目标对所有方案的数学模型进行结果估计。

第三步，对每一种方法进行评价。

第四步，评价准则，对初步方案进行调整。

第五步，最终方案的产生，结合偏好进行抉择。

多目标决策方法不仅在无人农场大棚、田间、果园等种植领域中常常应用，在动物养殖区也有着广泛应用。例如，无人鸡场使用 $n(n \geq 2)$ 种原料配制供鸡食用的混合饲料，为了满足营养需求，饲料中必须要含有蛋白质、钙质、脂肪、维生素等多种营养成分。云端系统针对此类问题需求，对每种原料进行所含营养成分的适宜性评价，评价过程要根据已存储在云端系统中的农业专业知识，即每种原料的营养含量表，再根据目标需求，建立数学模型来确定每一种原料适应性级别及其所占混合饲料的比例，按照评价要求进行方案排序，从而选择最接近要求的配料方案，从而达到营养最大，成本最低的要求。

单目标决策问题的解是唯一最优解。与单目标决策方法相比，多目标决策方法更加适用于单指标无法全面衡量单个方案优劣的多目标优化的决策，以及定性指标与定量指标混合的复杂问题。这些目标之间的权益通常是相互矛盾、相互竞争的。这些特点也更加适用无人农场中实际问题的解决。

第**7**章 智能装备与无人农场

无人农场要实现对人工劳动的完全替换，关键是靠智能装备与机器人完成传统农场人工要完成的工作。智能装备与机器人是人工智能与智能装备技术的深度融合，人工智能服务于智能装备与机器人。除了上面提到的人工智能技术外，智能装备与机器人还需要边缘计算、机器视觉、导航定位，以及针对农业生产场景的各种作业的运动空间、时间、能耗、作业强度的精准控制技术的支撑。一般情况下，固定装备与移动装备协同完成无人农场的各种作业，无人车、无人船、无人机在移动装备中发挥重要作用。

智能装备是无人农场中最重要的一环，是以全面感知、智能处理、自动导航和精准作业等现代化技术为支撑和手段，结合传统农场装备，以农场的无人化生产、信息化监测、最优化控制、精准化自主作业和智能化管理为主要需求的无人农场的关键领域，智能装备也是目前无人农场应用需求最为迫切的技术之一。本章介绍了无人农场装备状态数字化监测、智能动力驱动、自动导航控制和智能感知与作业等关键技术及原理，着重阐释了无人农场装备的数字化与智能化，重点介绍了无人车、无人机和无人船等智能装备在无人农场中的应用。

7.1 概述

7.1.1 无人农场对智能装备的需求

无人农场要彻底解放人工劳动力，关键是依靠智能装备对无人农场进行武装，完成精准自主作业的任务。要满足装备代替人工完成工作的要求，亟须装备状态数字化监测技术、智能感知技术、智能动力驱动技术、自动导航控制技术以及无人精准自主作业等关键技术的支撑。

1）无人农场装备状态数字化监测，能够为农场装备的安全、有效运行提供依据。无人农场生态环境复杂，装备精准自主作业困难。因此，需要实时获取智能装备的性能信息，来保障装备运行的可靠性和安全性，亟须一种无人农场智能装备状态的数字化监测技术，实现装备状态的实时在线监控，为用户提供实时的装备状态信息，保证其正常运行。无人农场装备状态智能识别、智能故障诊断以及健康管理是实现农业装备状态数字化监测的关键技术。

2）无人农场装备智能感知技术是实现农场无人化、精准化自主作业的基础和前提。目前，我国农业装备信息感知技术存在技术水平低、智能化程度低和适应性差等不足。因此，需要研究无人农场不同环境下农业环境信息感知技术和动植物信息实时获取技术，重点研发农场环境和动植物信息智能感知技术，提高智能装备信息感知技术水平。同时，研究数据边缘计算等关键技术，提高智能装备的自主作业能力。

3）无人农场装备智能动力驱动是指装备在运动时可以实现多种动力智能匹配、自动切换动力、自动换挡，从而保障智能装备工作在最佳的节能环保状态，提高装备工作效率。装备智能动力驱动直接决定智能装备工作持续时间和作业效率。因此，无人农场智能装备亟须重点突破高效发动机智能控制技术、液压动力换挡技术、机械无级变速技术和智能动力匹配等关键技术，研究以锂电池、氢能电池、太阳能电池等新能源为电源、电动机为动力以及液压驱动的农用智能移动作业平台，实现无人农场移动装备的智能动力驱动。

4）无人农场装备自动导航控制技术是智能装备重要的组成部分。随着装备信息化的不断发展和农业生产精细化的要求，人工驾驶作业质量难以保证，需要借助自动导航控制技术保障农业生产实施播种、植保和投饵等无人农场作业时的定位精度，使农田装备、设施农机和水产养殖设备等具有定位、自动驾驶控制和路径规划的能力，以减少农业生产投入成本，增加经济效益。无人农场装备的自动导航控制技术是精细农业的基础平台。目前，无人农场装备亟须融合机器视觉、GPS、惯性导航、激光导航等环境感知建模与定位技术实现智能装备的精确定位，研究比例积分微分控制（PID 控制）、模糊控制、最优控制、神经网络控制和复合控制等控制技术实现智能装备的导航操纵控制，研究全局和局部路径规划技术实现智能装备的有效避障，从而实现无人农场智能装备的自动驾驶控制、定位以及避障。

5）无人农场装备自主精准作业是指无人农场装备的远程调控和智能化无人作业。无人农场装备自主精准作业是实现农场无人化种植、养殖的关键，用户通过智能终端和远程监控平台设定命令，指挥智能装备在线、实时协同控制和精准自主作业，完成肥、水、药精准管理，温室协同智能调控以及水产养殖自动投饵和捕捞等，从而实现农场的无人化生产、精准化作业和智能化管理。无人农场装备智能作业技术包括农药自动喷洒、自动灌溉、精准饲喂、果蔬的自动采摘、智能播种与施肥、无人船的自动投饵、自动捕捞及自动增氧等。无人农场智能装备的精准自主作业彻底解放了劳动力，大大提高了农业生产率，标志着无人农场信息化、自动化和智能化水平的提高。

7.1.2 农业智能装备的定义与分类

农业装备是指在农业生产、管理过程中使用的各类装置和设备的统称。传统的农业装备包括农业动力装备、农田建设装备、土壤耕作机械装备、种植装备、水肥一体装备、植物保护装备、农田排灌机械装备、作物收获装备、农产品加工装备、畜牧业装备、水产养殖装备和农业运输装备等，具体如大小型拖拉机、联合收割机、脱粒机、平整机械、耕播机械、插秧机、卷帘机、喷雾器、增氧机和投饵机等。农业智能装备就是在传统农业装备基础上，采用现代信息技术和智能制造技术进行数字化改造后的装备。采用智能装备可完成无人农场的自主精准作业任务。目前，智能化与数字化已经应用于无人驾驶拖拉机、无人机和无人船以及耕播种和植保机械等，加快了农业生产方式的转变，拓展了农场无人化的发展空间。无人农场智能装备根据其定义可以分为移动装备和固定装备。

1. 移动装备

移动装备是指无人农场中自主运输和需要移动完成自主作业的装备，主要包括无人车、无人船、无人机、移动作业机械和移动机器人等装备。

（1）无人车 无人车主要是指大田或者设施农业中的农业无人作业车与无人运输车，具有自动驾驶、自动导航控制和智能收获等智能作业功能，包括自动驾驶拖拉机、耕播机械和收获机械等各种移动作业机械等。无人车的特点是负载量大，续航时间长，成本低，作业效率高，运行安全灵活等。普通的农场无人车除运输功能外，还可以搭载喷药机、植保系统等智能作业装备，能够完成大田果蔬植保、农作物收割、农资运输等农业生产功能，实现农田的无人化生产。

（2）无人船 无人船主要是指无人渔场中的无人作业船，具有自动驾驶、自动巡航、水体环境生态监控以及养殖对象信息采集等智能作业功能，主要包括水产养殖无人作业船。无人船具有体积小、续航能力强和对环境要求低等优点。渔场无人船也可以搭载各种养殖设备，能够完成水产养殖水体环境生态监控、养殖区域自动巡航、自动投饵以及养殖对象自动捕捞等任务，从而实现鱼、虾、蟹、贝的无人化、数字化养殖。

（3）无人机　无人机主要是指用于无人农场智能作业的无人驾驶飞机，具有智能飞行控制、自主导航、环境作物信息感知和智能喷洒等智能作业功能，主要包括农业植保无人机和无人驾驶直升机等。农场无人机具有环境适应性强、作业效率高、使用方便、安全性能高等特点。无人机可以完成环境信息监测、动植物信息监测、农药的精准喷洒等任务。此外，农业无人机可以与大田无人车和水产养殖无人船搭配，形成空对地、海对空的配合，极大地提高无人农场信息化和数字化水平，彻底实现现代农场的无人化生产和管理。

（4）移动作业机械　移动作业机械包括耕播种机械和收获机械等，如自动播种机和自动收割机等。自动播种机主要是指具有精准播种技术的播种机，其不仅能够保证播种深度均匀一致，保证作物的发芽生长，而且能够实现精准播种作业，大量节约种子，提高了播种质量和作业效率。自动播种机可搭载到无人车上进行无人农场的智能播种任务。自动收割机主要是指对玉米、水稻、小麦进行全自动收获的机器。自动收割机具有工作效率高、环境适应力强、操作方便等特点，极大地提了农业生产率。

（5）移动机器人　移动机器人主要是指无人农场中具有移动作业能力的机器人设备，包括无人果园、无人温室的施肥机器人、采摘机器人，无人大田的除草机器人、巡航机器人，无人渔场的捕捞机器人、水下多功能机器人。移动机器人具有自主导航控制、自主精准作业两大核心功能。其中，机器人相关内容将在机器人与无人农场章节重点介绍。

2. 固定装备

固定装备是指无人农场中不需要移动即可完成自主作业任务的装备，主要包括无人畜禽场的饲喂设备、智能穿戴设备、奶牛挤奶设备和鸡蛋分拣设备等，无人渔场的投饵、增氧、计数和循环水处理设备，无人果园的滴灌设备，无人温室的水肥一体化设备、湿帘风机、环境调控等设备。下面主要介绍智能水肥一体机、自动饲喂机和农产品分拣包装机三种固定装备。

（1）智能水肥一体机　智能水肥一体机主要是指智能灌溉、施肥装备。结合传感器技术，可获取种植对象的长势信息和土壤干湿信息。通过对作物生长信息实现动态在线监测，实现大田作物信息的实时在线诊断、机械化变量施肥和智能灌溉，可以有效地提高化学肥料的利用效率、增加单位面积的粮食产量和节约用水量。智能肥水一体机可搭载到农业无人车，应用于大田、果园和温室等场景。

（2）自动饲喂机　自动饲喂机主要是指水产养殖自动投饵机和畜禽场自动饲喂机。自动饲喂机首先建立养殖对象的生长与投喂率、投喂量之间关系模型，实现了科学按时、按需投喂，从而有效控制了饵料的浪费，节约了成本。自动饲喂机可应用于水产养殖和畜禽养殖，可搭载到水产养殖无人船，实现养殖对象的数字喂养。

（3）农产品分拣包装机　农产品分拣机是一种新型的智能农业机械装备，它是人工智能检测、自动控制、图像识别技术、光谱分析建模技术、感应器、柔性执行等先进技术的集合，能够实现农产品的分类、分级和包装等功能。目前，农产品分拣机器人已经有了很大的发展。在农产品处理中广泛使用智能分拣，将会极大地改变传统农业的劳作模式，降低对大量劳动力的依赖，实现农产品的无人化处理。

3. 移动装备与固定装备对接

传统的农场装备大都是靠人工操作单一工作，完成自己的作业任务。例如，联合收割机收割完小麦，并将小麦去皮，此时人工驾驶拖拉机和联合收割机同步行驶，将处理完的小麦运输到指定地点。无人农场无人车、无人船和无人机等移动装备可以作为搭载各种智能固定装备的平台，也可以和固定装备完成对接，辅助固定装备完成运输和特定作业等功能。

无人农场移动装备和固定装备的有效对接，能够更大限度地完成各种情形下智能作业的任务，增加了无人农场智能装备的环境适应能力和工作效率，提高了无人农场数字化和智能化水平。在大田、果园和温室等种植业环境中，大多数情况下需要移动装备进行智能作业。例如，大田中的无人驾驶拖拉机可以搭载播种机等固定装备，能够完成大田的智能播种和智能施肥等生产任务；果园中的植保无人机能够完成果蔬的病虫害监测和喷药等任务。在养殖业场景作业中，主要依靠固定装备完成猪场、鸡场、渔场的饲喂装备、水处理、环境调控和个体信息监测等任务，这时候移动装备可以作为桥梁，担任运输功能。例如，温室中西红柿的种植，采摘车完成西红柿的采摘，然后无人运输车可以作为运输设备完成西红柿的自动运输；水产养殖环境中，无人船可以作为自动投饵机和自动捕捞机器人的搭载平台。

智能装备是无人农场发展重要的一环，应让智能装备深度参与农业生产全过程，逐步替代人力，彻底实现农场的无人化。随着物联网、大数据、人工智能、

5G 等技术在智能装备上的应用，无人车、无人机、无人船和机器人等将逐步替代农民手工劳动，进入无人大田、无人牧场、无人果园、设施园艺和无人渔场。智能装备在农场中的广泛应用，为实现"农民足不出户，通过手机发出指令，就能种好庄稼，种好菜，养好牛，养好鱼"等无人农场的生产方式创造了条件，无人农场毫无疑问是未来农业发展的大趋势。无人农场装备状态数字化监测、全方位信息感知、自动导航控制、智能动力驱动和智能精准作业是智能装备五大关键技术等，五大技术共同驱动智能装备技术的发展。图 7-1 所示为智能装备与无人农场的技术框架。

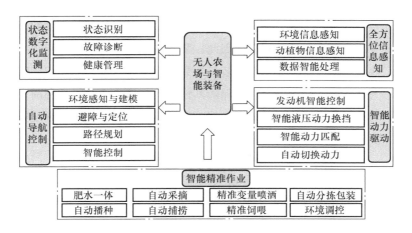

图 7-1　智能装备与无人农场的技术框架

7.2　农业装备状态数字化监测

　　数字化是装备智能化的前提，农场装备状态的数字化监测是监控农场装备无人作业的最有效手段，是保障装备正常运行的核心部分。数字化监测通过传感器、无线传感网络和云平台等实现装备性能状态信息的实时获取，更直观地在云平台上展现装备当前的运行状态以及变化趋势，结合精细化快速诊断技术和精准化预测技术，提高对装备故障的可预见性，并及时进行反馈，以确保智能装备自主作业和管理的需求。本节重点介绍农业装备状态的智能识别、故障的智能诊断和健康管理等智能装备状态的数字化监测关键技术和原理。

7.2.1　基本定义

传统装备的监测技术是指系统采集数据并传递给驾驶员，由驾驶员进行处理和判断。农场智能装备的数字化监测是指利用各种检测技术和监测手段，实时获取装备关键系统的技术状态，是智能装备故障诊断和安全运行的基础和重要组成部分。农业装备状态数字化监测是通过传感器采集数据，并利用各种传输技术，将数据信息传送给地面的系统平台，进行智能故障诊断、在线监测、故障预测和有效的日常管理，以实现对装备运行状态的总体掌握。通过智能装备状态的数字化监测，实时在线的分析其运行状态，评估其装备保障特性，快速、精准地响应各类保障需求，适时主动优化装备性能，从而充分发挥无人农场装备的自主作业功能。

目前，装备状态数字化监测技术在农场装备系统中担任至关重要的角色。无人农场环境多变，装备作业任务复杂，因此，装备自主作业的可靠性亟须有效的技术进行保障，亟待一种适用于无人作业装备的数字化监控技术，实现智能装备的实时在线监控，保证其正常功能，这也是保障其作业的基础和实时操控的前提。以物联网技术为基础的装备状态的智能识别、故障的智能诊断以及健康管理是实现农业装备数字化、智能化监测的关键支撑技术。

7.2.2　关键技术与原理

1. 装备状态的智能识别

装备状态的智能识别就是智能装备运行时各个系统运行状态数据的智能化获取，由传感器采集模块和无线传输模块两部分组成，是农业装备状态数字化监测的重要一环。无人农场装备状态的智能识别通过应用先进传感器，对其发动机运转、供电、温度和油箱含油量等工况进行实时采集，并通过物联网技术实现在线显示和报警提醒的过程。

装备状态的智能识别技术已经广泛地应用于无人农场智能装备中，如水产养殖无人船运行状态监测系统、无人驾驶拖拉机状态智能识别以及自动播种机等无人农场固定装备的状态识别。植保无人机的监控系统是无人农场应用最广泛的状态智能识别系统，该系统主要包括飞机状态监控系统和动力监测系统，能够实时采集农场植保无人机所需的各项系统数据。其中飞机状态监控包括飞行状态数据和飞行姿态，动力系统包括电池、电动机、电调、旋翼。图 7-2 所示植保无人机监控系统利用各种传输技术，将采集的信息传送给地面系统，然后对状态信息进行分析和评估，从而实现植保无人机运行状态的实时监控，为系统和地面人员做出反馈和决策提供依据。

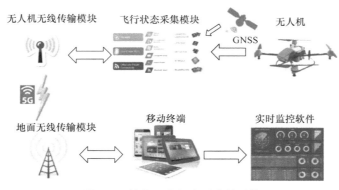

图 7-2　植保无人机实时监控系统

2. 装备智能故障诊断

装备智能故障诊断技术是指对装备系统自主作业过程中的故障进行检测、分类和辨识，判断故障是否发生，对故障进行定位和定性，并做出相应反馈和预测，保障无人智能装备的自主作业。智能故障诊断技术是装备状态数字化监测必备的支撑技术之一。装备智能故障诊断分为以下两部分：

1）装备故障信息的实时在线采集、传输、存储和分析。该部分功能是由装备自动检测和采集，实现了装备的智能检测。

2）故障数据模型的建立。根据无人农场装备运行状态数据和运行特征信息数据建立模型，从而进行故障的定位、定性和分类。故障数据模型的建立依靠系统自动对结果进行分析，实现无人农场智能装备故障数据的智能分析。

图 7-3 所示是农场中无人驾驶拖拉机的故障诊断系统原理。该系统主要包括故障信息采集、故障诊断和故障处理。实时在线采集装备运行时的故障信息，建立相关数据模型，经故障诊断模块对采集的故障数据信息分析、分类、统计和警报。该系统还具有故障的实时查询、智能处理功能，可进行无人装备故障的自我确认和修复。无人农场无人驾驶拖拉机的智能故障诊断、处理系统，实时保障了无人驾驶拖拉机的发动机和智能作业模块的正常运行。

3. 健康管理

健康管理是指对数据进行预测和健康状态的分析评估，保障装备正常运行状

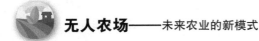

态，实现装备的精准自主作业。农场装备的健康管理主要包括两部分：

1）对故障和性能进行预测。故障和性能的预测，是指融合机理模型和数据模型，基于机器学习与深度学习的智能装备性能和故障的预测，保证装备正常工作状态的可预见性，实现故障的精准预测。

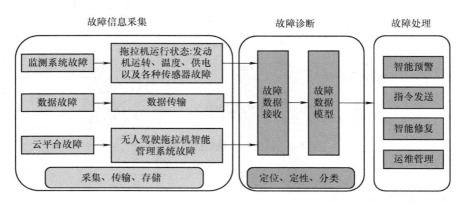

图 7-3　无人驾驶拖拉机的故障诊断系统原理

2）综合评估智能装备各项性能指标。基于自适应控制策略的无人农场装备状态的自主调节、综合评估，实现了最优化控制。健康管理对整个智能装备系统地评估、预测、维护、保障，结合专家系统，可以建立一种无人农场智能装备的健康管理系统。

故障预测与健康管理称为 PHM，已经被广泛应用于航天飞机和无人机等高科技装备中。水产养殖，特别是海水养殖水体环境复杂，无人船的健康管理对其正常运行起到至关重要的作用。以物联网和人工智能技术为核心的无人船 PHM 系统，为无人渔场无人作业船提供了一套全新的、有保障的智能健康管理系统，实现了无人船自身对整个系统各部分零件运行状态故障的预测。健康管理系统针对无人船系统各种诊断的性能指标进行分析和评估，并做出相应决策，完成无人船的自我维护和保障。该系统提高了无人船维修保障的自动化水平，提高了无人渔船无人船自主作业能力。图 7-4 所示为智能水质监测无人船健康管理系统。该无人船搭载的水环境智慧监测管理系统具有很好的故障预测和健康管理功能。

基于智能识别、故障诊断和健康管理系统的装备状态的数字化监测技术，保障了智能装备的安全运行、自主作业，是发展无人农场智能装备必要的关键技术。

图 7-4　智能水质监测无人船健康管理系统

7.3　农业装备智能动力驱动

无人农场装备智能动力驱动就是农机装备中智能电机技术。农场装备的动力来源于电机，如何实现农场装备动力驱动的智能化，是保障智能装备有效运行的关键，是装备自主作业的前提。智能动力驱动系统由传感器和控制器组成。

7.3.1　基本定义

无人农场装备智能动力驱动就是指农机装备动力的智能化，是指无人农场装备在运动时可以适用多种动力智能匹配、自动切换动力、自动换挡，从而保障装备工作在最佳的节能环保状态，提高装备工作效率。装备智能动力驱动，直接决定装备工作持续时间和作业效率。农场装备智能动力驱动，需要数字化技术控制电机的转速、动力输出、转向等，也改变了动力传输、机器操作的传统概念，是一个全新的技术。因此，无人农场智能装备亟须重点突破高效发动机智能控制、智能液压动力换挡、多动力智能匹配和机械无级变速等关键技术，研究以锂电池、氢能电池、太阳能电池等新能源为电源、电动机为动力以及液压驱动的农用智能移动作业平台，实现无人农场移动装备的智能动力驱动。

7.3.2　关键技术与原理

1）智能电机控制就是指电机 - 发动机 - 传动模型、移动装备运行模型与不同的控制算法结合，实现发动机的智能控制，使无人农场移动装备在功率匹配、扭矩匹配、速度匹配的自动运行过程中，始终处于最佳作业状态，可极大地提高装备的作业质量和效率，减少能源的消耗。

2）智能液压动力换挡是指无人车、无人船的动力换挡，由智能动力换挡控制系统构成。智能液压动力换挡主要包括传感器和智能电液控制等两大关键技术。根据无人装备的运行状态，通过传动系统控制，实现无人装备自动换挡和智能速度匹配。

3）多动力智能匹配是指无人车、无人船和无人机的自适应混合动力的参数匹配和协调控制。目前，无人车和无人船以汽油、柴油为油动力，移动电源和太阳能为电动力，可根据地形和环境信息进行自动切换，通过参数优化和自适应控制算法，提高混合动力的运行效率和节能潜力，实现不同环境下双电机混合动力的自动切换和智能匹配。锂电池、氢能电池、太阳能电池等新能源的研究是未来电动力来源的发展趋势。

4）机械无级变速主要是指无人车的可变连续传动，该技术完美地解决了换挡过程中的动力中断问题。机械无级变速技术包括机械和液压混合双动力、静液压闭式回路调速、电控液压换挡换向、静液压传动、发动机和机械无级变速器（CVT）的匹配、液压机械匹配、故障诊断等技术和电控系统的控制。机械无级变速提高了无人车的动力性和作业效率，减小了排放，降低了成本，提高了无人车自动驾驶的平顺性和安全性。

7.4 农业装备自动导航与控制

农业装备自动导航与控制技术是无人农场装备实现信息定位、自动导航智能控制的前提。遥感(RS)、地理信息系统(GIS)、卫星全球定位系统(GPS)与通信技术、网络技术的综合集成是实现无人农场装备自动导航与控制的基础。农场智能装备在执行任务过程中，须感知农场中复杂多变环境中的行走路线、目标对象、运行中的动态和位置信息等，这是装备准确完成定位工作、准确行走和工作任务执行的基础。

7.4.1 基本定义

自动导航系统主要包括提供系统位置信号的传感器、产生系统特定校正信号的控制器和改变系统位置、方位状态的激励器三部分。无人农场装备导航技术大致分为激光导航、GPS 导航、机器视觉导航、地磁导航和惯性导航等。其中，以 GPS、机器视觉在导航技术中应用最常见，并且有巨大潜力。GPS 是对机器本身的绝对定位，技术成熟，适用性好，在自动导航中可以与 GIS 结合，更准确地确定装备自身位置和方向。

农业装备自动导航与控制技术在农业装备中的应用主要体现在两方面：

1）农业信息的定位，包括农业土壤及作物检测信息的准确定位等，便于分析处理和决策。

2）农业装备的自动导航控制，例如，农田无人驾驶拖拉机、海洋牧场无人船和植保无人机的自动导航驾驶与作业控制等，提高了智能装备的工作效率和精准无人作业水平。

目前，我国研发的北斗卫星导航系统可提供免费的高精度定位服务，为无人农场的装备提供了有效的导航定位信息，将成为我国无人农场智能装备导航技术发展的重要组成部分。农场装备自动导航与控制的关键技术包括环境感知与建模、路径规划和智能控制。

7.4.2　关键技术与原理

1. 环境感知与建模

农场环境感知与建模是指通过多种传感器信息识别和信息融合技术识别农场环境信息，包括农场的边界、地形特征和障碍物等，并通过环境感知技术确定装备的定位、航向以及速度等。智能装备通过环境感知前进的方向和所在区域，确定相对位置，并实时进行避障和预判，为路径规划提供基础。环境感知技术主要包括 GPS、北斗卫星导航、机器视觉、激光雷达、惯性测量单元、超声波传感器和红外测距传感器等，其中定位技术包括卫星定位、惯性定位、航位推算和电子地图匹配等。根据环境模型的形式，可以将环境建模分为基于概率格、几何信息、拓扑信息、三维环境信息的环境建模；根据环境模型的坐标系，可以将其分为局部建模和全局环境建模。

环境感知与建模为装备的定位、导航、控制提供了重要依据。机器视觉由于其获取的环境信息丰富、目标信息完整、经济性好，近年来在农场智能装备导航中应用广泛。基于机器视觉技术的农场环境感知与建模是未来无人农场智能装备实智能导航控制的关键技术。无人农场自动驾驶拖拉机融合了 GPS 和一系列智能视觉导航算法，能够准确地获取农场地形信息和无人车的定位方向和速度，也能够精确地指导无人车在农田地行走，减少了无人车运动轨迹的波动，满足无人车的智能导航、控制的要求。

2. 路径规划

路径规划则是无人农场装备智能导航控制研究的一个重要环节和课题。智能装备的路径规划主要包括三部分内容：

1）利用获得的无人农场环境信息建立较为合理的模型，结合先进的智能算法确定一条最优或次优的无碰撞路径。

2）能够自动处理各种不确定因素和误差信息，减小外界条件对智能装备的影响。

3）通过已有信息来引导智能装备运动，得出最优结果。

根据智能装备掌握环境信息的程度不同，路径规划可分为基于环境先验信息已知的全局路径规划和基于传感器信息的局部路径规划。

路径规划在农场无人驾驶拖拉机上得到了广泛的应用。我国研制的东方红 SG250 拖拉机，搭载了 GPS 导航系统和智能控制系统，具备自主调速和自主导航、控制功能，其定位精度达厘米级。将拖拉机跟踪避障路径时的 GPS 定位数据作为参考标，采用 L 算法进行路径避障规划，降低了外界因素的影响，减小了行驶路径与规划路径的偏差，能够较好地避开障碍物，完成拖拉机的避障路径规划，保障了无人驾驶拖拉机的自动导航与控制。

3. 智能控制

智能控制是指农业装备自动导航技术的主要控制决策系统，主要分为模型控制、PID 控制、模糊控制以及神经网络控制等。PID 控制技术比较成熟，在农业中被广泛应用。智能控制技术是农场装备自动导航中重要的组成部分，其主要用于对信息的收集与分析，在特殊工作环境条件下，依然可以保证农场装备的稳定运行，保证作业的精准性与效率。

在无人农场中，有些环境复杂，地形高低差异比较大。例如，山地果园种植环境中，植保无人机的导航控制误差会较大，应实时进行高精度导航控制。基于全球导航卫星系统（GNSS）与机器视觉组合的无人机植保作业航迹控制方法，能够实现无人机植保作业的田块间快速转场和田块内水平航迹精准控制。该方法首先由 GNSS 导航将植保无人机引导至作业目标对象附近，然后由机器视觉技术实现作业果树行分割，并在实时分割的图像中提取作业行趋势线后，计算出无人机航向与趋势线的偏航角度，最后通过 PID 控制器完成无人机的偏航角度调整，增大无人机控制率，提高植保无人机作业位置精度，确保农药喷洒均匀。图 7-5 所示的基于 GNSS 的无人机智能轨迹控制系统，由地面控制站和无人机飞行平台系统组成。

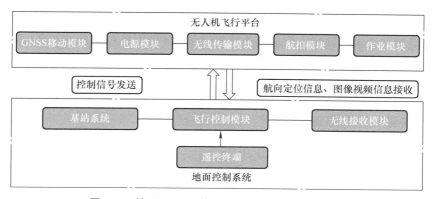

图 7-5　基于 GNSS 的无人机智能轨迹控制系统

7.5　农业装备智能感知与作业

无人农场装备的智能感知技术是智能装备完成自主作业的基础和前提，智能作业是农场装备自主作业必备的技术。因此，农场智能装备智能感知与作业是智能装备最核心的部分。

7.5.1　基本定义

农业装备智能感知是指利用物联网技术，对无人农场环境和作物信息进行监测、视频监控和智能识别，实现信息的采集和获取。农业装备智能感知的信息包括无人农场环境信息感知和动植物信息感知等，目的是实时监测农场生物生长环境信息、生长变化信息，并同步收集数据。目前，我国无人农场装备智能感知技术落后，智能作业水平低，传统的农场环境信息和动植物信息感知大多依靠人工经验和功能单一的仪器仪表检测，难以实现无人农场实时在线获取信息和精准作业实施的需求，亟须开发一种农场装备智能信息感知平台。农业装备智能作业，是指装备的智能化控制，就是在装备获取数据后，对数据进行处理，然后根据设定要求、所处农场环境和装备自身状态，由云平台发出指令控制装备完成精准自主作业任务。农场装备的智能作业是农场无人化的核心技术支撑。其中，边缘计算技术分担了无人农场云端的压力，加快了数据分析的速度，从而提高了智能装备的自主作业能力。目前，我国农场装备智能作业水平低，现有的自动化装备能够实现农业生产、管理自动化，但还需要人工操作，并参与决策，难以实现无人农场全天候、全过程、全空间精准作业实施的需求，亟须提高农场装备精准自主作业能力。

农业装备智能感知与作业是实现农场无人化种植、养殖的关键，只有实时、快速、精确地取无人农场环境信息和动植物信息，才能对各种信息进行分析和评估，进一步完成装备的智能作业，从而提高智能装备作业的精准性、安全性和可靠性，实现农场的无人化生产、精准化作业和智能化管理。

7.5.2 关键技术与原理

1. 信息感知

（1）环境信息感知 无人农场环境信息感知，是指利用智能装备搭载的农业传感器和无线传感网络自动采集农场环境信息。农场环境信息主要包括农业生产环境信息、农田变量信息与环境气象信息三个方面，如大田种植中的空气温湿度、土壤温湿度、光照强度、风速风向和降雨降雪等参数，水产养殖水体中的溶解氧、温度、氨氮、电导率、浊度、酸碱度和亚硝氮含量等参数，大棚种植中的温度、二氧化碳含量、湿度、光照和土壤酸碱度等参数。

（2）动植物信息感知 无人农场动植物信息感知是指利用传感器、高光谱、机器视觉、遥感等技术实时感知植物的生理、养分和病虫害信息，动物个体识别、营养、行为和健康状况，最终实现动植物信息的快速精准获取。信息感知技术、数据融合技术与各种光谱技术的融合，提高了动植物信息感知的实时监测水平和环境适应性。

2. 数据边缘计算

传统的云计算就是无人农场获取的海量数据由生产者或者装备本身传至云端，在云端进行数据的处理和计算，并将结果反馈给系统和用户。边缘计算是指在设备端或数据源头，实现海量数据预计算和预存储，是一种新的计算模型。无人农场作为万物互联的一个庞大系统，数据量大，云端需要处理无人农场海量的数据，造成了计算资源和带宽负载的浪费，增加了无线传输模块的能耗。因此，无人农场的边缘计算可以分担云端的压力，提高数据处理和分析速度，减少运行成本，降低能耗。无人农场的边缘计算就是在农场数据上传至云端之前，无人农场智能装备和机器人设备可以进行源数据的本地处理，并将结果发送至云端，提升了整个无人农场系统的智能化。无人农场云计算和边缘计算，两者相辅相成，有效地降低了云计算中心的计算负载，提高了数据传输性能，保证了数据处理的实时性和有效性，提高了智能装备和机器人的自主作业能力。边缘计算在无人农场中的应用主要是云计算中心的任务迁移，智能装备与机器人的图像识别、视频监控和部分智能作业。

3. 智能作业

智能作业就是装备具体的执行过程，是由控制系统下达的命令，机械设备等各种作业模块自动执行任务的体现。此外，装备在完成任务后自动回归初始状态，等待下一个作业任务。农场装备的自主精准作业完全代替了传统劳动力，实现了无人农场智能装备实现在线、实时协同控制和精准自主作业功能。无人农场装备智能作业主要是完成大田种植、园林园艺、果园种植、温室大棚、畜禽养殖和水产养殖等场景下各种装备的精准自主作业任务。

无人农场装备的智能作业是完成所有各种场景下无人农场农业生产的核心技术。大田无人种植中的装备自主精准作业主要包括植保无人机农药的智能喷洒，农作物的智能播种、自动灌溉、精准变量施肥及智能收获等，能够根据农作物的生长情况和病虫害信息完成更有效的农作物生产任务；无人果园中装备的智能作业和大田类似，主要包括土壤信息监测，果树的除虫、灌溉、施肥、采摘以及分拣等，能够完成丘陵等复杂地形果园的各种无人作业任务；无人牧场中的智能作业包括畜禽的饲喂、疾病的监测、奶牛的自动挤奶及鸡蛋的自动分拣等具体任务；无人温室中的智能作业任务包括湿帘风机、喷淋滴灌、环境调控、施肥施药、采摘等生产任务和农产品无人运输、分类、分拣、包装等农产品处理任务，保证了作物的安全、快速、优质生长；水产养殖中智能作业主要包括死鱼清理、自动捕捞、自动增氧、自动计数、自动分离、环境调控等，实现了渔场无人化养殖与管理，降低了能耗，提高了产量，保护了养殖环境。无人农场装备的智能作业降低了装备的功耗，提高了作业效率，节省了成本。

海水养殖水体由于其环境复杂性，给无人渔场中装备的精准自主作业增加了困难。中国农业大学研制的水产养殖智能水下机器人，可以搭载到无人船上应用于海上无人渔场精准自主作业。水下机器人自带的水产养殖智能监控系统和作业系统，可以完成海水养殖网箱的自动投饵和养殖对象的自动捕捞等智能作业功能。未来的无人作业船可以搭载适用于不同场景的变量智能投饵机、增氧机、水处理装备，以及水下检测、死鱼回收、网衣清洗、网衣提升、活鱼驱赶、捕捞收获等智能终端，攻克海洋和陆地养殖水域空间信息获取的一体化和智能化技术，结合养殖环境空间信息处理的自动化、定量化、实时化技术，实现无人船在无人渔场中的各种智能作业管理。图 7-6 所示的水产养殖智能作业和控制系统，实现了水产养殖全面的信息感知和无人自主作业。

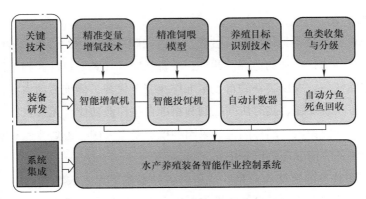

图 7-6 水产养殖智能作业和控制系统

7.6 无人农场智能装备的典型应用

7.6.1 农业无人作业车

1. 研究背景与意义

我国是农业大国，大田、果园和温室种植是农场农业生产中最重要的组成部分。传统的种植业大都依靠人工手动或人工操作机器完成播种、施肥、灌溉和植保等工作，存在作业效率低、人工成本高和工作强度大等缺点。因此，自动化、信息化、精准化智能装备的研发，是无人农场研究的重点。

无人农场农业生产资料的运输和移动装备的搭载都需要无人作业车（简称无人车）来完成。农业无人车续航能力强，负载量大，操作方便，因此无人车是无人农场智能装备发展最迫切的需求之一。随着 5G、人工智能和物联网等信息技术的发展，农业无人车已经可以实现全地形智能作业、厘米级精准导航和微米级变量喷洒等。此外，农业无人车拥有强大的扩展功能，可搭载喷雾机、智能播种机、智能水肥一体机以及物联网技术等农场固定装备，实现无人农场作物的植保、灌溉、施肥、大田除草、智能巡田、作物的收获及农产品运输等农业生产任务，彻底实现了农场的信息化与无人化管理。农业无人车由自动驾驶、智能测控以及智能作业三部分组成，具有自动导航定位、路径规划、自主精准作业等功能。

2. 关键技术与原理

（1）自动驾驶 无人车的自动驾驶是指无人车具有精准定位、自主导航和智能操控车辆行走等功能，一般由负责导航定位的传感器和 GPS 等系统，以及负责操控无人车的控制系统组成。农场无人车的自动驾驶实现了自动导航、精准定位、路径规划、智能避障等。无人车的导航方法主要分为机械触头导航、GPS 导航、北斗导航、机器视觉导航、惯性导航等。其中，GPS、北斗、机器视觉在无人车的导航中应用最广泛。无人车智能控制方法有 PID 控制、模糊控制、神经网络等，结合自动导航控制算法和导航系统数据，可实现无人车运行状态的实时操控。目前，车辆自动驾驶已经应用于无人农场中的无人驾驶拖拉机、无人运输车、无人插秧机等农场移动装备。基于多传感器数据融合、自动导航控制算法和导航技术的多组合高精度导航控制系统，能够极大地提高无人车的定位精度，减小无人车的导航偏差，安全、有效地实现无人车的自动驾驶，提高农场装备智能化应用水平。

（2）智能作业　无人车的智能作业是指通过传感器和自动化控制技术，采集信息，执行农业生产任务，实现无人驾驶拖拉机、收割机等农业无人车的精准自主作业，并通过智能作业系统自主控制搭载的智能播种、变量施肥等固定装备，完成无人农场农业生产任务，真正地实现由装备自主作业代替人工操作。目前，无人车及其搭载的固定装备的信息化、智能化，是农场无人车完成智能作业的基础，高自动化、高智能化装备是未来发展的趋势。

农场无人车包括无人驾驶拖拉机、无人联合收割机和无人运输车等。无人驾驶拖拉机是搭载各种智能固定装备的多功能自主作业车。目前，无人驾驶拖拉机可搭载的固定作业装备包括智能播种设备、精准喷药设备、智能收获设备、精准变量施肥设备等。无人车搭载一系列农业智能作业装备完成种植对象的信息感知、除虫、除草、巡航、收获和运输等生产任务，能够提高作业效率，降低成本，提高安全性。例如，无人农场的智能变量施肥，无人车可搭载智能施肥装备，能够针对大田中作物的长势，利用传感器等实现作物信息的实时监测，从而实现大田作物的实时信息诊断和智能变量施肥，极大地提高了化肥使用率和作物产量。无人农场无人车的智能作业创新了农场种植模式，实现了无人农场耕地、播种、收获、运输、农产品处理全过程无人化作业，提高了无人农场移动装备的信息化与智能化水平。

7.6.2　农业无人作业船

1. 研究背景与意义

我国是水产养殖大国，水产养殖含量约占全球的 60%。但我国水产养殖装备数字化程度低，实时精准测控技术缺乏，导致劳动生产率和资源利用率低，劳动强度大，养殖风险高，严重制约了我国水产养殖业的可持续发展。因此，突破核心技术，研制智能化装备，以使我国水产养殖业提质增效迫在眉睫。

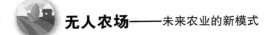

养殖水质是影响水产品生长发育、营养代谢、病害发生的关键因素。我国水产养殖面积大，分布广，特别是海洋牧场养殖，影响养殖水质变化的因素多且易变，主要包括溶解氧、温度、叶绿素、浊度、氨氮、pH、电导率和硝氮等。国外水质自动化监测技术发展比较早，已经成功研制开发了多参数水质实时在线监测系统。目前，我国也研制了相关的水产养殖自动监测系统。随着养殖装备自动化与数字化水平的提高，无人渔场成为目前水产养殖的热点，无人渔场无人作业船（简称无人船）的研制是实现渔场无人化作业的关键技术。

渔场无人船是指具有水产养殖水体环境远程监测、养殖对象信息感知和养殖设备智能作业功能的智能无人船。水产养殖无人船是由无人驾驶机动船、环境生态监控系统、养殖设备自动调控和远程监控服务平台四部分组成。渔业无人船是包括物联网、人工智能、无人驾驶船、智能养殖装备和 5G 等新一代信息技术的系统集成，将实现清理、放苗、饲养、管理、收获等养殖全程无人化，提高了无人渔场的信息化、自动化和智能化作业水平，实现水产养殖全过程的精准测控。

2. 关键技术与原理

（1）船舶自动驾驶　无人船的自动驾驶是指水产养殖无人船的自动巡航，自动巡航中能够完成自动导航、控制、定位、路径规划和无人船状态监测等操作。无人船的自动驾驶系统包括自动导航系统、智能控制系统、动力推进系统和状态监测系统，能够实现无人船的航速航向控制、定位、路径规划、驾驶系统状态监测和动力驱动等功能，为无人船养殖设备的智能作业提供基础和平台支撑。

无人船导航系统采用 GPS、机器视觉技术和各种传感器确定无人船的位置和方向，实现无人船的智能导航与控制。采取油电混合动力为无人船的运行提供动力，以大容量电源为辅助动力。用户可以在远程监控平台设定无人船的航行目的地、航行速度和航行时间等，以完成无人船的自动驾驶。

（2）水体环境生态监控　水体环境生态监控是指通过无人船搭载传感器和摄像头等感知装备，自动实时采集溶解氧、温度、叶绿素、浊度、氨氮和 pH 等水质参数信息，获取水产养殖生物图片和视频信息，然后进行数据的存储、传输、分析和预测等功能。该系统集成智能水质传感器、无线通信传输等物联网技术以及智能控制技术，实现了水产养殖水环境信息的实时获取，并通过 Zigbee、GPRS 和 5G 等无线通信传输技术实现了水环境信息的可靠传输。

生态监控系统中的无线通信模块可以将获取的信息实时上传至服务器或者远程终端，方便用户可以随时随地掌握养殖区域生态信息，为环境调控提供了依据。此外，生态监控系统本身具有自我调节功能。农民可以不出门，通过生态监控系统，在手机、计算机等终端上实时查看水产养殖环境信息。该系统能够自动向用户发出故障报警信息和水质预警信息，用户能够及时掌握相关信息，并进行设备的操控，实现了智能化养殖与管理。

（3）养殖设备调控　水产养殖无人船养殖设备调控是指基于水产养殖智能控制系统，根据环境生态系统获取的信息和作业需求，用户或者系统发出指令，对相关的养殖设备进行调节、控制，实现水产养殖环境的精准调控和养殖设备的智能作业，从而实现无人船的精准自主作业。水产养殖无人船搭载的水产养殖设备主要包括变量智能投饵机、增氧机、水处理装备、水下检测、死鱼回收、活鱼驱赶、捕捞收获等智能终端。

养殖设备调控系统是由传感器模块、无线传输模块、信息处理模块、智能控制模块组成。该系统通过信息处理模块、智能控制模块及无线传输模块，控制相关设备完成自主作业功能。无人船上的自动投饵机，可以根据鱼类生理习性、摄食规律、营养需求的分析，结合机器视觉等技术和养殖投喂经验模型，研究适宜的投喂量，筛选出不同的投喂次数、投喂时间间隔等，并对其进行系统综合和优化组合，再通过养殖设备智能控制系统，实现智能投饵，从而实现了水产养殖全过程的环境与设备实时精准控制。

（4）远程服务平台　水产养殖无人船远程服务平台就是利用物联网技术，围绕水产养殖生态环境、生产和管理的需求，通过计算机、手机等智能终端和无人船进行通信，实时查询无人船运行数据、养殖水体生态环境数据和养殖设备工作情况，积极获取异常警报信息，并根据实时信息远程控制相关系统。

无人船远程智能服务平台，由无人船监控模块、生态环境监控模块、养殖设备监控模块和参数设置四大模块构成，以完成数据的存储、分析管理。该平台结合多信息数据融合技术，准确地把握三大监控模块获取的数据内在和动态变化规律，使得分析结果更直观地展示在远程服务平台上，并提供数据的智能分析、检索和报警等功能，帮助用户及时发现问题，并做出相应调控和维护，实现水产养殖生产的远程监控和健康管理。

7.6.3　农业无人机

1. 农业无人机需求背景

我国是一个农业大国，全国有 20 亿亩基本农田，每年需要大量农民参与农业植保工作，传统的植保作业效率低，安全性差，人力成本高，这是我国农业植保作业一大难题。农业无人机作为新一代技术，在动植物信息监测、农场环境监测、土壤分析等领域有着巨大的潜力。目前，我国植保无人机的作业面积占全国耕地面积的比例不到3%。2018年，我国农业植保无人机超过3万架，作业面积约2.67亿亩。农业无人机可应用到农业的各个领域，因此农业对无人机的需求越来越大。

农业无人机是传感器、人工智能、5G等新一代信息技术和无人机的系统集成，续航能力强、环境适应能力强、作业效率高和安全性高是其主要优势。农业植保无人机的变量喷药已经广泛应用到了大田种植、果园种植和温室大棚等作物上。农业无人机还可以用于农林病虫害防治、施肥以及畜禽的养殖等。此外，农业无人机可以与无人车和水产养殖无人船配合，实现农场的全方位精准自主作业。

无人农场无人机的研制是实现大田、果园、养殖场和温室大棚无人化精准自主作业的关键。农业无人机自主作业主要包括智能飞行控制、全方位信息感知、精量喷洒控制和智能作业管理四大关键支撑技术。未来的无人农场，农民可以足不出户，通过手机和计算机等智能终端，控制植保无人机对地形复杂的丘陵地带上苹果园进行病虫害的识别和药物的喷洒，从而实现从装药、自动飞行，到病虫害识别和喷药全自动化进行。农民可以实时掌握动植物的信息，彻底实现无人农场的精准化作业。农业无人机的广泛应用，将实现无人农场病情监测、喷药、施肥、土壤分析、管理等种植以及畜禽养殖的全程无人化，让新一代农民实现快乐、高科技、无人化的种植养殖。

2. 关键技术及原理

（1）智能飞行控制 无人机的智能飞行控制技术是无人机的核心部分，是无人机的大脑。无人机的智能飞行系统就是无人机的指挥系统，其功能就是监测各系统状态，发出各种指令，处理实时数据，并做出相应反馈。农业无人机飞行控制系统包括飞行状态监测、飞行姿态控制、自动导航定位和动力系统四大模块。飞行状态监测模块实现对当前无人机飞行姿态等系统运行状态信息的实时获取；飞行姿态控制模块是指对无人机在空中的飞行姿态进行识别，并完成优化控制，保证其运行的稳定性；自动导航定位模块实现无人机的高精度导航、定位，该模块采用组合导航方法，以提高导航定位的精度；动力系统模块就是为无人机提供动力能源，一般由电池、电动机和旋翼等组成。

无人机的四大模块构成了无人机的智能飞行控制系统，保障了无人机的正常运行。飞行状态监测模块主要是由传感器组成，能够对无人机温度、电动机状态、飞行姿态以及故障诊断等信息进行监测；飞行姿态控制模块利用 PID、模糊等控制算法，可以完成无人机的悬停、垂直运动、旋转、俯仰等运行姿态；自动导航定位模块利用 GPS、机器视觉和 5G 等技术可以完成农业无人机的航速、航向、高度、自身位置、距离以及作业路径规划与智能避障等，以保障在复杂环境下农业无人机的高精度定位导航；农业植保无人机采用电力动力系统，如大疆的 MG 系列，电动力的农业无人机成本低，飞行稳定，操作简单。农业无人机的智能飞行控制实现了农业无人机的自主飞行控制，是无人机完成智能作业的基础和前提。

（2）智能信息监测　在农业生产中，对农场动植物信息的全方位感知是实现精细化农业的前提。目前，传感器技术、遥感技术、机器视觉技术、地理信息技术及 5G 传输技术的发展，为无人农场作物信息的感知和管理提供了技术支撑。农业无人机结合各种信息监测技术，能够代替人工实现农场的无人化精准生产。无人机的智能信息监测是指利用相机、高光谱传感器、多光谱传感器、遥感等传感器以及机器视觉技术实现作物生长状况、营养诊断和病虫害监测等数据的实时获取。

农业无人机搭载相机、高光谱传感器，可以监测无人农场作物的面积、种类、生物量、密度、生长高度等生长状况和趋势以及空间分布等信息。此外，无人机搭载遥感技术和传感器等，实现作物各生长阶段的光谱信息获取，并建立相关预测模型，实现作物产量的估测；农业无人机搭载遥感、热成像仪，以及各种光谱技术和机器视觉技术集成的植物表型组合平台，获取作物的结构、颜色、体积、株高枯萎程度等表情特征，实现作物的营养诊断；农业无人机结合传感器、光谱和机器视觉技术，能够实现作物叶片、冠层等数据获取，实现作物的病虫害监测。

（3）植保无人机精准变量喷洒　无人农场中病虫害的防治是农业生产中最重要、最耗时耗力的作业。目前，农场中依靠人工喷雾器或者人工操作高压喷枪等，进行农作物的病虫害防治。传统的喷药方法劳动强度大，喷药量浪费，作业效率低，造成了环境的污染和成本的提高。农作物喷药作业方式直接影响农作物的生长、产量、质量、经济效益和土壤安全等。目前，植保无人机中是农业无人机中应用最广泛的一种，已被应用于大田种植、果园种植和温室种植等不同的农业生产管理中。

精准变量喷洒是指能够根据作物的信息，实现植保无人机的精量喷洒控制。精量喷洒可以通过智能信息监测平台获取作物的病虫害信息、面积和密度，并通过智能飞行控制平台获取无人机自身的速度、位置等状态信息，从而实现植保无人机的喷洒系统压力、流量、流速的精准控制。植保无人机精准变量喷洒关键技术是精量控制，其结构主要包括药箱、喷头和泵等。用户可以通过远程监控平台，根据获取的信息，实时调节无人机喷洒系统的喷雾压力和流量等，实现植保无人机的精准变量喷洒控制。

（4）智能作业管理　智能作业管理是指利用智能计算、物联网、大数据、人工智能和5G网络通信技术，对农业无人机精准化自主作业过程进行远程监控管理，完成整个无人机系统数据的存储、处理和管理，并完成各项指令的下达和故障的预警。智能作业管理系统能够分析和处理无人机智能飞行系统、智能监测系统、智能喷洒系统获取的数据，根据智能飞行控制数据可以实时完成对飞行姿态的监控和调整。智能作业管理系统可以分析作物病虫害信息、作物面积和飞行姿态等数据，优化喷雾的药量，并传给智能喷洒控制系统，完成无人机的智能喷洒。用户可以不出门，通过计算机、手机等智能终端，实时查看无人机的飞行状态、作物的长势信息以及无人机的智能作业控制。

第**8**章 机器人与无人农场

    无人农场在其生产过程中具有作业环境复杂、作业对象繁杂、作业强度大以及作业重复性强等特点，因此要实现无人农场监管、作业的无人化就需要作业装备具有自主感知、自主决策和自主作业的能力。农业机器人集成了先进的传感技术、大数据技术、智能化的"思考"能力和精准的作业软硬件系统，具有自学习、自管理和自决策的能力。通过将多种传感器获得的信息进行融合，农业机器人可有效地适应复杂的作业环境，使无人农场的自主作业成为可能。通过高效集成目标识别、路径规划、导航定位和作业控制四项关键技术，农业机器人在无人农场作业中实现了自主感知、自主行走、自主作业，有力地保证了无人农场生产过程的精准化、高效化和无人化。

8.1　概述

8.1.1　无人农场对机器人的需求

    根据无人农场的动植物生产过程任务需求，农业机器人主要的作业任务包括对种植作物进行实时监测、自主种植、自主施肥、自主喷药、自主采摘、自主加工，对养殖对象实现实时监测、自主投喂、自主挤奶、自主收获、自主加工和养殖设施的自主清理。然而，无人农场生产环境是十分复杂的。首先，无人农场种植和养殖种类的多样性，使得农业机器人进行自主识别、自主收获、自主加工具有挑战性。其次，无人农场作业环境复杂，农作物随着时间、空间和气候的变化具有较大的改变，这就要求农业机器人能够适应作业环境的多样性，同时具有自主思考、自主决策的能力。另外，无人农场作业过程具有复杂性，如种植对象及养殖对象复杂的生长环境，同种类间不同的生长大小、颜色、形状等，这些给农业机器人实现自主作业带来了巨大的挑战。针对以上问题，农业机器人需要具备先进的感知系统、智能分析与决策系统。因此，农业机器人在无人农场复杂的环境中实现精准作业，需要高效集成目标识别、路径规划、定位与导航、作业控制四方面的关键技术。

1）目标识别是农业机器人进行自主作业的前提。目标识别是指通过图像处理技术和智能学习方法，来确定获取所得图像中是否存在目标对象，并标出目标对象所在位置的过程，只有对目标对象进行准确的识别才能保证采摘机器人、挤奶机器人、捡拾机器人、分拣机器人的精准作业。然而，农业机器人在目标识别过程中仍然存在两方面的挑战：一方面由于同种果实之间在颜色、大小和形状存在差异，并且果实随着生长阶段的不同而产生变化；另一方面由于遮挡和光线等复杂环境的干扰，增加了对目标识别的难度。因此，要从复杂的环境中实现对目标对象的精准识别，需要农业机器人具有智能的分析能力。目标识别主要包括图像预处理、图像分割、目标特征提取和目标分类等阶段，近年来随着深度学习的发展，基于卷积神经网络的目标识别在农业生产中具有较多的应用。根据图像获取方式，目标识别技术主要分为单目识别技术、双目识别技术、激光主动识别技术、热成像技术和光谱成像技术等。

2）路径规划是农业机器人智能化的体现，是指农业机器人按照距离最短、时间最短、能耗最少的要求进行规划，以实现自主行走及自主作业的过程。良好的路径规划能够减少作业区域的重复与作业面积的遗漏。然而，由于农业生产环境的多样性和非结构化，农业机器人的路径规划具有地图数据采集困难、后期更新与维护难度大的特点，因此农业机器人的路径规划存在一定挑战。根据对农业机器人所处环境的了解情况，农业机器人的路径规划分为局部路径规划和全局路径规划。根据数据来源，路径规划的方法主要分为基于声呐的路径规划、基于视觉的路径规划、基于激光雷达的路径规划。

3）定位与导航技术是实现精准作业的保障，可确保农业机器人在自主行走、自主作业的过程中自主躲避障碍物，顺利到达设定地点。对于喷药机器人、施肥机器人、采摘机器人实现精准作业具有重要作用。农业机器人实现自主导航主要包括导航传感器、路径规划、运动模型和自动控制技术四方面技术。以数据来源为依据，定位与导航技术主要分为视觉定位导航技术、超声波定位导航技术、红外线定位导航技术、激光定位导航技术和 GPS 定位导航技术。

4）作业控制技术是农业机器人实现自主作业的关键。农业机器人的控制主要包括对行走系统、液压系统、机械臂和末端执行器的控制。由于无人农场作业环境的复杂性以及作业对象的娇嫩性，农业机器人的作业控制存在一定的难度。移动控制主要包括速度、方向、位置的控制，液压系统需要对实现的作用力进行精准控制，机械臂和末端执行器需要达到准确的目标位置并实现精准作业。基于数据的来源，农业机器人的控制方法主要包括基于视觉系统的控制、基于传感器的控制和基于即时定位与地图构建（SLAM）系统的控制。

基于视觉系统的目标识别技术是农业机器人的感知系统，路径规划和定位导航是农业机器人的智能分析系统，作业控制是农业机器人的决策系统。以上四方面关键技术是确保农业机器人在无人农场中实现自主作业、提高无人农场生产率、确保无人农场生产质量的关键。

8.1.2 农业机器人的定义

农业机器人是一种新型的智能农业机械，集传感技术、检测技术、人工智能技术、通信技术和图像识别技术于一体，具备了自主感知、自主决策和自主控制的能力。农业机器人在农业生产中取代人完成种植业、畜牧业和水产养殖业中的生产、加工等一系列工作。农业机器人按照其工作方式，可以分为管理类机器人和采摘类机器人。管理类机器人在农田里通过自主路径规划、自主行走、自主定位导航技术实现自主作业，主要包括施肥机器人、除草机器人、收割机器人、喷药机器人和水下巡检机器人。采摘类机器人由光学系统和机械手组成，通过判断农产品的大小、形状和颜色进行目标识别，进而实现自主采摘、自主捡拾、自主挤奶等操作，主要包括采摘机器人、分拣机器人、挤奶机器人以及海参捡拾机器人等。

农业机器人具有先进的人工智能系统和内置分析系统。通过视觉进行目标识别，通过环境建模进行路径规划，通过多种导航技术进行定位导航，通过编程进行控制，农业机器人在不同的作物种类、不同的环境条件下可实现自主操作。现阶段农业机器人已经能够自主完成播种、种植、耕作、采摘、收获、管理、除草、分选以及包装等工作，在农业生产中极大地解放了农业生产力，提高了生产率，降低了生产成本。由此看来，农业机器人在无人农场生产管理中具有重大的发展空间，可使无人农场达到节省劳动力、降低无人农场管理难度的目的。

8.1.3 农业机器人在无人农场中的应用

为了实现农业机器人在无人农场中自主运行与作业，农业机器人需要在复杂的生产环境及多样的作物种类中具备感知、决策和控制等高级的功能，从而实现采

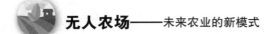

摘、监测、施药等自主作业。因此,农业机器人的目标识别、路径规划、定位导航与作业控制技术对于无人农场的生产过程至关重要。无人农场农业机器人作业关键技术如图 8-1 所示。

随着物联网、大数据、人工智能、云计算等技术在农业机器人中的应用,采摘机器人、分拣机器人、挤奶机器人、海参捡拾机器人等将分别进入无人大田、无人牧场、无人温室和无人渔场,进而实现其在无人农场中的自主化作业。由于无人农场作业对象及环境的复杂性及特殊性,要求农业机器人能够实现智能感知、智能分析、智能决策、智能预警和智能作业等一系列工作。农业机器人将先进的信息技术集成一体,搭载视觉系统、传感器系统、定位导航系统、控制系统以及内置智能分析系统。通过多传感器融合、智能控制等技术,提高了农业机器人的智能化水平,使得目标识别、路径规划、定位导航与作业控制等关键技术在农业机器人中得以实现。

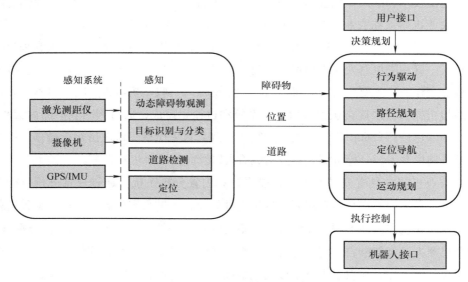

图 8-1 无人农场农业机器人作业关键技术

8.2 目标识别技术与无人农场

目标识别是农业机器人在复杂的作业环境中实现精准作业的前提。作业机器人以目标识别为技术手段,在采摘、收获、挤奶、捡拾等作业任务中对作业对象进行准确的识别与定位,保证了作业机器人准确高效地完成作业任务。

8.2.1　基本定义

目标识别技术是利用农业机器人视觉系统对农产品图像进行采集，通过图像处理算法对图像中目标的颜色、纹理和形状进行分析，确定图像中是否存在感兴趣目标，并准确计算出感兴趣目标的空间位置，最后通过机械手实现对目标对象的采摘、挤奶、捡拾等作业。目标识别是实现农业机器人在无人农场智能作业的关键，目标识别精度的高低直接影响到农业机器人的作业质量与效率。

无人农场中的目标识别是利用摄像机实现对农业作业对象的图像捕捉，并通过计算机实现农产品分类的过程，该过程包括农产品检测和识别两个过程。图 8-2 所示为果蔬采摘机器人目标识别系统。目标识别主要包括图像预处理、图像分割、目标特征提取、目标分四个步骤。目前目标识别方法主要有两种：一种是基于传统图像处理和机器学习算法的目标识别方法；另一种是基于深度学习的目标识别方法。两者的区别在于基于深度学习的目标识别方法能自动提取特征，而不需要人为操作。由于数据量大以及自动化程度需求高，基于深度学习的目标识别方法能够在复杂的农业生产环境中提高识别准确性与识别效率。同时，根据农产品图像获取方式的不同，常用的关键技术主要有单目视觉技术、双目视觉技术、激光主动识别技术、热成像技术和光谱成像等。

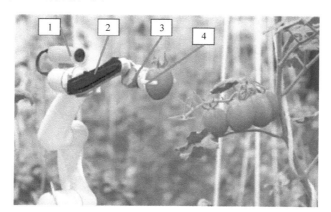

图 8-2　果蔬采摘机器人目标识别系统

1—视觉系统　2—机械臂　3—末端执行器　4—目标对象

8.2.2　关键技术与原理

1. 单目识别技术

单目识别技术是由一个摄像头及其附属装置组成的视觉系统，在农业生产中经常用到的摄像机是 CCD（电荷耦合元件）和 CMOS（互补金属氧化物半导体）两种类型的光学摄像机。农业机器人通过搭载单个摄像头从农产品的多个视角拍摄不同的图像，实现以农产品为中心的全景视角的拍摄；然后，利用智能的图像处理方法实现对目标对象的识别与定位。早期单目视觉技术采用黑白平衡相机（B/W 相机），基于几何特征的方法对果实进行识别；后来为了增强对果实和绿叶颜色的对比，将 B/W 相机升级为彩色相机，大多数的研究人员逐渐采用彩色相机对果实颜色和纹理进行识别。另外，研究人员发现高频光可以减少照明对图像获取的影响，同时使用多个单目相机可以提高识别精度。在无人农场农产品的识别与定位中，与其他类型的目标识别技术相比，单目识别技术成熟度更高，且成本低。

在无人渔场水产品的养殖过程中，利用单目多视角立体视觉装置对珍珠进行自动分级，可以降低对珍珠的损伤。通过一个单目摄像机和 4 个平面镜构成的单目多视角立体视觉装置，可以获取 5 个方向拍摄的珍珠表面图像，实现了以珍珠为中心的全方位的立体视觉装置。其主要是在摄像机前面放置 4 面平面镜组成的对称斗型腔，光线通过不同的镜面进行反射后投影到摄像机平面的不同位置，在摄像机平面投影多个映像，从而获得单目多视角立体图像。单目多视角立体视觉装置的原理图如图 8-3 所示。

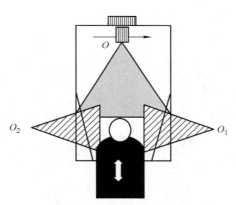

图 8-3　单目多视角立体视觉装置的原理

2. 双目识别技术

双目识别技术通过处理农产品的两幅立体图像来获取农产品的三维信息，从而进一步求得深度图像；再通过一定的处理和计算来得到实物场景的三维点云信息，以三维点云图像来表现最后的结果，最终实现二维图像的三维重建；然后利用农产品几何形状、颜色特征和空间位置实现对农作物的识别与定位。农业机器人双目识

别系统如图 8-4 所示。双目立体视觉系统获取深度信息的方式为被动方式，实用性
强于其他主动成像方式，这是双目识别技术的一个主要优势。另外，双目视觉已经
用来解决具有强光和遮挡条件下农产品的识别任务。

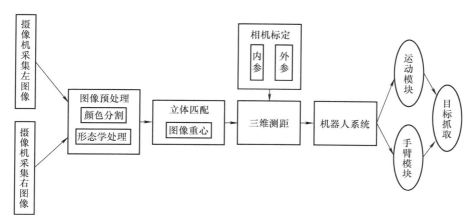

图 8-4　农业机器人双目识别系统

　　采摘机器人在无人农场中实现采摘作业时，首先需要通过双目视觉系统获取作
物的图像；再基于阈值对两幅图像进行分割，将得到的区域进行分组，得到每个区
域的平均位置；然后对两个图像之间所有可能的片段进行计算获取三维位置；最
后利用农产品的位置、颜色、大小等信息实现对操作对象的识别与定位，从而指导
采摘机器人完成采摘作业。Buemi 开发的命名为 agrobot 的西红柿采摘机器人自身
搭载双目视觉系统，利用两个微型摄像机来识别成熟的西红柿，实现采摘作业，同
时能够为机器人进行视觉导航。双目视觉系统可以实现对图像深度信息的获得。因
此，双目视觉技术经常被用来实现目标果实三维模型重构。另外，此系统不仅能实
现对光照强度较高的环境下粘连目标果实的识别，还能获得目标果实的空间位置
信息。

3. 激光成像技术

　　激光成像技术利用激光脉冲照射农产品表面并收集反射辐射线，通过扫描激光
束测量农产品的三维信息，根据不同的光谱反射将农作物与其他障碍物区分开来。
激光主动成像过程如图 8-5 所示。机器人视觉系统在无人农场中易受到温度、湿度、
可见光等因素的干扰，影响采摘机器人的识别准确性。而激光成像技术能够避免受
到这些因素的影响，以较高的频率提供大量可靠的信息，如果实的位置、形状、大
小，从而使得农业机器人实现精准的采摘作业。由于扫描激光束能够测量目标物体

的三维形状，因此在非结构化的无人农场环境中能够实现农产品的目标识别，为机械手的精准采摘、捡拾、挤奶、收获作业奠定基础。激光成像技术能够解决水下成像技术中成像距离与分辨率之间的矛盾，因此激光成像技术更适合完成无人渔场中水下目标的识别、监测等任务。

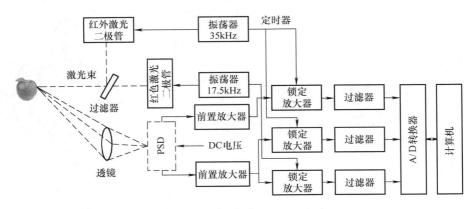

图 8-5　激光主动成像过程

由于在自然条件下进行图像采集时不可避免受到树叶等障碍物的遮挡，激光成像技术能够根据不同的光谱反射将农作物与其他障碍物区分开来，因此激光成像设备能够实现对遮挡条件下目标果实三维形态的识别。Jimenez 等人在柑橘采摘机器人上安装激光主动视觉系统，解决了非结构化作业环境下果实识别的问题。在无人果园中，设计出一种基于图像处理技术的、激光自动瞄准的农业果实采摘机器人控制系统。该系统采用 STM32 单片机和 MSP430 单片机作为控制中心，利用 OV7670 作为图像信息提取设备，利用直流电动机带动激光笔进行二维平面扫描，提高了目标的识别精度。基于海水的透光性原理，可以使用蓝绿激光器实现无人渔场水下动物的测距、成像和识别，可以与声呐探测互相补充，以获得不同距离、不同水深、不同环境条件下的全方位信息。

4.热成像技术

热成像技术是将视觉技术与热红外成像技术相结合，利用农作物与背景发出的辐射差来进行成像的。通过热红外成像仪获取农产品的热成像图，可以将热成像图与其他视觉相结合的方式增加目标识别的可能性，或者根据不同作物之间的温度差进行目标物的识别。热成像技术的原理如图 8-6 所示。农业机器人红外热成像技术可以通过机器人搭载热红外成像仪，实现对作物无接触、无损伤的热图像信息获取。另外，热红外成像技术能够通过作物温度判断是否有胁迫现象发生。因此，红外成像技术在农业生产中具有重要的现实意义。

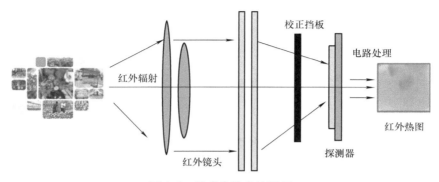

图 8-6　热成像技术的原理

研究人员将可见光与热红外成像四通道信息结合后，用于识别苹果树上苹果的数量，并对其进行统计。利用该技术，研究人员还实现了正常果、空心果和坏死果的区分。在无人果园中，利用热红外成像仪在晚上和白天对柑橘进行检测与识别，利用图像处理技术，根据温度差成功实现了热图像中的水果分割。另外，由于干旱、冻害以及侵染性病害会对农作物内部结构造成影响，使受损作物表面温度与正常作物表面温度产生差异，因此热红外成像技术可以用来识别作物冻害、干旱以及侵染性病害等胁迫作物。

5. 光谱识别技术

光谱识别技术以带宽探测为基础，其方法是基于农产品的空间和时间特征信息的融合判别，如农产品的形状大小、灰度分布和运动状况等物理特征。光谱成像技术识别农产品的原理如图 8-7 所示。成像光谱仪由成像系统和光谱分光两部分组成，前者实现农产品的空间成像，后者实现光谱维扫描和光谱段分割。光谱成像技术根据分光方式的不同，分为滤光片分光型、色散分光型和傅里叶干涉型等。由于光谱信息本身是由物体内在的性质决定的，所以通过对物体光谱信息的分析，就能获得其他方法不能获得的物体内在属性。因此，不同农作物间的光谱差异就可以成为农作物识别的一种重要方式。

目前光谱成像技术在果蔬的目标识别方面的应用已经成熟，可以用来识别田间的绿色柑橘，解决了水果与叶片相似的检测问题。同时，高光谱成像能够在可见光和近红外（NIR）区域提供丰富的信息，从而提高了检测青苹果的能力。另外，通过比较黄瓜植株（果实、叶片和花）从可见光到红外（350～200nm）的光谱反射率差异，对统计方差进行分析可得到果实信息的敏感波段，进而识别黄瓜。

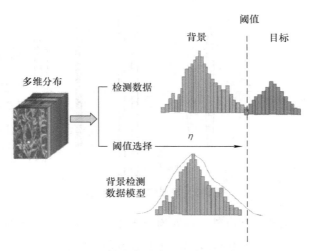

图 8-7　光谱成像技术识别农产品的原理

8.3　路径规划技术与无人农场

　　路径规划是无人农场中农业机器人实现自主作业的前提之一。为了保障自主作业机器人在无人农场中运行的安全性,避免与障碍物发生碰撞,同时缩短运行时间和运行距离,需要对农业机器人行驶路径进行系统性的规划。农业机器人路径规划的合理性与科学性,对于农业机器人实现果实采摘、农药喷洒、作物播种和作物生长状态监测具有至关重要的影响。

8.3.1　基本定义

　　路径规划是农业机器人导航中最重要的技术之一。农业机器人在无人农场中实现自主作业的基础是其能够顺利地运动到作业地点,在复杂的农业生产环境中自主行走并自主躲避障碍物。在对农业机器人进行路径规划时,需要对给定的任务进行分析,制定出一条从起点到终点的全局路径,农业机器人根据此路径运行,在运行过程中不断根据环境信息和自身状态实现局部路径规划,为农业机器人在当前状态规划出一条较短的可行路径。有效的路径规划能够实现无人农场作业区域的全覆盖,解决重复作业和遗漏作业的问题,达到运行时间最短、路径最短、能耗最小的效果,同时实现农业机器人的自主作业。因此,智能的路径规划技术对于农业机器人精准、高效作业是十分重要的。农业机器人路径规划的原理如图 8-8 所示。

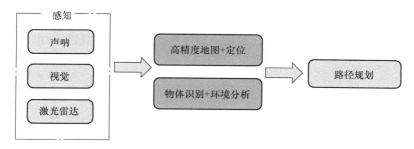

图 8-8　农业机器人路径规划的原理

根据路径规划过程中障碍物的状态，路径规划可以分为静态路径规划和动态路径规划两种。如果障碍物是静止的，则称为静态路径规划；如果障碍物是运动的，则称为动态路径规划。由于水下养殖动物的游动性以及位置不确定性，在无人渔场水下环境中，动态路径规划相对来说更有意义。根据农业机器人对无人农场环境信息知道的多少，路径规划可以分为全局路径规划和局部路径规划两种。全局路径规划是无人农场环境信息对于农业机器人来说全部是已知的；而局部路径规划需要农业机器人通过传感器不断从无人农场环境中获取信息，具有实时避障的能力。农业机器人路径规划关键技术主要有基于声呐的路径规划技术、基于视觉的路径规划技术、基于激光雷达的路径规划技术。

8.3.2　关键技术与原理

1. 基于声呐的农业机器人路径规划技术

基于声呐的农业机器人路径规划技术是在无人渔场中，自主水下机器人通过声呐技术获取环境信息，通过图像处理方法处理声呐图像噪声、识别障碍物，通过滤波对障碍物的运动参数进行估计，结合自主水下机器人和障碍物的相关参数实现水下机器人自主作业无碰撞的路径规划。基于声呐图像的水下机器人路径规划方法可以使水下机器人在保持不动的状态下，使用声呐扫描周围情况，减少了扫描大范围区域的时间，使得水下机器人能够实现对大范围区域的快速观察，根据声呐采集到的信息快速规划出运动路径。

在无人渔场中，水下机器人通过配备前视声呐系统实现对水下障碍物的检测，通过前视声呐图像获取障碍物相对机器人的距离和方位信息。水下作业机器人装配英国 Tritech 公司的前视声呐后，探测距离为 0.4 ~ 300m，扫描范围为 0° ~ 360°。基于前视声呐的水下机器人障碍物扫描原理如图 8-9 所示。首先通过前视声呐探测到障碍物，然后确定避障区域，再通过两条临界虚拟航线在声呐扫描区域分割出扇形。所谓虚拟航线即从 0° 到 360° 进行遍历作为水下机器人期望航迹角，以当前航速作为期望航速得到的预测航线。最后，通过所得到的障碍物信息对水下机器人作业路径进行规划。

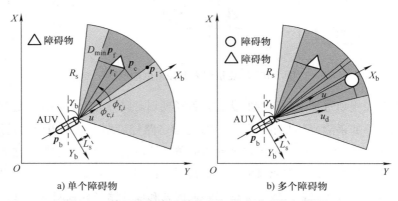

a) 单个障碍物　　　　b) 多个障碍物

图 8-9　基于前视声呐的水下机器人障碍物扫描原理

AUV—自主式水下航行器

2. 基于视觉的农业机器人路径规划技术

基于视觉的农业机器人路径规划技术，是指农业机器人通过视觉系统获取无人农场环境图像，计算机提取图像中的特征点实现全局和局部特征的匹配，同时使用滤波算法获得所需的理想边缘特征点，最终结合农业机器人和障碍物相关参数，实现无人农场自主作业无碰撞的路径规划。

农业机器人以视觉传感器为工具，结合测量数据具有较低不确定性的激光测距仪和其他相关传感器，降低了地图构建的复杂性，使得在未知的环境中通过传感器实现对障碍物位置、方位信息的准确描述。通过视觉系统与激光测距仪的结合，使得农业机器人对环境信息的感知更加准确。机器人内部搭载的里程计能够提供机器人的实时位置信息，通过校正机器人准确的位置信息，提高了机器人的定位精度与障碍物的位置准确性。

3. 基于激光雷达的农业机器人路径规划技术

基于激光雷达的农业机器人路径规划技术，是指农业机器人利用激光雷达发射端到接收端的脉冲信号往返时间差，判断目标距离及其方位等信息，从而获得农业机器人作业过程中障碍物信息，采用全局路径规划算法和局部路径规划算法相结合的方式可获得最优的路径规划。激光雷达具有较高的测量精度，能够实现对障碍物信息较准确的测量。

基于激光雷达的农业机器人路径规划技术主要用于无人农场的耕地、播种、除草、喷药等相关领域。基于 GPS 和激光雷达技术相结合的农业机器人车辆导航系统，可通过 GPS 系统获得机器人的位置信息并拟合出行驶路径。在行驶过程中，通过激光雷达以较高频率的激光对周围环境信息进行扫描，获得作物的角度和位置信息。通过实时获得的环境信息对拟合路径进行修正，农业机器人可以最优路径在无人农场中行走。

8.4 定位导航技术与无人农场

导航与定位技术是农业机器人在无人农场中实现自主作业的关键。农业机器人在无人农场中自主行走、自主作业的过程中，不可避免地会遇见突然出现在作业区域内的动物、树枝、栅栏、柱子等障碍物。因此，农业机器人需要通过导航信息对作业环境进行实时感知，明确农业机器人本体在作业环境中的位置，最终实现自主行走和自主作业。农业机器人自主导航技术已经遍及无人农场生产的各个领域，如在无人渔场中自主水下机器人进行环境及生物的巡检、作业，在无人大田农场中机器人耕作、施肥、喷药、除草、采摘，在无人牧场中机器人清扫、收获、搬运等过程。

8.4.1 基本定义

定位导航技术作为农业机器人自主作业的核心技术之一，其可以理解为农业机器人在哪里、要到哪里去、怎么去的问题。农业机器人的定位导航具体实现过程是，作业机器人通过自身携带的传感器实时感知无人农场作业环境信息，对各项环境信息进行分析建模，以此得到农业机器人在无人农场中的方位信息、道路信息和遇到的障碍物等信息；最后综合获取的各项信息，利用智能算法使其在无人农场中准确地躲避障碍物，实现自主定位和导航。

农业机器人在无人农场中实现自主定位导航需要三个要素，即环境建模、定位和路径规划。为了在无人农场中实现准确的定位与导航，农业机器人需要通过传感器采集行走道路或工作区域的环境信息，如树木、路口、杂草、动物、栅栏等。通过采集的环境信息对农业机器人作业环境综合分析并建模，判断障碍物的位置信息以及农业机器人是否可以到达指定作业地点。为了使农业机器人按照导航设定的路线及方向行走，农业机器人需要有定位的功能，以便确定机器人在无人农场中的位置与方向。另外，通过环境建模信息分析无人农场中的不确定因素和路径跟踪中出

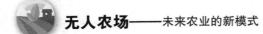

现的误差，可使无人农场中的环境信息对农业机器人定位导航的影响最小，并规划出一条从起始位置开始到作业区域的运动路径。最终通过自主导航技术，农业机器人在无人农场中实现自主行走与自主作业。

8.4.2 关键技术与原理

1. 视觉定位导航技术

视觉定位导航技术，是指通过农业机器人视觉系统获取无人农场环境的图像信息，利用计算机图像处理程序监测机器人本体相对于导航线的偏离信息，同时可以获得无人农场道路区域、地形特征、障碍物等相关信息，不断对农业机器人本体位置进行调整，最终实现精准的自主作业与行走。无人农场农业机器人视觉定位导航技术主要包括可见光成像方式和红外成像方式。可见光成像方式可以用于光线条件较好的情况下，如无人大田农场、无人牧场和无人园艺农场工作环境下的农业机器人定位与导航；红外成像技术可以在夜间或者光照条件较差的环境中有较好的应用，以及对环境中的动物、植物等的热目标进行预警。

基于视觉定位导航技术的农业机器人在无人园艺农场中，运用 Susan 算子和 Hough 变换等图像处理技术来提取路径信息，确定障碍物及机器人本体的坐标位置，通过对获取的信息进行综合分析实现了避障的效果，从而使得农业机器人在无人温室中能够精准施药、采摘、除草及嫁接等操作。在无人大田农场中，通过采集到的田间图像确定作物行与机器人的相对位置，规划出行走基准线的视觉定位导航技术，使得田间自主收获、采摘、施药、除草等操作成为可能。在无人牧场中，通过视觉系统获取牧场的图像信息，获取动物所在的位置以及作业地点的位置信息，实现了农业机器人在无人农场中清扫、投喂、挤奶、搬运等工作。

2. 超声波定位导航技术

超声波定位导航技术基于超声波测距原理，利用超声波的反射式测量进行定位，在农业机器人本体安装超声波收发模块，当发射波在传播中遇到障碍物等反射物体，接收器接收到发射回波，并处理回波信号。使用三边测距定位算法得出农业机器人本体的位置，同时通过超声波测距获得作业环境中障碍物或目标物的定位信息，通过路径规划技术获得适合农业机器人进行自主行走与自主作业的最优路径，最终确保农业机器人在无人农场中完成作业任务。基于超声波的定位导航技术无论从柔性和测量精度方面，还是从对外界环境抗干扰性与成本方面，相比于其他测距技术，其具有较好的应用价值。

无人农场农业机器人在自主作业过程中，通过超声波传感器获取无人农场中的环境信息，并对其进行分析和综合，从而准确地获得障碍物所在的位置。在无人果园中，通过超声波定位导航系统实现了农业机器人定位标准偏差在 7cm 之内，实现了在 GPS 信号不准的环境下目标的定位。同时，通过超声波、视觉传感器融合技术实现了对障碍物的检测。针对超声波在近距离无法测量障碍物的缺点，将红外传感器与超声波相结合，通过多传感器融合技术对障碍物进行定位，从而实现了农业机器人的自主定位和导航。另外，由于超声波在水下具有远距离传播的特性，所以其在无人渔场自主水下机器人巡检、捕捞、水产养殖生物的监测等作业中具有重要应用。

3. 激光定位导航技术

激光定位导航技术，是指在农业机器人本体上按照激光扫描仪，向其所在无人农场环境中发射激光信号，当激光碰到物体时发生反射，然后激光扫描仪接收到从物体上返回来的激光，得到物体距农业机器人的距离，再进一步得到物体的位置信息。之后，农业机器人进行路径规划，获得从起始位置到目标位置的最优路径，进而实现农业机器人在无人农场中自主定位与导航。

在无人大田中，农业机器人使用激光扫描仪采集到作物在田间生长的行列信息，通过采集到的数据规划出导航路径，农业机器人按照设定路径行走，实现对大田作物生产过程中的施肥、喷药、采摘、播种。在无人牧场中，通过基于激光定位导航技术，可以为农业机器人实现自主清扫、收获、挤奶、监测等作业提供技术支持。激光雷达和视觉融合的导航定位技术对未来农业机器人作业中实现精准导航具有重要的意义。

4. GPS 定位导航技术

GPS 定位导航技术，是指空间卫星向地面发射信号，地面控制部分接收并测量各个卫星信号，将得到的农业机器人运行轨迹信息发给空间卫星，然后农业机器人对卫星进行跟踪，对获取的数据进行处理并得到农业机器人的位姿信息，从而实现农业机器人的自主定位导航。基于 GPS 定位导航信息在长时间工作后不会积累误差，能够连续长时间地为农业机器人提供实时定位。但是，GPS 在导航定位的过程中容易受到干扰，信噪比低，使得测量误差变大，同时 GPS 在动态环境中可靠性较差，因此其不适宜于遮挡及高速运动的作业环境。

GPS 定位导航技术在无人大田中具有较多的应用。农业机器人在无人大田中采用机器视觉和 GPS 组合导航系统，通过 GPS 获得农业机器人的航向、角度和速度，通过视觉系统获取导航基准线，并获取特征点，同时通过 GPS 技术实现对作物及

杂草定位。此项技术在无人大田插秧、喷药、除草和收获中具有广泛的应用。另外，农业机器人在无人渔场水草的清理中具有重要的应用。由于 GPS 定位导航技术在遮挡的环境中易受到干扰，因此在无人果园以及室内环境下基于 GPS 定位导航具有一定的局限性。

8.5　作业控制技术与无人农场

作业控制技术是农业机器人在无人农场中实现自主作业的核心，对于农业机器人实现高精度、高稳定性作业具有重要作用。由于无人农场作业环境的复杂性、作业对象的多样性以及脆嫩易损性，要求农业机器人对本体、机械臂、末端执行器的控制具有精确稳定的控制，以使农业机器人在作业过程中实现自主行走、机器臂准确达到目标点、末端执行器自主动作的三者有机协调，最终达到高精度、自主式作业的目的。农业机器人的作业控制技术对于管理机器人和作业机器人十分重要。

8.5.1　基本定义

无人农场作业机器人按其作业方式主要分为采摘类机器人和管理类机器人。采摘类机器人需要通过对机械臂和机械手控制实现对作业对象的操作，如番茄采摘机器人、挤奶机器人、捡拾机器人等；而管理类机器人是不需要搭载机械手和机械臂进行作业的机器人，如施肥机器人、巡检机器人和喷药机器人。不同种类的机器人需要不同的相关技术对其进行控制。管理类农业机器人对行走机构进行控制，需要对转向、运行速度、平稳性等参数进行调整，确保管理类机器人的精准定位，实现精准施肥、精准喷药、精准播种等操作。采摘类农业机器人在实现对其移动方式进行控制的同时，还需要实现对机械臂及末端执行器的控制，主要控制参数为机械臂作业位置、末端执行器作业力度，使用合适的控制参数，实现精准采摘、精准捡拾、精准挤奶，从而提高作业机器人的作业精度及速度，并降低对果实的破坏以及对动物的刺激。

为了实现在无人农场中对农业机器人的精确控制，首先需要具有精确的数据来源，以确保控制系统的精准输入，通过控制系统进行分析和设计，最终输出合理的控制数据。然而，由于农业环境的复杂性，获取精准的数据是十分困难的。目前，控制系统根据控制器输入数据的来源主要分为基于视觉的控制、基于传感器的控制、基于 SLAM 的控制。农业机器人的控制方法涉及先进的、智能的控制方法，如深度学习方法、模型预测控制等方法。基于以上技术的集成，农业机器人在无人农场中能够迅速到达目标位置，机械臂及机械手调整合适的姿态，自主实现准确监测、管理、加工等作业。农业机器人控制系统如图 8-10 所示。

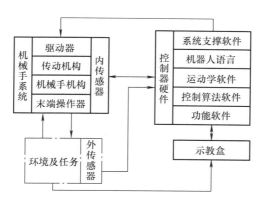

图 8-10　农业机器人控制系统

8.5.2　关键技术与原理

1. 基于视觉的作业控制技术

基于视觉的作业控制技术，是指作业机器人通过自身搭载的视觉系统，获取作业对象的大小、成熟度及位置信息，区分作业对象身处的复杂环境背景，控制作业机器人机械臂及机械手的位置、姿态、作业力度来控制作业的效率和质量。农业机器人目标定位最常用的方法是双目视觉，通过机器人自身携带的两个摄像机对同一目标对象不同视角下获取的两幅图像，通过不同的方法使得机器人从二维信息中获取作物的三维信息图像，实现对作业对象的准确定位。双目视觉技术已被用于苹果和草莓采摘时的空间位置确定。

采摘机器人作业准确性的关键在于作业对象的识别与定位，指导机械手确定合适的作业力度、姿态和位置等参数。荷兰农业研究所设计出的自走式黄瓜采摘机器人，利用近红外可选频率进行黄瓜与背景的分割，进而获取果实的位置，同时在末端执行器安装微型摄像机实现黄瓜的精确定位，解决了由于位置判断不准确造成的黄瓜采摘失败问题。双目视觉技术可以实现对作物的定位，运用体视成像原理实现从二维图像中恢复目标的三维坐标。该视觉系统可以实现采摘机器人的实时控制，为自动化采摘提供可靠的信息。

2. 基于传感器的作业控制技术

基于传感器的作业控制技术，是指通过传感器采集机器人作业有关的内部信息与外部环境信息，用于指导农业机器人在无人农场中实现自主运行和自主作业。农业机器人内部传感器用于测量自身信息，如压力传感器、速度传感器、位置传感器等；农业机器人的外部传感器用于测量与机器人有关的外部环境信息，使得农业机器人能够感知与自身有关的外部环境信息，如视觉传感器、触觉传感器、超声波传感器和红外传感器等。农业机器人通过携带的传感器获取自身的姿态、速度、位置等信息，来实现对机器人本体自主运行的控制。另外，作业机器人在执行采摘作业时，由于果实的质量、大小、成熟度不同，末端执行器需要采用不同的抓取力，既能稳定地抓取果实，又能减少对果实的损伤。以压敏电阻为敏感材料制作的滑觉传感器通过感知果实不同的参数调整抓取力，可以防止滑落，避免果实损伤。

在无人果园中，通过超声波传感器检测农业机器人与障碍物之间的相对距离，利用农业机器人自身的控制器对农业机器人进行转向控制，以实现农业机器人在无人果园中实现自主行走与避障。在无人果园中，农业机器人通过激光雷达传感器实现了对果树位置信息的实时采集，采用霍夫变换实现了对果树行直线方程的提取，通过控制算法实现了对机器人偏转角度的控制，从而农业机器人实现了在果园中自动直线行走。

3. 基于 SLAM 的作业控制技术

基于 SLAM 的作业控制技术，以即时定位与地图构建技术为依据，将农业机器人放在一个未知的环境中，机器人能够复制出当前环境的地图，使其在运行过程中避开较多的障碍物，实现自主作业与自主行走。SLAM 技术已经成为农业机器人实现自主运行的关键技术。农业机器人 SLAM 控制技术可以控制农业机器人运行到指定地点，同时，农业机器人可以通过自身配置的相关传感器将作业信息传输给 SLAM 主控机，用于实现对农业机器人在无人农场作业中的实时控制。

农业采摘机器人要求能够准确无误地到达目标作业地点，利用末端执行器实现对农产品的采摘作业，作业完成后按照规定路线将作物送到规定地点。这就需要 SLAM 系统对主控机的相关操作命令进行接收，由自身所携带的控制命令管理器解析接收到的命令，并对电机进行控制，按照操作命令实现规定的作业任务。农业采摘机器人 SLAM 控制系统如图 8-11 所示。

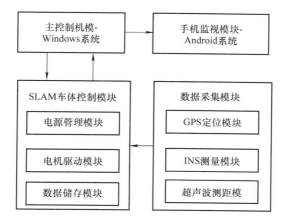

图 8-11　农业采摘机器人 SLAM 控制系统

第**9**章 管控云平台与无人农场

无人农场管控云平台系统是无人农场的大脑，是大数据与云计算技术、人工智能技术与智能化装备技术的集成系统。无人农场云平台通过大数据技术完成各种信息、数据、知识的处理、存储和分析，通过人工智能技术完成数据智能识别、学习、推理和决策，最终完成各种作业指令、命令的下达。此外，云平台系统还具备各种终端的可视化展示、用户管理和安全管理等基础功能。管控云平台系统是无人农场最重要的组成部分，是无人农场的神经中枢。本章将从云存储、云计算、云平台部署三方面重点阐述无人农场应用场景下云管控平台设计所涉及的关键技术及原理，以期对无人农场中"云"的可靠建设提供理论依据。

9.1 概述

9.1.1 无人农场需要云计算

为了能够完整地获取信息、处理信息并应用信息，无人农场提出了相关的技术需求。首先，针对无人农场的信息量，普通的数据仓库的已经无法满足，那么海量的数据如何存储将是无人农场面临的一个问题；其次，无人机、农业机器人等无人农场中的智能机器实时传回来的数据如何快速处理，实现数据协同，并且当面临计算量非常大，普通的计算机已经无法满足的时候，如何保证大量的计算正常完成是无人农场面临的另一个问题。

无人农场将是基于云计算环境的一项系统工程。云计算的显著特点就是拥有无比强大的计算力和海量般的数据存储能力。除此之外，无人农场的服务器还可以通过"云计算"不断地扩展，无限延伸，并且随时随地地通过云计算向用户提供各种服务。如果将无人农场比作一个人来讲，那么云计算就是这个人的大脑，其重要性不言而喻。

1）无人农场数据存储需要在云端。无人农场具有海量的信息资源，仅仅依靠在网端的数据库管理软件是远远无法满足其要求的，尤其是随着无人农场的逐步发展，其信息资源的数量是极其庞大的。这些庞大的信息资源的储存、迁移是无人农场的赖以生存的组成部分。云存储可以突破数据库的局限，可将以无人农场中文字、图片、语音、视频等多媒体库形态存在的海量数据进行 PB 级的采集、存储、处理和复杂分析，以方便无人农场信息资源的存储、加工和利用。同时，云存储具有数据安全可靠、服务不中断、易于扩容与管理等优点。采用云计算支持的网络存储，不仅可以降低存储成本，还可以利用云计算的计算能力对无人农场的各种数据（包括位置、土地权属、面积、土壤和土地特征等）进行信息管理。

2）无人农场的大量计算需要在云端。无人农场中需要实地的处理大量的信息，如农户获取作物的实时的生长信息，如健康指数、植物计数和产量预测、株高测量、冠层覆盖制图、田间积水制图、侦察报告等，这些信息的计算量仅仅依靠普通的计算机是无法完成的。通过网络"云"可将巨大的数据计算处理程序分解成无数个小程序，然后，通过多部服务器组成的系统进行处理和分析这些小程序得到的结果并返回给用户。云计算的计算能力可以随着需要无限扩展，用时较短，服务内容丰富。

3）无人农场的管理和决策需要在云端。随着农业物联网的发展，农业生产过程将连续产生大量复杂的信息，仅凭农户的技术水平是难以直接利用这些原始数据进行决策的，农业专家也只有在定量分析的基础上，才能做出准确的判断和决策，所以农业生产过程管理需要智能化的大规模计算系统支持。同时农业物联网入网个体数量巨大，以分钟为时间间隔产生动态性数据，要求进行实时性采集、分析和决策反馈。因此，云计算对农业物联网有着数据存储、分析、决策和指导的重要应用价值。以无人机为例，从无人机实时获取的数据中，我们可以得到关于无人农场作物各方面的信息，这就消除了持续手动监视的需要，而且云服务器还支持数据处理并应用控制操作，并为农场提供了成本效益和最优的解决方案，以最小的人工干预。

根据无人农场信息化的需求搭建和应用农业云计算基础服务平台，不但能够降低无人农场中信息化的建设成本，加快信息服务基础平台的建设速度，还能极大地提升无人农场中信息化的服务能力。根据无人农场的特点，在无人农场云计算的应用方面，应当建设农场网站业务服务平台和无线终端农场服务平台，以实现无人农场信息资源海量存储、农产品质量安全追溯管理、无人农场信息搜索引擎、农业决策综合数据分析、农业生产过程智能监测控制和无人农场综合信息服务等功能。

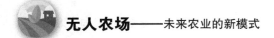

9.1.2　云计算的定义

美国加州大学伯克利分校对于云计算概念的定义："云计算是互联网上的应用服务及在数据中心提供这些服务的软硬件设施，互联网上的应用服务一直被称为'软件即服务'，而数据中心的软硬件设施就是所谓的'云'"。

美国国家标准与技术研究院的信息技术实验室对于云计算概念的定义："云计算是一种资源利用模式，它能以简便的途径和以按需使用的方式通过网络访问可配置的计算资源（网络、服务器、存储、应用、服务等），这些资源可快速部署，并能以最小的管理代价或只需服务提供商开展少量的工作就可实现资源发布"。这一定义以技术化的语言较为全面地概括了云计算的技术特征。

北京"2008 IEEE Web 服务国际大会"提出，根据对象身份来定义的云计算概念："对于用户，云计算是'IT 即服务'，即通过互联网从中央式数据中心向用户提供计算、存储和应用服务；对于互联网应用程序开发者，云计算是互联网级别的软件开发平台和运行环境；对于基础设施提供商和管理员，云计算是由 IP 网络连接起来的大规模、分布式数据中心基础设施"。

虽然云计算的概念至今未有较为统一和权威的定义，但云计算的内涵已基本得到普遍认可。狭义上来讲，云计算是一种通过互联网访问、可定制的 IT 资源共享池，并按照使用量付费的模式，这些资源包括网络，服务器，存储、应用、服务等。广义上来讲，云计算是指服务的交付和使用模式，即通过网络以按需、易扩展的方式获取所需的资源，这种服务可以是 IT 的基础设施（硬件、软件、平台），也可以是其他服务，云计算的核心理念就是按需服务，就像人使用水、电、天然气等资源一样。总之，云计算是一种分布式并行计算，由通过各种联网技术相连接的虚拟计算资源组成，通过一定的服务获取协议，以动态计算资源的形式来提供各种服务。

云计算不仅能够很好地解决无人农场中的数据存储与海量计算等的问题，而且极大地提升了无人农场的智能化与自动化水平。通过云计算技术建设成的云平台，可以对无人农场完成无缝、精准、实时地调控，以及提供面向用户的多元化服务。

9.2　云储存与无人农场

9.2.1　无人农场的云存储

随着无人农场的快速发展，其数据量呈现了爆炸式增长态势，对于传统的存储方式来说，这将会造成数据存储成本高、存储可靠性低、大量数据管理困难等问题。无人农场中海量的数据信息是以 PB 级别计数的，已经突破传统数据仓库的限制。无人农场的数据是以图像、图形、视频、音频、文字、数字、符号等形式存在的，这些大量的异构数据导致传统的存储方式存储数据效率低，不容易对数据进行管理、共享以及进行二次开发。同时无人农场中也存在大量的垃圾和冗余数据，这对传统的存储方式也是一个困扰。

云存储能够很好地解决这些问题。云存储是在云计算概念上延伸和发展出来的一个新的概念，是一种新兴的网络存储技术，是指通过集群应用、网络技术或分布式文件系统等功能，将网络中大量各种不同类型的存储设备通过应用软件集合起来协同工作，共同对外提供数据存储和业务访问功能的系统。

云存储容量分配不受物理硬盘限制，理论上可以无限大，这将满足无人农场海量数据的需求。在无人农场中可以根据需要，分配合适的云存储容量。而且，云储存能够进行并行扩容，及时提供容量的扩展，打破了传统的扩展数量限制。随着容量增长，云储存可以线性地扩展性能和存取速度。除此之外，云存储的存储管理可以实现自动化和智能化，所有的存储资源被整合到一起，同时具备负载均衡、故障冗余功能，确保数据存储的高度适配性和自我修复能力，可以保存多年之久。

云储存还具有其他的优点。云存储允许更多元数据，并可为特定业务和系统功能提供对数据的自定义控制。而且，数据可根据策略触发器进行操作，并按规则扩展。这些规则可自动执行很多传统的手动密集型任务，例如分层存储、安全、迁移、冗余和删除。云存储非常灵活，能够实现规模效应和弹性扩展，降低运营成本，避免资源浪费。存储设备升级不会导致服务中断，并且节省电力。数据同步，这确保无人农场中保存的数据和文件都在所有设备上自动更新，而且可以无中断数据迁移。

9.2.2 关键技术与原理

传统储存技术难以满足多元化社会发展需求，因此便诞生了云储存技术。云存储通过数据采集、网络技术的相互融合，在网络软件的协作下，对无人农场中的全部信息进行集中管理，极大地提升了无人农场的工作效率与工作质量，有效地满足无人农场的多元化的应用需求。与传统的数据存储相比，云存储处理除需要计算机关键硬件外，还需要一个特殊的网路存储设备等多个部件构成的共同系统。云存储系统相对复杂，其组成的各个部件多是将存储设备作为核心。

1. 云存储的结构模型

总体来说，云存储的结构模型可以分为存储层、基础管理层、应用接口层和访

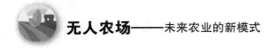

问层四个部分,如图 9-1 所示。

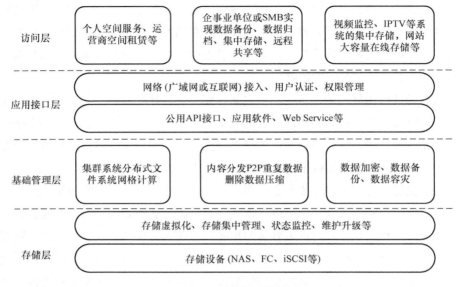

| 访问层 | 个人空间服务、运营商空间租赁等 | 企事业单位或SMB实现数据备份、数据归档、集中存储、远程共享等 | 视频监控、IPTV等系统的集中存储,网站大容量在线存储等 |

网络(广域网或互联网)接入、用户认证、权限管理

公用API接口、应用软件、Web Service等

应用接口层

| 基础管理层 | 集群系统分布式文件系统网格计算 | 内容分发P2P重复数据删除数据压缩 | 数据加密、数据备份、数据容灾 |

存储虚拟化、存储集中管理、状态监控、维护升级等

存储设备 (NAS、FC、iSCSI等)

存储层

图 9-1 云储存的结构模型

1)存储层是云存储的基础。云存储依靠存储层将不同的存储设备互联起来,形成一个面向服务的分布式存储系统。

2)基础管理层是云存储最核心的部分。基础管理层通过集群、分布式文件系统和网格计算等技术,实现云存储中多个存储设备之间的协同工作,使多个的存储设备可以对外提供同一种服务,并提供更大更强更好的数据访问性能。

3)应用接口层是一个可以自由扩展的、面向用户需求的结构层。

4)用户访问层是经过用户授权,通过公用应用接口登录云存储平台系统,享受云存储带来的各种服务。

主要的云存储技术涉及存储虚拟化、集群存储、分布式文件系统、数据压缩、加密技术以及存储网络化管理技术。

2. 集群存储

简单来说,集群存储技术就是通过将集群技术应用到存储系统,以满足数据的爆炸式增长对存储系统在性能、容量、管理等方面的需求。基于分布式文件系统的集群存储技术以其在数据共享、高 I/O 性能、高可扩展、高可用等方面的优势而日益受到学术界和产业界的广泛重视和应用。集群存储系统从系统结构的角度出发,可划分为对称结构和非对称结构两种形式。对称结构的主要特点是集群中的所有节点都理解磁盘结构，提供数据和元数据访问服务；元数据的管理和一致性通过节点之间的通信和分布式锁机制来完成。典型的系统包括 IBM 的通用并行文件系统（GPFS）、Red Hat 的全局文件系统（GFS）等。非对称结构的主要特点是一个或多个专用元数据服务器维护文件系统和相关的磁盘结构，提供元数据访问服务，数据访问则直接在节点与存储设备之间完成。典型的系统包括 Panasas 的 PanFS（一种集群文件系统）、Lustre 的 ClusterFS（一种集群文件系统）、Google 的 GoogleFS（谷歌文件系统）等。

IBM 的 GPFS 是从其 Tiger Shark（为 AIX 操作系统设计的并行文件）多媒体文件系统发展而来的。GPFS 提供 UNIX 语义，支持 POSXI 标准。GPFS 最大的特色是在于其良好的可扩展性和高可用性。GPFS 文件系统结构如图 9-2 所示。GPFS 集群中的每个节点都包括 GPFS 管理命令集、将 GPFS 文件系统加到操作系统 VFS 层的 GPFS 内核扩展、GPFS Daemon（GPFS 的守护进程）和 GPFS 开源移植层。GPFS 有三种主要的文件系统相关的管理角色：配置管理器、文件系统管理器和元数据节点。GPFS Daemon 是一个多线程的进程，为 GPFS 完成所有 I/O 操作和缓冲区管理，包括预读和延迟写，也与运行在其他节点上的实例进行通信，协调配置改变、文件系统恢复和相同数据结构的并发修改等。GPFS 锁机制的实现非常有特色，在没有读写冲突时，GPFS 采用一种分布式锁策略，以最大限度地让这些操作并行进行；而当读写冲突频繁时，它采用集中式锁机制，以避免因为频繁的锁冲突而导致性能急剧下降。网络共享磁盘（NSD）是 GPFS 文件系统使用的

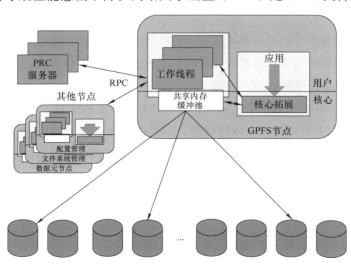

图 9-2　GPFS 文件系统结构

磁盘形式，通过 GPFS 管理命令集中提供的命令，可以将后端存储设备提供的磁盘或分区创建为 NSD。NSD 屏蔽了不同节点上磁盘或分区命名方式的不同，提供了唯一的卷 ID 以供文件系统使用。GPFS 支持多种连接模式，主要包括 SAN 连接模式、NSD 服务器模式与 SAN-NSD 混合模式三种。

Global 文件系统（GFS）是由美国明尼苏达大学基于 NAS 开发的分布式文件系统。GFS 是全对称的集群文件系统，将客户端看成对称的处理器，它没有服务器，每个客户端都是服务器。每个 GFS 客户端都有它们自己独立的文件系统，而 NAS 存储设备则被它们所共享，每个客户端都可以将其当作本地外部存储设备来使用。GFS 通过对共享数据进行原子操作，从而保证每个客户端之间的独立性。GFS 将文件数据缓存于节点的存储设备中，而不是缓存在节点的内存中。它通过设备锁来同步不同节点对文件的访问，目前实现这种设备锁的设备还很少。如果没有设备锁，也可以通过唯一的锁服务器来进行同步，锁服务器便成了 GFS 的性能瓶颈。当客户端需要修改数据时，它必须首先获得锁资源，在成功将修改后的数据写回存储设备后，再释放该锁。这种方式类似对称多处理系统（SMP）中 CPU 访问内存的情形。GFS 客户端在对 I/O 请求进行处理时，会首先在内存中缓存数据，等请求处理完成之后，再将数据写回到存储设备。在处理请求时，GFS 也会通知存储设备将一些常用数据，比如经常访问的元数据、目录等进行缓存。通过 GFS 还可以加快用户对数据的访问速度，并对信息进行复制。若某台服务器出现故障，用户还可通过其他计算机访问有关的数据。特别在以下两种方式连接而成的计算机集群中，GFS 尤其适用：

1）计算机集群中的机器都可以在其他机器出现故障时接管它的工作。

2）计算机集群是由所有机器联合起来组成的一台超级计算机。

ClusterFS 是开源的、基于对象的并行文件系统。ClusterFS 的主要特点包括：元数据服务器（MDS）维护高层的文件和文件系统改变的交易记录，元数据服务器之间是相互复制并可以进行失效转移的；对象存储服务器（OSS）负责实际的对象数据 I/O 和到后端存储设备的接口；Lustre 使用开放的网络抽象层，支持多种网络。与传统的文件系统类似，Lustre 中的每个正规文件、目录、符号连接和特殊文件都有唯一的 inode（索引节点）。创建一个新文件时，客户端会联系某个 MDS，该 MDS 会为该文件创建一个 inode；之后 MDS 会联系 OSS 建立存放文件数据的对象，对象的元数据作为文件的扩展属性存在 inode 中；分配的对象按照定义的存储策略由 OSS 集群负责完成数据读写。这样，文件建立之后的 I/O 就直接在客户端和

OSS 集群之间完成，仅当有文件命名空间改变请求时，MDS 才会被更新，从而实现了元数据与数据路径的分离。

Google 文件系统集群通常包含一个主服务器和多个块服务器（见图 9-3），被多个客户端访问。Google 文件系统的文件被分割成固定尺寸的块。每个块被创建的时候，服务器都会给它分配一个固定的、唯一的、64 位的块句柄来标识它。块作为 Linux 文件被块服务器保存在本地硬盘上，并且块服务器根据指定的块句柄和字节范围来读取和写入块数据。每个块都会被复制到多个块服务器上以保证其可靠性。默认情况下，保存三个备份。但用户能够给不同的文件命名空间设定不同的复制级别。Google 文件系统的主服务器也会负责管理文件系统所有的元数据，包括访问控制信息、命名空间、文件到块的映射信息和块当前所在的位置。主服务器还负责管理系统范围的活动，比如块租用管理、块垃圾回收和块在块服务器间的移动。主服务器利用心跳信息跟每个块服务器进行周期性的通信，给他们指示并收集他们的状态。Google 文件系统具有可靠性、可扩展性以及高性能的特点，并且具有垃圾回收功能、冗余复制和动态监测服务器的功能，但是其在动态的负载均衡方面并不是很完善，一旦用户量剧增，吞吐率可能就会下降。

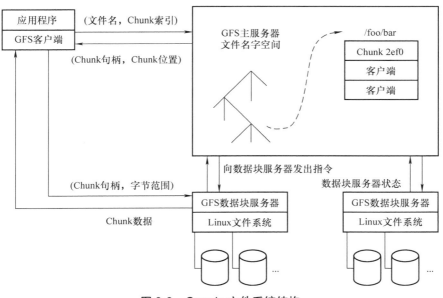

图 9-3　Google 文件系统结构

Hadoop 分布式文件系统（HDFS），是高容错的，并且是为能够部署在低廉的硬件上而设计的。HDFS 内部的通信标准都是基于 TCP/IP 协议的，而且对于访问应用程序的数据提供高传输率，适合有着超大数据集的应用程序。如图 9-4 所示，HDFS 中存储的文件被分成块来进行存储管理，这些块又被复制到多个 Data Node（存储节点）中，实现文件的备份。复制的副本块数和大小由客户机在创建文件时决定。Name Node（命名空间节点）主要管理 Data Node 和块文件映射的元数据。当外部客户机发送请求要求创建文件时，Name Node 会以块标识和该块的第一个副本的 Data Node IP 地址作为响应。这个 Name Node 还会通知其他将要接收该块的副本的 Data Node。Name Node 还会存储所有关于文件系统命名空间的信息，这些信息被存储在本地文件系统上，并进行备份，以防丢失。由于 Hadoop 集群中包含一个 Name Node 节点和大量 Data Node 节点，Data Node 通常运行在单独的机器上，并以机架的形式组织。Data Node 不仅响应来自客户机的读写请求，还响应来自 Name Node 的创建、删除和复制的命令。Name Node 接受每个 Data Node 发来的心跳信息，Name Node 根据每条信息中的块报告来验证块映射和其他文件系统元数据。如果接受不到来自 Data Node 的信条信息，Name Node 将采取修复措施，再次复制在该节点丢失的块。

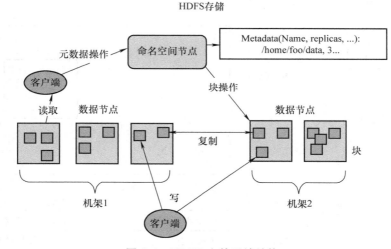

图 9-4　HDFS 文件系统结构

无人农场管控云平台建设过程中，通过在中心部署分布式文件系统来存储和管理农业文件数据，支持分布式的文件存储方式并支持大规模的并发访问，用来解决海量数据存储的性能瓶颈和扩展性问题。

3. 存储虚拟技术

无人农场的高度自动化、无人化主要依赖无人农场的信息系统实现，这将对应用的可用性要求极高。传统的信息系统会随着无人农场的信息化建设的不断深入，数据中心应用服务器数量将在不断增加。由于各服务器没有形成统一的资源池，整体上系统资源利用效率并不高，服务器的增多将数据中心的空间能耗、运维管理难度增大。除此之外，数据中心服务器的每一次死机对无人农场的影响将是不可控的。如何提高无人农场数据中心的业务连续性、可靠性及高效性，是无人农场目前面临的一个难题。

虚拟化技术是将服务器的物理资源抽象成逻辑资源，让一台或多台服务器变成多台相互隔离的虚拟服务器，使得 CPU、内存、磁盘等实际物理硬件变为可动态调整分配的资源池，使其能够对其进行统一，从而为整体提供有用的功能服务。

在无人农场中使用存储虚拟化可以屏蔽已有的系统环境及其复杂度，整合了原各独立存储的存储资源，以及通过增加和提升系统设备可靠性和可用性的各项功能，从而解决无人农场数据中心的业务连续性、可靠性及高效性的问题。

1）将虚拟存储软件在服务器上运行，也就是实现基于服务器的虚拟化。这一种要实现虽然比较容易，但是因其运行虚拟软件，服务器的处理能力会被较多的占用，可能将导致服务器有可能死机，对无人农场造成不可控制的影响，而且其无人化、自动化程度将极大降低。因此，对无人农场来说，不推荐这种方式。

2）"带内"虚拟引擎（见图 9-5a），是在应用服务器和存储的数据通路内部实现虚拟存储，控制数据和需要存储的实际数据在同一个数据通路内传递。带内虚拟存储具有较强的协同工作能力，同时便于通过集中化的管理界面进行控制。同时，带内虚拟存储具有较高的安全性，不易遭受攻击。因此，在无人农场中推荐这种方式。

3）"带外"虚拟引擎（见图 9-5b），是一种在数据通路外服务器上实现的虚拟功能，也就是存储和控制的数据在不同数据路径中被安排进行传输。这一种能够使得存储网络的通信量减少许多，系统性能也能够得到有效提高，但是其安全性有待提升，一般需要和专门的安全软件配合使用。在无人农场中，配合专门的安全软件，这将增加了服务器的性能开销，以及维护的成本。因此，在无人农场中可以根据实际情况适时选择这种方式。

4）基于存储器和存储交换机的虚拟存储。相对来说，直接实现存储设备的虚拟化是比较容易的，因为这种情况下，管理员是透明的，用户也是透明的，这能够极大地方便了管理员和用户。但由于这类设备没有统一的标准，所以对于不同制造商的存储产品很难将其无缝地集成到一个存储系统中。因此，在无人农场中可以部分采用这种方式。

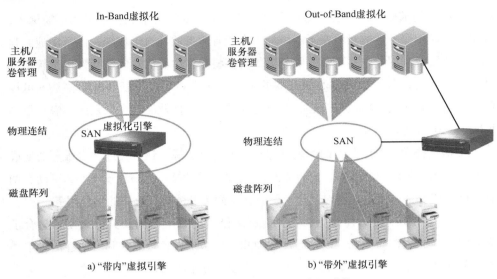

图 9-5 "带内"与"带外"虚拟引擎

4. 数据压缩技术

随着无人农场的逐渐发展，无人农场中的数据量级呈爆炸式增长，这对数据的存储和传输带来了极大的压力。在现有的海量数据存储系统中，存在着大量重复的存盘、备份以及各式的冗余数据。排除用户无意间将一份文件上传多次的操作之外，造成这种数据冗余的状况可能是因为用户出于对数据的安全性和可靠性这两方面考虑而进行的用户操作，也可能是因为不同文件存在着相似的情况，例如都含有部分同样重复的内容。上述原因所产生的冗余数据占用了存储服务器大量的储存空间，这将导致存储空间的利用率大幅度的下降。

为了提升海量数据压缩工作的质量与水平，节约数据存储空间，在保证数据存储安全的情况下，可以对海量数据中的重复数据进行鉴别与删除。重复数据删除技术的中心思想是不要将内容相同资料进行重复存储。虽然重复数据的删除工作看似简单，但是其对于数据运行算法等方面有着较为严格的要求。因此，重复数据删除技术在应用的过程中，需要对冗余数据、相同数据进行对比操作处理，通过算法筛选，只存储其中的一份或者只存储相近数据之间的不同部分。对数据进行分块操作再去除重复数据，相比存储整个文件使得数据的大小得到了降低，从而节约了存储空间以及减少了上传数据时的带宽消耗，有助于服务提供商减少资源的开销量。同时随着客户端和云存储之间数据传递量的减少，系统中的计算节点和存储节点之间网络传递数据的吞吐量也随之得到提升，从而提高了整个系统的运行效率。再者存储服务器避免了对副本数据的大量存储，也就增加了云存储系统规模的可扩展性。

在进行海量数据压缩算法设计的过程中，需要从数据使用的角度出发，实现存储工作的简洁化，降低数据压缩工作的难度。从数据信息用户的角度来看，应从数据上传与下载使用的层面出发，来完成压缩算法。用户在上传文件存储到数据服务器之前，可以根据文件内容对文件进行标签化设置，检查上传的文件是否在服务器中存在副本。如果检查出有同样的文件，取消文件上传，以此避免重复数据的出现，这在一定程度上推动了数据压缩的顺利进行。为了减少存储消耗，存储服务提供者需要通过重复数据删除技术来消除冗余数据的存储数据，仅保留独特的数据，从而实现了数据的有效压缩。

数据压缩包括无损压缩和有损压缩。无损压缩是指使用一定的算法对数据进行压缩，用压缩后的数据进行重构信号，使其与原信号保持一致，压缩前后信息不受损失。无损压缩主要用于对数据存储要求精确的场合。有损压缩比无损压缩对数据要求稍低，重构后的信号在不损失主要信息的情况下可以与原信号略有不同，不影响正确信息的表达与传播，其适用于重构信号不一定非要和原始信号完全相同的场合。有损压缩广泛应用于语音、图像和视频数据的压缩。

在云计算环境中，数据压缩需要面对并行存储空间及策略系统调度死锁等挑战，其中涉及时间和空间的压缩是处理大图形数据的关键。基于时空压缩的方法，图形被进一步分割并且还被映射到不同的数据集中，这些数据集减小了数据集的尺寸，易于处理存储系统的网内数据。基于压缩的方法是通过保存整个数据流，减少数据的损失，缩减数据规模。虽然计算效率低下，增加了额外解压缩开销，但保存了原始形式的整个数据集，有利于信息完整性。各种数据压缩算法及其优缺点见表 9-1。

表 9-1　各种数据压缩算法及其优缺点

方法	核心内容	优点	缺点
时空序列优先算法	该方法可以通过在线关联相似的时间序列，在数据集之外寻找流数据聚类，允许临时时间压缩，以降低每个网络节点数据规模	在数据质量、信息保真度和数据约简方面的性能增强	需要在云环境中进行至少一次的数据整合，增加了计算成本
gZip 压缩算法	gZip 是一个数据压缩工具。在社会科学活动数据集中，可提高资源使用效率，降低数据规模	提供了一个简单的文件格式，因此它具有较低的计算复杂度	数据压缩每次只能处理单个文件，大规模并行编程模型必须以提高计算时间为代价，数据处理性能较低

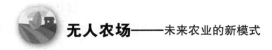

（续）

方法	核心内容	优点	缺点
AST 算法	AST 是一种新的方法，用于进行选择性扩展及压缩处理数字信号。该技术主要是基于自适应扩展、更多的样本，用特征线和小样本空间处理可压缩稀疏信号	与奈奎斯特采样压缩方法相比，改进了对数据采集以及并行压缩的处理性能	当对压缩数据进行分析处理时，数据信息保真度损失率较高
RED 编码算法	用于管理大规模电生理数据	当对不变信号进行编码时，在时间序列信号无损压缩中能够保持较高的计算速度	当对处理高变异信号进行编码时，算法整体性能退化较为严重
并行压缩算法	为有效地跟踪和从数据中提取有用的信息，采用正交分解的方法来压缩数据	保持特征误差与压缩比之间的平衡，可实现交互式可视化数据的快速解压缩	由于噪声存在，数据集的误差标准偏差较高
Sketching 算法	采用计数原理，对车辆运动数据进行压缩，实现紧凑的通信	在保证数据的原有重要信息的同时，实现数据约简	当处理信息不一致和噪声数据流时，信息保真度损失概率更大

无人农场中动态海量的数据通过数据压缩技术，不仅在很大程度上实现了数据存储的简洁化，降低了服务器自身的工作压力，而且能够实现无人农场数据信息的高效获取与应用，满足了用户对于不同信息的使用获取需求，进而为后续数据检索工作的开展创造了有利条件。

5. 数据备份和恢复

无人农场数据量的爆炸式增长对数据的快速可用性及可管理性等提出了严峻的挑战（如 24h×7 的不停机服务、快速准确的数据恢复、容灾、低成本管理等），从而使得备份和恢复技术成为云存储技术重要的研究领域之一。

数据备份和恢复技术是一种数据保护和管理技术，它通过备份软件把数据备份到磁带或其他介质上，在原始数据丢失或遭到破坏的情况下，利用备份数据把原始数据恢复出来，使系统能够正常工作。目前网络备份系统的基本模式主要包括基于 LAN 的备份和基于 SAN 的备份两大类。其中基于 SAN 的备份是一种相对比较新的备份方式，它又包括基于 LAN-Free（无局域网）的备份和基于 Server-Free（无服务器）备份两种主要方式，如图 9-6 所示。

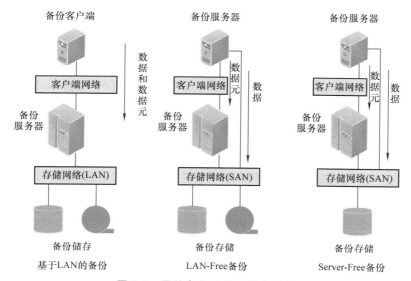

图 9-6　网络备份系统的基本模式

　　基于 LAN 备份的基本原理是在网络上选择一台应用服务器，安装网络数据备份管理服务器软件，作为整个网络的备份服务器。在备份服务器上连接大容量备份存储设备，备份存储设备可以是磁带库、光盘库或低成本、大容量的磁盘（或SATA 硬盘）等。通过局域网将数据集中备份到与备份服务器连接的存储设备上。这种备份模式的优点是节省投资，介质共享；缺点是网络传输压力大。

　　基于 SAN 的 LAN-Free 备份是指在 SAN 环境下，将备份存储介质直接接在SAN 交换机上，选择一台服务器作为备份服务器，同时在其他有数据备份需求的服务器上安装备份介质驱动软件，使之能直接驱动备份介质。这样要备份的数据可以直接经过交换机存入备份存储介质，而不必经过网络传送到备份服务器再存入备份存储介质，从而大大提高了备份的速度，也减少了数据备份对网络的影响。其缺点是投资较高。

　　基于 SAN 的 Server-Free 备份通过系统静默、冻结映像服务和影射等关键技术，使备份的数据不再经过备份客户端而是由备份代理直接从客户端的磁盘读取数据，并把它备份到存储介质上。这样备份的大部分任务就被转移到了一台单独的备份代理上，大大减轻了备份作业对于备份客户端（即应用主机）性能的影响。其缺点是投资很高。

　　在备份系统的实际实施过程中，需要考虑以下几点可能产生的影响：如果用户的客户端数据是大量的小文件（例如文件服务器、打印服务器类型的系统，文件的大小通常是 KB 级别），则通过普通局域网备份所获得的备份效果或许能比通过 SAN 网络更好；如果用户客户端有大文件（例如大于 10MB）或者有大量的数据（大于 50GB），则应用 LAN-Free 的高效率、节约成本的备份方式，典型的这类系统包括数据库服务器、邮件服务器、ERP 系统等；如果用户环境中有千兆以上的网络，则可以衡量一下备份速率和备份管理难度之间对实际生产系统产生的影响，相对来说，LAN Free 的备份模式管理难度稍大。

随着数据量的爆炸式增长和对数据策略高可用需求的不断提升，数据备份和恢复技术也在不断地发展，如采用块级别增量技术、重复数据删除技术、压缩技术和加密技术等多种技术的基于云的备份、数据恢复和灾难恢复已经具备了越来越高的效率，正逐渐成为一种对无人农场极具吸引力的替代技术。

9.3 云计算和无人农场

9.3.1 无人农场的云计算

无人农场中的数据处理量是相当大的，如果在本地机器上进行解析，恐怕需要一台超级计算机，但是仅仅为了无人农场的建设，就需要一台超级计算机，这是不现实的。即使真的实现了，那么后期的维护成本，都会非常高。这和我们建设无人农场的初衷是相违背的。随着我国信息技术领域迅猛发展，各种信息技术都取得了前所未有的突破。云计算是我国近年来取得的重大成就之一，推动着我国其他各行各业的快速发展。因此，云计算不是简单地应用到无人农场中，而是无人农场的核心。换句话说，没有云计算，就不可能有无人农场的实现。

云计算听起来是一个特别高端的词，但其本质通俗易懂。云计算其实就是将处理数据的过程放在网络的远程端进行，从而减少本地服务器的压力。之所以将数据处理过程放在网络的远程端进行处理，这是因为手机、计算机等个人设备以及目前的服务器的数据处理性能，如 CPU、内存、硬盘和 GPU 等是非常有限的，即使用户购买十几万元甚至上百万元的高性能服务器，也未必能够满足无人农场的需求。

除此之外，无人农场中的数据访问也是一个难题。个人访问无人农场往往使用的是普通宽带，当外部大量并发访问内部的服务器就会占据大量的带宽，从而导致内部服务器的性能急剧下降，甚至瘫痪。其次，个人和私人企业有时候需要一些平台的专业软件服务也非常困难，需要在本地服务器上安装。云计算可以很好地解决这些问题。只需通过远程访问云计算主机，让云主机来处理。通过云计算，用户在任意位置、任意时间可通过网络服务来实现需要的一切，甚至包括超级计算这样的任务，从而完成用户的各种业务要求。

根据上面的描述，可以将云计算理解为是一种按使用量付费的模型，用户可以随时随地、便捷地、按需地从可配置的计算资源共享池中获取所需的计算资源（网络、服务器、存储、应用程序等服务）。这些资源可以快速供给和释放，用户只需投入较少的管理工作。要想实现云计算，除了在前面所提到的分布式储存技术和虚拟储存技术外，还需要并行编程模式和大规模数据管理技术。

9.3.2 关键技术与原理

1. 并行编程模式

云计算项目中分布式并行编程模式将被广泛采用。分布式并行编程模式创立的初衷是更高效地利用软、硬件资源，让用户更快速、更简单地使用应用或服务。在分布式并行编程模式中，后台复杂的任务处理和资源调度对于用户来说是透明的，这样用户体验能够大大提升。从本质上讲，云计算是一个多用户、多任务、支持并发处理的系统，高效、简捷、快速是其核心理念，它旨在通过网络，把强大的服务器计算资源方便地分发到终端用户手中，同时保证低成本和良好的用户体验。在这个过程中，编程模式的选择至关重要。云计算中的并行编程模式主要有通用编程模型、计算模型和高级编程模型。

（1）通用编程模型　通用编程模型主要有 MapReduce、Dryad。MapReduce 是 Google 公司的 Jeff Dean 等人提出的编程模型，用于大规模数据的处理和生成。从概念上讲，MapReduce 处理一组输入的键值对，产生另一组输出的键值对。当前的软件实现是指定一个映射函数，用来把一组键值对映射成一组新的键值对，指定并发的化简函数，用来保证所有映射的键值对中的每一个共享相同的键组。程序员只需要根据业务逻辑设计映射和化简函数，具体的分布式、高并发机制由 MapReduce 编程系统实现。MapReduce 在 Google 得到了广泛应用，包括反向索引构建、分布式排序、Web 访问日志分析、机器学习、基于统计的机器翻译、文档聚类等。

Dryad 是 Microsoft 设计并实现的允许程序员使用集群或数据中心计算资源的数据并行处理编程系统。从概念上讲，一个应用程序表示成一个有向无环图（DAG）。顶点表示计算，应用开发人员针对顶点编写串行程序，顶点之间的边表示数据通道，用来传输数据，可采用文件、TCP 管道和共享内存的 FIFO 等数据传输机制。Dryad 类似 UNIX 中的管道。如果把 UNIX 中的管道看成一维，即数据流动是单向的，每一步计算都是单输入单输出，整个数据流是一个线性结构，那么 Dryad 可以看成是二维的分布式管道，一个计算顶点可以有多个输入数据流，处理完数据后，可以产生多个输出数据流，一个 Dryad 作业是一个 DAG。

（2）计算模型　计算模型的主要代表是 Pregel。Pregel 是 Google 公司提出的一个面向大规模图计算的通用编程模型。许多实际应用中都涉及大型的图算法，典型的如网页链接关系、社交关系、地理位置图、科研论文中的引用关系等，有的图规模可达数十亿的顶点和上万亿的边。Pregel 编程模型就是为了对这种大规模图进行高效计算而设计的。

具体而言，Pregel 计算由一系列的迭代（即超级步）组成。在每一个超级步中，计算框架会调用顶点上的用户自定义的 Compute 函数，这个过程是并行执行的。Compute 函数定义了在一个顶点 V 以及一个超级步 S 中需要执行的操作。该函数可以读入前一超级步 $S-1$ 中发送来的消息，然后将消息发送给在下一超级步 $S+1$ 中处理的其他顶点，并且在此过程中修改 V 的状态以及其出边的状态，或者修改图的拓扑结构。消息通过顶点的出边发送，但一个消息可以送到任何已知 ID 的特定顶点上去。这种计算模式非常适合分布式实现：顶点的计算是并行的；它没有限制每个超级步的执行顺序，所有的通信都仅限于 S 到 $S+1$ 之间。

All-Pairs 是从科学计算类应用中抽象出来的一种编程模型。从概念上讲，All-Pairs 解决的问题可以归结为求集合 A 和集合 B 的笛卡儿积。All-Pairs 模型典型应用场景是比较两个图片数据集中任意两张图片的相似度。典型的 All-Pairs 计算包括四个阶段：首先，对系统建模求最优的计算节点个数；然后，向所有的计算节点分发数据集；接着，调度任务到响应的计算节点上运行；最后，收集计算结果。

各种计算模型技术比较见表 9-2。

表 9-2　各种计算模型技术比较

项目	MapReduce	Dryad	All-Pairs	Pregel
任务间依赖关系描述	2 阶段（映射 / 化简）	DAG 图	矩阵模型	BSP 模型
动态控制流描述	不支持	不支持	不支持	支持
使用场景	海量数据处理	海量数据处理	求解笛卡尔积	大规模图计算

（3）高级编程模型　高级编程模型在通用编程模型的基础上发展了起来的，其主要代表有 Sawzall、FlumeJava、DryadLINQ 以及 Pig Latin。Sawzall 是 Google 建立在其 MapReduce 编程模型之上的查询语言，Sawzall 的典型任务是在成百或上千台机器上并发操作上百万条记录。整个计算分为两个阶段：过滤阶段（相当于映

射阶段）和聚合阶段（相当于化简阶段），并且过滤和聚合均可以在大量的分布式节点上并行执行。Sawzall 程序实现非常简洁，据统计一个完成相同功能的 MapReduce C++ 程序代码量是 Sawzall 程序代码量的 10~20 倍。

FlumeJava 是一个建立在 MapReduce 之上的 Java 库，适合由多个 MapReduce 作业拼接在一起的复杂计算场景使用。FlumeJava 能简单地开发、测试和执行数据并行管道。FlumeJava 库位于 MapReduce 等原语的上层，在允许用户表达计算和管道信息的前提下，通过自动的优化机制后，调用 MapReduce 等底层原语进行执行。Flumejava 首先优化执行计划，然后基于底层的原语来执行优化了的操作。

DryadLINQ 是 Microsoft 的高级编程语言。DryadLINQ 结合了 Microsoft 的两个重要技术：Dryad 语言和查询语言 LINQ。DryadLINQ 使用和 LINQ 相同的编程模型，并扩展了少量操作符和数据类型以适用于分布式计算。DryadLINQ 程序是一个顺序的 LINQ 代码，对数据集做任何无副作用的操作，编译器会自动地将数据并行的部分翻译成执行计划，交给底层的 Dryad 完成计算。

Pig Latin 是 Yahoo 研发的运行在其 Pig 系统上的数据流语言。Pig 是高层次的声明式 SQL 与低层次过程式的 MapReduce 之间的折中。Pig 系统将 Pig Latin 程序编译成一组 Hadoop（MapReduce 的开源实现）作业然后进行执行。Pig 不仅提供了常见的数据处理操作，包括加载、存储、过滤、分组、排序和连接等，同时 Pig 还提供了丰富的数据模型，支持原子类型、字典、元组等数据结构以及嵌套操作。

2. 大规模数据管理技术

处理无人农场海量数据是云计算的一大优势，那么如何处理则涉及很多层面的内容。因此，高效的数据处理技术也是云计算不可或缺的核心技术之一。对于云计算来说，数据管理面临巨大的挑战。云计算不仅要保证数据的存储和访问，还要能够对海量数据进行特定的检索和分析。由于云计算需要对海量的分布式数据进行处理、分析，所以数据管理技术必需能够高效地管理大量的数据。Google 的 BigTable（BT）数据管理技术和 Hadoop 团队开发的开源数据管理模块 HBase 是业界比较典型的大规模数据管理技术。

（1）BigTable 数据管理技术　BigTable 是 Google 设计的分布式数据存储系统，用来处理海量数据的一种非关系型的数据库。BigTable 系统结构如图 9-7 所示。BigTable 是非关系型数据库，是一个稀疏的、分布式的、持久化存储的多维度排序映射。BigTable 的设计目的是快速且可靠地处理 PB 级别的数据，并且能够部署到上千台机器上。BigTable 已经实现了以下的几个目标：适用性广泛，可扩展，高性能和高可用性。BigTable 已经在超过 60 个 Google 的产品和项目上得到了应用，包括 Google Analytics、GoogleFinance、Orkut、Personalized Search、Writely 和 GoogleEarth。这些产品对 BigTable 提出了迥异的需求，有的需要高吞吐量的批处理，有的则需要及时响应数据给最终用户。它们使用的 BigTable 集群的配置也有很大的差异，有的集群只有几台服务器，而有的则需要上千台服务器、存储几百 TB 的数据。在很多方面，BigTable 和数据库很类似：它使用了很多数据库的实现策略。并行数据库和内存数据库已经具备可扩展性和高性能，但是 BigTable 提供了一个和这些系统完全不同的接口。BigTable 不支持完整的关系数据模型；与之相反，BigTable 为客户提供了简单的数据模型，利用这个模型，客户可以动态控制数据的分布和格式，用户也可以自己推测底层存储数据的位置相关性。数据的下标是行和列的名字，名字可以是任意的字符串。BigTable 将存储的数据都视为字符串，但是 BigTable 本身不去解析这些字符串，客户程序通常会在把各种结构化或者半结构化的数据序列化到这些字符串里。通过仔细选择数据的模式，客户可以控制数据的位置相关性。最后，可以通过 BigTable 的模式参数来控制数据是存放在内存中还是硬盘上。

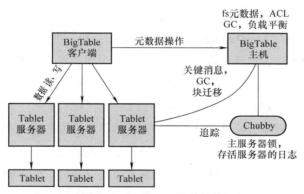

图 9-7　BigTable 系统结构

（2）开源数据管理模块　开源数据管理模块 HBase 是 Apache 的 Hadoop 项目的子项目，定位于分布式、面向列的开源数据库。HBase 系统结构如图 9-8 所示。HBase 不同于一般的关系数据库，它是一个适合于非结构化数据存储的数据库，还有，它采用基于列的模式而不是基于行的模式。作为高可靠性分布式存储系统，HBase 在性能和可伸缩方面都有比较好的表现。利用 HBase 技术可在廉价计算机服务器上搭建起大规模结构化存储集群。HBase 的目标是存储并处理大型的数据，更具体来说是仅需使用普通的硬件配置，就能够处理由成千上万的行和列所组成的大型数据。海量存储方面，HBase 适合存储 PB 级别的海量数据，在 PB 级别的数据以及采用廉价计算机存储的情况下，能在几十到百毫秒内返回数据。这与 HBase 的极易扩展性息息相关。正式因为 HBase 良好的扩展性，才为海量数据的存储提供了便利。HBase 的扩展性主要体现在两个方面：一个是基于上层处理能力（Region-Server）的扩展，另一个是基于存储的扩展（HDFS）。通过横向添加 RegionSever 的机器，进行水平扩展，提升 HBase 上层的处理能力，提升 HBsae 服务更多 Region 的能力。HBase 的稀疏性主要是针对 HBase 列的灵活性，在列族中，客户可以指定任意多的列，在列数据为空的情况下，是不会占用存储空间的。

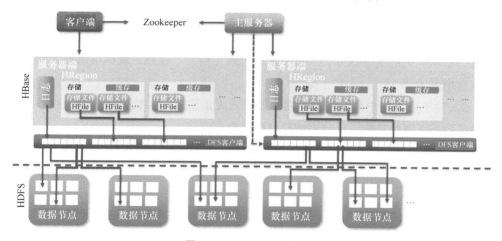

图 9-8　HBase 系统结构

9.4　管控云平台及其部署

9.4.1　无人农场的管控云平台

无人农场中需要进行大量的资源调配和整合，这些操作往往需要根据自身的需求进行自适应的调整。管控云平台能够很好地解决这个问题。无人农场中云平台的构建，提高了无人农场中资源配置的效率，并通过商业模式的创新同生产的各种经济活动紧密结合，由此提升无人农场中经济产生的效率。通过管控云平台可以很好地推动无人农场的产业创新能力的发展，加快农场传统制造的改造和升级，发挥其巨大的优势，从而实现社会生产力和技术的跨越式发展。其次，通过云平台来促进无人农场的管理现代化，极大地解放了生产力，用户可以在任何地点、任何时间查看无人农场的运行状态。

所谓的云平台就是指基于硬件资源和软件资源的服务，提供计算、网络和存储能力。云平台可以划分为三类：以数据存储为主的存储型云平台、以数据处理为主的计算型云平台以及计算和数据存储处理兼顾的综合云平台。

管控云平台和传统的人工相比，具有如下优点：

1）硬件管理对于用户来说高度抽象，用户根本不知道数据是在位于哪里的哪几台机器处理的，也不知道是怎样处理的，当用户需要某种应用时，用户向"云"发出指示，很短时间内，结果就呈现在他的屏幕上。云计算分布式的资源向用户隐藏了实现细节，并最终以整体的形式呈现给用户。

2）企业和机构不再需要规划属于自己的数据中心，也不需要将精力耗费在与自己主营业务无关的IT管理上。他们只需要向"云"发出指示，就可以得到不同程度、不同类型的信息服务。节省下来的时间、精力、金钱，就都可以投入到企业的运营中去了。

3）对于个人用户而言，也不再需要投入大量费用购买软件，云中的服务已经提供了他所需要的功能，任何困难都可以解决。

4）基础设施的能力具备高度的弹性（增和减），可以根据需要进行动态扩展和配置。

9.4.2 管控云平台的部署

1. 云计算服务模式

根据现在最常用，也是比较权威的美国国家标准技术研究院定义，云计算从用户体验的角度主要分为三种服务模式（见图9-9，通常也称为云的经典分层架构）：基础设施即服务（IaaS）、平台即服务（PaaS）、软件即服务（SaaS）。

1）基础设施即服务是主要的服务类别之一，它向云计算提供商的个人或组织提供虚拟化计算资源，如虚拟机、存储、网络和操作系统。IaaS的代表产品有Amazon EC2、Linode、Joyent、Rackspace、IBM Blue Cloud和Cisco UCS等。

2）平台即服务是一种服务类别，是为开发人员提供通过互联网构建应用程序和服务的平台。平台即服务为开发、测试和管理软件应用程序提供按需开发环境。PaaS的代表产品有Amazon、Google、Heroku、windows Azure Platform、华为、博云、天翼云等。

3）软件即服务也是其服务的一类，通过互联网提供按需软件付费应用程序，云计算提供商托管和管理软件应用程序，并允许其用户连接到应用程序，并通过互联网访问应用程序。SaaS的代表产品有salesforce sales cloud、Google Apps、Zimbra、Zoho和IBM Lotus Live等。

184

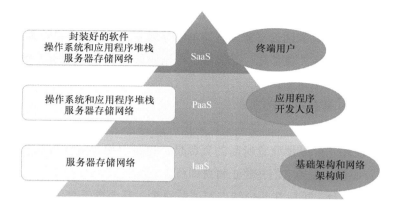

图 9-9　三种云计算服务模式（云的经典分层架构）

2. 管控云平台的部署方式

管控云平台的四种部署方式分别是公有云、私有云、社区云和混合云。

1）公有云通常指第三方提供商为用户提供的能够使用的云。公有云一般可通过因特网使用，可能是免费或成本低廉的。公有云的核心属性是共享资源服务。

2）私有云是为一个客户单独使用而构建的，因而提供对数据、安全性和服务质量的最有效控制。该客户拥有基础设施，并可以控制在此基础设施上部署应用程序的方式。私有云可部署在企业数据中心的防火墙内，也可以将它们部署在一个安全的主机托管场所。私有云的核心属性是专有资源。

3）社区云建立在一个特定的小组里多个目标相似的公司之间，他们共享一套基础设施，企业也像是共同前进，所产生的成本由他们共同承担，因此所能实现的成本节约效果也并不很大。社区云的成员都可以登录云中获取信息和使用应用程序。

4）混合云是指两种或两种以上的云计算模式的混合体，如公有云和私有云混合。他们相互独立，但在云的内部又相互结合，可以发挥出所混合的多种云计算模型各自的优势。

3. 公有云

公有云能够以低廉的价格，提供有吸引力的服务给最终用户，创造新的业务价值，公有云作为一个支撑平台，还能够整合上游的服务（如增值业务、广告）提供者和下游最终用户，打造新的价值链和生态系统。公有云被认为是云计算的主要形态。下面将对目前三种主流的公有云平台（Amazon AWS、Microsoft Azure、阿里云）进行介绍。

（1）Amazon AWS　Amazon AWS 是亚马逊提供的专业云计算服务，于 2006

年推出，以 Web 服务的形式向企业提供 IT 基础设施服务。Amazon AWS 所提供服务包括：亚马逊弹性计算网云、亚马逊简单储存服务、亚马逊简单数据库、亚马逊简单队列服务等。其主要优势之一是能够以根据业务发展来扩展的较低可变成本来替代前期资本基础设施费用。

Amazon AWS 具有如下优点：

1）用低廉的月成本替代前期基础设施投资。

2）灵活性好。可以预配置所需的资源量，也可以根据需求轻松扩展资源量。如果不需要资源量，关掉它们并停止付费即可。

3）利用云平台，可以在几分钟内部署数百个，甚至数千个服务器，不用跟任何人讨论。这种自助服务环境的变化速度与开发和部署应用程序一样快。

4）应用而非运营。云平台节省了数据中心投资和运营所需的资源，可将这些资源转投向创新项目。

5）全球性覆盖。利用传统基础设施很难为分布广泛的用户基地提供最佳性能，且大多数公司一次只能关注一个地理区域的成本和时间节省。而利用云平台，情况会大不相同，可以在全世界 9 个 AWS 地区或其中一个地区轻松部署应用程序。

（2）Microsoft Azure Microsoft Azure 是微软基于云计算的操作系统。Microsoft Azure 的主要目标是为开发者提供一个平台，帮助开发可运行在云服务器、数据中心、Web 和 PC 上的应用程序。云计算的开发者能使用微软全球数据中心的储存、计算能力和网络基础服务。Azure 服务平台包括了以下主要组件：Microsoft Azure，Microsoft SQL 数据库服务，Microsoft .Net 服务，用于分享、储存和同步文件的 Live 服务，针对商业的 Microsoft SharePoint 和 Microsoft Dynamics CRM 服务。

Microsoft Azure 是一种灵活和支持互操作的平台，它可以被用来创建云中运行的应用或者通过基于云的特性来加强现有应用。它开放式的架构给开发者提供了 Web、互联设备、个人计算机、服务器的应用，或者提供最优在线复杂解决方案的选择。Microsoft Azure 以云技术为核心，提供了软件＋服务的计算方法。它是 Azure 服务平台的基础。Azure 能够将处于云端的开发者个人能力，同微软全球数据中心网络托管的服务（如存储、计算和网络基础设施服务）紧密结合起来。

Microsoft Azure 具有如下的优点：

1）利于开发者过渡到云计算。世界上数以百万计的开发者使用 .NET Framework 和 Visual Studio 开发环境，利用 Visual Studio 相同的环境，可创建可以编写、测试和部署的云平台应用。

2）快速获得结果。应用程序可以通过单击一个按钮就部署到 Azure 服务平台，变更相当简单，无须停工修正，是个试验新想法的理想平台。

3）创建新的用户体验。Azure 服务平台可以让用户创建 Web、手机、使用云计算的复杂应用，与 Live Services 连接可以访问 4 亿 Live 用户。

4）基于标准的兼容性。为了可以和第三方服务交互，服务平台支持工业标准协议，包括 HTTP、REST。用户可以方便地集成基于多种技术或者多平台的应用。

Microsoft Azure 公有云应用案例：WaterForce 是新西兰一家灌溉和用水管理公司，该公司与施耐德电气携手通过 Microsoft Azure IoT 平台一起开发了 SCADA-farm（见图 9-10）。SCADAfarm 是一套基于 Microsoft Azure 物联网云平台开发的行业解决方案，该解决方案正在通过遥控和先进分析技术来变革农业生产，助力全球范围内可持续性耕作的浪潮，从而达到保护自然资源的目的。农场主可将 SCADA-farm 与现有的灌溉机和水泵一起使用，使工业自动化和分析更容易实现。因为大部分农场都不适合安装大型软件系统，所以使用具有移动性的轻质、灵活的云解决方案一直是帮助这些农场获得 IoT 益处的关键所在。施耐德电气的 EcoStruxure 架构能帮助合作伙伴通过先进分析技术来惠及终端用户，而 SCADAfarm 就是这一全面、可升级的解决方案里行之有效的方式之一。

图 9-10　Azure 公有云应用案例——SCADAfarm

（3）阿里云平台　阿里云平台是全球领先的云计算及人工智能科技公司阿里云提供的一款云平台产品。该平台致力于以在线公共服务的方式，提供安全、可靠的计算和数据处理能力，让计算和人工智能成为普惠科技。阿里云飞天开放平台架构如图 9-11 所示。

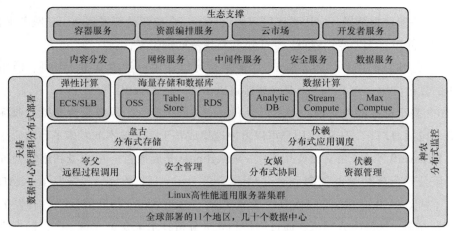

图9-11　阿里云飞天开放平台架构

4.云平台存在的问题

虽然云平台帮人们解决了众多的难题，但是目前仍有一些问题需要解决。

1）如何在云服务中实现跨平台、跨服务商的问题，即服务商要在开发功能和兼容性上进行权衡。早期的云计算提供的API比传统的诸如数据库的服务系统的限制多得多。各个服务商之间的代码无法通用，这给跨平台的开发者带来很多的编程负担。

2）如何来管理各个云服务平台，这对于服务商来说，也是一个挑战。与传统的系统相比，大型的云平台受有限的人工干涉、工作负载变化幅度大和多种多样的共享设备这三个因素的影响，各个云平台公司有各自的管理方案。例如，Amazon公司的EC2用硬件级别上的虚拟机作为编程的接口，而salesforce.com公司则在一个数据库系统上实现了具有多种独立模式的"多租户"虚拟机。当然还有其他的解决方案也是可行的。每一种方案都有不同的缺点和优势。

3）云平台的安全问题和隐私保护也特别难以保障。安全问题不能再依靠计算机或网络的物理边界得到保障。过去对于数据保护的很多加密和解密的算法代价都特别高，如何来对大规模的数据采用一些合适的安全策略是一个非常大的挑战。

4）云服务的挑战还包括服务的稳定和可靠性。云服务商是否能提供长期稳定的服务，也是企业选择云服务的主要顾虑之一。

5）随着云平台越来越流行，预计会有新的应用场景出现，也会带来新的挑战。例如，人们需要从结构化、半结构化或非结构的异构数据中提取出有用信息。这也表明"云"整合服务必然会出现。联合云架构不会降低只会增加问题的难度。

综上所述，可以看出云计算和云平台服务本身在适当场景下的确有着巨大优势，但同时面临着许多技术难题亟待解决。

第**10**章 无人农场系统集成

　　无人农场是一种农业模式的统称，它包括无人大田农场、无人果园农场、无人温室农场、无人猪场、无人牛场、无人鸡场和无人渔场等不同种植和养殖类型的全天候、无人化农场。虽然不同类型的无人农场应用对象和内部业务不同，但主要都是由基础设施系统、作业装备系统、测控系统和管控云平台系统四大系统组成的。

　　由于每种类型的无人农场都具有设备多、系统复杂、协调性强等特点，所以无人农场系统建设不是简单的实现各部分的功能，而是使得各个系统内部相互管理协调，系统之间相互关联、相互反馈，实现无人农场长期安全稳定运行。系统集成技术是利用各种方法将分离的子系统组成一个有效的整体。无人农场系统集成技术是指将基础设施系统、作业装备系统、测控装备系统和云平台系统内部各个元件联系在一起，组成一个有效的系统，解决各个系统之间反馈、设备之间衔接和设备与系统之间连接等问题，使各个系统能够有效工作，各个系统之间相互反馈工作，实现四大系统完全取代人工、相互配合完成农业生产。无人农场系统的效率，将很大程度上依赖于无人农场系统集成的水平。本章主要介绍无人农场系统集成的概念、原则、步骤，并分别介绍了四大系统集成的需求、思路及解决方法。

10.1 概述

　　由于无人农场中业务种类较多，不同业务都需要相应的智能农业装备去完成作业。例如，在无人大田农场中，需要实现无人耕地、无人播种、无人运输、无人喷药、无人施肥等业务，针对每种业务都有相应的智能农业装备，每种装备都具有独自的智能作业子系统，这就使得无人农场具有子系统多、设备多的特点。智能农业装备的工作不是凭空开始的，它是由管控云平台指挥完成的，而管控云平台的指令又是根据测控系统的数据反馈计算的，因此无人农场需要各个系统之间相互关联运行。另外，农业生产中的某些业务之间具有相关性，如小麦收割，一般都是由无人收割机和无人车两种设备协调完成的，它包括割下来和收到仓库两种作业过程，无人收割机收到小麦交给无人车运输回仓库，这就需要无人收割机与无人运输车之间相互协调运行。因此，无人农场还需要设备之间能够实现协调运行。

无人农场的建设不单单是解决各个工作的无人化，还要保证各个系统、设备之间能够相互通信、协同运行。然而，各种智能农业装备、农业机器人、农业传感器及管控云平台等未建立相应的行业标准，导致设备的信号传输方式、控制方式、接口等不相同，降低了无人农场中各类设备的应用水平。简单集成各类设备将会面临以下问题：

1）设备兼容性。目前智能设备的参数没有统一的标准，因此不同厂商的设备会存在接口、控制方式、信号传输方式不同。将设备直接连接在一起，可能会出现由于某些设备无法兼容，导致无人农场中某些功能缺失的情况发生，从而无法实现真正的无人化。

2）系统稳定性。农业环境具有复杂性且农业设备寿命有限，如果仅仅集成设备，当某个设备出现故障时，就可能导致整个系统出现故障，造成无人农场系统瘫痪。

3）信息可靠性。农业环境复杂且变化无常，传感器测量数据有可能会受到多种因素的干扰，错误的数据上传可能导致系统做出错误的指令。另外，农业数据信息传输方式较简单，易被恶意获取或攻击。

因此，设计无人农场系统不能简简单单地按照功能选择设备，不仅要解决不同设备之间兼容、稳定性及安全性问题，而且要实现整个无人农场的高效运行。系统集成是连接各个子系统、构建成一个有效整体的科学手段，在现代工业系统中应用广泛。它按照用户的基本需求选择各种产品，根据产品之间的差异，利用各种技术将子系统紧密联系到一起，彼此之间相互协调工作，构成一个可靠有效的整体，并使得整体性能最优，成本最低。无人农场系统集成包括：

1）基础设施集成，使基础设施满足所有农业智能装备、测控设备、管控云平台运行，保障农业生产正常进行。

2）作业装备系统集成，将各种智能农业装备连接到统一的平台中，对它们进行监测和智能控制。

3）测控装备系统集成，实现各类感知设备连接到统一的系统，并且要性能优异。

4）管控云平台集成，利用各种技术将不同的子系统、专家系统、知识库等融合，实现数据共享，并利用各种智能算法实现智能决策。

四大系统集成在无人农场中，主要是实现四大系统之间相互反馈，测控系统采集到数据上传给云平台，云平台对数据处理之后，发出相关决策指令给作业装备系统，作业装备完成任务再将信息传给云平台，云平台进行工作记录及审查等。简而言之，无人农场系统集成就是将不同的智能农业设备、不同的农业系统连在一起，形成一个完整可靠、全天候、全过程、全空间无人工作的农业系统，最终解决设备的兼容性与关联性、无人农场系统的稳定性，保障各个设备、各个系统能够有效稳定运行，实现无人农场可靠的运转。

10.2　无人农场系统集成原则与步骤

10.2.1　无人农场系统集成原则

无人农场系统集成是将基础设施系统、作业装备系统、测控装备系统和管控云平台系统连接成有效整体，这个整体的效率和效应，将在很大程度上依赖于系统集成的水平。利用系统集成技术实现无人农场最优化运行是一项具有挑战性的任务，但如果遵循一些原则，就可以避免许多问题的发生。

无人农场系统集成最重要的目标是实现系统可靠稳定、各个设备与系统兼容，以及各个设备之间协调运行。在满足这些目标的同时，无人农场集成又要遵循实用性、安全可靠性、可扩充性、先进性及经济性等原则，下面分别对这些原则进行讨论。

1. 实用性原则

实用性原则是无人农场系统集成的首要原则，它是农户选择建设无人农场的一个基本要求。实用性是指无人农场系统能够最大限度地满足实际农场生产过程中的所有需求，是任何系统在建设过程中都必须考虑的一种基本指标。例如，在无人温室中选择使用温室环境监控系统，实时监测管理温室各项指标，使温室条件处于最适宜作物的生长的环境下，提高了作物的产量和效率，增加了农民的收入。简而言之，无人农场的所有设备，在无人农场中都发挥其作用，并且要与无人农场最大工作需求相符合。

2. 安全可靠性原则

安全可靠性是对系统的基本要求，也是无人农场工程设计所追求的主要目标之

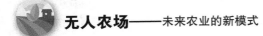

一。首先，农业环境复杂多变，传感设备要选用稳定、可靠、集成度高的感知和传输设备；其次，作业装备要选用寿命长、稳定性和可靠性高的设备，并对所有设备进行监测，包括设备状态、运行时间等信息；最后，云平台系统应使用智能诊断算法，及时、准确地对设备进行自诊断检测，若出现故障，立即给农户、维护人员发送短信，第一时间将故障排除。

3. 可扩充性原则

无人农场系统本身具有结构化、模块化的性质，方便农业装备接入到无人农场系统中。因此，无人农场应具有较好的兼容性和可扩充性，使得云平台可容纳多款设备接入，同时云平台又可以扩充更多的设备，并扩展其他厂商的系统。无人农场系统的可扩充性原则应保证各种设备之间通过简单、精确定义接口进行通信，可以不涉及底层编程接口和通信模型，让农民更容易理解和操作。例如，当有新的设备添加到无人农场中时，农民通过简单的设定即可将新设备连接到云平台。

4. 先进性原则

现代电子信息技术及软硬件技术更新换代非常迅速，无人农场系统集成时，选择的硬件、软件等在技术上要适当超前，采用当今国内、国际上最先进和成熟的智能设备、传输和处理技术以及计算机软硬件技术，使建立的系统能够最大限度地适应技术的更新换代。例如，将5G通信技术、云计算、深度学习算法、多源数据融合的传感检测、基于机器视觉的行为识别等最新技术用于无人农场建设生产。

5. 经济性原则

无人农场系统是为农户设计的，农民的主要收入来自农产品，相对来说，农产品附加值相对较低，农民的收入较弱，对信息化的支付能力较差。因此，在满足无人农场系统最大需求、稳定、可靠的前提下，应尽可能选用价格便宜的设备，以便节省投资，即选用性价比好的设备。

10.2.2　无人农场系统集成步骤

无人农场系统建设是一个重要的工程，中间涉及很多环节，总体来说可分三个阶段，每个阶段又有若干步骤进行。图10-1所示为无人农场系统集成步骤。无人农场系统集成方案设计，应先调查需求再设计方案，然后找相关领域的专家论证方案可行性；根据方案进行工程实施，工程实施将分别对四大系统进行集成，再完成最后的整体系统集成；最后是对无人农场系统测试和试运行。下面结合无人渔场介绍系统集成的具体步骤。

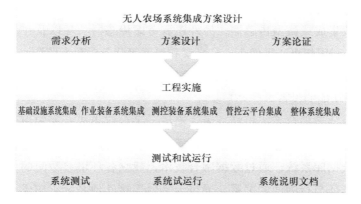

图 10-1　无人农场系统集成步骤

1. 系统集成方案设计

（1）需求分析　用户的需求是设计无人农场最基本的条件。首先要清楚农户的需求，包括养殖规模、种类以及投入等情况；然后去调查养殖对象的需求，包括养殖物种的生长环节、最优条件、养殖智能设备以及养殖中的出现各种问题等。可以采用问卷调研、座谈会和实地访谈等方式，形成专业的文档。需求分析是开始系统设计之前的重要一步，只有针对需求进行的设计才具有针对性和说服力，所设计的无人农场系统也容易被农户接受。

（2）系统集成及方案设计　在需求分析基础上，结合系统集成的原则，确定系统设计方案，包括基础设施、作业装备、检测装备和云平台四大系统中设备的具体类型、数量以及每部分的集成方法。

首先设计的应该是作业装备系统。根据无人渔场中的业务需求，选择相应的智能设备，应该综合考虑智能装备的功能和价格，优先选用具有开放系统、性价比高的智能装备，确保所有的装备都可以接入到统一的平台中，并且要满足无人渔场中的所有作业任务都有足够的智能设备去完成。

其次是设计无人渔场基础设施系统的建设。根据养殖规模和投入情况，综合考虑水质、温度差异等问题，选择适合建设无人渔场的地址。然后，利用计算机辅助设计（CAD）、建筑信息模型（BIM）等软件，设计无人渔场的车间、仓库、电力、网络及道路等基础设施，针对工厂化集约式养殖、池塘养殖、陆基工厂养殖及无人海洋牧场等不同养殖模式，综合考虑各种基础设施的规格、布局及花费等情况，建设性价比高的无人渔场基础设施。

然后对测控装备系统进行设计。针对地区水质及其他环境情况，选择适合水质环境的传感器，包括溶解氧、温度、pH、氨氮、亚硝酸盐及电导率等传感器，优先选择多参数集成或微型传感器，另外还需考虑传感器功耗以及在复杂环境中应用的可靠性。利用相机、摄像头、高光谱和遥感等装备对鱼类监测，包括鱼的生长状态、鱼的行为等数据，综合考虑各种设备的准确性，结合设备的性价比及应用场景，选择相应功能的设备。

最后对管控云平台系统设计。无人渔场云平台应集成专家知识库、病害信息库、养殖信息、商务信息等相关数据，还要能够对传感器采集的数据进行集成与融合，构建数据库系统，通过数据融合技术，建立各环境参数间的关系，以及养殖对象生命体征与行为间的关系。通过云平台连接其他系统，构成一个有效的整体，实现无人渔场无人化作业，保障无人渔场智能化生产、高效率产出及稳定运行的目标。

（3）方案论证　系统集成方案设计完成之后，要请相关领域专家进行探讨，研究可行性及不足之处。

2. 工程实施

工程实施的具体细则会在第17章无人渔场系统中介绍，这里只说明各个步骤：

（1）基础设施系统集成　根据设计的方案，综合考虑各项基础设施建设性价比，结合现有条件，选择最合适的位置建立无人渔场系统。

（2）作业装备系统集成　按照标准电压、信号传输方式和控制方式选择设备，要综合考虑成本和性能，利用物联网技术将设备集成到云平台中。

（3）测控装备系统集成　根据不同的检测参数，要选择标准接口和传输方式一致的传感器，或选择多参数集成、可靠性高的多参数感知设备集成。

（4）管控云平台系统集成　设计云平台系统界面和功能，建立无人渔场工作日志和数据库系统，并集成专家系统及人工智能算法。

（5）整体系统集成　利用物联网技术，将各个系统连接形成一个有效的整体。

3. 测试和试运行

（1）系统测试　将各设备在对应的业务中运行，分别查看云平台相关数据，检测各系统是否正常运行。

（2）系统试运行　将无人渔业系统的各个环节连接并在实际渔场中运行，检查各个环节是否协调运行，并验证系统稳定性和可靠性。

（3）系统说明文档　根据试运行结果及情况，生成系统操作及运行情况等说明文档。这些说明文档尽量简单，便于理解。

10.3 无人农场系统集成方法

无人农场系统集成不是简单的实现功能化集成，它涉及无人农场系统的各个部分，是保障全天候、全过程、全空间无人作业的基础。根据无人农场四大系统的组成和功能，无人农场系统集成主要以横向集成的方式进行，即首先实现各个系统内部集成，然后再对各个系统之间进行集成。

10.3.1 基础设施系统集成

1. 基础设施系统集成需求

基础设施是支撑整个无人农场运行的后备力量，它决定着无人农场的最大生产规模。基础设施系统集成的首要条件是考虑无人农场的规模，根据无人农场的规模确定基础设施建设情况；其次基础设施建设需要考虑性价比，即用最低的花费建设基础设施。基础设施由自然条件和人工建设的设施组成。

自然条件是指地区水质、温度与湿度、空气质量等与农业生产相关的自然条件。在执行严格的实地调研以及确定种植或者养殖对象后，应根据当地近些年的天气条件、水质和地质条件，通过预测模型计算往后年份天气情况和地质情况，要选择合适的位置，且保障自然条件基本适合种植或者养殖对象的最佳生存环境。简而言之，自然条件是无人农场的选址问题，选择与养殖对象适宜生长环境最相近的地址，使得通过设备调控这些因素的花费降低。

人工建设设施主要是人工建设用于农业生产的基础设施。集成人工建设设施主要包括以下内容：

（1）网络建设　智能设备之间的传输需要无线网络，有线网络等，要综合考虑网络传输速度、稳定性及最大传输能力等情况，选择符合无人农场规模的网络条件。

（2）电力建设　根据选择的智能农业装备，考虑装备的电压及总功率情况，综合考虑线路布局和要求，建设适合的无人农场电力设施。

（3）车间建设　根据无人农场规模大小，建设数量和面积大小合适的车间，满足无人农场对车间的需求。

（4）仓库建设　根据仓库的应用对象（存储农产品或装备），综合考虑农场的规模，建设合适大小和数量的仓库。另外，仓库建设还要考虑通风、散热、防火等条件。

（5）传感器节点建设　无人农场传感器需要放置在不同的位置。根据传感器的应用范围和监测对象，综合考虑测控系统监测的可靠性，布置各个传感器节点。

另外，不同类型的农场还需要其他基础设施的建设。在建设各种基础设施时，

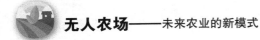
首先要考虑无人农场的对象和无人农场的规模，然后根据应用对象的情况，综合考虑经济性等各种因素完成对无人农场基础设施的建设。

总之，集成基础设施系统需要考虑无人农场规模，是否能够全面支撑其他智能装备运行，在满足以上条件的情况下，考虑基础设施建设以及日后进行调控的经济性。

2. 基础设施系统集成方法

无人农场基础设施系统集成的主要目标是满足作业装备、测控装备和云平台的运行，同时还要保障建设成本尽量低。因此，集成基础设施系统就是对基础设施的性能模拟以及布局、花费优化计算等。目前有 CAD、BIM 等技术手段应用到工程设计和建造上，其中 BIM 技术还可以通过对建筑的数据化和信息化模型整合，在项目各个阶段进行共享和传递，从而有效提高工作效率、节省资源和降低成本。目前 BIM 技术得到广泛的应用。在设计时，BIM 技术打破各专业间的壁垒，各专业设计人员可以通过网络同时进行科学合理的设计，提高了工作效率，而且在设计中后期阶段，通过各类软件的集成，可以使工程设计以及管线的排布等工作更加有序合理。在施工阶段，BIM 技术可以模拟施工过程中的各种情况，可以提前掌握施工重点以及难点，预估可能出现的问题与风险，提前制订应对措施，从而寻求更为优质的施工技术方案，保证施工质量和安全，减少各类安全事故的发生，避免企业遭受经济损失。BIM 技术在后期运维阶段，可以检测分析各类数据，通过实时数据检测各设备运行状态。

BIM 在其他工程建设的成功应用，说明了 BIM 在无人农场集成中应用的可行性。无人农场基础设施建设，涉及网络、电力、建筑等行业，因此利用 BIM 技术，各个学科的专业人员同时开展设计，再通过软件集成到一起，可以达到最高效、最优化的方案设计。施工时，可以先通过 BIM 构建出无人农场基础设施的三维结构，通过各部分数据进行布局和优化，实现最优的建设集成。在无人农场运行阶段，可以由BIM 技术统计各类数据，将各类数据传输到云平台，经云平台计算实现最优调度。

10.3.2　作业装备系统集成

1. 作业装备系统集成需求

无人农场中作业装备系统的任务是完成无人农场中的体力作业。每种类型的无人农场都有许多农业作业任务，需要不同的装备来完成，如在无人果园中需要果实采摘、果树施肥、果树喷药、果树修剪、水果运输、水果分拣等工作，对应将需要不同功能的智能农业设备完成这些任务，这些智能农业装备都属于作业装备系统。作业装备系统集成主要考虑以下几方面：

（1）功能是否齐全　不同无人农场的业务是不同的，对应的作业装备也就不同，因此集成无人农场系统，首先需要确保所有的作业任务都有对应的智能农业装备去完成。在选择智能农业装备时，要按照无人农场类型及其所要完成的任务，并且综合考虑无人农场的规模大小和装备的性价比，选择合适数量和性能的智能农业装备。

（2）作业设备是否智能化　农业装备智能化的根本是农业装备具有开放的系统，使得农业装备可以通过开放的系统将智能农业装备连接到统一的系统中，时刻观察设备的状态，并可以通过开放的系统接收云平台下发的工作指令。

（3）设备参数是否统一　作业装备系统中有很多智能农业装备，支撑这些农业装备运行的基础设施是相同的，然而设备的生产厂商不同，各种功能设备的参数是不同的，没有统一标准，容易造成不兼容和系统不稳定等问题。在集成各类设备应考虑以下因素：

1）应当考虑设备大小、电压、功耗等问题，避免出现电力设备不足或仓库不够等与基础设施需求相差较大的问题。

2）保证设备的接口、控制方式和信息传输方式统一，可以减小不同设备的兼容性问题，便于系统控制，提高系统稳定性。

3）设备的应用场景和可靠性问题，不同的应用场景可能需要不同性能的设备，因此要考虑设备的应用场景，另外，还要需要考虑设备的可靠性（故障率）。

（4）智能算法　智能算法也是作业装备系统集成中亟待解决的一个重要问题，无人农场中的业务需要对多个智能设备同时控制，例如，下发指令让多个无人收割机收割不同位置的农作物。另外，无人农场中有些业务需要进行对接，例如，在无人大田中，无人收割机与无人车协同工作，无人收割机收完之后，将农作物交给无人车运输回仓库。多设备协同完成无人农场的工作及对接，需要智能算法对设备协调控制，使它们协同完成无人农场中的工作。另外，由于智能设备都有使用寿命限制以及工作环境要求，可能会出现一些故障。这些故障不及时发现，可能会造成无人农场某些业务无法完成，进而导致整个无人农场系统瘫痪。因此，需要智能算法对无人农场的智能设备进行故障诊断，及时发现故障并给出最优的处理方式。

综上，无人农场作业装备系统集成，要满足全部作业智能化，应采用开放的系统对各种设备进行控制，并采用标准化的接口以保障设备连接到共同系统，还要采用智能算法实现协调控制和故障诊断的要求。

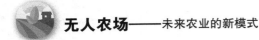

2. 作业装备系统集成方法

无人农场中作业装备系统集成的目标是实现对作业装备数据监督和协调控制，以达到智能管理和无人化作业。第4章中介绍的物联网技术是新一代信息技术的重要组成部分，是实现物与物、人与物相连的重要技术。近些年，物联网技术在我国得到了快速的发展，已有相关的研究用物联网技术将智能设备集成到一起。2017年中国农业大学杜尚丰教授设计了基于物联网的智能温室调控系统，成功集成并控制了温室中加热、通风、加湿、补光和CO_2补给设备，实现了高可靠、低延迟的温室参数智能调控。

物联网技术为无人农场中作业设备的监测和控制提供了平台，利用物联网技术连接各类智能装备是集成各种智能装备的重要手段。在设计无人农场系统时，应当将智能装备的系统是否可以开放连接到物联网中作为重要的条件，智能农业装备的开放系统能够实现不同装备在统一的平台集成，从而实现对所有装备的数据监测和控制。

针对不同厂商生产智能装备参数不同的问题，应考虑定制设备或者选择与无人农场设计相符合的设备。由于不同设备的电压与电流不同，接口不同，在集成应用时，难免会出现设备难以与系统匹配或农场基础设施不足以支撑设备运行等情况。因此，在制定无人农场系统集成方案时，在选择使用智能设备上应制定统一的标准，保障智能设备基础参数一致，如电压、电流、总功率、设备规格等在基础设施支撑的范围之内，设备的接口和控制方式应与物联网相匹配，确保智能设备可接入物联网并可靠受控。

作业装备系统集成的本质是实现作业装备的智能控制。在无人农场的业务中，云平台不只是对一个智能设备进行控制去完成工作，经常需要多个设备进行配合完成工作，需要对多智能体进行系统控制。目前，在多个机器人协同控制研究中，一致性算法是核心的研究方向。一致性算法的思想是把相邻个体之间的行为差异当作反馈控制数据，进而对单体机器人的行为进行调控。李灿灿研究了适用于动态拓扑通信以及网络延时的一致性算法协同控制多机器人系统，成功应用于飞行机器人旋转编队协同飞行。无人农场中需要设备协同运行完成作业，如无人大田中协同控制无人收割车与无人车运行，完成收割与装车任务，一致性算法为无人农场中的移动设备协同控制提供了技术支撑。因此，可以考虑使用一致性算法对无人农场中作业装备系统进行协调控制，保障各个装备之间相互协调工作。M2M通信也是一种技术，即机器与机器、网络与机器之间，通过互相通信与控制达到互相之间协同运行与最佳适配的技术。在无人农场各个机器中安装M2M终端，可以有效地实现各个设备互联，实现协同运行。

另外，为了维护作业装备以实现长久稳定运行，还需要对作业装备进行智能诊断以判断是否出现故障。基于专家系统、神经网络的人工智能模型、模糊数学的人工智能模型和故障树的人工智能模型等故障诊断方法是目前常用的诊断方法，选择合适的诊断方法加入到作业装备系统，通过云计算，实现作业装备系统故障的智能诊断。

总之，对于智能装备的集成，首先要对作业装备的技术、参数标准做到统一，然后利用物联网技术将所有的装备接入到云平台，再通过智能算法控制作业装备运行，最后还需要加入智能诊断算法诊断装备是否出现故障。这些联合在一起，才能达到作业装备集成并稳定控制的要求，实现无人农场全天候、无人化作业的目标。

10.3.3 测控装备系统集成

1. 测控装备系统集成需求

测控装备系统是指数据测量系统和装备控制系统，其中数据测量系统主要是指各种感知农业环境的传感检测装备，装备控制系统是对作业装备和移动装备进行控制的系统。无人农场需要大量的测量装备，去感知农业环境、农作物生长状况等问题。将这些装备集成到测控装备系统，需要注意以下问题：

1）不同测控装备的参数相统一。应保障数据传输接口、数据传输方式、控制的方式、装备的电压等一致或便于控制更改，其中传感器应选择检测原理、测量范围及精度相似的。

2）测控装备应用环境一致。不同的测控系统应用的环境不一样，如水下环境易导致传感器腐蚀、生物附着污染问题，应选取适用应用环境和使用寿命较长的测控装备，保障系统的稳定性。

3）测控装备总功耗尽量低。由于农业现场供电不便问题，宜采用电池和太阳能供电，并采取一些低功耗元件或通过软件设置低功耗工作方式等，尽可能降低传感器的能耗。

因此，不同的测控装备集成需要做到各种参数相统一，优先选择低功耗的设备，并适用于无人农场复杂环境的应用。

2. 测控装备系统集成方法

测控装备系统集成的目标是完成接口统一、低功耗以及适用于农业环境，达到实时连续的数据监测和控制。针对传感器的集成，目前已有多参数传感器、微型传感器等技术用于集成传感检测系统。

多参数传感器是利用现在集成电路技术和多功能传感器阵列技术，将多种参数传感测量集成到一个设备上，实现传感器集成，减小传感器体积。另外，农业环境中的参数存在关联性，多参数传感器会通过检测数据对其他数据进行补偿校正。例如，水产养殖需要采集水体的溶解氧、pH、温度、氨氮、电导率等，这些参数并不是相互独立的，pH、温度的大小可能会影响氨氮含量的检测。利用嵌入式技术、总线技术、IEEE 1451.2 标准等研究多参数传感器，对农业参数集成检测，不但减小了传感器的体积，降低了成本，还可以对某些参数进行补偿、校正。丁启胜等人基于上述技术研制了水产养殖溶解氧、pH、电导率传感器，以及具有温度、盐度补偿的溶解氧、氨氮传感器。魏光华等设计的多参数水质传感器可以检测温度、压力、电导率、pH 等参数。此外，基于光学技术的多参数传感器已有较为深入的研究，Du 等研究了用于选择性催化还原过程多参数测量的原位光学传感器，该传感器使用一个单一的近红外二极管激光同时检测氨浓度、水浓度、温度以及压力。多参数集成传感器为不同参数集成检测提供了技术支撑，在无人农场中将有重要作用。

现在工业技术的快速发展，纳米技术、集成电路和微机械加工（MEMS）的应用已经较为广泛，已有研究利用这三种技术，将微型、多参数、低成本的农用传感器集成到一种传感器上，形成微型传感器。如 Wang 等采用 MEMS 技术对芯片系统处理，设计了一种多参数集成的水质检测芯片系统，其中采用氧化钌膜检测 pH，采用 Pt 膜检测温度，采用四电极系统测量电导率。这种集成芯片系统可以实现对水中 pH、温度、电导率的同时检测，具有小型化、低成本的特点，为水质的多参数检测提供了有效的途径。

无人农场对传感器要求集成度高且功耗低。因此，可以考虑使用微型传感器技术结合多参数传感器集成技术，将各类传感器芯片及电路做到微型化，各种传感器芯片和电路集成到一个传感器上，实现多参数传感器集成和低功耗的要求。另外，考虑到农业环境的复杂性，在微型传感器设计时，应考虑不同的应用环境，设计不同的产品。

此外，还有基于机器视觉技术的感知技术，目前已经有许多学者研究机器视觉对动物行为识别，以研究其生长状态。在第 4 章对机器视觉技术做了详细的介绍，机器视觉技术通过图像增强、图像分割、图像特征提取及图像目标识别等步骤，即可完成对目标对象的监测。另外，利用机器视觉技术结合机器学习算法检测目标对象的各种行为是当前的研究热点，通过一个摄像机即可知道养殖对象是否需要进食，是否需要调节温度等情况。这种感知设备可以大大提高无人农场效率，判断活体养殖对象的实时状态，在无人农场中将会有广泛的应用前景。

10.3.4 管控云平台系统集成

1. 管控云平台系统集成需求

云平台是无人农场的大脑,它主要负责接收无人农场中的各种传感器数据,结合相关专家系统做出决策,下发给作业装备系统去完成相应的任务。云平台中含有许多系统,如数据处理系统、状态监测系统、智能控制系统等,还有要集成许多专家系统和知识库。云平台是无人农场的智慧核心,云平台的不同系统中有许多人工智能算法。此外,云平台与客户端直接联系,各类数据显示在客户端上,并且农场主可以通过客户端对无人农场进行远程控制。目前,云平台集成主要存在如下问题:

1)信息孤岛问题。云平台需要对将各个子系统的信息调用,实现对各个子系统的自动化与信息化监控,但是它们之间没有信息互联的纽带,无法实现信息共享和自动协调操作。这会造成信息以子系统为中心的信息孤岛。

2)人为干预和劳动强度增大。信息孤岛造成信息不通畅,各个系统之间不能配合作业,就需要人为操作使子系统配合,增加了劳动量且无法实现无人农场的无人化;并且还会出现反应滞后现象,如出现警报,经过人为操作后再去处理,造成损失更大。

3)各个子系统之间无法协调运行,造成各个系统的数据以各自不统一的格式散落在服务器上,且子系统之间采样周期不同,导致针对各个子系统的关联规律分析存在困难。

造成这些问题的根源就是系统之间的信息孤岛问题,而云平台系统集成就是为了解决不同系统之间相互连接所造成的信息孤岛问题。

2. 管控云平台系统集成方法

管控云平台系统集成的目标就是消除信息孤岛,实现各个系统之间互联,达到智能决策,无人化农场管理与决策。目前,已有面向服务的架构(SOA)技术、云计算、企业应用集成(EAI)、机器对机器(M2M)等技术可以实现信息系统集成,消除信息孤岛,实现互联互通。

SOA 是一种组建模型,它可以将应用程序的不同功能单元拆分开,通过单元之间定义良好的接口和协议联系起来,使得构件在各种各样的系统中的服务可以以一种统一和通用的方式进行交互。徐贵等设计了基于 SOA 技术的安防系统,成功实现了对各个不同子系统数据的调用和分析;王宸设计了基于 SOA 技术的精细农业知识集成系统,并充分验证了系统的正确性和可靠性。因此,基于 SOA 技术,整合无人农场中的各个子系统到统一的云平台,通过云平台调用所有的信息,统一对所有的信息进行处理,给出正确的工作指令,保障无人农场有效运行。

云计算是近些年来研究比较多的一个技术,它是分布式计算的一种,指的是通过网络"云"将巨大的数据计算处理程序分解成无数个小程序,然后,通过多部服务器组成的系统进行处理和分析,最后将这些小程序得到的结果返回给用户。云计算具有较高的灵活性、可扩展性和高性价比特点,它可以按需部署,根据用户的需求快速配备计算能力及资源。云计算在无人农场信息化建设和发展中具有重要的作用。毕士鑫等借助云计算技术,通过构建业务云、公共云和支撑云的方式,针对分散在不同部门、地区的信息资源进行系统的筛选和整合,进而提高信息资源整合的工作效率和质量。云计算可以解决无人农场信息孤岛和数据调动问题,构建公共云和支撑云的各种系统。借助云计算技术,按照需求调动各个系统的数据,快速处理数据,使云平台快速、精准发出指令。

EAI是将基于各种不同平台、基于不同方案建立的异构应用集成在一起的一种方法和技术。EAI可以建立底层结构,这种结构贯穿企业的异构系统、应用、数据源等,实现企业内部的企业资源计划(ERP)、供应链管理系统(SCM)、客户关系管理(CRM)、数据库、数据仓库,以及其他重要的内部系统之间无缝地共享和交换数据。因此,无人农场中各个子系统通过EAI实现应用集成,解决数据不共享、不交换的问题。

M2M技术是指机器对机器的交流技术。它也指机器与机器、网络与机器之间通过互相通信与控制,达到互相之间协同运行与最佳适配的技术。M2M系统包括通信网络、智能管理系统、通信模块及终端。通过管理平台,可以实现大量智能机器互联,各个子系统中的数据集中、融合、协同,以实现信息的有效利用。M2M技术被认为是物联网中数据传输的主要手段。江煜等利用M2M技术设计了一种智能农业物联网监控系统,将M2M平台作为一种中转站,负责接受平台和终端之间的数据,实现了终端系统与云平台的连接。张婷婷设计了一种面向物联网的M2M云平台,将终端安装于M2M,并与云平台绑定,实现物联网系统设备接入及统一管理、设备远程通信、数据存储及处理、多设备松耦合通信等功能。因此,基于M2M技术,可以实现无人农场各个设备的子系统互联互通,实现各个设备数据共享。

无人农场云平台系统集成就是集成各个子系统,解决之间存在信息孤岛问题。前述的相关技术都可以用于解决信息孤岛问题,为云平台集成提供了思路。云平台中还要加入人工智能算法,实现无人农场云平台的智能运算,保障决策的准确性。此外,远程控制技术也是云平台的核心,可保障云平台对作业装备系统中各个设备的智能控制。

第3篇 应用篇

第**11**章 无人大田农场

11.1 概述

根据机器和人的参与深度，可将无人大田农场分为远程控制、无人值守和自主作业三个阶段。远程控制阶段是无人大田农场的初级阶段，该阶段需要人对大田的作业机械及设备远程控制，完成大田的耕、种、播、收、水肥等业务；无人值守阶段是无人大田农场的中级阶段，该阶段只需要农场主进行必要的大田作业指令和生产管理决策，不再单一控制某一机器或者设备，而是对大田业务各个系统下达作业指令，农场主角色也由控制者变为决策者，无须时刻值守、实时操控；自主作业阶段是无人大田农场的高级阶段，该阶段大田所有业务与管理均由云管控平台进行决策和下达作业指令，不需要人的参与，由装备自主完成所有大田业务，完全将人从大田农业生产活动中解放出来。

11.1.1 无人大田农场的定义

无人大田农场是劳动力不进入大田的情况下，采用物联网、大数据、人工智能、云平台、5G、机器人、无人驾驶等新兴信息技术，对大田业务所需设施、装备、作业车辆等进行智能优化和全自动控制，用机器替代人工完成大田农场所有业务，实现大田农场生产过程的无人化。

在无人大田农场的种植地内（旱田、水田），布置各种温湿度传感器、光照传感器、CO_2传感器、墒情传感器、病虫害监测装备及大田环境图像采集等设备。通过田间传输节点，将收集的大田作物和环境数据传输到控制中心，云平台进行分析后发送指令给大型农田作业机械，进行自动化作业。无人大田农场具有地形平坦、地广人稀、生产规模大、障碍物少、屏蔽物少等特点，有利于无人驾驶拖拉机技术、机器视觉技术及 5G 技术的应用，适合大型农业无人作业车辆的联合作业，大

规模进行耕、种、管、收等大田无人作业（见图 11-1），从而实现大田种植的高度
规模化、集约化、无人化。

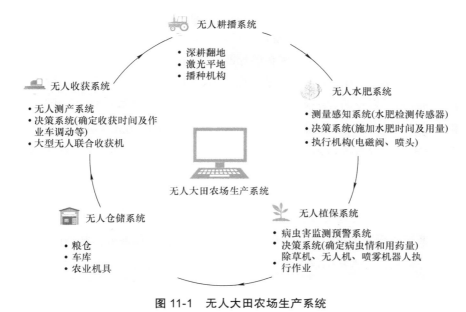

图 11-1　无人大田农场生产系统

11.1.2　无人大田农场的组成和功能

　　无人大田农场分为基础设施系统、固定装备系统、移动装备系统、测控装备系
统、管控云平台五大系统。无人大田农场是五大系统与大田业务深层次融合的产
物，五大系统相互协作，在无人大田农场的生产过程中扮演不同的角色，共同实现
大田作业的无人化生产模式。

　　1）基础设施系统是一切无人大田农场作业的基础，为固定设备和移动设备的
作业提供工作环境和条件，主要包括了车道（主干道、田间支路）、电力设施（电
线桩、输配线路、充电桩等）、水利设施（堤坝、沟渠、机井等）、车库（充电、加
油、停放）、粮仓（通风、除湿装备）、料仓、仓库（农业器具、杂物）等基础设
施，为大田农场无人化作业提供保障。

　　2）固定装备系统是指建设在大田农场中的固定设施，不需要移动便能完成大
田工作，如大田安装的各式传感器设备安装载体、气象站、自动灌溉装备（喷头、
滴灌管道）、捕虫装备（捕虫灯、捕虫板）、水肥一体机、视频监控安装载体等。固
定装备有效代替了人工作业，完成大田农场的一些工作。

3）移动装备系统是指用于替代需要人工作业的移动装备，通过移动完成大田作业，如田地的无人耕整机械、无人播种机、无人植保机、测产无人机、无人收获机、运输机等装备。移动设备依赖于基础设施的建设，与固定设备相配合，执行云平台所下达的指令，实现对人工作业的替换。

4）测控装备系统主要包括各种传感器及安装载体、视频监测装置、生长情况监测装备（干旱程度、水肥、病虫害、成熟度）等。使用各种传感器代替传统的人工工作，用更加精确、科学的方法来检测土壤干旱程度、作物的营养状况、作物的病虫害等大田中常见的生产问题，并对大田作业装备实现精准控制，完成无人大田测控工作。

5）管控云平台系统是无人大田农场的大脑，是无人大田农场的神经中枢。云平台负责将所收集的大田环境信息、作物生长信息数据化，经过数据处理、云端决策后下达作业命令，作业装备的统一调动、协同作业，并对大田作业状况实时反馈，全面替换人工，管理大田农场的生产。

五大系统在无人大田农场中各尽其责，缺一不可。具体来说，基础设施系统是一切工作的基础，完善基础设施建设才能更加有效地进行大田的无人化作业，除此之外，农场各种探头或者传感器设备的建设也必不可少；固定装备系统和移动装备系统则用来进行监测和田间作业，一方面收集大田信息并传输到数据中心，另一方面接受控制中心发来的指令进行无人化大田作业；测控装备系统是大田作业的重要感知系统，实现对大田业务的检测和管理；管控云平台系统是无人大田农场的大脑，通过将测控装备系统采集的田间要素进行数据化分析和智能决策，构建成大田生产过程中的耕播、水肥、植保、仓储、收获五大业务系统（见图11-2），对种植的作物进行精准管理和生产过程的无人化作业。

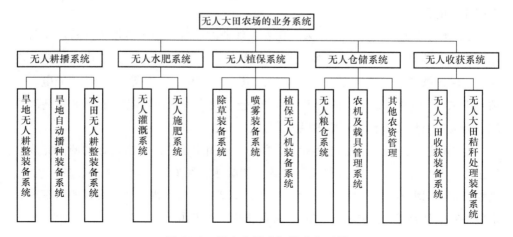

图 11-2　无人大田农场的业务系统

11.1.3 无人大田农场的类型

无人大田按照田地类型的方式可以分为旱田和水田。旱田即土地表面不蓄水的田地,一方面靠天然降水,另一方面通过建设固定的灌溉设施进行灌溉,保证作物生长。旱田主要分布在北方地区,常用来种植大量的耐旱、抗旱类作物,如小麦、玉米、杂粮等作物。水田是用于种植水稻等水生作物的土地,按其水源方式可以分为望天田和灌溉水田。望天田主要靠天然降雨,满足水生作物的生长要求;灌溉水田则是依靠水源和水利设施的耕地,对地理环境要求较高,是一种依赖水利设施的水田模式。

11.2 无人大田农场的业务系统

无人大田农场的自动化作业按照农作物的生产规律可分为以下业务:耕播、水肥、植保、仓储、收获等环节。如图 11-2 所示,无人大田农场在生产过程中的无人化业务主要可以分为五个系统:无人耕播系统、无人水肥系统、无人植保系统、无人仓储系统、无人收获系统。

11.2.1 无人耕播系统

无人耕播系统主要包括土地的深耕、平整以及作物播种等作业。耕作是大田种植的关键作业步骤,良好的深耕作业可以有效解决土壤板结、水土流失、人工作业强度大等问题,使作物在生长初期有一个良好的生长环境,便于生根发芽;除此之外,无人整地装置不仅为播种作业提供良好的作业环境,减少局部涝灾等问题,还能为作物生长期间的植保作业、收获作业全部无人化机械作业提供良好的作业环境;无人播种系统根据作物种类、土壤条件、天气情况等因素,来制定合理的播种数量和间距,使作物种植更加科学。

1. 旱地无人耕整装备系统

旱地无人耕整装备系统主要是对田地进行灭茬、深松、耙整地等自主作业,动力机械为无人驾驶拖拉机,农机载具根据作业目的不同而有所区别,工作模式一般由无人驾驶拖拉机搭载作业载具,如灭茬机构、深松机构、圆盘耙耕机构、碎土压整机构、激光平地机构等。旱地无人耕整装备系统在进行农业作业时,由无人驾驶拖拉机提供作业动力,无人作业车上装有 GNSS 供云平台进行大田作业调度,针对不同土壤采用不同耕整机构,调整深松深度、碎土大小等作业。

深松作业主要由无人拖拉机和深松机械完成,是一种常用于旱地的土壤作业,

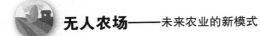

是对耕地进行保护的一种复式作业技术，可有效提高作物的产量。无人拖拉机在进行深松作业时搭载深松机构，根据不同田地类型搭载不同深松机构，调整深松深度，深松深度一般为25cm。深松作业可以有效地深松动土层，疏松土壤，增加水分吸收，减少水分蒸发损失，有效实现灭茬、松土、碎土、保墒等作业，使大田土壤在产后保持良好的墒情，尤其是干旱、土质硬的土壤达到良好的待播状态，为大田作物生长提供一个良好的生长环境。

平整作业主要由无人驾驶拖拉机、激光发射器、激光接收器、控制器和液压工作站完成，是一种整地作业，可有效解决土地不平整、局部旱涝、大型作业机械受限等问题。平整作业采用北斗定位系统和激光平地设备，对大田土地进行平地工作。以激光发射器发出的基准平面为基准，刮土铲接收器将采集信号转换为对液压执行机构的命令，液压机构按照要求控制刮土铲进行上下动作。平整作业采用先粗平后细平的平整模式，将土地进行修整。平整后的土地不仅利于播种等一系列农业机械作业，而且可大大减少局部旱涝的问题，使得田地排水更加迅速，有效提高作物产量。

2. 水田无人耕整装备系统

水田耕整作业主要是通过耕整机械对水田进行土层翻耕、土壤细碎、优化水田土壤结构，实现残茬覆盖，将地表化肥混入土壤，从而有效提高水稻产量。水田无人耕整装备系统主要由水田打浆机构和水田平整机构组成。水田打浆机构和水田平整机构可根据田间地块大小自由调整农具宽幅，提高工作效率，实现一次性完成水田打浆作业和平地作业，其主要装备是水田激光打浆平地机。

水田激光打浆平地机主要由平地机构、打浆机构、自动调平机构、液压系统和控制系统组成。机器作业时，自动调平机构会根据地形调整平地机构和打浆机构，以激光发射器所发射的平面为参考，激光接收器接收信号并由控制系统进行判断处理，驱动液压系统进行打浆和平地作业。打浆平地作业有效地改善了田间土地平整情况。

3. 旱地自动播种装备系统

旱地自动播种装备系统极大地解放了农业生产中的劳动力资源，该自动播种装备系统主要由动力系统、播种系统、漏播检测系统、补播系统、云平台控制系统组成。其中，运动系统是无人拖拉机，主要技术是无人驾驶自动导航技术，该技术使播种机具有自行走和定位功能，工作过程中通过传感器实时监测播种机自身状态，获取播种机速度、位置、方向、播种速度等信息，根据作业计划规划路径实现自我导航。自动播种装备系统可以根据不同类型、不同种植间距要求自主改变播种间距和播种数量，使得自动播种系统可以针对不同地区、不同作物对生长深度要求以及种子数量执行不同的播种方案。无人大田自动播种装备系统采用全自动控制，实现了无人化自主播种，播种精确，株距均匀，节省了物质资源，为植物的生长发育创造了良好条件。

除了大型播种设备外，旱地"可移动农业机器人群"也可以实现自动播种作业。它是由拖挂车搭载 6~12 台 Xaver 群机器人到达农田，形成自主作业的机器人群，可实现自动播种玉米等作物。除此之外，它也可进行其他农活，小型机器人大大减少了对环境的影响，可实现更多的大田作业功能。

4. 水田无人种植装备系统

无人插秧机是水田中最常见的无人种植装备系统的主体。无人插秧机系统主要包括无人插秧机和无人秧苗运输车，可实现自给自足，全程无人化作业。无人插秧机基于精准的卫星导航系统和机器视觉技术，运用自动控制系统实现自动化无人作业；无人插秧机安装有各类传感器，可以准确感知插秧机作业状态与位置、障碍物位置、周围环境；决策平台对收集信息进行判断并控制插秧机，进行田间作业和路径规划。无人插秧机全程大田工作采用自主驾驶，摆脱传统人工插秧或人机结合的插秧工作，维持高精度插秧工作，做到插秧不重复、不遗漏、不间断，大大提高了插秧效率，降低了大田成本，减少了人工作业的遗漏和疏漏，提高了作业质量，从而实现了更加科学、精确、高效的稻田插秧工作。

11.2.2 无人水肥系统

传统大田施肥方式是通过人力将肥料施加在田地中，费时费力，施肥用量不一，造成不必要的浪费及作物养分不足。不仅如此，传统大田灌溉采用漫灌方式，这种灌溉方式不仅浪费水资源，也会造成土壤养分流失、污染环境，不利于作物的生长。传统水肥施加不能够根据土壤或种植作物特点针对性地定量施肥，造成作物营养的失衡和缺失，不利于作物的生长，影响作物的品质和产量。无人水肥系统主要由无人旱田水肥系统和无人水田水肥系统两部分组成。无人水肥系统综合了作物水分和养分需求的田间管理措施，通过对作物水分和养分的实时检测，检测结果传输到云平台，云平台控制中心对检测结果进行科学分析和计算然后制定水肥施用方案，控制水肥作业定时、定量地给农作物施加水肥，与传统大田施肥相比，无人水肥系统具有省时、省工、节水、节肥、增产等特点。

1. 无人旱田水肥系统

无人旱田水肥系统的主要作业是灌溉和施肥。其灌溉方式包括移动式灌溉和固定式灌溉方式。考虑到无人大田作业涉及大型作业车辆，其中包括深耕机、平地机等作业车辆，所以未来无人大田灌溉系统中移动式喷灌机是比较有潜力的。

无人水肥系统的实现需要首先对大田数据进行收集和处理。通过在大田中布置的各类传感器，监测大田环境参数，如土壤水吸力、温度、湿度、雨量、光照、管道压力等信息参数，控制中心对采集的数据进行计算、分析，指挥灌溉设备对大田作物进行定量、定时灌溉，并根据决策结果对大田的灌溉设施进行自动控制和监测。

其次，通过大田环境信息采集装备获取大田土壤的肥力数据，并根据种植作物的种类、生长时期、土壤实际情况，制定不同的施肥策略，科学配比给出最适量的施肥方案。大田肥力测控系统实时检测土壤墒情和作物营养信息，并通过无线网络发送给云平台，云平台对收集数据进行智能推算并给出最佳施肥方案，控制作业机构（喷头、滴灌电磁阀）进行施肥作业，实现定量、定时、精准施肥。

水肥一体化中对肥料选择也至关重要，以选择水溶性好、养分含量高、品质好、与水作用小、腐蚀性小的肥料为佳。通过将肥料融于灌溉的水中形成水肥液，对大田作物进行施加水肥。精准科学的施肥可以把肥料对环境的影响降到最低，减少化肥的浪费和流失，大幅度降低农业成本，提高生产率和作物产量。

2. 无人水田施肥系统

无人水田施肥包括无人机变量施肥和水稻插秧同步侧深施肥。无人机变量施肥包括了无人机遥感信息获取、长势分析、生成施肥方案、变量施肥作业等步骤。无人机通过对水稻长势进行分析后，确定水稻对养分的需求量、土壤养分的供给量及所施肥料的利用率等因素，从而制定变量施肥方案，自主规划飞行路线和变量施肥作业，局部肥料施撒均匀。该施肥方式具有稳定生产、节约成本、绿色环保的特点。水稻插秧同步侧深施肥时，传感器对稻田土壤养分进行检测并上传至控制中心，确定施肥用量、施肥地点，从而实现定量、定点、定位施加肥料。在进行插秧的同时，水稻插秧同步侧深施肥机将缓释肥料施加在秧苗根部，省时省料，施肥更加均匀，从而减少了化肥的流失和对环境的污染。

11.2.3 无人植保系统

传统大田病虫害防治都离不开人工，然而农药具有强烈毒性，人工作业时很容易会吸入部分农药，易损害人体健康；而且当大田种植面积较大时，病虫害问题就会更多,人工管理费时费力、浪费农药。采用植保无人机、植保无人车,可以有效避免这些问题并提高大田植保作业效率。在无人大田中,无人植保系统主要包括田间除草装备系统、喷雾装备系统、植保无人机装备系统等,其中无人水田中的无人植保系统主要是植保无人机装备系统。

1. 除草装备系统

除草装备系统各式各样,按照除草方式大致可以分为物理除草和化学除草两种。物理除草主要包括机械除草、火焰除草、电击除草、激光除草等,最常用的是机械除草。电击除草是通过高压电击的方式进行除草的。其工作原理是,机器人的轮子作为一根电极与地面接触,同时另一根电极通过移动与杂草接触,通过杂草形成回路,同时产生热量,使得植物细胞瞬间汽化,从而从茎至根将杂草除去,随后,杂草的残留物将在土壤中自然分解。杂草类型不同所采用的电压也有所差异。

除了采用物理除草外,还可采用化学除草。其中,最有代表性的是瑞士EcoRobotix 除草机器人,这种机器人搭载太阳能面板,运用图像处理系统、定位系统实现杂草识别及定位,从而根据杂草的种类数目进行除草剂的选择和喷洒用量,以实现用最少的资源,保护作物生长、土壤和水文资源。通过机械手臂对杂草进行除草剂喷洒,使除草剂使用量比传统方式减少 20 倍,实现资源利用最大化,作业过程完全自动化作业,从而实现了无人大田自主除草作业。

2. 喷雾装备系统

喷雾机器人依托病虫害识别系统和控制系统,可根据害虫的种类和数量进行自主作业的农药喷洒。但在传统的农药喷洒过程中,农药雾滴容易受到空气运动、喷嘴尺寸、农业机械速度、悬臂高度和液滴尺寸大小等因素的影响,至少浪费了 70%的农药,漂移的农药更可能会对农田、水域、农民造成影响。自主作业的农药喷洒可提高农药利用率、保护环境、保护农民,在机械速度、稳定性、精准性等方面都得到了提高,从而实现高效的、自主的农药喷洒。

3. 植保无人机装备系统

植保无人机装备系统适用于水田作业和旱田作业。植保无人机通过搭载的传感器及摄像头等信息采集系统,获取图像等大量信息数据,通过基站获取其位置信息,并建立统一的网络传输协议,通过无线通信系统将数据传输到云端。云平台基于大数据技术处理大量的实时信息,在进行算法处理后,将控制无人机姿态信息的指令发出,实现避障并正确飞行;基于计算机视觉技术,对图像进行分析,从而找出遭受病虫害的作物区域;将控制喷头开闭与开口大小指令传送到无人机喷洒系统,

实现定量精确喷洒；将无人机实时作业画面通过网络远程传输至控制台，以便进行实时观测。该系统需要准备相应的充电基础设施及农药存放基础设施，以便及时提供动力，并填满作业药箱。

11.2.4　无人仓储系统

无人仓储装备系统主要由粮食仓库、通风除潮系统、报警系统、作物种子、肥料农药仓库、农机作业悬挂机具、物料搬运机器人、仓储环境信息系统等组成。无人运输车将收获的粮食运送到粮食仓库，经过清洗、烘干等措施后进行存储，并由环境测控装备对粮仓的温度、湿度、气体成分进行监测，根据温度、湿度高低来调节通风除潮系统。

11.2.5　无人收获系统

无人收获系统通过各种传感器和 GNSS 定位系统，实现对各种粮食作物的收获，并实时测产、测量作物参数、形成作物产量图储存数据，为大数据平台分析提供数据支撑。无人收获系统包括无人大田收获装备系统、无人大田秸秆处理装备系统、粮食运输车、无人大田收获载具等作业系统。

1. 无人大田收获装备系统

无人大田收获装备系统主要由无人驾驶收获机和无人驾驶运粮车组成。在进行收获作业时，两者之间协同作业，当无人驾驶收获机发出仓满警报时，会自主发送卸粮命令给无人驾驶运粮车和收获机，此时的无人驾驶运粮车会根据自身所处位置，智能规划回仓路线，完成粮食的运送。在无人驾驶收获机上安装的产量计量器可以在收割作物的同时，精准收集该大田农场有关作物产量的信息，并绘制该区域的产量图。大田控制系统可根据这些产量图来制定下一季度的种植计划，包括化肥、农药、灌溉的用量。除此之外，自动控制系统可以通过监测发动机转速、作业速度车轮行进速度等，对车辆进行控速。当喂入量过大时，作业速度也会自动降低，实现精准作业，从而实现大田收获无人化、精准化作业。

2. 无人大田秸秆处理装备系统

无人大田秸秆处理装备系统包括秸秆灭茬机、秸秆打压捆机、秸秆草捆装卸设备和草捆运输车等装备。小麦秸秆收割后可直接切碎还田。玉米秸秆有所不同，一般来说，玉米秸秆还田工艺为：摘穗→切碎→施肥→灭茬→深耕→整地。秸秆灭茬机主要是将田间的残留秸秆采用机械粉碎后撒到田地里，通过耕作将秸秆用作底肥翻入地表，秸秆还田不仅有效杜绝了焚烧秸秆带来的危害，还有利于增加土壤肥力，增产保收。除此之外，秸秆收获主要由收割、搂晒、打捆、码垛、装运等工序组成。不同作物所采用的收割设备有所不同；搂晒阶段主要对收割的秸秆进行晾晒、搂垄，为打捆作业做准备；打捆机有圆捆机、方捆机、二次压捆机等，打捆机将田间秸秆进行打捆处理，由草捆捡拾车和草捆码垛车收集田间草捆装车运输，完成农作物秸秆处理作业。

11.3 无人大田农场的规划与系统集成

11.3.1 空间规划

无人大田农场的建设首先是地势平坦，适合大型作业车辆作业，应有电力和水利设施支撑；其次在空间布局上主要是大田种植区、控制室及仓储区，由控制中心统一调控管理和监测大田种植，各部分有机结合，协同作业。图 11-3 所示为无人大田农场的空间规划。

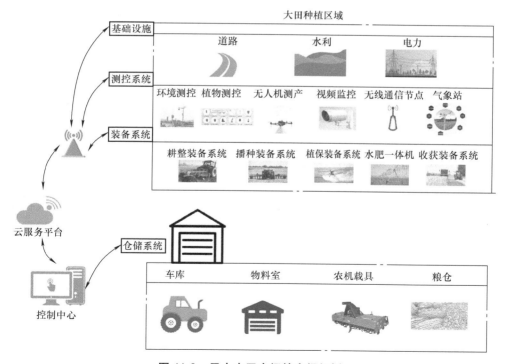

图 11-3 无人大田农场的空间规划

（1）**基础设施**　道路、水利、电力的建设必须依据大田类型（水田、旱田）、作业机械、地质地貌建设合理的道路，修建电力设施和水利设施，确保无人大田作业装备系统的路况保障、能源供给和灌溉作业。

（2）**测控系统**　根据作业需求，在大田种植区设置相应的测控系统，如土壤监测系统、空气监测系统、病虫害监测系统、土壤肥力监测系统、植物养分监控系统、气象站等，实时测控大田的植物状态、环境情况、土壤情况等。

（3）**装备系统**　在大田种植区进行无人化作业，代替传统农业作业，控制中心根据不同作业阶段调动相应的作业装备系统，如耕作装备系统、播种装备系统、植保装备系统、水肥一体机、收获装备系统等。

（4）**仓储系统**　仓储系统用于储存粮食，存放作业车辆、农机载具等，并为作业车辆提供电能。

（5）**控制中心**　控制中心用于监测和控制无人大田的作业，是无人大田农场的大脑，包括云服务平台、大数据服务平台、远程监控系统等智能系统。

11.3.2　基础设施系统建设

基础设施系统是无人大田农场各种装备进行自动化、无人化作业的重要前提，是实现无人大田农场的重要保障。无人大田农场的基础设施系统主要包括道路、水利、电力、仓储等多种设施。

1. 大田道路系统

基于无人化大田农场的要求，未来无人化大田道路建设十分重要，它是一切自动化农机装备进行田间作业的重要保障。道路建设必须依据大田环境与作业机械而建，农田合并是必不可少的，依据大田环境布局合理的道路，可以有效地实现无人农机装备作业的高精度、高效率、高产出，降低农机能耗，完成田间作物的耕种播收等田间作业。大田道路系统通常由主路、机耕道组成，主路一般在大田一侧，主要用于无人农机的行驶；机耕道根据作物的需求而建，一般用于小型作业车的行驶。

2. 大田水利系统

大田水利系统是农作物抗旱排涝的重要措施，也是实现无人大田农场旱涝保收、高产、稳定的重要保障。其主要是由四部分组成：灌溉、抗旱、抗涝、防治盐渍设施。具体来说，大田节水灌溉用到灌溉管道和田间建筑物，抗旱用到水源设施（机井、水泵），排涝用到排水沟渠、排水闸、排水站等设施，防治盐渍用到溉沟渠、管道等设施。但更重要的是基于不同地域特点来建设水利设施，如河流少、雨水少的地方要适当建设一体化的灌溉设施（机井站点、水泵、灌溉管道等），南方多雨水、多河流地区要重点建设抗涝设施，做好排水设施的一体化工作，地方干旱地区需要建设蓄水坝、蓄水渠等。

3. 大田电力系统

大田电力系统是未来无人大田实施的重要能源支撑，其建设主要涉及变压器、高低压输电线路、配电线路、配电装置、防雷、接地、充电桩等。电力系统的建设应当与田间道路、水利设施等基础设施相结合，与农田环境相适应。高低压线路主要满足无人大田农场用电需求，为大田农作物信息采集和实时监测传感器或探头、除虫装备、大田作业农机、节水灌溉水泵等设备供电。

4. 大田仓储系统

大田仓储系统包括粮仓、无人作业车辆存放车库、物料库等基础设施。粮仓是无人大田收获粮食的主要存放地方，粮仓的大小依据农田大小、作物种类确定，其中配有通风、除湿等设备，以保证粮食的品质，避免粮食出现霉变等情况。车库是大田无人作业车辆和无人机停放的场所。无人大田农场的车库依据无人作业车辆的功能、多少、大小，来设定车库的大小和距离。车库设立自主充电或加油设备，为作业车辆提供能源，保障车辆的正常工作。

11.3.3 作业装备系统集成

1. 移动装备系统集成

无人大田农场中的移动装备是指用于替代人工完成大田作业的移动装备，如田地的自动耕地平地农机、自动播种机、无人植保机、无人测产机、无人收获机、无人运输车等。移动装备依赖基础设施的建设，与固定装备相配合，执行云平台所下达的指令，完成对人工作业的替换，实现无人化作业。

无人大田农场中移动装备主要是以无人作业农机为载体车辆，搭载传感器的载体车辆具有感知信息、收集数据、连接大田与云平台、控制作业装备的作用。无人拖拉机搭载旋耕装置和激光整地装备可以对大田土地进行深耕、整地作业，给作物播种提供良好的土壤环境。无人播种机是由无人拖拉机搭载播种机构组成，实现精准播种、监测播种量、漏播、补播等作业。无人收获系统是由无人收获机和无人运输车组成，主要用于对田间作物的收获工作和运输储藏工作，将收获的粮食自动运输到粮仓中。无人机主要进行农药喷洒、监测大田长势、大田测产等工作。

无人大田农场中的作业载体车辆上均装备有各式传感器，其中最重要的是位置传感器、测距传感器、环境传感器、作业工况传感器。位置传感器实时提供作业车辆的位置信息，云平台依据作业车辆的位置信息为作业车辆提供作业路径规划，调配多个作业设备，实现对大田作业车辆的统一规划，科学、高效地完成大田工作。测距传感器是无人作业车辆在进行田间作业时的重要传感器，当作业车辆遇到障碍物时，作业车辆可以选择停止工作或绕行作业。除此之外，载体作业装备上也安装有各式传感器，如整地作业机构上的激光平地装置、播种作业机构上的漏播监测装置、收获机构中的满仓传感装置等。

2. 固定装备系统集成

无人大田农场中的固定装备是指不需要移动便能完成大田工作的装备，如气象站、灌溉装备（喷头、滴灌管道）、捕虫装备（捕虫灯、捕虫板）、水肥一体机、视频监控、仓储系统中一些固定设备等。

水肥固定设备包括蓄水池、水渠、施肥系统、田间管网、灌水器、自动控制系统等装置，水肥一体化灌溉方式有滴灌、喷灌、微灌等，通过建设喷灌设备和铺设大田全网管道，可实现对大田作物的全覆盖。采用水溶性好、溶解速度快、腐蚀性小的肥料，在灌溉的同时施加肥料，肥料种类、用量依据云平台对土壤水肥情况、作物营养状况等监测分析而定，实现科学精准施肥。除此之外，田间布置的捕虫灯、捕虫板可以有效减少田间害虫；气象站固定设备可以有效收集环境信息，为云平台管理系统提供环境信息；仓储系统中的充电设备可以为大田作物车辆提供能源支撑；粮仓中的除湿设备和通风设备可以防止粮食发生霉变的情况。

11.3.4 测控装备系统集成

无人大田农场中各设备的正常执行和业务的完成，依赖于感知信息的智能测控装备系统。无人大田农场中的智能测控系统通过功能不同的传感器和搭载平台，实现对作物生长、胁迫，环境的空、天、地立体化监控，并且同时对作业设备的运行状况能够进行实时监测，保障设备的平稳运行及突发情况的及时处理。智能测控装备系统在农田作业流程中扮演着感知和决策的角色，是整个无人大田农场的中枢。具体而言，搭载在不同平台设备上的传感器将采集的数据信息，以某种传输协议方式传输给智能测控装备系统的数据处理中心，数据中心中的大规模并行服务器经过建模分析，提供相应的可实施方案，将指令传递给相应的执行器，进而完成根据作物自身生长和环境条件部署的智能化作业方案。其间，用户可以通过个人计算机、手机等智能设备登录云平台系统，查看实时的田间数据信息及作业信息，并且能够辅助修订作业实时方案，添加一些用户的个性化方案。如图 11-4 所示，无人大田农场的测控装备系统主要包括信息感知层、信息传输层、信息处理层，并能够实现信息显示于用户端。无人大田农场的测控装备系统在对象上主要包括作物环境参数测量、作物自身生长信息测量、作物胁迫信息测量与执行器工况状态监控四个业务模块。

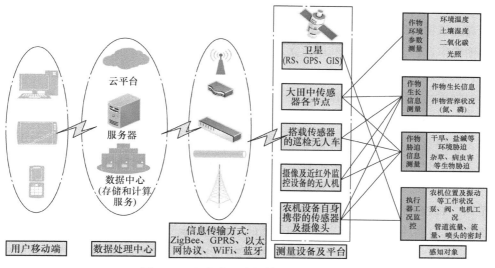

图 11-4　无人大田农场的测控装备系统

1. 作物环境参数测量

作物环境信息测量有利于为作物生产提供变量化方案，是精细农业在信息化时代的重要环节。结合作物本身生长适宜的环境参数，通过实际环境参数的精确测量分析，来为植物提供更加适宜的环境。用来感知和测量作物环境的传感器主要是环境温湿度传感器、土壤湿度传感器、土壤温度传感器、空气湿度传感器、空气温度传感器、降雨量传感器等。环境温湿度传感器用来感知大田环境温湿度和土壤温湿度，通常由感温元件和测量湿度的元件组成。土壤湿度传感器又叫土壤水分传感器，用于在节水灌溉系统中采集土壤的含水量信息。其工作原理是根据在不同介质中电磁波传播频率计算介电常数，通过介电常数和含水量的线性关系可以推算出土壤容积含水量。土壤温度传感器通常采用铂热电阻，基于其阻值在一定范围内与温度呈线性关系，从而反应温度的变化，通常使用测得的电压和电流信号进行温度的推算。空气湿度传感器通常利用湿敏元件测量湿度。湿敏元件主要包含电阻式和电容式，两种元件都是基于当环境湿度改变时，元件表面附着的水蒸气发生变化，导致相应电阻的电阻率或者电容的介电常数发生变化。

2. 作物生长信息测量

作物生长信息测量是通过传感器来获取植物的电信号和表型特征，来判断植物的生长状态。通过测量植物含氮量、叶绿素含量的传感器，来查看植物的养分含量；也可以通过计算机视觉的方法，对植物的生长状况进行建模，判断植物的生长健康状况。近年来，摄像头大规模普及，为获取大量图像的数据提供了便捷，有利于建立植物表型数据库，记录在特定植物缺乏某种营养元素时的叶片状态植株状况等图像信息；云平台可以利用建立好的数据库，并基于一定的算法来建立植物的生长检测状态模型，从而能够自主辨识作物某种营养元素是否缺失或含水量的高低，及时把作物的信息状况传输给云平台。此外，株高、冠层密度、开花数量及其颜色状态都是植物的表型特征，可以建立相应的数据库，来为模型训练做准备。近年来，植物表型平台作为研究植物主要性状的方式和途径备受关注。无人农场中在自然条件下的田间作物，可以通过一系列从近到远的平台进行精确观测研究，涵盖了从单个植物的器官、植株，到成片的农田植株，再到农场以及行政区域级别的农田范围。通过平台中携带的可见光相机、近红外相机、红外相机、热成像仪、光谱成像仪、荧光成像仪等装备，对田间作物的形状进行观测。观测的表型特征包括了植物生长发育的高度、叶子形态、果实特征等，以及产量、生物量，还有作物的生物胁迫（病虫害、杂草等）和非生物胁迫（干旱、洪涝、盐碱度）。

3. 作物胁迫信息测量

环境胁迫主要包含干旱及土地盐碱度方面的胁迫。卫星遥感技术可以在较大范围内监测土壤墒情，感知大范围内含水量的空间变异性，目前应用广泛的是微波遥感和光学遥感。但微波遥感和光学遥感获得的图像分辨率较低，难以在农田尺度上进行土壤水分监测。无人机低空遥感弥补了这一不足。无人机遥感可以通过搭载多光谱相机、高光谱相机、近红外相机和热成像仪对农田土壤水分进行监测。研究人员通过选取对土壤含水量敏感的波段，建立模型来分析土壤水分含量。除了环境中的含水量外，因为我们关心的真正对象是作物，因此作物水分胁迫信息作为自身生理变化的重要指标很好反映了作物的需水量。作物的水分胁迫信息包括叶水势、茎水势、气孔导度等。气孔导度能够反应蒸腾速率的大小。当土壤含水量不足以满足作物自身生长需求时，作物的气孔导度会变小，其蒸腾速率减缓，使冠层温度升高，这些可通过热红外探测仪进行观测。此外，作物本身还会表现出叶子卷曲的形态，以减小蒸腾速率，这些可以通过可见光成像进行观测。作物受到胁迫所导致的形态变化，可以通过大田自动巡检机器人或者无人机进行观测。无人机通过观测采集数据后，可以通过建立植被指数和植物水分胁迫的模型。此外，无人机热红外成像遥感技术、图像处理技术为植物冠层温度测量方面提供了方案，可以作为植物水分胁迫的观测参考。

4. 执行器工况状态监控

执行器工作监控是指在进行农田作业任务时，对执行器工作状态进行监测，从而为进一步决策提供依据。例如，在智能施肥控制系统中，需要监测系统管路中电磁阀工作状态、活塞工作状态、电机工作状态，以及肥液浓度、液位、流量、压力等指标，以便实时地为进一步的决策提供参考依据。

11.3.5 管控云平台集成

我国疆域辽阔，农田分布广泛，并且由于气候等差异，各地的种植制度与收获季节各有差异，为了增加农机的利用率和减少收获时间，往往需要跨区域作业及相应资源调配，此时需要有效的信息共享平台帮助农技人员和农户之间取得有效沟通与联系，并能监督作业进展、农机装备运行状况等。随着互联网技术、物联网技术的发展，并借鉴"共享经济"的模式，在无人农场推出农场管控云平台，农户和农技人员、农业公司可以通过手机等移动端下载相应的 App，来进行信息查询和服务咨询等业务，缓解农机利用率低，农机难以及时到位，突发情况农田应急抢险等问题。

管控云平台的业务包括从宏观到微观，从长期到突发的情况监测及预警。首先通过卫星遥感及地理信息系统技术绘制农场的平面图和三维图，对模型图中物联网传感器节点及基础设施进行分类标注，以便实现空间信息存储和可视化管理。利用云平台远程控制，实现执行器（如喷头、阀门、电源开关等）的无人化管理及控制。云平台利用大田中的传感器和摄像头传回的数据进行长期的农田监测，关注于农田作物的生物胁迫信息和环境胁迫信息，同时收集相关的气象数据信息，以便能提前预测重大的天气变化，并能对一些突发情况（如水灾等）进行及时预警，为人们采取相应措施争取时间。

1. 农机调度

农机的合理化调度有利于农机资源的合理高效地利用。无人大田中通常有多块耕地，需要不同功能的农业机械进行作业。根据农业作业的工序，农业装备之间有的可以并行使用，有的只能串行使用。由于信息传递不及时，有些地方农业装备过剩，有些地方农业装备不足，这对无人大田的运行都有着极大挑战。管控云平台提供了一个合理有效的解决方式，通过信息收集、汇总、算法决策，从而高效地完成农机分配，资源合理利用。基于 GNSS 和基站来对农机进行定位，将农机的位置实时发送到云平台，通过机载传感器实时监控农机的工作运行状况。基于大数据技术进行不同类型的农机日程表规划，对多农机协同作业方案制定规划，对燃料、零配件等进行管理，同时对无人化农机进行作业路径规划。此外，在云平台中建立数据库，对农机的运行状况进行统一记录管理，包括农机作业时间、运行里程、加油记录、维修记录。用户通过在手机、计算机登录到云平台界面，可以实时查看农机在无人大田中的实际作业情况，并能对农机的调度作业增加一些个性化调配。

2. 大田测控系统

农田中的田间管理工作监管时间长，监管范围大，耗费人力成本高，而农田测控系统对不同地块的信息监测有利于精确化的管理调控。智能化大田测控系统为农田的无人化监管提供了很好的方案。大田测控系统依赖于农业物联网技术与大数据处理等技术。大田测控系统包含了信息采集模块、通信模块、信息处理模块，田间的各传感器节点采集的作物及环境信息，通过无线通信模块传输至云端，借助于基地的服务器进行信息的汇总，并根据已有的模型算法进行处理决策，再将相应的指令要求发送到无人农场的控制模块，进行大田测控作业，实现大田农场的无人测控。

11.3.6　系统测试

无人大田农场在投入生产之前，需要对硬件设备和软件系统进行全面的测试，确保无人大田农场的正常运作。测试主要包括两大部分：一是硬件设备测试，二是软件系统稳定性测试。

1. 硬件测试

硬件测试主要是针对大田农场中的基础设施、固定作业装备、移动作业装备、测控系统及云平台的硬件进行测试。基础设施测试包括道路路面平整度是否满足作业装备车辆行驶的需求，电力设备是否满足大田设备的供电需求、安全性能能否达到国家用电标准，水利设施各管道、阀门是否正常工作等；固定作业装备测试包括视频监控系统、仓储中的充电桩、除潮通风系统等是否能正常运行；移动作业装备测试包括移动作业车辆在进行充电、定位、感知障碍物、田间作业、自动行驶等工作时是否能正常工作；测控系统测试包括检测各类传感器在进行采集环境参数、植物营养参数等数据时是否正常工作；云平台的硬件测试主要是检测数据存储、处理、决策等工作是否能正常进行。

2. 软件测试

无人大田农场的软件测试主要是对云平台的软件进行测试。云平台是无人大田农场的大脑，是无人大田农场的控制中心，云平台能否正常运行关系到无人大田农场的实现程度。云平台的软件测试主要包括：能否准确无误地显示和处理测控系统所检测的环境信息、作物生长信息、作业装备运行情况等；能否实时掌握作业车辆的车体状况、作业情况；能否根据环境变化调整装备的作业状态，合理利用作业车辆资源，统一调控；云平台所做出的决策还应当达到专家系统的水准，满足农场用户实时查询大田农场的各项状况，以便于更好地管理无人大田农场。

第**12**章 无人果园农场

12.1 概述

远程控制是无人果园农场的初级阶段。通过人对果园中的装备进行远程控制，实现果园的无人作业。尽管该阶段实现了机器对人力的替换，但是还需要人进行远程操作、控制和决策。无人果园农场发展的中级阶段是无人值守，该阶段的特点是不需要人的实时操控，系统可以自主作业，但是还需要人参与对作业装备下达决策指令。自主作业是无人果园农场的高级阶段，该阶段完全不需要人的参与，所有的果园作业与管理都由管控云平台自主决策，完全将人彻底从农业生产活动中解放出来。

12.1.1 无人果园农场的定义

无人果园农场就是在没有任何人进入果园的情况下，由信息采集设备来监控果园信息、果树的生产状态等，经过数据的传输、智能数据处理实现果园作业自动控制，最终由相对应的果园无人系统完成果园中的植保作业、套袋作业、施肥灌溉作业、修剪作业以及果实收获作业和分级作业。信息的采集、传输、处理以及自动控制技术是实现果园无人化的基础。

人工打药、爬树摘果子等是传统果园的场景。果园实现无人化，要通过传感器、摄像头等感知设备获取果园中的环境信息和设备运行状态，通过计算机进行图像、信号处理，对机械设备发出明确指令，来确保果树处于优良的生长环境。无人果园通过云平台控制水肥精准灌溉，自主对果树进行整形修剪，指挥果实套袋机、摘袋机进行套袋、摘袋作业。果实成熟后，将由专门的果实采摘机器，对水果进行收集，统一运输到果园作业平台，完成自动分拣。果园无人化作业，会促进未来果园的管理更加的自动化、科学化、标准化和高效化。无人果园农场系统如图 12-1 所示。

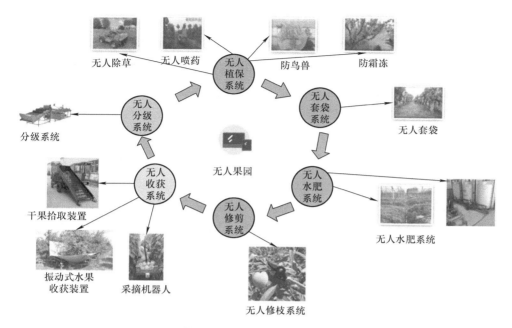

图 12-1　无人果园农场系统

12.1.2　无人果园农场的组成与特点

无人果园农场系统主要包括基础设施、作业装备、测控装备和云平台，这些系统的集成保证了无人果园设备的正常运转。传统果园产业从耕作、种植、管理和收获的每一个环节，都离不开人工操作。无人果园农场的特点是用自动化设备代替人的决策、劳动。具体来说，在基础设施系统（如轨道）建立的基础上，由果园内的传感器等设备采集信息，云平台通过机器视觉、数据分析等技术对采集到的信息进行分析，将果树生长过程监测、病虫害防治、采摘管理等各个系统连接起来，再把指令发送给果园内的无人作业装备。通过果园内不同系统之间的协调与配合，最终实现果园的无人化、数字化管理。

12.2　无人果园农场作业装备

无人果园农场作业装备是指在果园生产作业过程中使用的装备。这些装备主要用于果园中的耕作、施肥、灌溉、植保、自然灾害防护、整形修剪以及采收等作业。无人果园就是将这些装备智能化，通过云平台实现装备的自动化作业。

12.2.1　日常作业系统

无人果园农场的日常作业系统主要包含果园除草系统、病虫害防治系统、防鸟兽害系统、防霜冻系统、果实套袋系统和果树修枝系统。这些系统的协同工作保障了果树的正常生长以及果实的产量。通过无线传感器对果园中的装备、环境和果树生长信息进行实时获取，然后通过无线传感网络发送到云平台，云平台对这些数据进行实时处理后，实时更新在云平台上展示当前设备状态和环境等信息的实时状态，结合智能算法对装备的自主作业进行精准控制。

1. 果园除草系统

果园除草系统主要包括无人机械除草系统和无人喷药除草系统。无人机械除草系统（除草机器人）主要由机械臂、执行器、摄像头和主体组成。其工作原理主要是在云平台建立杂草数据库，存储果园中杂草的具体特征。在进行除草工作时，除草机器人上方的摄像头对果园垄间的杂草进行实时拍照，所拍得的照片会传输到云平台计算机处理中心进行比较分析，云平台向主体内部计算机处理中心发布控制指令，控制除草机器人的移动方向和距离。除草机器人末端的执行器打开割草刀片，完成经过区域的除草工作。除草机器人主要采用了机器视觉导航技术引导除草机器人沿着农作物行自动行走，同时利用机器视觉技术检测农作物行间作物位置，防止割伤果树。

2. 果园病虫害防治系统

果园病虫害防治是在果园生产作业过程中非常重要的一个环节，果园病虫害的防治可以有效挽回果农的经济损失。国外目前普遍使用的是风送喷雾技术对果园进行喷药。该技术的原理是使用高速气流，将喷头雾化后的药物进一步撞击成更细的雾滴，增加雾滴的贯穿能力。果园喷雾装置可以精准按需喷药，果园风送喷雾技术与装备目前正朝着精准化和智能化的方向发展。基于光电感知技术、超声波探测技术、激光雷达技术以及电子鼻技术的综合应用，去探测果树病虫害位置、病害程度以及果园的冠层信息等，在此基础上分析喷药装置的喷药量，按需调控风速实现精准喷药。

3. 果园防鸟兽害系统

果园在果实成熟和越冬期常遭鸟兽危害，如麻雀、喜鹊等各种鸟类啄食果实，使受害水果失去商品价值，或造成减产；野兔、鼠类等动物啃食树皮、枝梢和树根，使树受到损伤，影响生长发育。无人果园中防治鸟兽害主要依靠架设防鸟网，果园中部署多个网络摄像机采集图像，云平台根据采集到的图像进行鸟兽识别，然后控制部署在果园中的音响播放鸟类惨叫声，吓退鸟兽。

4. 果园防霜冻系统

无人果园农场中，通过气象站获取天气情况。当气象信息显示当前存在霜冻风险时，云平台会下发控制指令给测控装置，测控装置会对果园进行覆盖防寒衣或升温装置进行点火作业。利用燃烧气体产生的热量，使果园气温上升，以防止霜冻。

5. 果园果实套袋系统

果实近熟期易受吸果夜蛾的危害，为了保证果实不受危害，所以采用果实套袋。果实套袋的实质是使果实与外界空间隔离，让果实在专用果袋里生长，并通过有效地改变果际微域环境，包括光照、温度、湿度等，来达到影响果实生长发育的目的，从而最终改善果实外观品质。传统的果实套袋完全依靠人工进行手动套袋，工作效率较低。采用无人果实套袋系统（机器人）可以有效提高果实套袋的工作效率，并且可以避免袋口松紧不一致的现象，实现了套袋的标准化。无人果实套袋机器人通过机械臂前端采集到的图像发送到云平台，云平台对采集到的图像进行算法处理后对果实进行识别和定位，云平台下发控制指令给作业车辆引导机械臂对幼果进行套袋处理。

6. 果园修枝系统

传统果树剪枝主要通过人工借助凳子、梯子进行修剪，生产率低，质量差，劳动强度高且作业具有危险性。无人整形修剪装备的动力由空气压缩机提供，可切割最大直径达 30mm 的树枝。为满足更舒适、高效的剪枝工作要求，特别设计的剪刀可 360° 旋转。气动剪枝机可显著提高生产率，减少人工开支。无人整形修剪装备是运用计算机模拟果园场景的方式，建立形态模型，通过数据分析模拟，分析剪枝对象的生长状态，从而找出最优的修剪方案。相比普通机械剪枝，无人整形修剪装备能够解放劳动力，实现更优的修剪效果，从而提高果实质量。

12.2.2　水肥一体化系统

果园传统的施肥方式是通过人工方式将肥料进行施撒，再通过沟渠对果园作物进行大水漫灌，来达到对作物灌溉施肥的效果。无人果园水肥一体化系统是将灌溉用水和可溶性肥料融为一体，根据果园环境信息采集系统获取的数据和果树不同生长阶段对水和肥料需求，做出灌溉或施肥的最优决策，并生成适合果树生长的最佳配方。在无人果园农场中，首先利用传感器将果园中的土壤信息、气象

信息、果树冠层信息以及水肥设备状态信息，通过无线网关发送给云平台，云平台利用这些信息和训练好的模型，对测控系统下发控制指令控制水肥设备的运行。采用无人果园水肥一体化系统能够有效地解决目前果园里灌溉、施肥效率低等问题，同时有利于加快果树根系吸收速度和保持旺盛的生长速度，提高果树果实的产量和品质。

12.2.3　收获系统

果品收获是果园作业最后的关键环节，果品收获机械类型及其工作原理因果树种类、种植模式而形式各异。无人果园农场的收获系统有无人果园采摘机器人、无人果园振动式采摘机器人和无人果园果实捡拾机器人等。

1. 果园采摘机器人

最初的振摇式采收机器人具有生产率低且对水果破坏性较大等缺点。果园采摘机器人将计算机、人工智能等先进技术融合到采摘机器人当中，为采摘机器人朝着多样化、智能化方向发展做出了重要贡献。采摘机器人的主要功能是识别、定位与抓取果实。随着研究的不断深入，图像处理技术与控制理论的发展也为采摘机器人向智能化方向发展创造了条件。

2. 果园振动式采摘机器人

果园振动式采摘机器人通过给果树施加一定频率和振幅的机械振动，使果实受到加速运动产生惯性力。当果实受到的惯性力大于果实与果枝间结合力时，果柄断裂，果实下落。果园振动式采摘机器人的采摘效率与频率、振幅、夹持位置等因素有关，适用于苹果、梨等大、中型水果的采摘，也适用于青梅、核桃和山楂等小型林果的采摘。

3. 果园果实捡拾机器人

林果收获作业是林果生产全过程中最重要的环节，果实捡拾机器人能够有效分离出果实，节省劳动力，提高工作效率。果实捡拾机器人就是在其前端安装摄像头，当摄像头观测区域到达目标所在区域时，摄像头每隔 0.01s 便自动定焦于搜索目标，当搜索目标与摄像头相对静止时则做单次定焦，大大提高了视频的清晰度。同时利用无线网传输技术，将摄像头所拍摄的视频分解成图片传送到云平台，达到实时视频同步的作用。云平台识别出干果后，将指令下发给果实捡拾机器人，果实捡拾机器人打开气泵将干果吸入装备内部，完成捡拾作业。

12.2.4　果品分级系统

果品分级系统主要由水果传送机构、光照与摄像系统、机器视觉系统和分级系统四部分组成。该系统的基本工作原理为水果经由水果传送机构连续不断地传送至光照与摄像系统,摄像头对水果进行图像采集;解码后的图像数据(包括水果的直径、缺陷和色泽等数据)传送给图像处理器,图像处理器将图像识别的结果与预定的结果进行对比后得出水果的等级,将分级结果和水果的位置信息一并传送给系统分级机构,分级机构将水果落入对应等级的料槽内。

12.3　无人果园农场的规划与系统集成

12.3.1　空间规划

果园的选址需要考虑多方面因素,既需要考虑果树种植密度,又需要考虑到果实运输方便,气候条件等。选址需要因地制宜,对空间进行合理规划。无人果园农场主要包括以下区域规划:

(1)作业区　果园作业区即果树种植收获区。该区域需要完成果树从无人栽种、管理到收获的全过程,需要以自动机器作业为主。作业区的面积需要根据土质、光照等特点的不同进行划分,这样有利于同一区域的自动化种植调控。

(2)配药室　配药室宜在交通方便处,以利于机器人、无人机等及时装灌农药进行喷洒。

(3)果实储存室　在果园中心可建立果实储存室,用于果实收集仓储,暂时存放果品等。

(4)作业装备室　在果园一端可以建立大型作业装备室,用于存放果园管理所需的设备,如无人作业农机和无人机等。

(5)包装室　包装室尽可能设置在果园中心,以方便对果实实行自动筛选、分级、包装。

(6)指挥室　指挥室内有计算机、监控屏幕等。通过传感器、摄像头等采集果园内的实时信息,监测果园内的情况。基于地图、遥感影像等空间信息,为果园大数据研究与应用提供基础数据支撑,并针对地块进行果园图像和视频、生产决策信息采集。处理动态数据,对自动化机器发出作业指令。人们可以通过手机、计算机等终端平台看到果园内机器的运作情况。

无人果园农场的空间规划如图 12-2 所示。

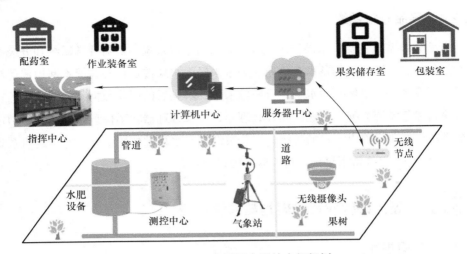

图 12-2　无人果园农场的空间规划

12.3.2　基础设施系统建设

无人果园农场的基础设施系统是以果树的种植、管理和收获等工作为基础的物质工程，是实现装备自动化作业的前提。无人果园农场的基础设施系统包括道路、水电、建筑和仓库等多种设施。

1. 果园道路系统

无人果园农场需要合理布局道路，用于机械化自动完成果树种植、果实采摘、喷药等田间管理作业任务。无人果园农场的道路系统类似于传统果园道路系统，通常包括主路、支路和各种小路。根据运输路线的需要，可以在道路系统上布置轨道，无人运输车、采摘机器人等无人机械可以各行其道，相互协作，互不打扰作业。

主路要求位置适中，通常宽度为 8～10m，是贯穿整个果园的道路。主要是为了无人运输车、机器人、作业装备等移动设备的高效行走。丘陵地区果园的主路可直上直下，为减少积水，路面中央可设置稍高；山地果园的主路可以呈"之"字形或者螺旋形绕山而上，绕山道路上升的坡度不可过高。支路与主路相通。小路的路面宽度通常也要满足方便运输车、机器人等进行田间作业的需求。为了防止机器打滑，道路的路面可以采用摩擦力较大的材料，以确保机器人等设备平稳运行。

2. 果园水利系统

无人果园农场采用水肥一体化滴灌系统。水利系统规划可以与道路建设相结合，通常需要考虑以周围无污染的河流、水塘、地下水作为水源。为节约用水，防止在滴灌中途产生渗漏和积水，通常会修建防渗渠或用管道进行输水。水肥一体化技术是灌溉与施肥融为一体的农业新技术，通过可控管道系统供水、供肥。水肥管道系统的规划也需要与道路建设相结合，通过管道和滴头形成滴灌。

3. 果园电力系统

电力是无人果园农场运转的动力，也是自动化设备运行的关键。电力供应基础设施包括配电室、电线、电塔、发电机以及电力设备等，用于无人果园农场内的机器、灯光、监控系统的发电、变电、送电，以保障果园的电力供应。电力系统是实现无人果园农场的能源核心。

4. 果园建筑系统

无人果园农场内的基础设施还包括仓库、配料室、包装室等基础建筑物。仓库按照干果、水果分类建造，仓库位置宜在果园中心位置，以便于运输与分配。配料室须建设在交通便利处，以方便农药的装灌。包装室负责果实的称重、分拣和包装。这些建筑内都需要配备完善的电力系统、通风与除湿设备。监控室内设有计算机、显示器等，负责园区内的监控、设备调度。基础建筑是无人果园能够顺利运行的基础，当基础建筑得到合理的布置，各类自主机器就可以运行起来了。

12.3.3 作业装备系统集成

1. 移动装备系统集成

无人果园农场内的移动装备主要包括运输作业车、移动机器人、无人机等可以自由移动的装备。移动装备在果园中可以完成从挖栽植穴、栽植到果园管理等作业。移动装备的运作过程需要依靠基础设施建设，并与固定装备相配合完成。

这些移动装备一般均搭载太阳能面板以确保机器及时充电。无人果树种植挖坑机械可测量树苗根茎大小，调节到不同的挖坑装备，进行挖坑填土作业；无人运输作业车可用于将树苗、果实运输到指定位置；果实套袋机器可以通过机械臂前端的数据、图像采集装置，拍摄、采集果实信息，包括果实位置、大小等，并将信息传输到云平台，通过控制中心对采集到的信息进行处理，发送指令调节机械臂，指导机器进行套袋操作；无人机主要用于果园内的农药喷洒，无人机配有摄像头并搭载喷撒装置，将采集的果树定位信息传输到云平台，云平台自动规划路径并输入到控制系统中，自动调节无人机高度，使药剂均匀喷洒到植物靠近土壤部分以及茎叶背面；植保无人车也可完成喷药作业；采摘机器人通过摄像头采集果实信息，通过云平台处理，识别出成熟度较好的果实进行采摘作业；剪枝作业装备通过移动车搭载机械臂配备的传感器、摄像头等采集树枝信息，剪刀特别设计为可 360° 自由旋转，通过云平台数据分析建立分析模型，分析采集对象的生长状态，选出最合适的修剪

方案，调节机械臂高度和位置等。

移动装备上都需要安装测距传感器和定位系统。通过定位系统将各个作业机械的位置进行采集，云平台可通过移动设备定位信息为果园内的机械调度提供最优化的路径。当有作业要求时，需要迅速定位距离任务点最近的装备，实现快速精准的调度，使无人果园内的作业科学、高效地完成。测距传感器可以保证各个装置在各自工作时，遇到前后方机械可自动进行避让。绕开障碍后，移动装备将自动启动，继续完成工作。

2. 固定装备系统集成

无人果园农场内的固定装备主要包括果园监控设备、水肥一体化装备、果实分级装备和仓库内的一些固定设施等，它们不需要移动位置即可完成工作。水肥一体化装备通过可控管道系统供水和供肥，使水肥相溶后，通过管道和滴头进行均匀、定时、定量的滴灌，水肥浸润作物根系生长发育区域，使主要根系周围的土壤始终保持疏松和适宜的含水量。同时根据不同区域作物的需肥量和生长期需水要求、施肥规律、周围土壤环境和养分含量状况等因素，进行不同的施水施肥设计，将水分、养分按比例自动提供给作物。

果实分级装备主要是对果实进行分拣和分装。在分装的过程中可以利用传感器，检测果实的质量，根据不同的质量可以将果实分到不同的收藏系统。质量分级后，可以利用图像采集摄像头，对果实进行图像采集，利用图像分析技术，将不同色泽的果实进行分类。通过一系列的分拣操作，将果实按照颜色、大小、受伤程度和质量信息等综合分析进行等级分级。

12.3.4 测控装备系统集成

无人果园农场内的测控装备系统包括环境信息测控装备系统、果树信息测控装备系统和果园设备状态测控装备系统等。这些测控装备系统可保证无人果园农场能够根据作物实际的生长发育和生活环境进行智能化管控。

1. 环境信息测控装备系统

环境信息测控装备系统是实现果园无人化的基础。采集数据信息的常用设备有传感器、摄像头和无人机等。传感器可以采集果园内的环境参数，摄像头可以采集图像信息。

（1）果园气象信息采集感测系统　气象信息采集感测系统包括温度传感器、湿度传感器、风速风向传感器、雨量传感器、降水测量传感器和光照强度传感器等，可实时监测果园内温度、湿度等的变化，并保存数据。通过温度传感器，可以预测果园霜冻事件的发生，提高防霜冻效果，果园内的最低温度及其出现时间预测非常关键。果树在不同的生长期间，它对于水分的要求也是不一样的，但是大多数的果树，尤其是在炎热的夏天，添加水分的时间一定要控制好。风速风向传感器对果园周围风速风向进行实时监测，可以提早采取防护措施，防止果树受到风沙袭击而造成损失。雨量传感器用来监测降水量、降水强度、降水起止时间。降水测量传感器用于果园内的水文自动测报。光照强度对果园中果树蒸腾量是有影响的，光照强度越强蒸发蒸腾量越大，采用光照强度传感器，可将光照强度信息传递到终端监测。

（2）果园内监控信息采集感测系统　果园环境中需要经常对果树的情况进行查看因此果园内监控摄像头需要遍布无人果园的作业区、道路和仓库等各个区域。无人果园农场内的监控摄像机，可以实时监测果园内的运作情况，防止鸟等生物对水果进行破坏，因此选择一个网络摄像头可以有效地查看果园中的动态，为远程监控、特定目标监测、故障预判等提供可靠的实时信息。

2. 果树信息测控装备系统

果树信息测控装备系统可对果树自身生长状态以及水肥信息进行采集，利用云平台进行分析，并调控作业设备进行作业。果树上装置叶片摄像头、果实摄像头，可以采集果树的叶片、果实图像信息，利用信息传输系统，将传感器、摄像头采集到的果树数据、图片信息传送到云平台进行处理、分析。通过分析叶片信息可以得知果树是否缺水，是否经受病虫灾害。云平台能够及时了解果树的健康状态、果实形态、饱满程度等生长信息。通过对果园中主要环境参数时空分布特性研究，实现了果园环境信息（空气温度与湿度、降雨量、光强、CO_2、土壤水分和土壤温度）、果园虫害信息、单树产量信息、果农作业信息和投入品等信息的数字化采集和实时传输，为果园无人化管理奠定了数据基础。

3. 果园设备状态测控装备系统

无人果园农场内的设备状态测控装备系统主要是对果园中的固定装备、移动装备等工作状态进行监控：摄像头、传感器和控制器等发生失效时，能及时发出预警；对装备每个时刻的运行状态进行监测，并在云平台进行记录。

12.3.5　管控云平台系统集成

管控云平台系统是无人果园农场中的核心部分，可以对果园内的所有数据进行系统的存储和分析，实现果园真正的无人化生产。通过信息采集装备收集果园内的果

树信息、环境信息等，采集到的信息经过信息传输系统传输到云平台。依据传输介质的不同，信息传输系统可分为有线传输和无线传输。有线传输结构简单，通过架设有线网线，布置网络交换机即可实现信息的传输。有线传输信息量大，速度快，传输稳定，并且系统简单，对设备的要求较低。无线传输是主要的通信方式，无线通信包括果园内部无线局域网、网际网通、移动通信（5G、ZigBee）、无线传感网、卫星通信等。云平台负责果园内数据信息的存储、预处理和分类，对获取信息进行加工处理，使之成为有用信息，分类处理是为了实现数据库的建立。云平台的处理核心是产生决策的过程，决策的判断来源可以是成熟的专家系统，还可以是数据内的更新并由系统进行自我学习。这些都可以成为云平台的存储知识，为得到最终决策而提供基础参考。决策将指导果园内的机器运转。同时收集相关的气象数据信息，形成历史数据，可以提前预测重大的天气变化，提供果园灾害预警，以便提前做好防灾措施。

12.3.6　系统测试

无人果园农场在正式运行前需要对各个组成部分进行系统测试。测试主要包括两大部分：一是硬件设备测试，二是软件稳定性、安全性测试。

1. 硬件测试

硬件测试主要针对果园中的基础设施、固定装备、移动装备、测控系统等硬件进行测试。基础设施测试包括果园井水的供水能力是否满足果园正常灌溉需求，果园防洪排涝能力是否能保证最大暴雨情况下果园的安全，果园布局是否满足存放所有农用装备，道路平整度和硬度是否满足作业车辆的正常行驶需求，电力设备能否保障果园内所有设备的供电需求及是否存在用电安全隐患。固定装备测试主要包括设备能否正常运行，是否存在安全隐患。移动装备测试包括移动作业车辆能够准确定位感知障碍物、能否正常行驶和作业完成后能否回到制定的仓库停放。测控系统测试包括检测果园中各类传感器能否正常采集和上传数据。

2. 软件测试

软件测试主要对无人果园农场的管控云平台进行测试：云平台能否准确接收到来自果园环境传感器和作业装备采集到的数据；云平台能否对采集到的数据进行处理和数据异常报警；云平台能否根据处理后的数据进行自主决策下发控制指令，如云平台检测到果树的病害信息后，下发给无人喷药机器人进行配药、喷药作业的指令。软件测试还应对系统的运行环境进行测试，以满足平台的适用性；还应对软件的安全性进行测试，确保软件运行的安全性。

第13章 无人温室农场

13.1 概述

13.1.1 无人温室农场的定义

农场是指直接或者基于合同从事适度规模的农业生产、加工、销售的农业经营主体，而温室农场是以温室的设计概念为基础，摒弃了传统土壤栽培模式，采用新型的基质栽培和水培技术，在密闭式的、控制环境下的空间内进行高密度农业生产的组织。无人温室农场是在此基础上以生产初期的远程控制，到中期的无人值守，到最后的自主作业为目标，采用物联网、大数据、人工智能、5G、机器人等新一代技术，通过对温室设施、装备、机械等自动控制或远程控制完成作物播种、育苗、定植、采收、分拣、包装等机械化生产流程，以及温室作物生长监测、环境综合调控、水肥智能管理等生产全过程自动控制的一种全新生产模式。在密闭式系统空间内实现集中化、全天候、全空间的生产全过程无人化作业是无人温室农场的基本特征，本质就是利用智能装备代替劳动力的所有作业。

无人温室农场农产品自动生产线主要包含七大业务系统（见图 13-1）。

1）育苗系统负责种子播种到种苗移栽工作。

2）作物生长监测系统可以密切跟踪植物生长阶段和健康状态，在早期发现植物生长异常，识别作物营养不均衡、营养胁迫、病害胁迫和水胁迫，从而为植物反馈控制装备提供全面的信息。

3）温室环境调控系统可为处于不同生长周期的作物提供最适宜的生长环境。

4）水肥自动调控系统根据作物生长状态和环境因子，智能、精准、高效地施用水肥。

5）自动采收系统可以无损采收农作物。

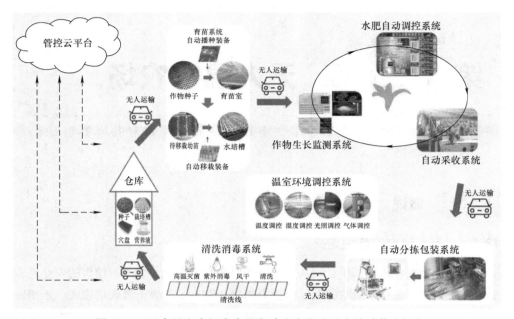

图 13-1 无人温室农场农产品自动生产线（以水培叶菜为例）

6）自动分拣包装系统用于收获后农产品质量的测评和包装。

7）为了节约资源，生产中所用的材料设备需要经过清洗消毒以备下次使用，除了育苗穴盘、栽培槽、营养液之外，用于水培的水桶、水箱、水培槽、储液池，以及用于基质培的基质、栽培钵等都可以通过清洗消毒系统处理后进行循环利用。

无人温室农场引进的智能化装备为精准作业提供了技术保障。先进的物联网系统通过全方位布置的各类传感器，如温度与湿度传感器、光照传感器、CO_2 传感器、摄像头等，为云平台的数据分析与模型优化提供数据支持。云平台集成了先进的图像分析技术、5G 技术、人工智能技术、大数据分析技术，在无人温室农场发展的不同阶段，完成半自主到全自主的温室环境调控、作物监控、水肥施用、病害防治等业务。各类智能装备系统，如自动播种装备、自动移栽装备、无人运输车、无人授粉机、自动采摘机等，互相配合，协同作业，为温室提供其他无人化业务。各个生产环节相互协调配合、高效作业，从而实现了温室作物生产的规模化和无人化。

13.1.2 无人温室农场的组成与功能

无人温室农场由基础设施、固定装备、移动装备、测量控制系统、管控云平台五大部分组成。这五大部分协同作业，实现温室作物生产线所有业务的无人化管理。

1）基础设施为无人温室农场提供基础工作条件和作物生长环境，通常包括温室主体（钢架结构、顶棚覆盖材料、四周围护材料，通风口等）、仓库（种子、栽培槽、穴盘、肥料等）、水肥管理设施（管道、蓄水池、营养液罐）、电力设施（电线桩、输配线路、充电设备）、室内运输轨道（为无人运输车、自动采摘机等提供作业轨道）等基础条件。基础设施是无人温室农场的基础物理架构，为温室无人化作业提供工作环境保障。

2）固定装备即不需要移动即可完成温室主要业务的装备，如温室的自动播种机、幼苗自动移栽机、作物分级包装装备、水肥智能调控装备、环境调控装备、自动清洗消毒装备（紫外消毒、高温消毒、清洗、干燥）等。这些装备有些可单独调控，有些需要互相协作进行系统的作业控制，例如，在作物缺水时，不仅要控制水肥自动调控装备增加水供给，还要开启环境调控装置适当降低温度，以减少植物蒸腾和水分蒸发。

3）移动装备即需要移动来完成作业的装备，如温室的自动采摘装备、自动授粉装备、运输装备、装载装备等。移动装备与固定装备是无人温室农场作业的执行者，多数情况下无人温室农场的作业都需要移动装备与固定装备配合作业，实现对人工作业的替换。

4）测量控制系统主要包括各种传感器、摄像装置、采集器、控制器、定位导航装置等，主要功能是感知环境，感知种养对象的生长状态（干旱、营养缺乏、病虫害、果实成熟度），感知装备的工作状态（电量不足、轨道偏移、决策失误等），保障实时通信，进行作业端的智能技术以及精准变量作业控制。

5）管控云平台是无人温室农场的大脑，主要负责各种环境、作物、装备等信息、数据、知识的存储、学习，负责数据处理、推理、决策的云端计算，负责各种作业指令、命令的下达，是无人温室农场的神经中枢。

虽然基础设施、固定装备、移动装备、测量控制系统、管控云平台的角色、结构和功能各不相同，但是它们之间联系密切，在温室作业任务中互相配合，缺一不可，共同组成无人温室农场七大业务系统（图 13-2），实现了机器作业对人工作业的全面替换。

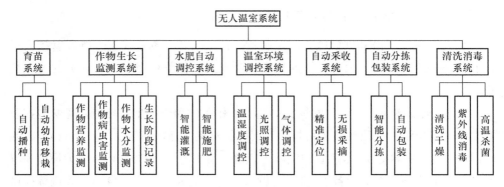

图 13-2 无人温室农场的业务系统

13.1.3 无人温室农场的类型

无人温室农场按照作物能量供给方式分为玻璃温室农场和植物工厂。

1）玻璃温室农场是以玻璃为主要透光覆盖材料的温室农场，具有采光面积大、90% 以上的透光率、光照均匀、使用时间长等优点，是一种节能、高效的栽培方式。

2）植物工厂是一种新兴的生产方式。它通过对温室环境的高精度控制，如人工光照代替自然光照，使作物不受自然环境限制，从而实现作物周年连续生产。植物工厂通常采用垂直种植的方式，以解决土地等环境资源越来越少、自然环境多变等问题。

13.2 无人温室农场的业务系统

13.2.1 育苗系统

1. 自动播种装备系统

传统的播种操作通常需要人工完成。然而，由于种子体积小、质量小，人工播种不仅效率低下，还会出现漏播、重播、损伤种子等问题。面对大面积、高密度种植的无人温室农场，集填土或配备岩棉、钻穴、播种、覆盖和喷灌或滴灌于一体的自动播种系统成功解决了传统播种模式的弊端。

精准且高效的自动穴盘播种机是系统的主要装备，可分为滚筒式真空播种机和平板针式播种机。滚筒式真空播种机运用真空吸力吸附和释放种子，当感应到穴盘或岩棉时，吸附的种子会自动落入孔穴中。平板针式播种机通过吸嘴完成种子的吸附和释放，针对不同形状和大小的种子，吸嘴的型号也有所不同。较小的种子由于体积太小、质量过小，无法通过吸力吸附起来，需要采用包衣丸粒化技术使其适宜自动播种。管控云平台存储有穴盘和种子的所有型号参数。云平台会将农产品的相关信息发送给无人运输车和自动播种机，无人运输车可根据信息从仓库调配最适合的穴盘或岩棉，自动播种机也将根据信息调整吸嘴、真空压力值等参数，以达到对应种子类型的最优播种效果。

在播种的过程中，由于基质存在一定的填充密度，容易散坨，会给幼苗的移栽带来难度，因此对于辣椒、茄子、黄瓜、番茄等，不宜重茬、种植株数相对较少的藤蔓类作物，可使用营养钵进行播种，出苗后无须移栽，可直接带钵定植于栽培槽中。基质纸钵可降解，环境友好，可降低碳排放，在维持生命所需空间的同时，可使幼苗非常容易地从穴盘中移出。

2. 幼苗自动移栽装备系统

叶菜种子在播种后的 10 ~ 15 天，果菜种子在播种后的 20 ~ 25 天（萌发出 2 ~ 4 片幼叶）可达到营养阶段的初期，此时干物质开始加速生成。为了给予作物足够的生长空间，需要将幼苗移栽到栽培槽中生长。传统的人力移栽首先需要将幼苗运输到栽培室，再手动剥离幼苗至栽培槽。这一操作不仅需要耗费大量的人力，还会由于操作不当伤及幼苗。集成精准定位、智能感测技术的自动幼苗移栽系统，可以在不损伤幼苗的情况下短时间内完成大规模的移栽工作。

智能穴盘移栽机是自动移栽系统的主要装备。在云平台的控制下，无菌栽培槽从仓库运至育苗温室。移栽机可以至少以 1600 株 /h 的速率，进行从穴盘到栽培槽的移栽作业，精准的传感系统避免在夹持时对幼苗造成损伤。定植于栽培槽的幼苗经由输送线从育苗温室送至生长温室进行生长。图 13-3 所示为幼苗自动移栽系统作业流程。

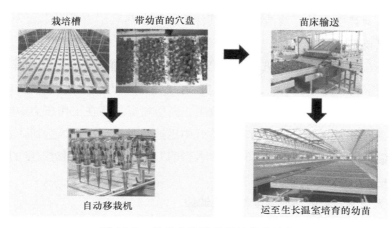

图 13-3　幼苗自动移栽系统作业流程

13.2.2 温室环境调控系统

为确保作物处于最适宜的生长环境，无人温室农场需要严格监控光量、光质、光照时间、气流、CO_2浓度、湿度、温度等环境参数。传统日光温室作物栽培的综合环境控制技术水平低，调控能力差，并且以单个环境因子的调控设备为主。无人温室农场的密闭式环境调节系统构建了温度、湿度、风力等大气微循环，通过传感器采集环境参数并反馈到中控系统，实现智能化、综合化调控，最大限度地减少了资源的消耗。

1. 无人温室农场的环境温度特点及调控

蔬果花卉等农作物的发育进程在很大程度受到温度的影响。温度调控是温室控制的重要环节。生菜等叶菜的生长温度通常控制在 20℃左右为佳，番茄、黄瓜在 25℃左右，茄子、辣椒在 30℃左右，因此变温管理是常态化的温室作物品质调控的重要手段。

在温度偏差超出预期范围时，云平台将控制变温装备调节环境温度。常见的增温调控手段有热水式采暖系统、热风式采暖系统、电热采暖系统。热水式采暖系统由于其温度稳定、均匀、热惰性大等特点，是目前最常用的采暖方式。然而传统的热水式采暖系统通常由锅炉加热，会增加温室气体的排放。减少化石燃料的使用，寻求有效的清洁能源是环境友好型无人温室农场的要求。近期科学家对地热能温室控温理论做了许多尝试，该方法被证明对可持续发展具有重要意义。地热能温控系统由地热井取热循环系统、温室空气循环系统和温室地表管道加热循环系统组成（见图 13-4）。地热循环系统中的高温水通过与温室地表管道水进行热交换实现温室地表的加温，温室空气循环系统通过驱使空气流动使温室温度均匀。除了地热能之外，清洁能源或其他工业的余热利用也是未来无人温室农场的重要控温技术。

温室降温手段有湿帘风机降温、高压喷雾降温、遮阴降温、空调降温等。湿帘风机由湿帘箱、循环水系统、轴流风机和控制系统四部分组成，通过内部循环水系统吸收空气中的热量来达到降温的效果。高压喷雾装备在工作压力 $100 \sim 200Pa$ 下可以喷出直径 $5\mu m$ 的雾滴，雾滴在空气中迅速吸收热量汽化以达到降温的效果。该装备降温速度快、温度分布均匀，同时还可以起到增加温室相对湿度的作用，故被广泛应用。

2. 无人温室农场的环境湿度特点及调控

温室湿度调节的目的是降低空气相对湿度，减少作物叶冠结露现象。一般番茄等茄果类蔬菜适合在 50%～60% 的相对湿度生长。瓜类作物的适宜湿度范围有所差异，西瓜、甜瓜等作物栽培需将相对湿度控制在 40%～50% 之间，而黄瓜栽培则需 70%～80% 的高湿环境。豆类蔬菜（如毛豆、豇豆）湿度在 50%～70% 为宜。

图 13-4　地热能温控系统

加湿业务通常选用高压喷雾装备完成。降低相对湿度除了通风换气以外，无人温室农场中将传统的沟灌和漫灌改为滴灌和渗灌，减少了作物蒸腾，也是降低相对湿度的重要措施。

3. 无人温室农场的光环境特点及调控

太阳辐射强度是影响作物光合作用和干物质生产的重要因素，故无人温室农场生产控制光通量以及光周期等光环境是非常必要的。智能补光系统可以在作物光照不足时补充光照强度。传统的补光装备以高压钠光灯为主，其光谱全，综合性价比高。新兴的 LED 光源比传统光源具有光谱可选择、热辐射小等优点，可以对植株进行近距离补光，是节能、高效无人温室农场的最佳补光选择。由于 LED 光源价格昂贵，可采用高压钠光灯和 LED 灯混合补光的模式，但是要注意高压钠光灯的热辐射对温室温度带来的影响。

光量子传感器通常置于与作物冠层持平的位置，以每分钟一次的频率采集到达冠层的光量子通量密度。云平台实时分析太阳辐射是否满足作物生长需求。秋冬季和冬春季自然光照通常无法满足温室作物生长需求，无人温室农场的管控云平台会根据光通量需求，合理增加 LED 补光灯的开启数量和开灯时间，以进行调控补光

业务。智能补光业务在为作物提供足够的光合能量的同时，避免了光能过量带来的浪费。植物工厂这种密闭式作物栽培系统，通常用于培育具有特定外观的农产品，LED 补光灯可以为作物提供不同波段的光源，以满足培育需求。

4. 无人温室农场的气体特点及调控

实时监测温室内部 CO_2 浓度，并根据控制中心的指令，通过 CO_2 发生器等自动补充，这对作物的呼吸作用至关重要。早前荷兰温室实践证明，在作物生长最旺盛期间，合理地提高 CO_2 浓度可提高产量 20%。然而试验指出随着太阳的升起，温室中 CO_2 含量呈降低趋势，直到下午作物呼吸作用放出 CO_2，温室中 CO_2 的浓度又会上升。CO_2 增施装备主要通过两种途径产生 CO_2：一种是通过强酸和强碱的化学反应释放 CO_2 气体；另一种是通过有机物发酵释放 CO_2 气体。

13.2.3 农作物生长监测系统

当农作物遇到生物及非生物胁迫，如营养缺乏、病虫害、水缺乏时，其形态、生理和生化代谢将发生特定变化（见图 13-5）。传统温室生产主要以人工观测作物外观变化的方式对农作物健康状态进行诊断，这一方法不仅效率低下，还具有主观性，极易做出错误的决策。也有许多便携式的测量仪器，如 SPAD-502 测量仪，叶绿素测量仪，CropScan、GreenSeeker、Yara-N 传感器等，可以测量作物的生理参数（如叶绿素含量、氮含量等），但是这些技术需要有人参与，对于高密度的无人温室农场生产是不适用的。

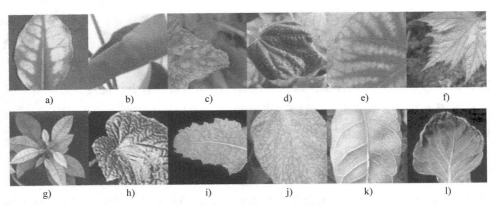

图 13-5　农作物在不同缺素状态下的表型症状

a）缺氮　b）缺水　c）缺钾　d）缺钙　e）缺镁　f）缺锌
g）缺铁　h）缺磷　i）缺硫　j）缺锰　k）缺硼　l）缺钼

在无人农场的初级阶段，工人可以根据作物生长状态远程控制装备作业，在农作物出现生长异常时，及时调整水肥配比、温室环境参数等，使作物处于最优生长状态。在无人温室农场发展的中高级阶段，即实现无人值守，甚至是自主作业，需要由管控云平台做出管理决策，开发针对不同的物种最优生长模型，并及时调整与优化模型。无人温室农场的作物生长监测系统通过机器视觉、多传感器融合、5G技术，利用全方位布置的摄像头实时采集最新、丰富且综合的植物表型信息，为管控云平台的复杂运算提供大数据支持，及时更新作物生长状态与作物表型，如叶片颜色、叶片纹理、植株高度、冠层光反射率等变化之间的关系。同时管控云平台的智能图像分析算法通过图像预处理、图像分割、图像特征提取、图像分析技术，对作物图像的特征进行精准定位、分类、量化和预测，判断作物是否处于营养缺乏、病虫害或水缺乏状态。最后，管控云平台再次通过物联网络优化各个装备的作业模式，在作物出现亚健康的情况下及时做出调整。

13.2.4　水肥自动调控系统

水肥供给在作物营养生长阶段非常重要。水肥比例施用的失误会造成作物不同的营养缺乏症状（见图 13-5），最终会造成农产品产量和质量下降。传统生产模式多采用经验法、时序控制法或土壤墒情控制法进行灌溉施肥，缺乏智能决策方案，人工依赖度高。

无人温室农场通过物联网技术实时自动采集温室内环境参数和生物信息参数，并通过物联网智能水肥一体控制系统将水分和养分同步、均匀、准确、定时、定量地供应给作物，实现水肥一体精准施入，大大提高灌溉水和肥料的利用效率。与传统水肥管理方式相比，智能水肥调控技术可增产 20%～30%，节水 50%，节肥 40%～50%。

水肥自动调控系统（见图 13-6）集成混液装置、动力系统、灌溉控制系统以及肥液检测装置于一体。混液装置用于调配和储存肥液。肥液检测装置对肥液 EC 值和液面高度进行实时测量。动力系统为混液、肥液的传输提供动力。控制系统以作物自身水肥需求特点为依据，以基质含水率、环境因子等为决策指标，为作物制订最适灌溉策略。配备的先进的荷兰 PB 滴灌系统，最大限度地保证了植物的营养获得一致性。滴灌后排出的水肥经过消毒处理后可以再循环利用，实现水肥的零排放、零污染。

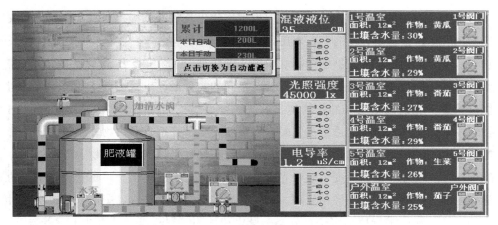

图 13-6　水肥自动调控系统

13.2.5　自动采收系统

自动采收技术依靠机器视觉系统对目标进行精准识别，并在智能传感技术、导航定位技术、精准控制技术的支撑下，完成农产品的无损收获。自动采收系统根据不同的栽培对象分为果实自动采摘系统、花卉自动采收系统和蔬菜自动收割系统。

在果菜栽培温室中，果实的自动采摘装备配有电子控制模块、传感器和机械臂装置。电子控制模块包括控制器、电动机驱动、舵机控制等。传感器系统由配有彩色相机、红外相机等多种相机的机器视觉系统和测距系统组成。机械臂装置分为机械臂和机械手，由舵机控制。自带的传感器系统智能计算果实的位置信息，控制器驱动舵机操纵机械臂装置完成采摘任务。机械手的指尖装有传感器，可以感受压力的强度和方向，能够避免收获过程中对农产品的损伤。对于高架作物，如黄瓜、番茄吊蔓栽培方式，植株较高较密，需要设计行间作业轨道，自动采摘机需要配备升降平台或可伸缩手臂，依照作业轨道开展业务。

在花卉栽培温室中，盆装花卉可通过自动运输线直接进入分拣包装环节。花卉的自动采摘首先通过输送线送至自动剪枝装备处，自动剪枝装备配备的视觉系统和切割装备互相配合，精准定位带有花苞的枝干，对鲜花进行精准的采收。在荷兰的温室中，已有成熟的盆装花卉和插花的自动采收系统。

叶菜的自动收割相对果菜和插花类花卉的采收来说相对简单，无须进行复杂的定位和机械手控制操作。一般叶菜采用水培的栽培模式，成熟的叶菜可以随栽培槽批量运输至收割装置，切割刀置于栽培槽上部，即植物根部位置，有序进行叶菜的收割。

13.2.6　自动分拣包装系统

　　农产品的分拣、分级和包装可以将温室作物的经济价值最大化。传统的农产品分拣主要靠人工实现，不仅效率低下，长期单调的重复劳动还会导致人的疲劳而出现分级失误。除此之外，人工只能通过检测农产品外部形态来做出判断，对于农产品内部的病变，水分糖分等含量不得而知，这也是人工分拣的不足之一。无人温室农场的自动农产品分拣装备可以解决上述问题。

　　基于红外热波、核磁共振等无损伤机器视觉检测技术的农产品品质检测方法，不仅可以从外观对农产品进行评估，还可以获取农产品内部信息，如水分含量、糖分含量等。这些成像技术集成在自动分拣装备内部，可以大大提高分级分类的准确性。同时，通过其他传感器（如压力传感器）的配合，可以获取农产品的质量信息，对每个农产品建立品质分级信息库，为后期农产品质量的整体评估提供参考。在荷兰智慧温室盆栽花卉物流化体系中，盆栽花卉通过传送带进入分级装备中，可以实现花卉的自动分级。

　　无人温室农场中，农产品自动分拣装备的原理如图 13-7 所示。农产品经由导向槽进入分拣中心。分拣中心配有核磁共振仪、红外相机、彩色相机等成像传感器。核磁共振仪可以获取农产品内部结构，检测农产品是否有内部病变、成分含量等信息。红外相机或彩色相机可以得到农产品外部信息，如颜色、表皮纹理、体积等，从而判断农产品

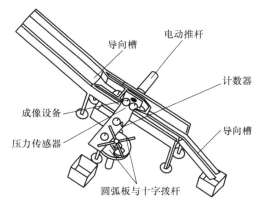

图 13-7　农产品自动分拣装备的原理

是否有外部损伤，色泽是否鲜艳，果实是否饱满。同时，分拣中心底部安装有压力传感器，以获取农产品质量信息。依据上述由传感器获取的表型信息，控制中心会控制电动推杆将农产品推送至指定类别的导向槽。在每个导向槽中安装有红外计数器，以记录不同等级的农产品的个数。圆弧板与十字拨杆配合计数器，将农产品分拣入指定包装箱中。

　　经过分拣系统的筛选，不同品质的农产品将会分配到不同流水线上进行最后的包装。全程无菌冷链包装系统可以最大限度地保证农产品的新鲜度。对于草莓、番茄等易损坏的软果，需要包裹防振减压泡沫，以防运输过程中的损坏。

13.2.7 清洗消毒系统

潜伏在种子表面、基质、穴盘、栽培槽、水肥中的害虫、细菌给温室生产带来极大的健康隐患。因此,生产前,针对材料设备的杀菌消毒工作非常关键。无人温室农场清洗消毒系统包括清洗机、吹风和干燥装置、物理杀菌设备(紫外线消毒、高温杀菌)、自动装载与卸载装备等。清洗消毒系统针对不同清洗消毒对象,有多种模式可供选择。对于穴盘、栽培槽、储液箱、水箱等栽培设施,不仅要清洗烘干,还要进行消毒操作,最后,经由装载与卸载装备运输至育苗温室以备下次生产使用。营养液则须经过过滤和紫外线物理消毒处理,以便循环利用。循环利用的营养液极大提高了水的利用效率,降低了生产成本。基质中残存的病菌、虫卵、害虫、杂草种子无法通过清洗或紫外线杀菌全部消除,需要利用高温技术来达到消毒的目的。种子通过温汤浸种、干热处理等方式,就可杀死种子表面及内部的病菌,减少苗期病害的发生。

13.3　无人温室农场的规划与系统集成

13.3.1　空间规划

1. 温室选址

根据温室建设和作物生长销售等环节的要求,温室建设地点的选取主要考虑当地的气候是否适合作物生长,地形、地质、土壤等是否适宜建造温室,水、暖、电是否满足温室日常运营需要,以及是否有将成熟作物运送到市场的交通运输条件等。

(1)气候条件　气候是大自然形成的人所不能控制的影响因素,对于温室的耐用性以及温室内作物的生长都有十分重要的影响。主要的气候影响因素包括气温、光照、大风以及雨雪等。

1)气温。建造温室前,需要精确掌握温室选址地域的气温变化。这是因为一方面,气温对于作物质量影响很大,另一方面,也可以根据掌握的气温数据,对冬季温室取暖、夏季温室降温所需消耗的能源成本进行估计。对于靠近海洋河流、山丘、森林的温室选址区域内影响气温的关键因素进行分析,如所处经度与纬度、海拔等,以便因地制宜。

2)光照。光照强度和光照时长主要影响温室内作物的光合作用、呼吸作用和温室内的温度状况,进而影响作物生长状态和成本消耗。地理位置或者空气质量都会影响光照强度和光照时长。温室在冬季生产时需要光照充足，以便于节能保温，如在我国北方要充分保证温室前端和屋顶的透光性。

3）风。主要考虑温室选址区域的风速、风向，以及是否处于风带或处于风带的位置。对于温室的建造来说，首先，不能处于强风口和强风地带，因为较强的风载会损害温室的外部构造，从而减短温室使用寿命；其次，温室不能选在不利于冬季保温的寒风地带建造，适于在背风向阳的地域建造；在夏季生产时，温室需要根据风向进行自然通风换气，便于调节温室内 CO_2 浓度。例如，我国北方冬季主要为西北风，温室应该坐北朝南，大规模的温室群北面最好要有山等天然或人工的屏障，对于东西两面的屏障为不影响光照，要与温室保持一定的距离。

4）雨雪雹。由于温室的主体框架是轻型结构，雪融化时间长会对框架有较高的要求，尤其是大中型的连栋温室，除雪较为困难，要避免在大雪区域建造。冰雹的破坏力极大，会严重影响温室的安全，应避免在冰雹严重区域建造温室。我国处于温带大陆性季风气候，四季比较温和，但也不排除会有大雪、暴雨和冰雹天气，应根据当地的雨雪雹危害情况，慎重选择温室钢架材料和外围覆盖材料。

5）空气质量。空气中的污染物主要是臭氧、二氧化硫以及颗粒性粉尘等。它们主要来自于城市车辆尾气以及大型工厂的废气排放，对于植物的整个生长阶段都有严重影响。空气中含有的烟尘、粉尘等颗粒状物质对光线有反射作用，使温室的光照量大幅降低。因此，温室应该建在空气质量较好的郊区、城镇或者工厂的上风向。

（2）地形与地质条件　温室选址应在地形平坦、交通便利的地方，既可节省建造成本，又可方便对温室进行管理。温室内地面的坡度应小于等于 1%，坡度过大会导致室内温度难以调控，坡度过小又会导致室内积水。温室不应建在向北倾斜的斜坡上，以免影响早晚阳光的射入。建造温室前，需要进行地质调查和勘探，避免建在地震带等地壳运动频发地带。

（3）水、电及交通

1）水。温室内用水主要考虑水量和水质因素。温室内灌溉、水培、加湿、水肥、升降温等都需要用到水，特别是对作物直接吸收的水质和水量更要保证，而对于一些设备来说，水质差会减短设备的使用寿命，增加成本。因此要保证温室用水的水质和水量，温室最好靠近活水。

2）电。无人温室农场全部工作都由机械自动完成，因此电力供应是必不可少的，要保证电源的稳定可靠，连续供电，否则可能带来巨大的财产损失。

3）交通。对于温室产品来说，尤其是反季节产品，如何快速运输到消费市场显得尤为重要。产品运送不及时，一方面会增加产品保鲜的费用，造成产品不新鲜；另一方面，对于易腐易烂的产品，会使产品销量降低，从而导致收益大幅度减少。因此，无人温室农场应建在交通便利但非交通要道（如省道、国道）的地方。

2. 温室布局

无人温室农场需要巨大的资金投入，适宜大规模地建造。但大规模温室占地面积大，所需设施设备多，必须对温室布局进行合理规划，提高土地的利用率，进而减少成本。

（1）建筑组成及布局　在无人温室农场总体布局中，首先要考虑温室种植区，要处于光照、通风等最适宜的地方；其次是各种仓储间、操作室、工作间等配套车间，配套车间应建在温室群的北面，这样既可以为种植区域节省向阳区域，又可防止种子药物等因温度过高而发芽变质，从而提高土地利用率；最后，烟囱要位于下风口，既可防止烟雾随风飘落于易燃物上引起火灾，造成安全隐患，又可避免飘落在外围覆盖材料上，影响光照。各种仓储室、加工车间等不宜离种植区域太远，以免影响物料运输。

（2）温室的间距　前后栋温室的间距不宜过大也不宜过小。间距过大会加大占地面积，土地利用率低；间距过小会影响后面温室的采光。冬至 12 时太阳高度角最小，这时靠南温室的阴影最长，根据这时阴影长度建造后面温室，将不会影响靠北温室的采光，为最佳。

（3）温室的方位　温室方位也就是温室三角形屋脊的走向，它的选择虽然不会直接影响建造成本，但是对于室内采光和产品质量具有重要影响。我国所跨纬度范围为 3°51′N ～ 53°33′N。以 40°N 为界，大于 40°N 时，东西方位日平均透光率较大，宜东西方位建造可偏东 5° ～ 10° 为最佳；小于 40°N 时，南北方位日平均透光率较大，宜南北方位建造。

3. 空间规划简图

图 13-8 所示为某一无人温室农场的空间规划。播种室主要用来存放全自动播种机和补苗机，用于温室内前期播种和补苗；育苗室主要用来培育幼苗；生长温室主要用于果菜和叶菜的生长；自动分拣包装系统主要用于果实和叶菜的分级和包装；仓储室（种子存储室）用于保存种子和营养液，防止种子发芽和营养液变质。此外，还有保鲜库（用于对产品进行保鲜）、产品存储室（用于存放包装好且即将出售的成品），以及存放各种粉状药物、存放育苗穴盘和栽培槽、存放各种移动作业

设备的存储室等。

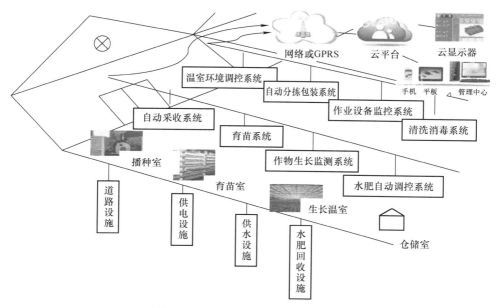

图 13-8　无人温室农场的空间规划

13.3.2　基础设施系统建设

基础设施系统是无人温室农场建设的基础物质工程设施，也是无人温室农场的基础物理框架，主要为无人温室农场的自动化和无人化作业提供基础工作条件和环境，为温室内果菜、叶菜等作物的生长提供基础的环境保障。

1. 无人温室农场主体框架与外围覆盖材料设施

温室结构设计主要考虑安全性、适用性和持久性。温室主体框架如图 13-9 所示。钢架玻璃结构使得温室的光线通透性较好，通过立柱柱网布置、玻璃墙面等分隔出使用空间。荷兰在温室结构设计技术上已经非常成熟，主要以文洛型和大屋面型为主。文洛型温室居多，大屋面温室适合光照要求更高的作物，如盆栽花卉。温室平行弦桁架相比梁能具有更大的跨度，为温室提供更多的种植空间。框架是由梁和柱构成的组合体，框架的设计要根据气候考虑柱间间距和肩高，同时还要考虑抗风性和抗震性。支撑是联系温室屋架、天沟、立柱等主要构件，保证温室整体刚度的重要组成部分。支撑体系分为柱间支撑、墙体支撑、天沟高度水平支撑和屋面支撑。

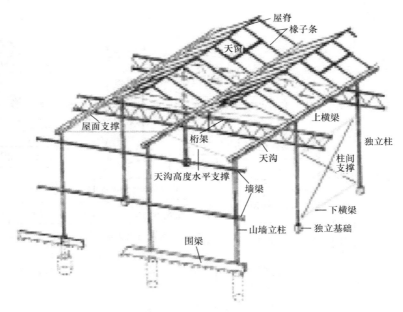

图 13-9 温室主体框架

温室外围覆盖材料目前主要有玻璃、聚碳酸酯板（PC）和塑料薄膜，其中荷兰主要以玻璃温室为主。理想的覆盖材料应具有透光量大、散热慢、结实耐用、成本低、便于安装等特点。以荷兰温室为例，部分温室顶部玻璃采用高透光、高散射的材料，如可见光透射比达到97.5%，散射率雾度值75的超白漫反射玻璃，可以提供房间内均匀分布的光线，具有耗热量低、防滴漏、维护方便的优势；四周墙体采用保温散射光中空玻璃，透光性好，密封性好，墙体保温，观赏性高，节约能源。但玻璃温室具有造价高、质量大、构造过程较为复杂等缺点，而PC板质量小，造价低，美观大方，并且可达到玻璃温室的环境调控水平，具有自洁、防流滴、抗老化、不起皮、不变皱、不产生裂缝或磨损等优势，目前最受欢迎。虽然不同地区使用的材料不尽相同，但是保温需求是一致的，只要能配合加热系统，将温室温度控制在适宜温度即可。

2. 无人温室农场的物流网运输道路设施

道路设施是无人温室农场中最重要的基础设施之一，主要是便于农产品和生产资料的运输，并且与主干道距离最近。为了方便自动作业设备（如运输作业车、采摘作业车等）的行进作业，每两行作物之间需要留有作业车轨道，规模较大的温室群干道宽度一般为6～8m，次干道宽度为3～6m。南北每隔10栋左右温室应设东西大道一条，东西每隔2栋温室设南北大道一条。

在无人温室农场中，育苗室与生长温室之间通过传送系统连接。幼苗的移栽在育苗室中由自动移栽机器人完成，带有幼苗的栽培槽经由传送系统运输至生长温室的指定位置。各工作车间之间都需要有物联网运输道路，以便完成温室内作物的生产包装工艺流程。

3. 无人温室农场的产品物料仓库设施

仓库设施主要包括肥料存储室、穴盘（栽培槽）存储室、种子存储室、农药存储室、产品存储室以及设备存储室。它们是各自独立的不同物料存储车间，每个车间根据物料的存储条件不同有不同的环境设置，如产品存储室应具有产品保鲜功能，种子存储室要阴凉干燥。

4. 无人温室农场的供水管道设施

供水管道设施主要包括集水设施、加温管道、灌溉管道等。集水设施主要包括集流槽、沉淀池和集雨窖，用于收集和贮存雨水，然后通过抽水设施、过滤系统和滴灌施肥技术，高效地利用雨水。加温管道用于维持温室温度。灌溉管道用于灌溉温室作物。供水系统最好采用自来水或用变频泵衡压供水。施肥机将水与营养液母液按比例混合，经过管道和滴管，采用滴灌、喷灌等技术，将营养液精确供给每一棵作物，也可用于降温加湿系统，调节温室内部的温湿度，防止病虫害发生。

5. 无人温室农场的供电设施

无人温室农场供电系统为实现可持续发展，采用集中供电为主导，太阳能供电为辅的思路。太阳能发电光伏装置主要包括太阳能电池板和固定在太阳能电池板背面的背板，光伏装置的支撑板可以按照太阳光方向自动调节倾角大小。无人温室农场中，大多数的作业设施以及一些日常管理工作都需要用电，需电量较大，还是以集中供电为主，以便于统一控制和管理。温室的主输电线路最好采用三相电。在温室内的电线一定要密封防水，以免漏电发生危险；对于电线较多的区域，一定要将电线梳理清楚，电线最好安装在地下或者高空。

13.3.3　作业装备系统集成

1. 移动装备系统集成

无人温室农场中的移动装备主要包括无人机、采收作业车、运输作业车等。无人温室农场内的移动装备必须在移动过程中完成温室内的喷药、温室"巡视"、采收、运输等业务，多数情况下与固定装备配合完成温室内的各项工作。

1）无人机主要用于温室内药物的喷洒、高空喷雾降温，以及拍摄图像对温室内的果菜和叶菜的生长状况进行监视。

2）采收作业车主要是用于对花果菜的采收工作，一般具有识别花果菜成熟度和精确采收的功能，如果实采摘作业车。

3）运输作业车主要用于对不同区域内的作物或物品进行运输，如将移栽好的幼苗运输到生长区，或将采收的叶菜运输到自动分拣装备，将花果蔬从自动分拣装备运输到自动包装装备等。

移动装备根据云平台建立的最优模型的调控不断更新内部程序，以便可以应对各种突发状况，实现无人化精确作业。

无人温室农场中的移动装备上均装有 GPS 位置传感器和测距传感器。

1）GPS 位置传感器将各个移动作业设备的位置信息经信息通信技术传送到云平台，云平台根据位置信息分析移动装备工作状态并调配各个移动作业设备，以保证各个移动作业设备的高效运行。

2）测距传感器将会检测设备周围的障碍物信息，当前方存在障碍物时，移动作业车停止运行；当障碍物离开后，移动作业车缓慢启动。移动装备发生故障时，会发出预警信号并传送到云平台，以便云平台及时调配作业车完成相应的业务。

2. 固定装备系统集成

无人温室农场中的固定装备主要包括全自动播种机、补苗机、全自动移栽机、水肥自动调控装备、自动清洗消毒装备和自动分拣包装装备等大型作业设备。这些装备无须移动，或单独可调控，或与其他装备结合即可完成无人温室农场中的播种、施肥及产品的分级包装等业务。

1）全自动播种装备的工艺流程主要包括基质填充、冲穴、播种、蛭石覆盖与浇水。种子通过空气泵喷射到滚筒膜上，带上种子的滚筒播种机经过矩阵排布，与下方传动的线程盆盒精确贴合。一方面，滚筒式播种机带有的超大尺寸真空泵和消除双种子现象的专利空气系统，播种精度高、速度快；另一方面，还可以直接播种原种。此外，全自动播种机还可以进行穴盘填土、表层土覆盖、浇水等操作，实现了高效的无人化温室播种流水线。

2）补苗机。全自动播种机虽然利用空气泵填种，气流难免会出现压力不均，可能会出现一些漏播或者播种浅等状况导致后期缺苗现象。为了弥补全自动播种机的这种不足，后续需要接入补苗机。补苗穴盘逐一经过补苗机的图像识别系统后，将空苗和不合格种苗的位置识别出来，自动将不合格的种苗剔除，自动补苗抓手从源苗盘中抓取好苗逐行补入新苗。补苗后的目标盘内种苗合格率达 100%，目标盘经传送带输送到生长温室。

3）全自动移栽机。温室作物幼苗根据品种和生长周期不同，需要不同规格的盆盒对幼苗进行移栽。全自动移栽机通过抓手抓取育苗穴盘中的幼苗放入到目标盘（盆）中，可分为盘 - 盘移栽机和盘 - 盆移栽机。盘 - 盘移栽机主要针对叶菜植物，因为叶菜植物长势慢，无侧枝，根系比较简单且质量小，在盘中即可满足生长需要，也方便运输并节省空间；盘 - 盆移栽机主要针对果菜植物，因为果菜植物长势快，侧枝多，根系发达且质量大，后期需要在盆中生长。

4）水肥自动调控装备可以实现每天定时定量自动对作物进行施肥。具体有两方面业务：水肥智能灌溉系统和回液紫外消毒系统。一方面，灌溉系统对于温室作物的生长不可或缺，灌溉系统还具有定量化和智能化的施肥机。在作物生长缺水或温室需要降温加湿时，可根据温室内环境条件（光照和温度）自动调节灌溉总量，并能够根据作物生长过程需要设定灌溉具体参数，完成灌溉过程的智能控制；在作物遭遇病虫害时，施肥机可根据云平台建立的最优模型，对防治该种病虫害所需的水肥或药物用量精确调配，从而能够提供植物最佳的生长环境。另一方面，对于采用无土栽培（如岩棉无土栽培）模式的温室作物，需要一定回液量来调节根系生长环境及吸收能力。为了提高水肥利用率，可以通过紫外线对回液进行消毒处理，从而实现回液的重复利用，减少对水资源的浪费，降低成本。

5）自动清洗消毒装备主要用于对穴盘、栽培槽、水肥自动调控装备管道等进行清洗消毒处理，既可以对它们进行二次利用减少投入成本，又可以减少设备对种苗病毒感染的概率。

6）自动分拣包装装备主要是对花果菜进行分级和包装。自动分拣装备可通过上方的摄像头和下方的压力传感器传送花果菜颜色、大小、形状、损伤程度和质量信息，经综合分析后对花果菜进行自动分级。分级好的花果菜进如自动包装环节，自动包装装备对分级好的花果菜进行不同等级的包装。

13.3.4　测控装备系统集成

无人温室农场的测控装备系统如图 13-10 所示。测控装备系统是无人温室农场的感官系统，主要包括各种传感器、摄像装置、采集器、控制器、定位导航装置等，主要用来感知温室内环境状态、作物的生长状态、各种自动化装备的运行状态，保障温室内的正常通信，对自动作业装备进行技术和作业的精准控制。传感器主要是采集温度、湿度、光照强度、CO_2 浓度、距离、压力等信息。摄像头主要是采集外观图像信息。室外气象站主要是对室外气温、光照强度、空气湿度、风速、风向、降雨 / 雪 / 冰雹等进行监测。

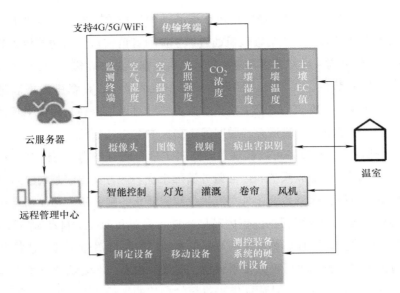

图 13-10　无人温室农场的测控装备系统

1. 无人温室农场的环境调控系统

无人温室农场的环境调控系统主要针对温室内外的环境进行监测，对温室内环境进行控制，避免室内温度波动过大。温室内的温度、湿度、CO_2 浓度和光照强度与植物光合作用和呼吸作用有较大联系，对温室作物的生长状态影响很大。空气温湿度传感器用于监测温室内空气温度和相对湿度；土壤温湿度传感器主要用来监测温室内作物栽培基质的温度和含水量；CO_2 浓度传感器用于监测温室内的 CO_2 浓度，浓度过低不利于植物的光合作用；光传感器主要用来监测温室内的光照强度，光照强度对于植物的光合作用和室内温度有较大影响；小型室外气象站主要用于室外气温、光照强度、空气湿度、风速、风向、降雨/雪/冰雹等室外环境的监测，便于结合室内环境监测系统，对影响温室内作物生长的环境因素进行控制，如根据室外风向开启相应方向的顶部玻璃窗，根据风速和风向决定开启窗户、屋顶板的方向。

空气温湿度传感器、土壤温湿度传感器、CO_2 浓度传感器、光传感器等监测到的室内环境信息和室外气象站监测到的室外环境信息经环境采集仪进行信息汇总，通过信息通信技术传送到云平台。云平台对这些环境数据进行存储分析，并在云平台上进行可视化。当测得的环境参数高于或者低于系统设定的正常参数范围时，控制器会自动打开相关的执行设备（如升降温系统、通风系统、加湿系统等）调节温室内环境，使得温室内温度、湿度、CO_2 浓度、光照强度等处于标准状态。

2. 无人温室农场的作物生长监测系统

无人温室农场的作物生长监控系统主要是对作物整个生长周期的病虫害和生长状况进行监测，按作物生长阶段补充营养并对病虫害进行防治。

（1）育苗阶段　摄像头拍摄幼苗图像传送到云平台进行图像分析，得到幼苗的生长状态数据，补苗机自动对未发芽、病害和死亡幼苗进行补苗，对于长势比较慢的幼苗进行再培育，直到摄像头拍摄的幼苗图像经云平台分析达到标准，运输作业车自动将良好的幼苗运输到种植区域。

（2）生长阶段　摄像头实时拍摄作物图像传送到云平台进行植物表型分析，得到作物植株的病虫害和营养数据，当植物发生病虫害或营养缺乏等症状时，水肥自动调控设备根据云平台的最优作物种植模型进行精确水肥配比，调节作物生长状态。

（3）结果阶段　摄像头拍摄果菜的果实和叶菜的图像传送到云平台，通过云平台图像表型分析，得到温室花果菜的成熟度数据，自动采收作业车对成熟的花果菜进行采收。

3. 无人温室农场的设备作业监控系统

无人温室农场的设备作业状态监控系统主要是对无人温室农场中的固定装备、移动装备、测控系统的硬件设备等的运行工作状态进行监控。

1）对于温室内的固定装备，如水肥自动调控设备、三维立体加温系统、主动冷却系统、自动分拣设备、自动包装设备等能否正常运行以及目前的运行状态进行监测，并传送到云平台，以便云平台及时调控设备运行。

2）对于温室内的移动装备，如园艺整枝机器人、采摘机器人、无人运输车等移动设备进行监测，GPS 定位装置将移动设备的位置信息传送给云平台，云平台记录位置信息，并据此安排就近作业设备。

3）对于温室内的测控系统的硬件设备，如摄像头、传感器、采集器、控制器能否正常运行以及目前的运行状态进行监测，并传送到云平台，及时发现故障设备，以便采取补救措施。

无人温室农场中使用的测控设备将会有很大的改进。传感器部分将会更加的轻便、低成本、高精确度和高灵敏度，基于多传感器的信息融合技术将会在无人温室农场中广泛使用。摄像头部分获取的图像更加清晰、直观，可直接呈现二维、三维甚至多维图像，一张图像呈现更多信息，图像融合技术也会具有重要应用。

13.3.5　管控云平台系统集成

无人温室农场的管控云平台系统如图 13-11 所示。云平台的构建会经历三个阶

段：第一阶段是远程控制，人根据测控系统监测到的环境、作物生长状态等信息进行分析，远程控制执行作业设备完成相应的业务，不需要云平台的参与；第二阶段是无人值守，对于简单的常规业务，高度自动化的设备不需要人的参与，可以在云平台的调控下自主完成作业，对于突发、异常或者比较多变的业务，则需要人进行判断分析后，远程控制设备运行；第三阶段是自主作业，主要各种设备在云平台的调控下都可以完全实现自主运行，不需要人的参与。

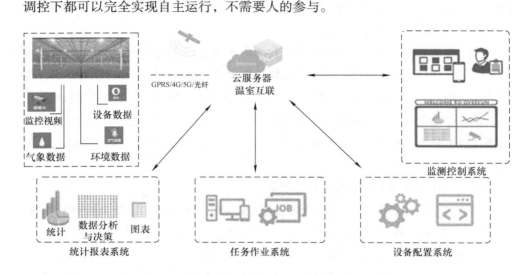

图 13-11　无人温室农场的管控云平台系统

固定装备和移动装备能够自主完成比较常规的业务，但是，对于突发或者异常状态则需要云平台进行调控，如水肥自动调控设备每天定时定量自动对作物进行施肥灌溉，但是当作物出现病虫害时，则需要云平台进行调控更新设备中的数据信息，设备自动进行精确的水和药液配比。因此，云平台相当于无人温室农场的大脑，对无人温室农场进行全面实时监控和大数据分析，根据环境数据信息、作物生理状态信息、设备工作状态信息等进行自动分析，自动建立起覆盖整个作物生长周期的最优种植模型，实现温室的无人化智能化作业。

云平台对无人温室农场中经过处理后的数据信息，如环境信息、作物生长状态信息、各种设备的工作状态信息进行存储、汇总、分析与管理，如根据摄像头传送的图像可分析叶菜和果菜的颜色、大小、病虫害程度及种类，然后通过接收到的数据信息不断更新数据库，建立最优作物生长模型，各种作业设备根据最优模型实现精确的自主作业。当设备发生故障不能正常作业时，设备自动发出预警信息，并将故障信息发送给云平台。

云平台会对所有温室的数据信息进行整理分析，删除无用信息，保留有用信息，建立覆盖作物整个生长周期的最优模型，以便为今后的温室作物种植提供经验和参考依据。云平台作为有效的信息共享平台，将温室之间、用户与温室之间联系起来并进行有效沟通。用户可通过手机、计算机等客户端下载的 App 对云平台中存储的数据信息进行实时查询，既可以横向查询一天内的数据信息，也可以纵向查询一周、一月甚至一年的各项数据变化，以及云平台根据数据分析出的相关信息，也可通过手机客户端远程读取云平台中存储的数据信息及数据分析结果。

无人温室农场中的每一棵果菜或叶菜都有独立的成长日志，可以通过云平台查看果菜或叶菜每一天的营养状态、生长环境数据、水肥供给情况，甚至可以追溯到生长温度、光照数据（光合作用指数）等诸多信息。云平台还可通过网络形式在允许权限范围内接入新增监测点，并且能够接收到新接入监测点的监测信息。

13.3.6　系统测试

系统测试能够实现对监控中的温室状态、运行参数的异常状态（包括偏差报警、超限程报警、变化率报警、过压过流报警以及设备故障报警等）进行监测报警，并通过有效的管控机制做到紧急停机、临时关闭等功能。此外，并将这些特定的处理事件（包括操作事件、登录事件、工作站事件、应用程序事件）通过短信平台与远程操控中心进行有效报告。

1. 硬件测试

在无人温室农场正式投入生产运营之前，需要对硬件设备（包括基础设施、固定和移动设备、测控设备等）进行测试。

对各种基础设施能否支持温室后期的正常运行进行检测，如温室的抗风能力与稳固性相关，温室的稳固性与建筑质量、骨架材质、顶面弧度、柱梁跨度有密切关系，检测温室主体框架的安全性、持久性和抗风、抗震性能，对于主体框架的最大耐受程度有大致了解，以便及时修理损坏的温室骨架；检测无人温室农场的外围覆盖材料的透光性、密封性和耐用性，判断外围材料是否能提供作物生长的必要条件；检测无人温室农场的物流网运输道路的适用性，是否能够满足各种移动设备的通畅运行等；检测无人温室农场的水网管道能否正常运行，管道是否有滴漏或破损，过滤消毒系统是否正常运行，以及过滤消毒后的水是否符合预期要求；检测无人温室农场的电力系统供电是否正常，各种用电设备是否能够接收到电，有无漏电或断

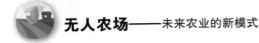

电现象。

对各种移动和固定设备是否能正常运行进行检测。检测各种移动设备是否能安全高效运行，有无设备相撞，或者一个设备工作另一个设备在旁等待等现象；检测各种固定设备是否能达到预期要求。当然，也要检测作业装备的正常或异常运行能否在云平台上进行显示，以及作业装备异常运行报警系统是否能正常运行。

测控系统的测试主要是对环境调控系统和作物生长监测系统进行能否正常运行的测试。首先检测各种传感器能否正确显示温度、湿度等各种环境数据状态，各个摄像头是否能够拍摄到有用的作物图像，室外气象站能否正确监测到室外环境信息；其次检测各种环境和作物生长数据能否正确传送到云平台并可显示可查询；最后任意改变某一环境参数，检测相应的执行设备是否可以自动对该环境参数进行调节，云平台能否通过图像正确分析出作物的病害信息，以及相应的水肥系统能否针对该种病害进行精确水肥配比。

2. 软件测试

无人温室农场的软件测试系统主要针对云平台进行测试：检测云平台能否接收到并精确显示出采集到的各种数据信息，如各种环境信息、作物生长状态参数和各种设备的运行信息；检测云平台能否对采集到的信息进行汇总分析出正确的结果，如作物的病害信息等；检测云平台能否做出判断发出正确的控制命令，以使各种设备高效运行；还可检测云平台是否能够满足用户的各项查询要求，用户是否可以远程通过手机、计算机等进行查询和控制云平台。

软件测试主要是对程序进行测试，需要对高层需求和底层需求进行全覆盖，可以在系统级（由传感器、摄像头、各种作业装备及执行设施等营造的真实环境）对高层需求进行完整覆盖测试，在单元级（桌面环境）对底层需求进行测试，使其达到温室正常运行的要求。

第14章 无人猪场

14.1 概述

现代养猪业正在向规模化、设施化及智能化的养殖方向快速发展，随着养殖规模的不断扩大，大型设施化无人猪场已经逐步取代了农村中小规模养猪场。由于猪场的工作环境恶劣、地处偏远、劳动强度大等因素，导致人员招聘困难，工作人员紧缺，因此亟须依靠先进的科学技术与智能装备改变传统的人工生产模式，实现更高效益、更高品质、更低成本的规模化生产。

14.1.1 无人猪场的定义

通过机器视觉、人工智能、大数据、互联网、物联网等先进技术，将猪场的环境控制、健康感知与预警、智能饲喂、粪污处理等多个业务系统连接起来，分别针对空怀母猪、妊娠母猪、哺乳母猪、仔猪及育肥猪等不同生理及生长阶段、不同生产目标进行全方位的生产信息收集和自动化远程管理，实现猪场所有生产业务无人值守的新型养殖模式。

无人猪场的发展经历了三个阶段：根据现场实际生产作业情况而进行人工远程操作控制的初级阶段；不需要人工值守，即可按照预设的流程自动完成生产作业过程中的数据采集、分析处理、运行控制等业务的中级阶段；云平台系统通过数据中心、服务器等大数据平台获取、分析生产作业数据，根据实际生产作业情况与需求，自主设计调整最佳生产作业方案的高级阶段。

14.1.2 无人猪场的组成与功能

无人猪场系统主要由基础设施系统、固定装备系统、移动装备系统、测控装备

无人农场——未来农业的新模式

系统、管控云平台系统五大系统组成（见图 14-1）。五大系统在无人猪场中各司其职，缺一不可。通过系统之间的协同作业，实现了对猪场生产目标的精准管理和养殖过程的无人化操作。五大系统在无人猪场生产作业过程中分别承担了不同的作用与功能，具体如下：

1）基础设施系统是实现无人猪场的基础条件，同时也为无人化生产作业提供了最根本的保障。无人猪场的基础设施包括道路设施、仓储设施、供水设施、电力设施、网络设施等。按照养殖目标的不同，基础设施还包括种猪舍、妊娠猪舍、分娩猪舍、保育猪舍、育成育肥舍五个养殖车间。基础设施的构建与设计要为无人猪场稳定、有序的生产运行提供基础的服务和有力的支撑。

2）固定装备系统是指在无人猪场生产作业过程中的固定化装备设施。固定装备承担着猪场内所有养殖车间在生产过程中必不可少的基础业务，其中包括饲喂装备、清粪装备、分群装备、通风降温装备、加热装备等。这些装备不需要进行移动作业，即可自动完成各自所承担的生产业务，实现了猪场生产中基础业务的无人参与及自动化作业。

3）移动装备系统是指在无人猪场的生产作业过程中必须通过移动方式完成生产业务的装备设施。移动装备主要承担着猪场内的移动平台业务、清洗消毒业务、不同养殖车间之间饲料或猪只移动转群等运输业务，其中包括移动平台装备、转群装备、清洗消毒装备等。这些装备利用无人车、电动滑轨等设备替代了人工运输与清洗等工作，实现无人化与自动化的移动作业。

4）测控装备系统是指在无人猪场的生产作业过程中负责测量与获取生产数据的装备设施。测控装备主要承担着猪场内的环境信息感知、生长信息感知、装备状态感知等业务，其中包括传感器、摄像装备、拾音装备、采集器、控制器等。这些装备通过获取大量的数据，代替人工操控设备，实现猪场生产作业的自动化、精准化控制。

5）管控云平台系统是无人猪场系统中的大脑与核心系统。首先通过收集、传输大量的生产作业数据与环境数据，再将这些数据经过管控云平台系统自动处理与分析后，将结果与最新的生产指令反馈至生产线上相应的硬件系统中，从而形成一种无人化自动控制与管理的良性循环工作模式。

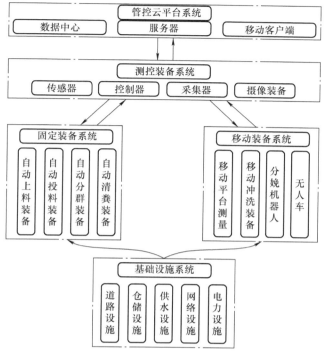

图 14-1 无人猪场系统组成

14.2 无人猪场的业务系统

无人猪场的生产作业、监测管理等业务都是由机器与设备的自动运行完成的，生产的全过程中不需要人为介入进行任何的操作。无人猪场在生产过程中的主要业务系统包括：猪场环境智能调控系统、无人饲喂系统、无人幼猪繁育系统、无人管理系统、无人清洁系统、无人粪污处理系统、无人巡检系统。

14.2.1 猪场环境智能调控系统

无人猪场环境中的温度、湿度、有害气体浓度等因素对生产目标的生长具有重要的影响。猪场环境智能调控系统通过温湿度传感器、光照传感器、风速传感器、氨气传感器、硫化氢传感器、二氧化碳传感器等设备，运用物联网与无线通信等技术实现对养殖车间内环境数据的采集、传输、存储的自动化与实时化，代替对环境数据的人工测量、感知、调控，实现对无人猪场生产环境的实时监测与智能控制。环境智能调控业务包括通风降温业务与加热升温业务。

1. 通风降温业务

通风降温业务以降低夏季养殖车间内的温度与有害气体浓度为主要目标，采用湿帘风机的方式，实现养殖车间内降温与通风的自动控制。分别在养殖车间的两端安装电控风机和湿帘，风机将养殖车间内的空气向外吹的同时，室外空气会通过有湿帘的窗口进入室内。热空气从湿帘通过后水分蒸发，吸收掉空气中的一些热量，再由风机排出室外。如此往复，即可达到降温的效果。这种降温方式具有构造简单、成本较低、降温速度快、耐用、稳定等优点。

2. 加热升温业务

加热升温业务针对冬季养殖车间内不同生产目标所需环境温度不同，以实现养殖车间内集中供暖与局部升温的无人化与自动化为目标，采用红外加热灯等设备对养殖车间内的躺卧区域等进行局部升温。局部升温业务主要应用于分娩舍和保育舍，仔猪一般要求室温为 30~32℃，而母猪则要求 17~20℃。集中供暖业务利用热水、蒸汽、热空气等热介质，再通过管道将热介质输送至养殖车间内。因此，在寒冷的冬季常采用集中供暖方式，维持分娩舍温度为 18℃，而在保育舍内利用局部升温设备，保持局部温度达到 30~32℃。

14.2.2 无人饲喂系统

传统的人工饲喂模式劳动强度大、给料不准，经常会引发猪只应激反应，污染养殖车间。无人饲喂系统以实现无人猪场精准化、自动化饲喂为目标，取代了人力拖车运输饲料进入养殖车间，以及人工喂养不同猪种过程中需要根据特定喂养方案定时定量给料的烦琐工作，实现了自动控制猪只采食量。无人饲喂业务主要包括饲料自动运输业务与自动投放业务。无人饲喂系统中饲料的自动运输业务是实现猪场无人养殖的基础业务，应用于所有的养殖车间。饲喂过程中饲料通过输料管线自动运输并投放至喂料器中，解决了人工运输工作量巨大、人员设备流动引发的污染和疫病等问题。因此，自动运输业务可以降低劳力成本，降低猪场对人工的依赖，是实现猪场无人养殖的重要环节。对于种猪（如妊娠母猪及哺乳母猪）的饲喂，则需要采用电子标识技术，借助上位机或云端的计算机管理系统，与智能电子饲喂站的协同工作，实现对种猪个体的自动及精准饲喂。

饲料的定时定量投放是猪只健康养殖的重要保证。根据饲喂种公猪、种母猪（后备母猪、妊娠母猪、哺乳母猪）、仔猪及育肥猪等不同生产目标，需要实行特定的给料方案。饲料自动运输管道向不同猪舍的饲喂器进行定时定量的饲料自动投放，在精准饲喂的同时减少了饲料损失，降低了清理剩余料工作带来的养殖车间内外交叉污染的风险。

14.2.3　无人幼猪繁育系统

无人幼猪繁育系统以实现猪场母猪繁育过程中母猪自动分娩与产后护理，替代人工接产、断脐、剪牙、清理产圈等烦琐工作为目标，实现了猪场幼猪繁育业务的自动化、机械化、无人化。无人幼猪繁育业务包括自动分娩业务、无人产后护理业务。

1. 自动分娩业务

自动分娩业务中的摄像装备可以自动检测与识别正在分娩仔猪的母猪，同时将分娩母猪的栏位号码、身份号码上传至云平台系统。云平台系统将分配分娩机器人准确找到分娩母猪，协助仔猪的生产、断脐，对出生的仔猪进行剪牙，用以保证母猪在喂奶期间不被仔猪尖牙咬伤，随后对分娩结束后的栏内进行清洁。

2. 无人产后护理业务

针对分娩后母猪的身体抵抗力较弱的情况，无人猪场需要安排产后护理业务，以完成定时定量产后母猪特制饲料的补给、栏位内的清洁、母猪外阴的定时清洗等工作。产后母猪的特制饲料补给业务由上述的无人猪场饲喂系统完成，可定时定量自动向指定的栏位输送、投放饲料，保证母猪的产后营养。

产后护理机器人是实现无人产后护理业务的重要设备，主要承担母猪产后监测及护理等工作，以保证产后母猪健康、快速恢复。机器人摄像头可获得高分辨率高清晰度的图像，并通过图像处理识别、定位产后母猪阴部，对产后母猪定时监测，防止产后大出血、生殖器官感染等状况引起母猪生殖障碍疾病，甚至死亡。此外，产后护理机器人也具有产房清洁功能，可防止产后母猪由于栏内不卫生而引起感染，实现了清洁业务的自动化、机械化、无人化。

14.2.4　无人管理系统

无人管理系统以实现针对无人猪场中每一个生产目标的精准化、科学化、自动化管理为目标，代替了传统人工手持挡猪板以驱赶方式进行的分群与转群业务，同时也避免了驱赶过程中引起的较为严重的应激反应，进而实现大群生产目标的自动分群业务，实现无人化、自动化、精细化的管理。无人管理业务主要包括自动分群业务与自动转群业务。该系统彻底将养殖人员从繁重的管理工作中解脱出来。

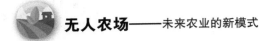

1. 自动分群业务

自动分群业务主要应用于生产目标的育成育肥饲养阶段，是在育成育肥舍中大群饲养模式下实现无人化管理的核心业务。自动分群业务是根据每一猪只的生长状态，自动将其分配至合理的采食区域，有效地避免了发生强行争食、出栏整齐度不一致、大小不一的现象，达到"全进全出"的出栏目标。

育成育肥舍的构建由躺卧区、活动区、强猪采食区、弱猪采食区、待出栏区组成。生产目标由活动区进入分隔设备后，分隔设备根据生产目标的身份与生长信息自动选择并开启相应的采食区的单向门，使目标顺利进入该采食区。采食结束后，生产目标从另一个单向门离开采食区，回到活动区。生长状况已经达到出栏标准的生产目标则无法进入分隔设备，而是从另一个双向门进出待出栏区进行采食活动，以便进行合理的出栏安排。

2. 自动转群业务

自动转群业务主要应用于断奶后的仔猪从分娩猪舍自动转运至保育舍，进行生产目标保育阶段的生产作业。该业务利用无人车技术与可升降漏粪地板，实现仔猪的无人自动拾取与转运。转群业务根据仔猪生长情况自动打开舍门，同时逐渐升起漏粪地板的一端，将所有仔猪滑落至已提前等待在门外的无人车内。自动拾取完成后，分娩猪舍门将关闭，无人车自动驶入保育舍完成自动转群的业务。

14.2.5 无人清洁系统

无人清洁系统以实现猪场生产过程中产生的粪、尿等排泄物的自动清理与收集，以及在转群或出栏后对养殖车间的自动冲洗与消毒业务为目标，替代了人工清粪、运粪、冲圈、消毒的高强度作业方式，实现了猪场清洁业务的自动化、机械化、无人化。无人清洁业务包括自动清粪与集粪业务、自动冲洗与消毒业务。

1. 自动清粪与集粪业务

自动清粪与集粪业务应用于猪场内所有养殖车间以及生产目标的所有饲养阶段，是猪场实现无人化生产作业必不可少的业务。养殖车间的粪道内安装自动控制刮粪板，粪道上方铺设漏粪地板。

生产目标所排泄出的尿液可直接通过漏粪地板渗漏至粪道内，而粪便则需要通过生产目标不断地踩踏，将其挤压至粪道内。刮粪板将粪道内堆积的排泄物统一清理至粪污虹吸管道内，利用虹吸管道将所有养殖车间的粪污收集至集污池中进行集中处理。

2. 自动冲洗与消毒业务

自动冲洗与消毒业务同样应用于猪场内所有养殖车间以及生产目标的所有饲养阶段，以保证无人猪场的安全生产与防疫为目标，在生产目标出栏或转群后，对养殖车间内的基础设施与固定装备进行冲洗清洁，并喷洒消毒药剂。该业务一般在养殖车间上方安装可移动的高压水冲洗设备，利用该设备先将黏附在地面、栏杆、料槽、设备上的污物用高压水枪自动冲洗清除掉，然后用药物进行喷雾消毒或熏蒸消毒，最后再次利用高压水枪冲洗掉残余的消毒药剂。消毒作业结束后需要空置养殖车间三天左右，待其彻底干燥后，再开展新一批的生产作业。自动的清洗消毒操作可以及时消灭猪场内的细菌和病毒，防止疾病传播。

14.2.6 无人粪污处理系统

无人粪污处理系统利用养殖场排出的粪污，经过一系列处理，将粪污转化为有价值的能源、肥料和饲料等，从而防止养殖场排出的粪污对环境造成污染，践行变废为宝的新型环保理念。无人粪污处理系统由集污池、固液分离机、发酵罐、沼气池、污水处理系统等组成。养殖车间经无人自动清粪集粪系统，将粪污收集至集污池中，通过固液分离机将干粪与污液分离，其中干粪处理后直接出售或用于生产化肥。污液贮存在发酵罐中进行发酵后产生沼气和沼渣，沼气可直接用于燃烧供暖、照明、炊事等，也可以用于生产化工原料；沼渣具有较丰富的营养物质，经处理后可用作肥料和饲料。

14.2.7 无人巡检系统

无人巡检系统以实现 24h 不间断地在猪场进行巡检，及时发现并处理生产目标出现的疫病或异常行为为目标，代替了饲养员定时定次的巡检工作。该系统实现的业务应用于所有生产目标，且拥有监测时间更长、覆盖面更广、发现疫病与异常行为更及时、投入成本更少等优势，保证了无人猪场生产目标的健康生长和生产作业的顺利进行，有效地提高了猪场的经济效益。无人巡检业务包括咳嗽行为监测业务与体温巡检业务。

1. 咳嗽行为监测业务

咳嗽行为监测业务是通过在养殖车间内安装采集声音数据的拾音器设备，监测生产目标是否出现咳嗽的症状。拾音器通常被置于监测猪群的中间部位（距离猪栏上方约 2m 处）。通过对声音数据的实时分析，可在养殖车间内复杂的声音背景中发现异常的咳嗽声，从而判断生产目标是否存在呼吸问题。

2. 体温巡检业务

体温巡检业务针对所有阶段的生产目标，采用红外测温的方式对生产目标的体温进行巡检。体温巡检业务利用红外摄像机搭载电动滑轨或机器人，实现全天候不间断的自动巡检。通过对获取的红外图像的处理与分析，可在养殖车间内及早地发现体温异常或疑似疾病的生产目标，从而采取相应的措施。

14.3 无人猪场的规划与系统集成

14.3.1 空间规划

无人猪场建设的选址要求首先是节约用地，要有充足的水源和良好的水质，以及具有足够的电力和其他能源的可靠供应，为进一步的发展留有余地；其次是应选在远离人群聚集的地区，禁止在畜禽疫病多发区、水源保护区、古建保护区、环境公害污染严重地区、交通要道、风景名胜区、自然保护区等地区建场，避免气味、废水、粪污等对环境与居民健康及正常生活造成影响；最后，场址用地应符合当地城镇发展建设规划和土地利用规划要求与相关法规，选择在城镇居民区常年主导风向的下风向或侧风向，避免气味、废水及粪肥堆置而影响居民区。

无人猪场在整体布局上应至少包括生产区与辅助区两个部分（见图 14-2）。生产区包括各类养殖车间、病死猪处理车间、隔离车间、粪污处理区。生产区是猪场的主要建筑区，包含大量生产设施与装备，建筑面积一般占总场面积的 70%~80%。辅助区包括无人猪场生产管理所必需的附属设施，如饲料仓库、水泵房、锅炉房、变电所。辅助区与日常的生产作业有密切的联系，所以这个区的建设不应距离生产区较远。

无人猪场的生产车间应分为种猪舍、妊娠猪舍、分娩猪舍、保育猪舍和育成育肥猪舍。种猪舍应规划建设在人流较少和猪场的上风向或偏风向。分娩猪舍的选址规划既要考虑靠近妊娠猪舍，又要接近保育猪舍。保育猪舍和育成育肥舍均应当设计建设在下风向或偏风向，两个舍之间最好保持一定的距离或者采取一定的隔离防疫措施。

考虑到夏季通风和冬季日照的要求以及防火安全，每栋猪舍左右间隔应在 10m 以上，前后间距为 15~20m 或至少不小于前排猪舍高度的 2 倍。病死猪隔离的区域需要保持与健康猪舍之间的间隔距离在 100m 以上。

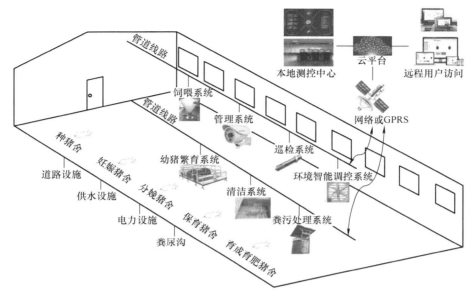

管道线路

本地测控中心　云平台　远程用户访问

饲喂系统

管道线路

管理系统

网络或GPRS

种猪舍

巡检系统

道路设施　妊娠猪舍

幼猪繁育系统

供水设施　分娩猪舍

环境智能调控系统

电力设施　保育猪舍

清洁系统

粪尿沟　育成育肥猪舍

粪污处理系统

图 14-2　无人猪场的空间规划

14.3.2　基础设施系统建设

基础设施是无人猪场生产作业的基础物质工程设施，在生产作业过程中为生产目标的生存和生长提供基础条件，为自动化设备的运行提供有力支撑。无人猪场的基础设施系统主要由道路设施、供水设施、电力设施、仓储设施、网络设施、养殖车间等组成。将这些设施以最优化、最经济的方式加以集成，为猪场的无人化生产作业提供可实现的条件和基本的工作环境保障。

1. 道路设施

道路设施是无人猪场中重要的基础设施之一，它与猪场的生产、防疫有着紧密的关系，为猪场内各生产环节的联系提供便利的条件。猪场内的道路应该按照净、污分道，互不交叉，出入口分开的原则铺设。净道的功能是生产目标、饲料等生产资料的运输，而污道的功能则是为粪便、病死猪、废弃设备等提供运输的专用道。

2. 供水设施

供水设施主要由水塔、蓄水池、输水管道等组成，为养殖车间提供冲洗用水、消毒用水和饮用用水。猪场的水源要求水量充足，水质良好，能够满足猪场内生产作业用水需求。水塔的建设要与水源条件相适应，且应建设在猪场的最高处，以便于自动输送。

3. 电力设施

电力设施是无人猪场系统运行的动力基础。电力的供应对猪场至关重要，选址建设时必须保证该场址能为无人猪场提供可靠的电力，应尽量靠近输电线路，并设有备用电源，以应对临时停电等突发事件。

4. 仓储设施

仓储设施的主要作用在于存储设备与生产中所需的饲料、药品等物资。

5. 养殖车间

养殖车间按照生产目标不同可分为种猪舍、妊娠猪舍、分娩猪舍、保育猪舍、育成育肥舍。所有种类的养殖车间均由屋顶、墙体、门窗、地面及粪尿沟等基础设施构成。然而，不同的生产目标应满足不同的生长环境需求，所以不同养殖车间的构建材料与方式也存在着一定程度的差异。

（1）种猪舍　种猪舍用于饲养种公猪或后备母猪，通常采用单体栏的饲养方式。但是有研究表明，群体饲养后备母猪更加有利于促进母猪的发情，因此种猪舍的基础设施建设需要为发情监测系统的自动运行提供便利的条件。

（2）妊娠舍　妊娠舍的饲养目标是妊娠母猪，通常采用单体栏饲养。这样在便于自动化管理的同时，也有效地避免了母猪之间因打斗碰撞或活动量较大而导致流产。

（3）分娩舍　分娩舍同时饲养着分娩母猪和仔猪。由于母猪与仔猪最适宜的生长环境温度不同，所以分娩舍的设计应着重解决有关舍内保温设计以及环境控制方面的问题。

（4）保育舍　保育舍饲养的保育仔猪同样要求较高的生长温度，因此保育舍的基础设施建设要具备一定的绝热性能，以有效减少舍内的热量损失。保育舍通常采用群体栏饲养方式，并且最好将同一头母猪所产仔猪饲养在同一栏内。

（5）育成育肥舍　育成育肥舍饲养的育成猪和育肥猪对环境的适应能力较强，通常采用群体栏饲养方式。基础设施的建设与布局应为自动饲喂系统的运行提供便利的条件。

（6）屋顶　屋顶通常是养殖车间内散热量最多的部位，因此需要选用具备较好的保温隔热性能的材料进行构建。

（7）墙体　墙体是养殖车间最主要的保护与承重结构，因此需要选用具备坚固耐久与抗震防火特性以及较好的保温隔热性能的材料进行构建。墙体的厚度与材料的选择应根据当地的实际气候条件进行计算之后再决定，但墙体的设计与构建必须要为湿帘降温系统、风机通风系统的自动控制、运行提供基础性支撑。

（8）门窗　门窗主要用于养殖车间内的采光与通风，但采光与通风过多不利于养殖车间的保温与防暑。门窗的大小、数量、位置同样需要按照当地的实际气候条件进行计算之后再确定。此外，养殖车间内的门窗都应与自动控制气动装置或电动装置相结合，以保证无人化、自动化的管理。

（9）地面　养殖车间地面的构建需要根据不同生产目标的生长特性和生长时期对环境的要求进行设计。首先地面要平整、防滑、不渗漏、耐消毒液浸泡和水冲。此外，为实现自动清粪与集粪的功能，所有养殖车间地面均应布设漏粪地板，且不同种类的养殖车间漏粪地板的缝隙宽度应有所不同。

（10）粪尿沟　粪尿沟的构建要求沟道表面平滑、防水且沿流动方向有1%~2%的坡度，一般构建在漏粪地板的下方。不同种类的养殖车间所选用的粪尿沟尺寸也各有不同。粪尿沟为清粪与集粪设备的自动运行提供了基础性支撑。

14.3.3　作业装备系统集成

1. 通风降温装备

通风降温装备由负压风机与水帘组成，用于缓解养殖车间内高温闷热的状况，同时利用负压通风的原理排除养殖车间内的有害气体、粉尘颗粒等。水帘降温一般采用纵向水帘降温和横向水帘降温两种方式。负压风机通常包括大型轴流风机，多用于纵向通风系统；小型轴流风机，主要用于横向通风系统；屋顶风机一般安装在侧墙上，用于横向通风的猪舍。当舍内温度达到30℃以上时，关闭所有通风窗口，打开负压风机并启动水帘降温系统。

通风小窗一般分为侧墙通风小窗和屋顶通风小窗，其开启与关闭、开启的角度可自动控制，通常每个通风小窗可负责7~12m的通风距离。当舍内温度不超过30℃时，不必启动水帘降温系统，只需要适度开启通风小窗即可。

2. 加热装备

加热装备主要由集中供热设备和局部供热设备两种组成。集中供热设备主要有燃烧器、电热器、热水锅炉、供水管路、散热器、回水管路及水泵等设备。通过煤、油、煤气等燃烧或用电能加热水或空气，再通过管道将热介质输送至养殖车间内，加热猪舍的空气，保持猪舍内适宜的温度。局部供热设备有电热地板、热水加热地板、电热灯等设备。局部供热保温设备主要用于分娩舍和保育舍。例如，分娩舍的温度需要满足母猪和仔猪对温度不同的要求，常采用集中供暖，维持分娩哺乳猪舍的温度高于18℃，可在仔猪栏内设置可以调节的局部供暖设施，保持局部温度达到30℃。

3. 饲喂装备

饲喂装备由仓储设施、料塔、输料管线、智能喂料装备等组成。料塔主要用于储存猪饲料，以供养殖车间使用。料塔一般位于猪舍一端，是无人猪场养殖中必不可少的养殖设备，其出料口配有出料设备，可定时定量自动向养殖车间输送饲料。输料机通过出料槽把塔内饲料运至养殖车间。养殖车间装有输料管线，输料管线从猪只采食的喂料器上方经过，饲料通过输料管线的下料口注入每一个喂料器。

根据不同的生产方式，饲喂装备主要分为有限量饲喂和不限量饲喂两类方式。不限量饲喂方式通常采用喂料器与料槽，有限量饲喂方式多采用电子饲喂站。

1）喂料器与料槽以栏为单位安装，多应用于育肥阶段不限量饲喂方式，为同一栏内多个生产目标提供饲料的情况。输料管线将当天或几天的饲料从料塔输送至每一个喂料器或料槽中，使生产目标自由采食，充分满足营养需要，有利于增重，缩短饲养期，且保证出栏时均匀整齐。

2）电子饲喂站较多应用于母猪的精准饲喂业务中，输料管线同样将饲料从饲料塔输送至每一个电子饲喂站的储料仓中。电子饲喂站为保证个体采食效率，分别设计了电控进口门和出口门。当一头母猪进入进口通道准备采食时，进口门将自动关闭以防止其他母猪的进入。当母猪采食结束，从出口单向门离开饲喂站时，入口门将自动打开，准备饲喂下一个生产目标。电子饲喂站可以根据不同母猪的身份与生长情况信息进行合理的饲喂。

4. 移动平台装备

移动平台装备由步进电动机、编码器、条形导轨、固定杆、控制器组成。移动平台装备可搭载多种测量监测设备在猪场内进行巡检与监测工作。移动平台利用弹簧式电线跟随平台在养殖车间内移动，编码器与控制器则通过无线串口服务器连接到网络平台中，实现无人自动化控制。

5. 清粪装备

清粪装备由粪尿沟、漏粪地板、刮粪板、电动机、传动链条组成。清粪装备在无人猪场中采用往复式刮板自动清粪方式，应用于配有漏粪地板的养殖车间内。粪尿沟位于漏粪地板的下方，排泄物通过漏粪地板进入粪尿沟，刮粪板行程开关按照设定的时间自动启动，传动链条带动刮粪板自动将排泄物收集到猪舍的集粪池内。

电动机是清粪装备的动力来源，控制器则是实现无人自动清粪的重要设备。电动机通过控制器可以进行遥控或自动运行，按照设定的方向、速度、响应时间进行工作。这种电动机与控制器组成的系统已广泛应用于各种自动化控制的领域。

6. 分群装备

分群装备的外观与电子饲喂站相似，设计为一个进口门与多个出口门，如

图 14-3 所示。出口门连接不同的采食区域，所有的自动控制门装有电动或者气动装置，由控制器按照设定好的程序进行自动控制。出口单向门的作用是防止已通过分群装备的生产目标逆行倒回至入口所连接区域。

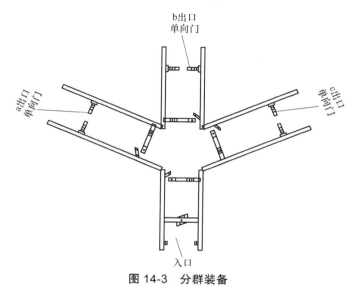

图 14-3　分群装备

7. 无人车装备

无人车装备是具有自动行驶、自动导航控制、智能作业等功能的无人作业移动装备。无人车装备可以搭载固定装备并与固定装备进行对接工作。例如，仔猪转运栏搭载在无人车装备上代替人工完成仔猪断奶后转保育的工作，也可以将仿生公猪搭载在无人车上代替人工完成母猪发情检测的工作。

母猪的发情检测工作是根据母猪的仿生法发情鉴定技术进行的。将仿生公猪放置在无人车上作为查情装备，该装备在母猪栏前经过的同时，播放公猪求偶时的叫声并释放公猪的外激素气味。如果母猪主动接近查情装备并出现静立反射行为时，则被身份识别系统自动记录下来且定义为已发情状态。

14.3.4　测控装备系统集成

智能测控装备系统主要由传感器、数据采集器、图像传感器、声音传感器、控制器等设备组成。通过网络把这些设备与互联网连接起来，并按照一定的通信协议进行信息交换与通信。该系统对无人猪场内的生产信息、生长环境、设备状态等是否达到最佳状态进行实时感知，为无人猪场的健康运行提供了有力的信息支撑。

1. 传感器

无人猪场环境中的温度、湿度、有害气体浓度等因素对生产目标在猪场内的生长具有重要的影响。环境测控系统通过温湿度传感器、光照传感器、风速传感器、氨气传感器、硫化氢传感器、二氧化碳传感器等设备，运用物联网技术可对无人猪场内的生产环境进行实时监测与智能控制。如果被测空间过大，则应分布式放置多个传感器，以保证测量的准确性。

养殖车间内的温湿度传感器通常布设在养殖车间中心，距离地面3m左右，并避开温湿度调节窗口。温湿度传感器通过对温度、湿度等参数的自动采集与监测，利用通风窗、湿帘、风机等设备自动运行或停止，实现对加温、除湿、通风等自动控制，使温度、湿度保持在生产目标生长所需的最佳小气候条件下。养殖车间内有害气体浓度的控制通常采用清粪和通风的方法。有害气体主要是由生产目标的排泄物中的有机物经过分解而产生的，主要包括氨气、硫化氢、甲烷等。因此，应根据养殖车间内有害气体的实际浓度，确定是否增加清粪的次数，或采用开启风机增加通风量的方法，以有效降低养殖车间内有害气体的浓度。

环境传感器将测量区域的环境数据转变成与之相对应的数字信号，然后通过数据传输至智能测控终端。通过智能测控端中设定的自动控制阈值，对测量区域的风机、水帘、供热等装备的运行状态进行自动调节，以确保测量区域内的空气、温度、湿度等环境数据始终保持在生产作业的最佳状态（见图14-4）。

电子测温方法是将测温传感器佩戴在母猪的耳朵上，采用无线传输方式将数据发送至云平台。传感器可进行全天候24h对母猪的体温进行不间断测量，结合智能

图 14-4　环境测控装备系统集成

学习算法可预测母猪的排卵期与发情期，并将结果发送至手机端或服务器端。此外，传感器还可以用于母猪的疾病预警，及时发现处于高温发热的个体并进行处理。

2. 摄像与拾音装备

摄像装备实现的身份识别业务是保证猪场无人化、精准化、自动化运行的最基本的先决条件。身份识别也是无人化业务系统进行自动监测、饲喂、管理等活动过

程中对生产目标的身份进行核实与确认，并确保为生产目标提供最佳生产方案的根本保障。目前无人猪场的身份识别技术采用猪脸识别技术。

生长状态测控系统利用搭载有深度摄像、红外摄像、拾音器等的移动装备或固定装备对无人猪场内生产目标的尺寸、质量、健康情况进行实时监测。通过对生产目标图像数据的自动获取、处理与计算，能够获得生产目标的尺寸和质量信息，并根据这些信息自动调整饲喂与管理方案，自动调整分群与并群方案。通过对生产目标声音数据的自动获取、处理与分析，能够实时掌握生产目标的健康情况。

生产目标的尺寸、质量、健康情况数据，通过网络自动上传至云平台系统进行处理与分析。通过云平台系统对数据智能分析，及时地了解并掌握每一个生产目标的生长过程与状态，并对未来的饲养方案重新做出规划与调整。自动分群装备根据云平台系统所做的决定，将生产目标自动分配至系统调整后的生产区域，进而实现无人化的自动管理。

3. 采集器装备

生产资料的消耗情况与无人猪场的运行成本及设备运行的状态是否正常有着密切的联系。生产信息测控系统主要针对无人猪场内的饲料和水电消耗情况进行实时监测。采用数字化智能水表与电能表，对生产过程中的用水量与用电量进行实时自动计量；采用具有自动记录下料量功能的饲喂设备，对生产过程中的饲料消耗量进行实时自动计量。

数字化智能水表与电能表将每日的用水量与用电量数据自动上传至云平台系统进行存储与分析。通过云平台系统对数据的智能分析，可以对无人猪场的供水设施与电力设施是否出现故障做出判断，及时采取应对措施。同时还可以计算生产成本，对无人猪场的生产效益进行预测，自动对目前的生产计划及管理方案进行相应的调整（见图 14-5）。

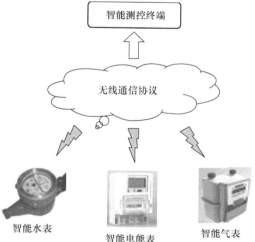

图 14-5　生产资料测控装备系统集成

14.3.5　管控云平台系统集成

管控云平台是无人猪场系统中的大脑与核心部分，如图 14-6 所示。通过对无人猪场实现全面的实时监控与大数据分析，自动建立起覆盖全方位的生产计划。根据环境数据、生产资料数据、生产目标的生长动态数据等不同业务计划进行自动分析，实现猪场无人化生产的良性循环。

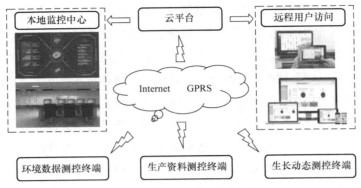

图 14-6　云平台系统集成

　　云平台作为有效的信息共享平台，可帮助整个无人猪场系统和农户之间取得有效沟通与联系，并能监督作业进展、指挥和调度设备运行、检测猪场装备运行状况等。一方面，无人猪场推出猪场管控云平台，农户和猪场管理人员通过手机等移动端下载相应的App，对猪只生长状况和设备运行信息进行查询、服务咨询等业务，获取信息方便及时，可减少猪场外来人员干扰，实时监测猪场动态信息；另一方面，本地监控中心通过云平台对猪场进行监控，主要包括环境数据测控、生产资料测控、生长动态测控等，自动获取、分析、管理数据，并根据数据分析结果对猪场的运营进行自动控制，实现无人猪场自动运行，解决突发情况、猪场应急抢险等问题。

　　云平台主要具备信息接收和设备控制功能。云平台通过通信设备接收并处理环境数据信息（如空气温度、湿度、猪舍内 CO_2 浓度等）、生产资料信息（水量消耗、电量耗损、燃气等）、自动化设备工作状态信息（如饲喂设备、清粪装备、分群装备等的运行状态信息等），并将这些数据信息存储到云平台中。在云平台系统的本地监测中心实时显示，并对接收的信息数据自动进行分析。例如，实现对猪只的自动饲喂；根据摄像头传送的图像分析判断母猪分娩状态，及时满足产后护理的需求；根据获取的图像和声音传感器传送的信息，分析出猪只的疫病情况。

　　云平台对接收到的信息进行整理分析后，对自动作业装备进行控制。根据无人猪舍内摄像头、传感器监测到的数据，实时判断猪场特异状态。云平台对相应的智能执行装备发出指令，控制这些执行装备的运作。例如，云平台判断出养殖车间内温度、湿度异常后，自动控制风机、空调运行，将温度、湿度调至最佳生长环境；云平台分析得出猪只生长阶段变化后，将自动控制分群装备对猪只进行分群分栏处置，并根据这些信息自动调整饲喂与管理方案；云平台自动实现产后母猪的特制饲料补给业务，控制无人猪场饲喂系统自动向指定的栏位输送、投放饲料，保证母猪的产后营养。同时，云平台对这些智能装备的作业时间和过程、运行状态等进行监控和运行信息存储。猪场管理人员和农户既可以查询任意时间段的数据信息、数据的变化、数据分析结果，又可以查询云平台根据数据分析结果做出的相应智能装备运行指令。本地监控中心保存的数据，可为无人猪场提供云平台管控经验和参考依据。

14.3.6　系统测试

无人猪场在正式投入使用与生产之前，需要对各个组成系统功能进行测试。测试主要从系统的适用性、稳定性、可维护性、灵活性和安全性等方面进行。

1）基础设施建设完成后，应对建筑物的结构功能和安全性进行测试，确保不会出现裂缝、倾斜、沉降等问题。如果基础设施出现裂缝损伤或倾斜变形等问题，应详细地分析在设计、施工等哪个环节上造成了现有的损伤，并进行及时的修复。检测供水设施与电力设施，是否出现漏水、断水、漏电、断电等问题，并进行及时的修复。

2）作业装备系统的测试主要针对其所属的固定装备和移动装备。首先，对所有装备的外部进行检测，如检测外部是否有腐蚀、变形及其他外伤，操作温度、压力是否在规定的范围内等。其次，对所有装备的内部进行检测，如检测内部是否出现磨损或缺陷等。如果发现装备内部有缺陷，应测量其大小，分析其严重程度和原因，并确定处理缺陷的方法。

3）测控装备系统的测试主要是对监测温度与湿度、有害气体等环境信息的传感器、监测猪只生长过程的图像和声音采集装备等测量装备，以及湿帘、风机降温、热风炉升温等控制装备进行测试。检测所有装备是否能够正常获取相应的数据，上传至云平台系统，并且所有控制装备都能够及时、准确地接收到云平台系统发送的各种执行命令。如有问题，应立即排查是否出现装备故障、线路故障、通信故障等，并采取相应措施。

4）云平台系统的测试主要对无人猪场所有生产作业数据的接收、处理和分析等进行测试。首先，检测云平台系统是否正确地显示出各种环境信息、猪只的生长信息、装备运行的状态信息等。其次，检测云平台系统能否对获取的信息自动进行汇总与分析，并得出正确的结论。最后，测试云平台系统能否根据得出的结论准确地发送控制执行命令至智能装备，对生产进行正确的调节；是否将数据实时发送至远程移动客户端或服务器；能否在无人猪场生产作业过程中出现异常情况时，及时地发送警告并通知工作人员。

第15章 无人牛场

15.1 概述

15.1.1 无人牛场的定义

无人牛场，就是在劳动力不进入牛场的情况下，采用物联网、大数据、人工智能、5G、机器人等新一代信息技术，通过对牛场自主饲喂机器人、全自动挤奶机器人、巡检机器人、环境监测传感器等智能化、机械化、信息化设备的远程控制、全程自动控制或设备自主控制，实现牛场全天候、全空间、全过程的无人化、自动化、数字化、精细化作业，是奶牛场和肉牛场未来发展的全新生产模式。

无人牛场的发展要经历三个阶段：初级阶段、中级阶段、高级阶段。无人牛场初级阶段，需要监控室内的工作人员 24h 值守，在不进入牛场的情况下，可以实现对牛场内的智能设备远程监测和控制；无人牛场中级阶段，不需要全天候实时监测，工作人员和养殖户只在需要的情况下人工参与决策、管理，该阶段实现了无人值守但仍需要人工参与；无人牛场高级阶段，管控云平台和智能设备协作配合，实现牛场全天候、全空间、全过程的无人化自主作业。

近年来，随着牛场规模化、集约化、工厂化程度的逐步提高，劳动力减少及劳动力成本增加，智能装备参与牛场劳作逐步代替劳力是未来牛场发展的趋势。人工劳力完全被现代化智能机器替代的无人牛场，具体来说，就是通过环境监测与自动控制系统、智能饲喂系统、智能繁育系统、自动挤奶系统、管理系统、疫病防控系统、自动清洁系统等业务系统，既彼此独立可靠有效完成各系统所负责业务，又相互衔接融合协作完成牛场复杂业务，分别针对犊牛、育成牛、妊娠母牛等不同生产目标进行全方位的生产信息收集和自动化管理，达到牛场运作无人化水平，实现牛场无人化运转模式。

15.1.2　无人牛场的组成与功能

无人牛场主要由基础设施系统、固定装备系统、移动装备系统、测控装备系统、管控云平台系统五大系统组成，如图 15-1 所示。五大系统在无人牛场生产作业过程中分别承担着不同的生产业务，系统之间深度交互融合，共同协作完成无人牛场的相关业务，达到牛场的无人化运行。

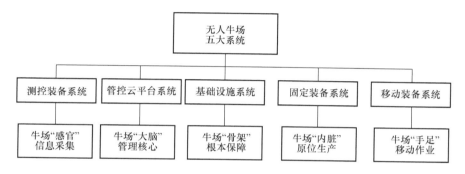

图 15-1　无人牛场的五大系统

（1）基础设施系统　基础设施系统直接服务于牛只牛群，为牛场固定设备和移动设备等装备的日常作业提供运行环境和条件。牛场基础设施分为外部基础设施和内部基础设施。牛场外部基础设施，主要有设备通行道路，草料库、精料库、营养物品仓等原料储备仓，网络设施，供水管道、加水仓、供电线路、充电桩等水电配送设施，消毒管道、消毒罐等消毒设施。外部基础设施是无人牛场日常运行最基本的保障，辅助和维持无人牛场的正常运行。牛场内部基础设施，主要有犊牛、育成牛、妊娠牛等养殖车间，牛舍牛室的墙体、顶棚、天花板等，牛颈枷、牛卧床等限位设备，牛槽等饲喂设施，混凝土、橡胶、漏粪地板等地面设施，运动场，挤奶厅，排水排污管等管道设施。内部基础设施是无人牛场基础设施系统的核心。

（2）固定装备系统　固定装备是牛场内不需要移动或不可移动的设备，主要包括饲料加工制作设备、牛舍牛室内风机风扇等通风设备、喷雾消毒降温设备、暖风暖气加温设备、自助牛体刷等福利设备、传送带式饲喂设备、自动挤奶机器人、牛奶储藏冷藏设备、粪污无害化处理设备（如固液分离机、沼气发酵池等）。固定设备可在原位完成牛场无人化运作的生产业务。

（3）移动装备系统　移动装备是牛场内需要移动、动态完成相关工作的智能设备，主要包括自走式推料送料机器人、自走式犊牛喂奶罐、轨道式移动刮粪板、自主清粪机器人、智能巡检机器人、无人运输调度车、放牧机器人等。移动装备是代替人力进行生产作业的主要部分，保证无人牛场灵活性与业务系统作业弹性。

（4）测控装备系统　测控装备主要是指摄像头及各类智能传感器。在牛场生产作业过程中，测控装备负责测量、记录生产数据。根据数据来源，测控装备可大致分为四类：环境信息采集设备、牛只生长信息采集设备、产品信息采集设备、设备信息采集设备。

环境信息采集设备包括摄像机、温湿度传感器、光照传感器以及 CH_4、NH_3、CO、H_2S 等有毒气体传感器；牛只生长信息采集设备包括摄像机、电子耳牌、便携式心率计、计步器、乳腺炎监测传感器、发情监测传感器、体温传感器、反刍行为监测传感器等；产品信息采集设备包括牛奶电导率传感器、牛奶浓度传感器、牛奶流量计、酸碱度传感器、牛肉新鲜度检测传感器；设备信息采集设备包括电流电压传感器、过载传感器等。

测控装备对多源海量高质量传感器数据进行实时采集、记录，并这些信息上传至云平台进行数据清洗、融合、分析、挖掘，从而实现对牛场环境条件、牛群牛只生长情况、牛场设备运行状态的实时监测、调控和管理。部署在每个农场上的多个 WSN 系统，将形成一个涵盖牛场管理各个方面的集成环境，提供无人牛场的智能洞察力。

（5）管控云平台系统　云平台是无人牛场无人化运转的核心，是无人牛场的"大脑"，主要在云端对测控装备系统采集到的实时数据信息进行分析、存储与可视化，进行智能决策并下达执行指令，及时调整牛场生产状态，对牛场全面进行综合管理。牛场养殖户可以通过计算机、手机、手环等信息终端登录管控云平台，实时掌握牛场运作信息，及时获取异常预警报警信息，并可在终端参与牛场决策和管理。以云平台系统为核心的牛场可实现无人养殖与管理，有效代替人力，提高工作效率和降低人员工作强度。

要确保牛场的无人化运行，五大系统应各尽其责、缺一不可。形象地说，基础设施是无人牛场的"骨架"，提供牛场所有业务正常运行的基础条件，完善的基础设施是牛场无人化作业的根本保障；固定装备是牛场的"内脏"，是牛场的重要组成部分，在原位完成生产任务；移动装备是牛场的"手足"，是无人牛场灵活运行的重要保障，是代替人力劳作的主要部分；测控系统是无人牛场的"感官"，是牛场信息的重要感知系统；云平台是无人牛场的"大脑"，将海量多源信息数据化，进行汇集、挖掘、分析、管理和智能决策。五大系统分工协作组为一体，实现牛场全过程、全天候、全空间生产的无人化精准管理。

15.1.3 无人牛场的类型

无人牛场根据养殖对象主要可以分为两种类型：一种是以获取牛奶等奶产品为主要目标的奶牛养殖场，在无劳动力参与的情况下，获得高品质的牛奶等奶类产品，并可自动化检测牛奶乳脂率、乳蛋白率等品质指标，以及检测体细胞、菌落总数等卫生指标参数；另一种是以获取牛肉等肉产品为目标的肉牛养殖场，在无劳动力参与的情况下，获得高品质的牛肉等肉类产品，并可以自动化检测牛肉新鲜度、牛肉嫩度、pH 等牛肉品质参数。无人肉牛养殖场与无人奶牛养殖场在饲喂养殖、管理模式、生产目标、系统集成等方面存在较大的差异，但两种无人化养殖场都能有效提高牛只生产性能，增加经济效益。

15.2　无人牛场的业务系统

无人牛场的全过程生产业务均由无人智能设备完成，无人参与牛场运作，具体可分为以下七大业务系统（见图 15-2）：环境自动控制系统（环境调控无人化）、智能繁育系统（繁育无人化）、智能饲喂系统（饲喂无人化）、自动清洁系统（清粪、集粪、消毒无人化）、疾病防治系统（预防、治病无人化）、无人管理系统（放牧、巡检、运输无人化）、自动挤奶系统（挤奶无人化）。

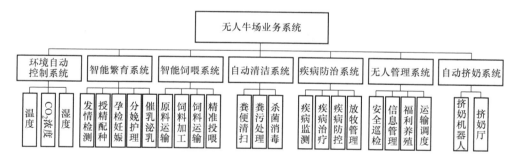

图 15-2　无人牛场业务系统

15.2.1 环境自动控制系统

牛场环境条件对于牛群牛只生产表现和生产性能有重要影响，适宜的环境条件不仅有利于牛只的健康和正常生产活动，更能够有效地提高牛只的生理水平和生产潜力，进而提高牛场经济效益。无人牛场的环境自动控制系统可对各种牛舍、挤奶厅、运动场等场所环境参数进行智能自动调节，调节对象主要包括温度、湿度及有害气体浓度三个方面。

1. 智能温度控制

牛舍的温度控制是牛场环境条件调控的重中之重，不同品种、地区、气候条件、生长阶段的牛只对环境温度的敏感性不同。智能温度控制主要由温度传感器、摄像机、热成像仪、通风机、加热炉、暖风机、制冷机、湿帘和云平台参与，可智能调控牛场各区域环境温度。

温度传感器、摄像机、热成像仪分布于牛场各个重要位置，如牛舍、运动场、牧场等，温度传感器采集环境温度信息，热成像仪采集牛只身体温度数据，经无线传输到云平台，云平台将环境温度信息、牛只温度信息、个体状态信息融合分析，结合牛只的生长阶段、品种、健康状态等信息智能决策并下达执行指令，自动调控通风机、加热炉、暖风机、制冷机、湿帘工作，进而调控牛场各个场所局部温度，维持牛只生长在最适宜的温度环境。

2. 智能湿度控制

牛的生物学特性表明，牛不耐湿热，温度与湿度共同影响着牛只的生产性能。若牛舍空气湿度较低，舍内容易起灰尘，牛只皮肤、黏膜易受细菌感染，易得皮肤病和呼吸道疾病；若空气湿度过大，容易滋生有害微生物。

一般情况下，肉牛对牛舍环境湿度要求为55%~75%，舍内相对湿度不能超过80%。在适宜的温度条件下，育肥公牛、繁殖母牛、青年牛舍内相对湿度不能高于85%，哺乳犊牛、产房牛舍内相对湿度不能高于75%。

智能湿度控制系统可有效控制牛场环境湿度，维持牛场湿度在适宜牛只生长的范围内。该系统主要由湿度传感器、干燥机、湿帘、喷雾设施组成，云平台参与调控。湿度传感器采集环境湿度信息，传输至云平台的湿度数据与个体生理状态数据融合，云平台决策调控干燥机、湿帘、喷雾设施的工作状态和工作模式。

3. 智能有害气体浓度控制

与温度、湿度不同，牛舍内产生的有害气体对牛只健康造成的影响更具有直接性和严重性。如果对有害气体不能进行及时的处理，将会使牛只乃至牛场生产性能下降，给养殖场造成重大经济损失。

牛舍的有害气体主要有氨气、硫化氢、二氧化碳、一氧化碳、甲烷等，主要源于饲料分解、牛只排泄物、呼吸过程等。二氧化碳变送器、氨气传感器等分布于牛舍中，实时上传气体浓度数据至云平台。当相关传感器检测到对应气体浓度偏高时，调控通风机、换气扇等开始工作，提高牛舍与外界环境的空气交换效率，降低有害气体浓度；同时云平台调控牛只饲料配方，添加一些添加剂，如生物制剂、酶抑制剂等。

15.2.2 智能繁育系统

目前牛场繁育过程广泛应用人工授精技术，发情监测、精液储存、冷冻精液解冻、解冻精液的处理和精液的放置等高重复性步骤都由人工完成，劳动密集、劳动强度大。智能繁育系统是无人牛场实现无人化繁殖育种的重要组成部分，按照繁育的过程及先后顺序，智能繁育系统包括发情监测子系统、授精配种设备、孕检及妊娠护理子系统、分娩协助机器人、产后护理装备、泌乳催乳设备等。整个过程由智能设备替代人工，无人力参与，装备和系统相互配合协调，共同完成牛场的无人化生殖繁育业务。

1. 发情监测

发情监测子系统用于监测牛只的发情起始时间、发情周期等，及早发现发情牛只，以便确定牛只授精配种日期，避免错过配种时期造成不必要的损失。

发情监测子系统主要由电子项圈内部活动量探测器（计步器）、数据发送单元、长距离数据发送与接收天线组成。牛只发情与活动量密切相关，发情监测依靠牛只腿部或颈部项圈内置的活动量探测器，记录牛只编号、行走、躺卧等活动量水平信息。项圈内置数据发送单元，可将牛只活动量水平信息经长距离天线以无线传输方式发送至管控云平台。云平台根据活动量与发情关系预测模型，判断实时活动量对应牛只是否处于发情期，从而实现自动检测发情牛只。此系统可以大大提高发情检测的准确性，代替传统人工的低效率、低准确率发情监测。

2. 授精配种

发情牛只的授精配种工作由精准授精配种机械臂完成，能够及时在正确的发情期（一般在排卵前 3h 内）实施授精。授精配种设备的组成部件包括微型摄像头、传动装置、解冻单元、机械臂等。

进行配种之前，首先通过解冻单元对冻精自动解冻，摄像头采集高分辨率图像精确定位生殖部位，然后以直肠把握法准确地把适量解冻后的优质精液自动输送到发情牛的子宫内，完成授精工作。使用前后严格消毒，包括牛外阴及周围消毒、机械臂消毒等，避免外源性感染。此装备可有效代替人工授精实现自动授精配种，能够提高牛只受孕率。

3. 孕检及妊娠护理

配种完成的牛只孕检和妊娠护理工作在妊娠护理室内完成，由分布式摄像头、测孕及护理设备实现。妊娠护理工作范畴包括检查母牛配种状况信息，及时发现空胎奶牛并适时地复配补配，提高配孕率；针对性地加强怀孕牛只护理，专门收集并记录怀孕牛只信息，如妊娠周期等，并自动计算预产日期，安排干奶时间，确保怀孕准确可靠。

孕检工作主要由摄像头采集图像信息。根据图像中牛只受孕相关特征信息，如行为温驯、采食量增加、乳房膨胀、乳头硬直，瞳孔正上方虹膜出现 3 条显露的竖立血管，即所谓的妊娠血管，充盈突起于虹膜表面，呈紫红色等，并进行牛怀孕试纸和 B 超检测，将三方面采集到的信息上传到云平台。通过检孕模型决策怀孕牛只、空怀牛只等，及时进行护理或复配补配。云平台针对妊娠母牛加强补充营养，尤其是微量元素和矿物质元素的补充，并对干奶期母牛饲料配方添加干奶药物，如安乳宁等。

4. 协助分娩

分娩过程由协助分娩机器人完成，其配置在妊娠室内。观察妊娠母牛产前特征，大部分奶牛产前 10 天左右受雌激素、生长激素、催乳素的作用，乳腺迅速发育，乳腺小泡和输乳导管积蓄初乳不断增多，表现为乳房膨胀、水肿、胀大；临近分娩时，从产道流出透明黏液，运动困难，焦虑不安，常做排泄动作，食欲降低或停止，采食量减少。针对这些特征，协助分娩机器人采集并记录征兆信息。奶牛分娩过程经过开口期、产出期和胎衣排出期，协助分娩机器人可根据三个阶段所用时间区分辨别顺产与难产。对于这两种情况，分娩机器人可自动切换工作状态，人性化智能协助母牛分娩；并在整个分娩过程中记录和上传数据，包括生产开始时间、顺产难产、胎衣排出时间、恶露排出量及颜色、生产结束时间等。

5. 产后护理

产后护理工作主要由电子产后护理仪完成，该护理仪由物镜系统、像阵面光电传感器、信号转换集成模块、清洁头、药物喷洒头等组成。电子产后护理仪主要针对分娩母牛的生殖器官自动进行产后护理，可获得高分辨率高清晰度的图像，并进行图像处理，具备三维显像、测定黏膜血流、黏膜局部血色素含量测定及局部温度测量等功能，并可对产房消毒、设备自身清洁消毒。

电子产后护理仪探头由机器臂推动，进入分娩牛生殖器官，将产道内的影像通过微小的物镜系统成像到像阵面光电传感器；然后将接收到的图像信号传送到图像处理系统，并在护理仪屏幕上输出处理后的图像；对于处理后的图像自主进行智能分析、决策，从而检查卵巢和子宫恢复状况，判断是否需要清洁、喷洒药物。电子产后护理仪可以降低乳房炎、卵巢囊肿、卵巢静止等生殖障碍疾病发生的可能性，减少产道、子宫内膜的损伤和感染风险。

6. 催乳泌乳

一般来说，奶牛从产犊开始的持续 305 天是奶牛产奶的时期，通常称为泌乳期。之后，持续 60 天的时期奶牛不产奶，在此期间，奶牛休息并准备下一次产犊和哺乳，这一时期通常称为干旱期。无人牛场配备有柔性催乳机械手，该机械手是催乳泌乳装备的主要组成部分，由药物磁性材料、微型摄像头、柔性机械臂等组成。对于育成期母牛，柔性催乳机械手可促进乳腺发育，提升泌乳潜力和生产性能。而对于围产期母牛，通过柔性催乳机械手可实现促进乳汁分泌，提前泌乳时期，增加牛乳分泌量，延长分泌周期等。

微型机器视觉传感器置于柔性机械手前端，机械臂头部配有带有催乳作用的药物磁性材料。处于工作状态时，柔性机械手配备的机器视觉传感器检测牛乳头，获得以牛乳头为图像特征的高分辨率图像，再根据牛乳头大小、位置信息自动分析计算药物磁性材料定位位置，从而定位乳头附近相应催乳穴位。分析计算完成之后，将药物磁性材料贴于对应位置，并以适当力度进行乳房按摩、推拿、多速颤动。乳房按摩是促进母牛乳腺发育的关键措施，能够促进乳腺组织进一步发育，提高泌乳潜力；并使血液循环加快，加强乳汁分泌，使分泌更加旺盛，延长泌乳高峰期，有效缓解产后无乳、少乳、乳腺堵塞、乳汁淤积、乳头凹陷等乳房问题。

15.2.3 智能饲喂系统

牛场饲喂的重要性毋庸置疑，涉及饲料配方、质量、饲喂方式、饲喂时机等方面，不仅关乎牛只的健康状态，甚至在一定程度上决定着牛场的生产性能和经济效益。无人牛场的智能化饲喂，从饲料来源到饲料去向全程无人力参与。根据饲喂过程，智能饲喂系统可分为原料运输、饲料制作加工、饲料运输、精准饲喂四个阶段。

1. 原料运输

无人原料搬运车用于原料运输，由可称重铲斗、动力装置、控制箱、摄像机等部分组成，负责识别并搬运饲料原料，如牧草、秸秆、矿物质等。此设备主要有两种工作状态：原料入仓和原料出仓。原料入仓，即可识别原料并进行分类，鉴定原料品质进行分级,自动称重,之后搬运原料至相应仓库并记录原料信息,通过无线传输至管控云平台,储存原料信息;原料出仓,即可接受管控云平台下达的饲料配方信息,自动识别原料类别、称重、鉴定品质,并与平台数据库信息对比,进一步确保原料搬运正确无误,搬送原料至饲料制作加工设备进行饲料制作加工,并将原料变动信息及时更新至管控云平台。目前牧场多由人工操控载具(如铲车等)进行原料搬运,还需进一步称重、搬运,存在劳动强度大,劳动力成本高,时间成本高,效率低等问题。

2. 饲料制作加工

牛场饲喂的饲料由一体化饲料制作加工设备制作,该设备主要由粉碎单元、混合搅拌单元、传送带、摄像头、压感传感器、控制系统等组成,可将牧草、秸秆等低价值饲料原料加工制作成高营养价值肉牛或奶牛饲料,包括各类精饲料、粗饲料、补充饲料和代乳料等。

该设备通过摄像头、压感传感器等识别分类青绿牧草、秸秆、干草、青贮饲料等原料,而后经过清理、粉碎、蒸煮调质、压片、配料、混合、制粒和冷却等工序组合成各类饲料,设备通过对制作完好的块状饲料贴标签或贴码的方式,记录饲料制作时间、制作原料、加工工序等,并将饲料数据信息传输至管控云平台,供云平台存储、建模、建库。目前我国饲料制作工艺多由几个独立的机器完成,如粉碎机,搅拌机等,传统饲料生产加工过程之间协调性差,饲料生产成本高。

该设备具有以下特点:

1)制作的饲料营养价值高,营养成分混合均匀,口感较好,并且适合牛类反刍动物消化吸收。

2)此设备有精饲料、粗饲料、多汁饲料、饲料添加剂等出料口,可按饲料配方需要混料,继而送料至投喂设备。

3)可进一步将按饲料配方比例制成饲料,如全混合日粮(TMR)饲料。

3. 饲料运输

自走式饲料搬运机器人负责搬运制作加工完好的饲料,完成饲料运输业务。主要有两种工作模式:一是搬运制作加工完备的块状或柱状饲料至饲料仓进行贮存,并通过饲料上的二维码标签同步记录饲料品级、配方信息,同时记录饲料贮存位置等信息,及时上传至管控云平台;二是搬运饲料仓中的饲料至一体化饲料加工制作设备进行解压和粉碎,以进一步投喂,并将饲料使用信息同步至管控云平台,及时更新饲料变动情况。

4. 精准饲喂

通常，奶牛每天采食饲料（TMR 饲料）≤ 36kg，每次采食量 ≤ 12kg。云平台根据牛只个体状态、牛群生长阶段、气候条件等信息，可实现牛场精准化、数字化、无人化饲喂。精准饲喂装备可分为三种：传送带式饲喂设备、轨道式精准饲喂设备、自走式饲喂机器人。为了实现牛只个体精准饲养的目标，可结合两种或三种设备，具体使用情况应根据饲养规模、场地、养殖方式、资金成本等因素综合考虑。

（1）传送带式饲喂装备　传送带式饲喂装备包括饲料提升传送带与饲料投喂传送带。饲料经过饲料提升传送带传送至饲料投喂传送带，最终饲料送至牛槽或牛舍过道。饲料提升传送带最大倾角可达 45°，传送带左右两侧间隔布有橡胶刮板，具有封闭的底部结构和自洁功能，可避免饲料滑落。饲料投喂传送带配备带有滑动犁的挡板、摄像头、射频传感装置，挡板、摄像头、射频传感装置一体化，但与传送带分离，独立于传送带。传送带饲喂系统可接受云平台下达的个体饲喂量信息，自动识别牛只，在需要投喂时自动放下并控制挡板下挡时间，从而控制个体进食量，实现精准投喂。

（2）轨道式精准饲喂设备　轨道式饲喂设备主要由室顶轨道、摄像头、滚动轴、料仓、图像处理单元等组成。牛舍顶部配置供轨道式饲喂设备运行的轨道，可接受云平台传达的牛只个体饲喂信息。通过机器视觉、无线射频技术，结合牛耳部、牛颈部电子标签信息和图像信息，准确识别牛只编号，按照饲料配方自动控制料仓出料口闭合与开启，通过出料时间、出料速度确定料仓出料量，进而混合投喂，并记录投喂量、投喂时间、投料配方、牛只编号等信息，并及时上传至云平台，实现饲料精准定点投放。

（3）自走式饲喂机器人　自走式饲喂机器人主要由制动系统、推料装置、储料仓、摄像头、距离传感器、定位系统等组成。首先，饲喂机器人接收云平台下达饲喂信息，包括牛只编号、对应饲喂配方、饲喂量等，通过定位系统确定自身位置，与接收到的饲料加工制作设备的位置信息结合，计算行动路径，自主行进至饲料制作设备。其次，饲喂机器人按照饲料配方信息，以无线传输方式按次序下达饲料制作设备出料指令，并在相应出料口接料，完成饲料配备。最后，饲喂机器人行进至牛舍过道，摄像头采集图像信息，识别牛只编号，按照饲喂量、饲料配方投放，记录并上传饲喂信息至云平台此外，行进过程中饲喂机器人可自动推料，将因牛只进食散开的饲料推近推齐，实现推料和精准饲喂。

无人农场——未来农业的新模式

15.2.4 自动清洁系统

自动清洁系统主要由粪污清扫子系统、粪污处理子系统和消毒子系统组成。现代化牛养殖场地面主要由漏粪地板组成，是清洁系统运行的重要基础。首先由粪污清扫子系统将未漏下漏粪地板、仍处于地面上的粪污清扫至排污管道，而后由粪污处理子系统对粪污进行资源化、无害化处理利用，最后由消毒子系统对粪污清理后的牛场牛舍进行进一步的消毒清洁处理。牛场环境对牛只生产性能、牛场经济效益的影响至关重要，要保证牛场空气、地面，乃至牛只牛舍干净卫生，清洁系统起着非常重要的作用。

1. 粪污清扫

粪污清扫子系统主要由自主清粪机器人和轨道式清粪板组成，负责将牛舍内的粪污助推入漏粪地板使之进入排污管道。粪污较多时可集中粪污于一处，因日常运行情况下可实现24h清粪，粪污集中情况较少。自主清粪机器人和轨道式清粪板都可有效净化牛舍室内环境，提高清洁效率和清洁率。

（1）自主清粪机器人　自主清粪机器人主要由红外传感器、超声波传感器、运动系统、控制器、编码器、陀螺仪、刮粪板、水流喷头、滑轮、充电电极等组成，配备设施还有充电桩、加水站，可自主完成清粪、充电、加水工作。自主清粪机器人的噪声很小，动作缓慢，不会引起牛只应激反应。

云平台接收环境监控系统上传的图像、气体浓度等信息，进行智能分析决策，判断是否需要清粪工作。若需要清粪，下达清粪指令给清粪机器人，清粪机器人启动工作模式并处于工作状态。指令信息包含云平台分析、设计并优化完成之后的工作路径，清粪机器人按照路径行进。前端刮粪板是其清粪主要部件，行进过程中刮粪板推动粪便进入漏粪地板完成清粪工作。超声波传感器主要检测障碍物，并计算障碍物的距离信息，避开障碍物，主要是牛只，以免伤害到牛群牛只。红外传感器主要接收充电桩、加水站红外信号，在电量或水量较低时自动返回充电桩或加水站进行补充。编码器可记录行进速度、行进距离信息。陀螺仪用来协助控制行进方向。刮粪板两端可加置滑轮，以减小接触摩擦，减缓刮粪板损坏程度，并协助清粪机器人更好前进。在清粪过程中，前端洒水、推粪，后端喷洒水流，前端喷水是为了软化粪便，后端喷洒水是为了实现边清粪边清污，提高清洁率。清粪机器人内置电量检测装置、水量检测装置，在其工作过程中，电量或水分达到设定低值，则中断工作模式，由机身内置红外传感器检测充电桩或加水站红外信号，自动返回进行补充。

（2）轨道式清粪板　轨道式清粪板主要由牛舍过道轨道、刮粪板、控制装置、链条等组成。根据轨道传动方式，清粪板可分为链条式清粪板、钢索式清粪板、液压式清粪板，刮板类型可分为直刮板、V 型刮板。接收到云平台清粪指令后，控制单元控制其沿铺设好的轨道运行，前端刮粪板推粪。因其速度较慢，过道上的牛只可自主躲避刮粪板的到来。

2. 粪污处理

粪污处理子系统主要由排污管道、固液分离机、发酵罐等组成，可将牛场粪污进行无害化与资源化处理。牛舍的粪污以及挤奶厅的废水，经排污管道收集后，在输送泵作用下集中于粪池，经固液分离机使粪、水有效分离。固液分离机由粪污输送泵、分离装置、传送带等组成，可实现固液有效分离，并将固体成分混合、挤压、成粒，经传送带传送至集中加工处，等进一步加工处理或出售。沥水后的牛粪可通过添加发酵剂存于沼气发酵罐，用于产生二次能源沼气，实现粪污再利用。粪水经三级沉淀池沉淀后，可售出用于灌溉农田。

3. 杀菌消毒

牛场消毒包括环境消毒、用具消毒、活体环境消毒、生产区消毒、设施消毒等。环境消毒常用消毒剂为 2% 氢氧化钠溶液、生石灰、漂白粉，用具消毒常用消毒剂为 0.1% 新洁尔灭或 0.2%~0.5% 过氧乙酸溶液，活体环境消毒常用消毒剂为 0.1% 新洁尔灭、0.3% 过氧乙酸和 0.1% 次氯酸钠溶液，生产区消毒常用 0.1%~0.3% 过氧乙酸或 1.5%~2% 氢氧化钠溶液作为消毒剂。消毒机器人可根据消毒对象有针对性地配备消毒剂。

15.2.5　疫病防治系统

疫病防治系统在于"防"与"治"，主要包括喷洒管道系统、自主消毒机器人、药物注射机器人、无人牛只运输车等。喷洒管道系统、自主消毒机器人负责"防"疫病，药物注射机器人、无人牛只运输车负责"治"疫病。根据不同季节、气候，对不同生长发育阶段的牛群牛只进行定制化消毒处理，保证牛场卫生安全和牛只健康生产，提高牛群出栏率，确保牛场经济效益。现如今，为了进一步追求牛场经济效益，牛场规模化、集约化程度逐渐提高，这为传染性疫病，如感冒、肺炎，发病率和致死率更高的严重疾病，如口蹄疫、炭疽、破伤风、巴氏杆菌病、布氏杆菌病等，提供了广泛传播的条件，疫病防控系统尤为重要。

1. "防"疫病

牛场预防疫病措施主要由喷洒管道、自主消毒机器人实现。喷洒管道系统由喷洒管道、信号接收器、控制器、消毒药罐、喷洒头等组成，分布于牛舍顶部和牛舍底部，用来对牛舍定期、及时消毒，对牛只正常的生产生活行动不构成影响。云平台根据牛场卫生情况，如空气质量、有害气体浓度以及牛只活动信息等，智能决策是否进行消毒工作。按计划消毒时间，结合实际需求，云平台下达消毒指令给喷洒管道系统的信号接收器，控制器控制喷洒头开启，喷洒配备好的消毒药罐药物。上方喷洒主要对牛舍大范围消毒、灭菌，下方喷洒主要对地面、牛只的蹄部进行冲洗、清洁、消毒，降低相关疾病发生的概率。

自主消毒机器人由摄像机、药仓、行进机构、控制单元、传感器等组成，主要负责对牛只、牛舍建筑、设备进行消毒。消毒情况按消毒对象可分为两种：一种是为牛只部位，如乳房、蹄部、牛尾等消毒；一种为牛舍地面、墙壁、卧床、颈枷等消毒。不同消毒对象所用的消毒剂种类、消毒方式、药物剂量、浓度比例等都会有所不同。

云平台根据牛只活动信息、消毒计划方案和实时牛舍情况，下达指令给自主消毒机器人。自主消毒机器人接收到指令后自动配备消毒剂，由摄像头采集到的图像自动识别牛乳头、牛尾、地面、卧床等，从而确定消毒方式、消毒剂种类等。在消毒时，自主消毒机器人会通过图像信息自动检测牛舍是否空舍，若空舍才可对牛舍建筑等进行消毒，若牛舍内有牛只活动，则只对牛只进行消毒，避免高毒性消毒剂对牛只生理健康造成影响。

2. "治"疫病

首先由监控系统监测牛只发病症状，检测牛体生物参数（如体温、尿液 pH 值、伤口等）、行为参数（如呕吐、坡脚、抽搐等）、饮食参数（如少食不食等）。具体来说，牛只尿液的 pH 值被记录下来，当其酸度增加时，肝脏可能受到损害。RGB传感器用于通过识别颜色的变化来识别伤口的大小、阶段、严重程度等，可利用带有温度传感器的 RGB 传感器识别口蹄疫。同时，这些感应参数被传输到云平台，从而更加全面监控、保障牛只健康状态。

疾病疫情治理工作主要由药物注射机器人、无人运输车完成。药物注射机器人主要由注射装置、药剂瓶、摄像头、行走机构等组成，主要负责对接种期牛群统一接种疫苗，以及对病牛注射治疗药物，预防和治疗相关疾病。工作时，首先接收云平台下达指令，指令信息包括发病牛只编号、疾病种类、使用药物，应用机器视觉传感器自取相关药物，结合牛脸识别技术和射频识别技术，自动识别牛只个体，将注射信息与牛只编号严格对应，自动记录注射信息并上传至云平台。因突发疫情致病的牛只，云平台可决策其是否具有治疗价值。若可治愈，则下达指令给药物注射机器人，治愈并充分隔离观察后，混入牛群正常饲养；若无法治愈，则下达指令给无人运输车，由运输车搬运至病死牛处理区域进行无害化处理。

15.2.6　无人管理系统

随着牛场的现代化智能化水平的提高，管理方法、管理模式和管理水平显得愈发重要。牛场的管理水平很大程度上影响着牛只的生产性能，决定着牛场的经济效益。因此，无人管理系统对牛场生产过程的无人化实现占据举足轻重的地位。

无人管理系统主要由安全巡检、放牧、信息管理、分栏管理和福利养殖等子系统组成，实现对牛场牛只、基础设施设备、智能设备或无人设备等的无人化精准管理。分栏管理子系统实现牛只调度功能，安全巡检机器人负责对牛场基础设施等设备的巡检，放牧机器人管理放牧的牛群牛只，信息管理则主要是由管控云平台实现，福利养殖子系统包括自助牛体刷等，这些子系统分工完成牛场无人化管理工作。

1. 分栏管理

分栏管理子系统主要由摄像头、RFID 读卡器、控制装置、足浴过道等组成，主要对牛群牛只的活动进行管理，包括根据生长发育阶段进行牛群划分，对牛只分阶段饲养、管理，引导进栏、出栏、整进整出，提高牛群出栏率。结合牛脸识别技术，通过无线射频技术识别牛耳牌或牛颈圈电子标签信息，机器视觉传感器采集牛只图像信息，对牛只进行个体识别。再将牛只编号上传至云平台，云平台在数据库查找对应牛只实时信息，决策牛只行进路线，下达指令给分群分栏子系统，控制相应闸门开关，从而实现对牛只活动"一对一"精准管理。

分群分栏设施配备有足浴设施（即足浴过道），既利于牛只行走，引导牛只按照指定路线行走，又可对牛蹄部进行冲洗、浸洗、消毒等，有效降低蹄类疾病（如口蹄疫）的发病率。相应地，牛只活动信息、位置信息也实时上传、存储于管控云平台。

2. 设备管理

设备管理子系统主要由摄像头、温度传感器等组成，主要监控智能设备的工作运行状态，调整设备工作模式，设备工作异常时及时报警和紧急强制停止其运行，

保证无人牛场安全性和可靠性。摄像头可监测设备行为，对智能设备的状态进行识别；传感器监测设备运行状态，如温度信息等。这些信息汇集至管控云平台，然后对信息进行融合、处理、存储、决策等，实时监测设备运行状态，下达重启、强制关闭、切换工作模式等指令至对应设备，实现对异常设备的及时管控，从而恢复正常工作，确保牛场正常运作。

3. 福利养殖

福利养殖子系统主要由自助牛体刷、卧床、橡胶过道、防滑地板、运动场等组成，旨在为牛只提供舒适良好的生产、生活环境。自助牛体刷安装于牛场牛只活动区域，如运动场、牧场等，不仅可以增加牛只舒适感，还可清洁皮肤，促进皮肤血液循环，提高生产潜力。传统人工刷牛每天 1~2 次，时间控制在 5min 左右，而无人牛场配备有自助牛体刷，牛只可根据个体需求自助使用。按摩同样是促进身体发育，如乳腺发育的关键措施，由自动按摩机械臂完成，6~18 个月大的奶牛通常每天按摩 1 次，超过 18 个月的奶牛每天按摩 2 次。卧床、运动场与奶牛的产奶量息息相关。卧床是牛只休息和反刍的场所，休息行为和反刍行为是牛只生产活动的重要部分，能直接影响牛只的消化、吸收、健康和生产性能。奶牛每天有 50%~60% 的时间在卧床上休息和反刍，充足的休息能提高反刍效果，增加采食量和产奶量，并且减少蹄部的压力和跛脚的发生率。橡胶过道和防滑地板铺设于场所的交接地带，比如卧床和挤奶厅交接区域，可有效改善牛只蹄部压力和减少滑倒、跛脚的发生，提高牛群的安全性。运动场是牛只运动、休息、乘凉的场所，牛只在进食后需要有一定的活动量，在运动场中既不限制牛只的自由，又可以增强体质，改善体况，提高奶产品和肉产品的质量。

4. 智能放牧

智能放牧机器人主要由热成像仪、视觉传感器、警报系统、传动系统、控制系统等组成，可代替传统人工进行放牧管理。车载热成像仪和视觉传感器可以实时监测牛群的放牧状况，以及牛只的健康状况包括体温变化、行为变化，发现发病牛只、受伤牛只及时进行预警。研究表明，奶牛能够很快适应无人值守车辆。放牧机器人可自动追踪牛只，在牛只活动到禁牧区或者牧区以外区域时，可拦截牛只并发出警报；还可以监测草场的牧草品质，监测放牧强度和牛群牛只采食量。传动系统可以确保其稳定通过崎岖、坑洼的地形，如沼泽和丘陵等。放牧机器人可将牛群位置、健康、行为等信息实时上传至云平台，形成牛只牧区历史轨迹可视化，实现人工查看。放牧机器人可有效代替人力，适应各种环境下的牧场，提高牛群放牧管理效率，方便草地畜牧管理部门管理，加快实现"划区轮牧""退牧还草""围栏封育"等天然草地建设项目科学决策。

在面积广阔的天然牧场，无人机在监测牛只活动范围、定位、数量、行为等方面有着很大优势。无人机搭载固定摄像机等，对从获取的自顶向下静止图像中的个体进行端到端的识别，同时有效地处理无人机拍摄的动态群体视频。随着技术的突破、实际问题的克服和监管制度的完善，无人机在农业方面的使用会大大普及。

5. 智能巡检

自主智能巡检机器人主要负责自主巡视牛场，包括监视各设备运行状态等。智能巡检机器人由摄像头、多传感器、传动系统、预警系统等组成。根据行进结构，智能巡检机器人可分为轮式智能巡检机器人和履带式智能巡检机器人。

巡检机器人可根据场景地形自主构建巡逻路线，自主优化导航路径，将自身实时定位信息上传至云平台供可视化，便于人工远程操控，支持多人同时访问，或平台自主决策。多传感器系统实现对周边范围内障碍物进行智能识别并自主避让。摄像头可 360°无死角旋转，巡逻路段全面监控，根据采集到的图像分析设备运行状况，监控视频实时上传，供存储及视频回放，观看现场实时或历史情况。巡检机器人具备抵近侦查能力，可构建动静结合的安保系统。搭载智能预警系统，通过温湿度传感技术、行为识别技术、人工智能等综合运用，实现自动巡检时提前发现可能造成牛场异常的不稳定因素，将预警信息及时上传，供平台结合其他监测系统智能决策，避免牛场的经济损失。

6. 运输调度

无人运输调度车主要由摄像头、多传感器、升降臂、车身车架等组成，主要对发病、受伤等无法行走牛只、故障设备进行搬运调度。接收云平台下达调度指令，指令信息包含牛只编号、牛只位置或故障设备及其对应位置，搬运目标区域等。摄像头和多传感器系统结合牛脸识别和射频技术，对牛只进行个体识别，找到目标牛只并利用升降臂搬运目标牛只上车，平稳搬运至目标区域，同样使用升降臂搬运下车，整个搬运过程安全、平稳。将搬运信息实时上传至平台，供云平台更新牛只信息和再次调度运输。

15.2.7　自动挤奶系统

自动挤奶系统是现代奶牛养殖的重要系统，目的是取代目前的劳动密集型机器挤奶。使用自动挤奶系统，可以降低劳动力成本，提高奶牛幸福指数，同时可提高

奶牛的挤奶频率，减少挤奶之间乳房中细菌的生长时间。自动挤奶系统主要由分群分栏子系统、带清洁子系统的全自动智能挤奶机器人、挤奶厅组成。管控云平台全天候 24h 监控牛群牛只，通过摄像头、智能传感器等全面精确掌控牛只个体生理信息。在此基础上，管控云平台根据牛只数据智能划分牛群，通过调控分群分栏子系统，将泌乳期奶牛划分为一个或几个整群，便于集中、有效、针对性管理。

分栏分群子系统主要由摄像头、RFID 读卡器、控制装置等组成，结合牛脸识别技术和无线射频技术，实时开启与闭合闸门，从而实现分群。通过无线射频技术识别牛耳耳牌等电子标签信息，机器视觉传感器采集牛脸图像信息，对牛只进行个体识别。再将牛只编号上传至云平台，云平台在数据库查找对应牛只实时信息，牛只活动信息、位置信息也实时存储于云平台，下达指令给分群分栏子系统，控制相应闸门开关，从而实现分群并引导奶牛进入自动挤奶厅。

全自动智能挤奶机器人主要由飞行时间摄像机、挤奶杯组、清洁刷、清洁喷头、机械臂、食槽、牛奶参数传感器等组成，可实现无人安全高效挤奶。奶牛进入挤奶机器人的挤奶区域时，摄像系统识别定位牛乳房，控制清洁刷清洁牛乳头，四支清洁刷两两相对，可同时对四个牛乳头高效清洁。清洁时牛乳头处在两刷中间，低速转动的软刷清洁牛乳头，同时起到按摩作用，增加奶牛分泌舒适度，促进激素分泌进而促进牛乳分泌。清洁后，多喷雾头对清洁刷进行消毒，做好挤奶前的准备工作。

挤奶机器人还配备有食槽，可同时投喂固体、液体饲料，在挤奶过程中为牛只补充饲料从而补充体力。挤奶杯组内置飞行时间摄像头或其他类型图像传感器，采集奶牛乳房区域图像，自动识别图像中乳头特征并定位乳头位置，分析计算挤奶杯运动路径，实现与牛乳头精准对接。若在挤奶过程中，牛只因不自然、不舒适打断挤奶过程，蹬掉挤奶杯组，这种情况下，挤奶杯组可重新定位、对接。为了减少这种情况的发生，挤奶杯组内有加热装置，温度设置接近牛只实时体温，进一步增加牛只舒适感。挤奶杯组内部可阻断，配置多挤奶管道。由于挤奶初期牛奶质量不高，开始挤奶较短时间后阻断入奶，换挤奶管道继续挤奶入奶，达到更高品质集奶。在集奶管道下部配置牛奶体细胞计数传感器、乳脂率传感器等，可及时监测牛奶品质参数，便于牛奶品质分级冷藏、加工、处理。挤奶完成后，挤奶杯组自动归位，并及时做消毒处理，同时清洁喷头对牛乳头以及牛蹄进行清洁、冲洗、消毒，减少交叉感染风险。对于规模较大的奶牛场可配备挤奶厅，挤奶厅可分为鱼骨式挤奶厅、并列式挤奶厅、转盘式挤奶厅。采用自动挤奶系统，可实现挤奶、消毒、按摩高度集成和自动化，从而显著提高挤奶效率。

15.3 无人牛场的规划与系统集成

15.3.1 空间规划

养牛场具有一定的环境污染，其选址应该考虑诸多因素的影响。高效规模的牛养殖场，既需要考虑饲养数量，又需要考虑便利运输、有效防病、安全生产、气候条件等因素，需要因地制宜、合理规划。养牛场的选址总体应从以下四方面考虑：

1）场区的选择要符合国家环境保护所规定的范围，应节约用地，不占或少占良田；选择的区域要地势高、干燥、土质坚实，并有缓坡，向阳通风，平坦开阔，地下水位较低，排水良好。山区建场坡度一般小于15%，避免坡底谷地、山顶或风口，可利用山区和树林形成隔离带。

2）必须保证养牛场附近有充足的水源，并且具有良好的水质。

3）应避免交通繁忙的地区，以免因噪声污染破坏牛的安静环境，影响牛的生长，但同时也要具有良好的交通运输条件。

4）养牛场选址应符合卫生防疫的要求，场址应建在居民区下风处，远离居民区。

牛场在布局上应该具有良好的功能区划分，使各区发挥各自的作用，从而促进整个场区功能的发挥。通常来说，牛场可以按照生活与管理区、生产区、辅助生产区、污粪处理区等划分。布局上要考虑既有功能上的相对独立，又有彼此之间应有的联系。

15.3.2 基础设施系统建设

无人牛场的基础设施是指为牛场繁育、养殖、放牧和管理提供公共服务的物质工程设施，是保证无人牛场正常运行不可或缺的骨架。基础设施系统配备许多环境或图像传感器，其采集的信息通过网络传输到云平台，用于牛场的监控和管理。

1. 非生产区设施

（1）道路　道路是最基本的设施，无人牛场的道路应纵横交错，可以连接牛场与场外的各片区。道路建设具有一定的规范，针对特殊要求的场区，其道路宽度和厚度应因地制宜。

（2）水电设施　水电设施包括水力设施和电力设施，农场水利设施包括进水口、水塔、水管、水渠、水沟和消防栓等，用于保障农场的基本水力供应、水排挤灌溉、污水处理和消防用水。电力设施包括配电室、电线、电塔、发电机以及电力设备等，用于农场的发电、变电、送电，保障农场的电力供应。水电设施是农场的能源核心，是农场运转工作的动力。

（3）干草库　干草库是用于存放干草料的场所，干草库是开放式结构，其建设规模与牛场的饲养规模和采购次数有关。干草库的建筑尺寸由草料的种类和存储量决定，并要求与其他建筑分开距离，同时配备防火、防潮的措施。

（4）精料库　精料库是用于存放精料的仓库，精料具有育肥的作用。精料库的设计多为开放式结构，采用隔板的方式以划分不同种类的精料。精料库的大小取决于牛存栏量、精料采食量和原料储备时间。精料库的设计要求配置防潮和防鼠的措施。

（5）青贮池　青贮池是存放青贮饲料发酵的场所，起到保存或以最低的成本提高青贮饲料养分含量的作用。青贮池有地下式、半地下式和地上式三种形式，结构为长方形或圆形。青贮池的底壁建造要求采用防水、防渗措施。

（6）粪便发酵池　粪便发酵池是养殖粪便处理设施，用于牛场粪便回收存放和发酵，粪便发酵产生能量可用于牛场的生产。粪便发酵池应处于生产区的下风处，靠近牛场粪道，便于粪便清运。粪便发酵池有地下式、半地下式和地上式三种形式。

（7）消毒设施　消毒设施包括消毒池和喷雾枪，它是隔绝外界病原微生物进入养殖内环境的重要门户。对进出场区的移动设备进行消毒处理，可以有效减少疾病的发生。

（8）车库　车库是牛场移动作业设备停放的场所。无人农场的车库按照移动作业设备的功能和距离，分设多个车库。每个车库在位置上按照移动作业设备就近设置，从而保证车库的功能化区分和低耗能投入。车库配备专门的自动充电或自动加油系统，从而为移动作业设备提供能源供应，保障正常的工作。

（9）数据中心与监控室　数据中心和监控室是牛场信息数据采集、存储和管控的场所，其包括机房、数据室和监控室等。数据中心可以与云平台实现互联互通，是无人牛场的管控核心。

2. 生产区设施

（1）公共基础设施　牛场公共基础设施是指牛场内部两种及以上设施共同具有的基础设施，其包括场区的架构、地面、通风机、升降温设备等。牛场内部架构采用封顶结构，牛场地面为水泥混凝土材质，牛场内部跑道为橡胶材质。牛舍地面为混凝土材质，地面采用漏缝式设计，以方便粪便清洁。牛舍分为开放式和封闭式，配备隔离栏、柔和照明光源、自动升降门、通风机、空调、二氧化碳检测设备等。

（2）孕育室　孕育室是针对孕期或生产期间设计的牛舍，采用分栏的方式对每头母牛进行分开管理。孕期的母牛具有一些特殊的行为和需求，为保证孕期母牛能够健康、舒适的孕育和诞生幼崽，需要对孕期的母牛进行单独的监测。母牛进入孕期后，其生活环境和饮食条件与一般的牛有所不同，尤其是牛饲料的营养配比和食用量上存在较大差异。孕育室将孕期母牛单独分栏，可以保证有效的饲养管理。此外，孕育室配备接生设备，可以帮助母牛安全地生产犊牛。

（3）犊牛室　犊牛室专门针对犊牛设计的牛舍，其一般与孕育室邻近。犊牛与成年牛的摄食存在较大差异，犊牛期是生长发育最强、饲料利用率最高、开发潜力最大的一个时期。良好的环境条件对犊牛至关重要，其关系牛场的未来。犊牛室除正常喂食设施外，对于还在哺乳期的犊牛，犊牛室还配备喂奶设备。

（4）普通牛舍　普通牛舍是一般成年牛的养殖场所，是牛场中的核心区域，是绝大部分牛起居和饮食的区域。牛舍的大小决定牛场牛的进出栏量和产量的大小。普通牛舍结构简单，牛舍形式的设计要根据气候条件、饲养规模、饲养方式、分群大小、环境控制方式等而定。例如，北方地区牛舍设计主要是防寒，可设计为暖棚牛舍；长江以南等南方地区则以防暑为主，可设计为半开放式牛舍。牛舍建筑平面布置采用单列、双列及多列形式。

（5）运动场　运动场是运动和休闲的场所。运动场的跑道采用橡胶材质，漏缝式设计，有助于提高牛在运动场上散步的舒适感。此外，运动场设有福利休闲平台，平台配有清洗和按摩设备，可以提供牛生长过程中的福利待遇，有助于提高牛肉或牛奶的品质。

（6）放牧场　放牧场是牛进行户外自由觅食的地方，其主要为人工牧场。放牧场规格按场区大小、存出栏量确定，其边界设有栅栏，并配备触栏预警设备，以保障放牧场内牛的安全。

（7）挤奶厅　挤奶厅是奶牛挤奶的场所，采用封闭式设计，其规模取决于牛场奶牛的数量。挤奶厅设有单向护栏通道，通道一次仅允许一头奶牛通过。通道进口为自动分栏器，可以对奶牛进行分隔管理，用于引导奶牛到达指定通道进行挤奶。挤奶厅的位置一般有两种设置方法：一种为设在成乳牛舍的中央，另一种为设在多栋成乳牛舍的一侧。挤奶厅的类型有并列式、鱼骨式和串列式、转盘式、放射式等。

15.3.3 作业装备系统集成

作业装备是架设在基础设施上的行动执行器，是无人牛场自动化运行的基础。作业装备分为固定装备与移动装备。固定装备是一种固定式的操作执行器，如风机等，其相应配备各类信息采集的传感器，从而帮助固定装备的智能运行。移动装备是可移动的机器人，具有高度的自动化或智能化，具有自我监测和运行的功能，如自走式 TMR 搅拌机。

环境控制装备是一种固定装备，环境控制装备主要为通风机、加热器、制冷机及湿帘等。通风机的安装有三方面：其一为安装在牛舍内的小型轴风机，用于加速大型牛舍内空气的流动；其二为安装在牛舍墙体的大型轴风机，用于纵向通风，实现牛舍和外界环境的空气交换；最后一种为屋顶小型轴风机，主要用于牛舍气体的排放。通风机在牛舍中具有重要的作用，温湿度以及二氧化碳浓度的控制都需要通风机的参与。加热器与制冷机主要用于温度调节，加热器包括电加热炉和热水管道，热水管分布在各个牛舍的侧边墙角落。加热炉具有单独的热炉室，一般位于牛舍后方；制冷机采用空调制冷压缩机。在一些最低气温不是很低的环境，加热器与制冷机一般可以被大型中央空调代替。湿帘、喷淋或者雾化喷头一般安装在牛舍的侧边，并配有风机，其功能一方面为湿度控制，另一方面为温度的调节。图 15-3 所示为牛场环境控制装备的分布。

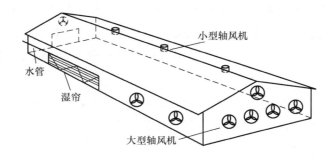

图 15-3　牛场环境控制装备的分布

此外，固定装备还包括固定饲喂装备、固定清扫装备等系统中的固定智能机器。移动装备则是一系列的智能移动设备，如饲料运输车、清洁机器人、巡检机器人等。作业装备与云平台互联，统一由云平台调度和管理，并工作在各个业务系统中，是实现牛场业务无人化运行的重要组成部分。

15.3.4　测控装备系统集成

信息测控依赖于各类传感器和装备的协作，无人牛场的信息主要涉及环境、作业设备、牛只管理三大方面。

无人牛场是一个综合的大系统，对实现无人化的运行，测控装备系统起到至关重要的作用，其运行原理如图 15-4 所示。智能信息感测系统负责无人牛场的信息采集，传输系统是无人牛场的信息互联的桥梁，管控云平台是无人牛场的信息集中和处理的中心，它是无人牛场的"大脑"，负责指挥牛场的正常运转。

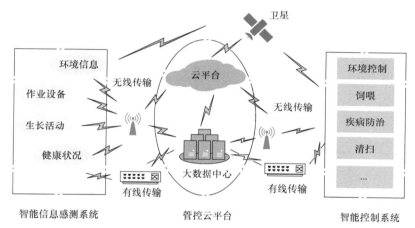

图 15-4　无人牛场测控装备系统的运行原理

1. 环境测控

环境信息是无人牛场的基本环境参数，其主要包括牛舍、繁殖室、育种室、挤奶厅的各项环境指标，以及场区内外设施的实时图像信息。环境信息的采集依托于智能化的监控摄像机，以及各项环境参数传感器，其主要包括温度传感器、湿度传感器、二氧化碳浓度传感器等。环境测控系统如图 15-5 所示。

（1）温度　温度传感器主要安装在封闭式的牛舍及干草料库。牛舍温度信息采集可以为牛舍的智能温控系统提供数据支持，通过智能温度控制系统，保障牛舍处于合适的环境温度。干料库的温度传感主要时用于消防参考，云平台实时监测温度变化情况，以保障消防安全。

（2）湿度　湿度传感器主要安装在牛舍和饲料库，如干草料库、精料库等。牛舍湿度信息关系牛的健康生长，通过智能湿度控制系统可以保障牛区内的湿度处于适当的范围。饲料库的湿度信息主要为饲料质量是否发生变化的依据，如果湿度过

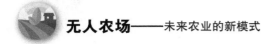

高会引发饲料变质,尤其是长时间储存的情况,这些信息会上传到云平台,用于云平台的饲料管理系统,进而用于饲料的管理,如饲料作废处理、饲料采购规划及饲料营养配比。

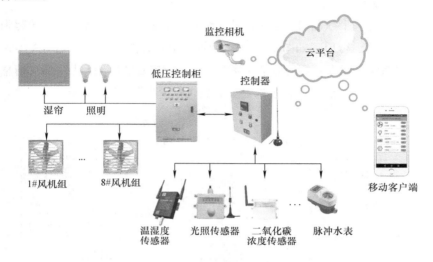

图 15-5　环境测控系统

(3)二氧化碳浓度　二氧化碳浓度传感器主要分布在封闭式的牛舍,如孕育室等。云平台实时监测二氧化碳浓度的变化,并通过智能二氧化碳浓度控制系统对其进行调控。

(4)监控摄像机　监控摄像机是图像采集的传感器,其广泛分布于无人牛场的牛舍、饲料库、道路等各个区域。云平台通过监控摄像机真实地了解环境视野的实时状况,为远程监控、特定目标监测、故障预判等提供可靠的实时信息。

2.作业设备测控

作业设备测控主要是依据各种装备的工作状态信息实时管理作业设备,装备的信息监测由设备自身系统提供检测和传感功能,云平台在处理信息后通过反馈信息指导作业设备的运行。作业设备测控系统如图15-6所示。作业设备的测控主要包括以下几方面信息:

(1)设备异常态信息　异常态是设备能否继续工作的判断依据,同时也为设备检修提供信息支撑。异常态主要分四个等级:Ⅰ级为正常状态;Ⅱ级为警报状态,表示设备存在故障报警,但是不影响正常的作业任务;Ⅲ级为故障状态,表示设备存在部分主要功能缺失性故障,设备可以进行部分作业;Ⅳ级为无法工作状态,表示设备存在主要功能缺失，设备已无法进行作业。当作业设备处于Ⅱ～Ⅳ状态时，云平台首先会通知检修人员，并及时调度替代设备进行作业。

（2）设备工作状态信息　设备工作状态信息表示设备是否在进行作业的信息，包含正在作业、待作业和未作业三种状态。

（3）设备位置信息　设备位置信息表示设备位置状态的信息，由 GPS 或北斗卫星定位系统提供目标位置信息，主要用于作业设备的定位，以方便设备的索引和管理。

（4）设备工作时间　设备工作时间表示设备从开始工作到查询时所工作的时间，未作业设备的工作时间为零。工作时间可以作为设备的使用寿命，以及移动作业设备能源剩余的判断依据。

（5）设备工作轨迹　设备工作轨迹主要是移动设备的工作轨迹，可用于设备工作质量的评判标准，同时可用于优化移动设备的作业线路。采用 GPS 或北斗卫星导航提供位置坐标，通过数据模块记录轨迹信息。

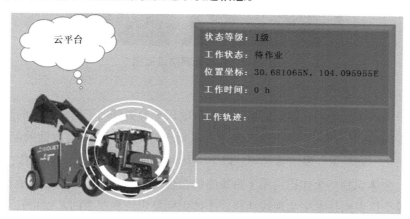

图 15-6　作业设备测控系统

作业设备信息均通过无线网络直接与云平台对接，它可以帮助控制系统识别和判断作业设备的工作状态或者异常态，依据设备的各项信息，系统可以更好地进行作业任务安排，优化作业配置，同时减少故障率，提高运行效率。

3. 牛只管理测控

牛只管理测控是对牛生长活动与健康的管理，其信息监测如图 15-7 所示。生长活动信息时指牛的生长和活动两方面信息。牛在各阶段的生长和的活动是不一样的，如犊牛和成年牛，发情与未发情的牛，孕期与非孕期的牛等，它们在各阶段的

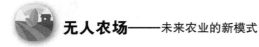

表现和需求存在很大的差异。健康状况信息是牛生理健康与病态的判断依据，健康状况传感器可对牛进行实时健康评判与监测。

图 15-7　牛只管理信息监测

记录牛的生长活动和健康信息，可以帮助云平台更好地了解每头牛的阶段生长状况和活动规律，预测牛的下阶段需求，从而更好地为牛提供适应性的配套措施，如饲料配比、饲喂量、发情管理等。以下为几种主要的牛只生长活动信息：

（1）个体识别　个体识别用于每头牛的身份区分和确认，依托于电子耳牌、电子标签等个体识别技术来实现该功能。个体识别是定位和溯源的基础，云平台可以实时记录每只牛的具体情况，并针对性的管理每只牛。

（2）体长体重　体长体重指每头牛的体长和体重数据，依托于红外测量和电子地秤传感来实现该功能。体重和体长是牛生长过程最直接的状况体现，云平台可以通过体长和体重信息判断牛生长到了哪个阶段。

（3）活动步数　活动步数表示牛行走活动的数据，依托于计步器（速度与加速度计）。牛活动步数反映了个体牛的运动量，可以作为判断牛健壮程度的依据。

（4）活动轨迹　活动轨迹表示牛活动范围的数据，依托于GPS或北斗定位系统提供实时位置信息，为云平台绘制活动轨迹提供数据支持。活动轨迹可以用于表示个体牛的活动规律。

（5）发情与孕期状态　发情状态分为两种状态：一种是发情状态，另一种是非发情状态。由发情监测系统判断状态，如果处于发情状态，由智能繁育系统提供配种、孕检、分娩和产后护理服务。

牛只的健康信息主要包括以来几方面：

（1）姿势步态信息　其信息获取依赖于视觉的传感。健康牛的步态稳健，动作协调、自如。疾病牛步态不稳，有跛行等异常情况，整体表现为运动不协调。一般来说，特定的疾病都有相应症状表现，如脑包虫病会导致牛的定向转圈。

（2）呼吸状况　采用呼吸频率传感器和机器视觉相结合的传感方式，实时对呼吸状况监测，健康牛的呼吸频率为 10~30 次 /min，且为平稳的胸腹是呼吸，一般受生理和外界条件的影响，会稍有波动。疾病牛的呼吸频率和呼吸方式会存在改变。

（3）心率　采用心率传感器实时传感心率变化。心率过高或过低表明牛为非健康状态。

（4）体温　采用红外测温的方式，实时监测牛体温的变化。一般牛的异常或疾病都伴随着体温的变化。

（5）反刍信息　反刍信息的获取依托于视觉相机传感。健康牛食后 1h 左右开始反刍，每次持续时长约 1h，每次咀嚼 40~80 次。当牛患有疾病时，其反刍会存在障碍，表现为不反刍或反刍指标异常。

（6）精神状态　精神状态信息获取依赖于视觉的传感。健康牛对环境反应灵敏，疾病态牛头低耳垂，呆立不动或前冲后撞，乱跑乱撞。

健康状况非实时信息传感主要是对毛和皮肤、眼结膜、鼻腔及牛体内血液参数的检测等，采用个体定期取血、定期视察等措施，阶段性传感牛体生理健康状况。例如：采用自动取血设备，定期监测血蛋白、白细胞及生殖激素等多项血液常规检测指标；采用高清摄像探头，自动获取牛眼结膜和毛色、皮肤的健康状况。

云平台通过综合信息了解牛只的健康状况，当牛处于非健康状态时，通过疾病防治系统对牛健康进行管理。

15.3.5　管控云平台系统集成

管控云平台系统是一个智能综合的系统，它是数据的汇总、分析与管理中心，将终端设备采集的数据信息进行接收汇总，通过数据分析向执行设备发送指令。无人牛场的管控云平台系统集成如图 15-8 所示。

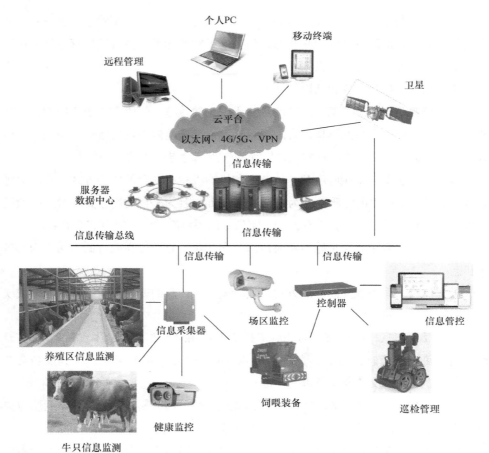

图 15-8　无人牛场的管控云平台系统集成

1. 数据中心

数据中心是无人牛场的信息预处理、分类、存储和管理的平台。信息预处理是指对获取信息进行加工处理，使之成为有用信息，其主要是对信息进行去伪存真、去粗取精、由表及里、由此及彼的加工过程。信息分类是指按照信息的属性进行分类，从而实现对应的数据库存储，其包括了信息的提取和识别过程。信息存储和管理就是指信息的数据库存放，其涉及数据库的建立。

云数据中心是一个开放的平台，它允许外部设备对其进行数据访问，通过接口读取数据中心的信息。用户在有网络的地方，可以通过计算机、移动终端等设备随时随地接入数据中心，从而了解农场的相关信息，通过统计、处理、可视化等操作实现农场信息的直观显示。此外，数据中心通过网络形式，在允许权限范围内可接入新增监测点，并且能够接收到新接入监测点的监测信息。

2. 云平台

云平台是无人农场的"大脑"，它可以对信息进行分析处理并形成决策，同时可以进行自我学习。云平台对接收的信息进行处理决策后并对作业机构发送指令，控制这些执行机构的运作。此外，用户也可通过手机客户端远程操控云平台发送指令。

云平台的核心是决策的形成，其决策支持来源于两方面：一方面是云专家系统，一方面是自我学习。专家系统是科学性的基础，它包括了饲喂投量、健康状况、疾病检索等多方面的信息，可以为决策提供基础参考。自我学习是云平台对特定系统的经验总结，其优势在于对牛场系统具有针对性。云平台在处理信息时会通过信息的分类属性在云专家系统中搜索相应的参考数据，并通过对比分析给出结果，结合自我学习得到的经验值，对专家系统给出的结果进行优化处理，并作为决策结果给出。

15.3.6 系统测试

无人牛场是一个结构复杂，同时功能点、数据量都较为庞大的多业务集成系统，进行无人牛场系统测试是为了发现牛场集成系统可能存在的一系列的问题，如程序是否错误，功能需求是否满足，安全漏洞是否存在，以及运行性能是否达标等，从而可以进一步地提高系统的准确性、完整性及可靠性。

1. 硬件测试

牛场硬件设备是无人牛场系统运行的基础，硬件测试的目的是检验硬件设备功能是否正常，确保无人牛场可以进行运行和生产。硬件测试主要包括基础设施、移动与固定装备、测控装备等硬件设备的测试。

基础设施的各项测试除测试功能性，还要增加其长效性的测试。例如，对场区架构和仓库进行温度、湿度及压力胁迫测试，检验场区架构的稳定性、安全性和长久性；对管道进行漏损和抗压检测；电力设备测试其是否能够正常满足电力供给需求，保证电力安全；粪便处理设备和消毒设备重点是测试它们能否正常工作。此外，还应测试各个预警系统是否正常。

固定装备和移动装备测试主要检测它们能否可以正常工作。例如，固定装备动作是否满足设计需求，能否达到预期效果，装备是否存在异常动作情况；移动装备系统自我运行的情况如何，是否按照预期运行，成效是否达标等；此外，在设备存

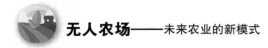

在异常态时，设备是否是能够即时上报异常态信息。

测控装备测试主要是对各类传感器和执行器的性能检测。测试第一步是对各传感器和执行器进行校准，之后分别对各类传感器和执行器进行人工模拟测量，并与标准数据对比，确保传感器和执行器能够正常工作。模拟测试完毕后，再应用于农场系统，在测试模式下检验测控装备能够正常完成检测和执行的功能。

2. 软件测试

无人牛场的软件测试主要针对云平台和互联网的测试。首先是云平台的通信测试，包括了有线和无线通信设备信号传输测试、信号安全能力测试及抗干扰测试等。其次是云平台数据处理测试，包括了数据接收准确性检测；数据处理能力检测，如数据处理量大小、处理后的判断结果是否正确，是否符合需求等；控制指令传到能力检测，如控制指令能否使得执行器正常工作。此外，软件系统的安全性和可靠性也需要进行模拟测试。

云平台与各信息设备的测试采用单系统测试方式，分别对各业务系统进行设施设备、固定和移动装备及测控装备的运行测试。各业务系统测试完毕后，由云平台进行集中测试。

第16章 无人鸡场

16.1 概述

16.1.1 无人鸡场的定义

无人鸡场的含义是在没有人对鸡场进行干预的情况下，采用物联网、大数据、人工智能、5G 和无人车等现代智能化信息技术，通过实现装备的自动化，代替人工完成鸡场的智能化控制，实现鸡场的无人化。

无人鸡场在发展的过程中会经历三个阶段。第一阶段是鸡场的远程控制，充分发挥物联网技术在设施养殖生产中的作用，实现养殖场所信息化、智能化远程管理，能够保证养殖场所内的环境适宜养殖动物生长，实现精细化的管理，为养殖动物的高产、优质、高效、生态、安全创造条件。第二阶段是自主决策，鸡场从测量体重、产蛋、喂食、饮水、环境温度与湿度等方面，全方位守护蛋（肉）鸡的健康生长。在管理层面，它能够帮助实现精准决策。在执行层面，它能够替代人工，提升效率。对于养殖户来说，无人提供的是全天候、全方位的服务，也有效降低了巡场成本。第三阶段是自主作业，由传感器、摄像机等数字、图像采集设备，采集鸡舍的环境信息和蛋（肉）鸡的生长状态，通过数据传输、智能数据处理和现代化装备的控制，实现鸡仔的孵化、蛋（肉）鸡的饲养、鸡蛋的收集、鸡舍环境的监测和控制、鸡粪的收集，鸡蛋和肉鸡的产品追踪等鸡场全部的生产作业过程。其中，人工智能技术、大数据技术、物联网技术、云计算技术、智能装备与机器人技术的灵活组合与运用是实现鸡场无人生产的必要条件。无人鸡场的生产系统如图 16-1 所示。

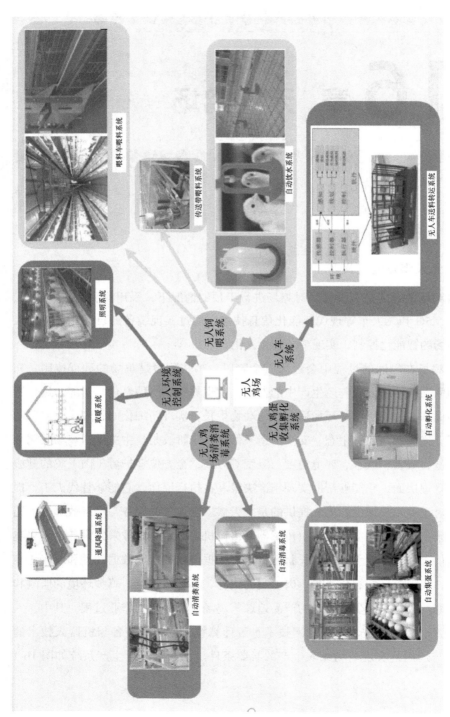

图 16-1　无人鸡场的生产系统

16.1.2 无人鸡场的组成和功能

无人鸡场主要由基础设施系统、固定装备系统、移动装备系统、测控装备系统、云平台系统五大系统组成。主要业务系统包括环境调节装备系统、自动饮食系统、自动饮水系统等。

1）基础设施是固定设备运行的前提，基础设施主要包括了鸡场的道路设施、电力建设、水源、交通措施、仓储设施和禽舍的建造、通风设施、尿粪沟。

2）固定装备主要是指养殖车间鸡舍内各式通风设备、自动喂食和喂水设备、自动收集鸡蛋设备、自动清粪设备、自动消毒装备和自动鸡仔孵化设备等。

3）移动装备主要是指蛋鸡、肉鸡和鸡蛋的无人转运车，自动禽舍清理车设备等。

4）测控装备是指禽舍的环境测控装备、蛋鸡和肉鸡的生长情况测控装备（疾病监测、体重监测），以及各式代替传统的人为判别鸡的状态的传感器。

5）云平台是无人鸡场的"大脑"，主要代替人管理鸡场，实现智能决策。

总的来说，无人鸡场的基础设施是框架，而固定装备和移动装备是在基础设施上的硬件系统，是无人鸡场正常工作作业执行器。测控装备运用图像、声音、气味等各类传感器进行信息采集，通过数据传输节点、处理云端、执行设备来监控鸡场的正常作业状态，当鸡场的作业数据超过正常范围，便发出预警并进行调控。云平台对无人鸡场的信息进行智能处理，实现真正的无人鸡场生产模式。

16.2 无人鸡场的业务系统

无人鸡场在生产过程中的主要业务系统有环境控制系统、自动饲喂系统、无人车送料及转运系统、鸡蛋收集和孵化系统及清粪消毒处理系统等。

16.2.1 环境控制系统

1. 通风降温系统

通风降温系统是由水循环系统、温度传感器、轴流风机、湿帘和电器控制装置组成。在鸡舍墙壁的一侧安装负压通风的风机，并在对侧的墙壁上设置进风口和湿帘。如果温度传感器检测到鸡舍内超过限定温度，就会自动启动通风装置。这时风机会把鸡舍外的热空气抽进湿帘。湿帘布满冷却水，然后冷却水由液态水最终转化成气态的水分子，这个过程从空气中吸收热量，使鸡舍内的空气温度迅速下降，和鸡舍的热空气混合后利用负压风机排出鸡舍外，传感器检测到温度回到正常值时，通风降温系统关闭。当 CO_2 浓度和氨气浓度过高时，通风降温系统的水循环系统不参与，其余系统参与调节，传感器检测恢复正常后关闭。

2. 加热升温系统

在无人鸡场的生产区，由于智能设备的加入后饲养的密度大，加之冬季的保温措施好，所以鸡舍内温度较高，一般可以满足生产区鸡生长的温度。通过温度传感器感知温度较低后，自动开启加热器，保证鸡舍内的温度，温度回到正常值后自动关闭。

3. 自动照明系统

不同发育阶段的鸡对光照时间长短、光照强度、光波长的要求不同，需要为不同阶段的鸡提供个性化光照。在无人鸡场中，通过光照传感器来感应光照强度，并自动进行补光。首先，根据养鸡场的生产区域的布置形式，以鸡笼需要的最适宜光照强度、光波长、光照时间及周期，进行 LED 灯光照明目标的设计。为了方便控制，要把 LED 灯具分成若干组，对每一个灯具进行控制；并且进行 LED 灯具的布置、连线，配置电源和 LED 灯光控制器。

16.2.2 自动饲喂系统

1. 自动喂食系统

（1）传动带喂料系统 传动带喂料系统由传送带、饲槽、贮料塔和剩料消毒设备四个部分组成。贮料塔内的饲料由无人车自动送料。为了方便排料，贮料塔下半部分为圆锥形，上半部分为圆柱形，圆锥与水平面的夹角应大于 60°，一般在家禽舍的一端或侧面。喂料时，由输料机将饲料送到饲槽，通过传送带将料自动运输到鸡的进食区域，吃剩的料随着传输带运送到剩料区，剩料区的料经过自动筛选、消毒后才可再次进行饲喂。

（2）喂料车送料系统 通过无人车在鸡舍内自动地将饲料添加到鸡的食槽内。鸡只养殖一般采取的是长形的笼养，所以自动化养鸡设备的喂料系统被设计成了轨道行进式的。喂料车送料系统由喂料行车、牵引绳、头尾架及配件组合、轨道、螺旋输送系统等组成。

2. 自动饮水系统

自动饮水系统包括水泵、水位传感器、过滤器、限制阀、水塔、饮水器和管道设施等。该系统用以保证生产区蛋（肉）鸡水源的供应。常用的自动饮水器有真空饮水器和乳头式饮水器两种。

16.2.3 无人车送料及转运系统

无人车系统是鸡场的移动系统，承担着无人鸡场内饲料的运输，蛋（肉）鸡的转运任务。无人车系统的核心部件为无人车。无人车利用车载传感系统感知道路环境，并且自动规划行车路线，通过控制车辆到达预定目标。它通过车载传感器感受车辆周围环境信息，通过感知车辆的位置、道路和障碍物信息，控制无人车的速度和转向，使车辆能够可靠、安全地在道路上行驶。无人车集成了人工智能技术、自动控制技术和视觉计算技术等。无人车送料及转运系统如图 16-2 所示。

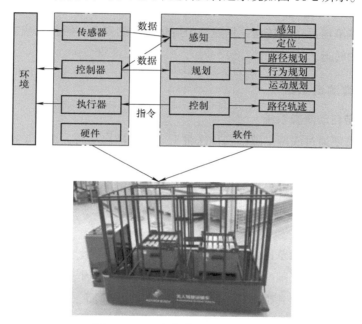

图 16-2 无人车送料及转运系统

16.2.4 鸡蛋收集和孵化系统

1. 鸡蛋收集系统

蛋鸡产蛋后，鸡蛋会自动滚落到传送带上。鸡蛋传送带将蛋鸡每天产下的鸡蛋传送到鸡蛋分级车间进行自动分级。在此期间，首先，破损蛋检测系统通过摄像头对鸡蛋拍照鉴别，剔除掉其中破损的鸡蛋；然后，脏蛋检测系统会再次对鸡蛋进行鉴别，对脏蛋二次清洗，在这个过程中还要进行隐纹检测确保没有隐纹裂口；最后进行紫外线杀菌。在经历了检测、清洗、杀菌、分级等操作后，优质安全的鸡蛋会通过包装机进行分级包装。自动鸡蛋收集系统让蛋鸡避免因为与人接触造成细菌污

染，同时为蛋鸡营造了良好的生活环境。

2. 鸡蛋孵化系统

鸡蛋孵化系统包括机架、孵化箱、清洗箱、加工制作箱、微波杀菌箱、丝杠、丝杠步进电动机、推杆直流电动机、推杆、鸡蛋拖板、控制开关和人机交互系统等。首先，初始化孵化温度与时间、清洗时间、加工温度与时间，进行参数设置；参数设置好后整个过程自动进行，孵化时间达到后进入清洗箱进行清洗，清洗完成后进入加工制作中，加工制作完成后进行微波杀菌，最后包装。在孵化过程中可实现单次生产与循环生产。系统中配有超温报警装置，温度超出规定范围将报警，还设有紧急故障断电后还原按钮，保障整个孵化过程的安全。孵化完成之后，由无人车进行鸡仔的转运。

16.2.5 清粪消毒系统

1. 传送带自动清粪系统

家禽的粪便通过底网空隙落到传送带上。当机器启动时，由电动机和减速器经过链条带动各层的自动辊工作，在从动辊与自动辊的挤压下发生摩擦力，使承粪带沿笼组长度方向移动，将鸡粪输送到一端，然后被端部设置的刮粪板刮落，完成清粪工作。

2. 自动消毒系统

无人鸡场自动消毒杀菌设备是在高压的作用下进行的，将消毒液打散，可以实现在特定的时间内大范围的覆盖消毒。通过定时装置每天按时自动喷洒消毒剂。采用雾化消毒的方法，使其弥漫整个消毒空间（房顶、地面、空气、舍内的各个角落等），达到彻底消毒的目的。由机器自动完成，全程自动上水上药剂，非常方便快捷。棚内左中右各有一根管子，管子是每隔2m有喷头连接，可带动几百个喷头同时进行雾化消毒工作，弥漫整个空间速度快，非常高效。

16.3 无人鸡场的规划与系统集成

16.3.1 空间规划

1. 鸡场选址

无人鸡场选址主要考虑生产经营、交通运输、防疫卫生、投资成本等问题。

（1）地理位置 鸡场应选择建在远离人口密集地区。交通相对便利，能够满足对肉制品和蛋制品及时运输。鸡舍建筑要求地势平坦，土质结构坚硬。鸡场水源可靠。

（2）气候环境 鸡场应选择气候干燥、向阳通风、空气质量达标的地区。生产垃圾分类处理，废水排放远离周围居民生活区。周围自然环境舒适，应远离化工厂和垃圾处理厂。

2. 鸡场布局

无人鸡场一般可分为生产区、孵化区、配料区、废弃物处理区、配料区和储存区等区域（见图 16-3）。生产区是种鸡主要活动场所，主要包括鸡笼、饲喂设备和鸡蛋收集设备等。孵化区是雏鸡孵化的场所。配料区自动化完成饲料配比，经运输设备送达生产区。废弃物处理区对生产垃圾进行分类处理。储存区用来存放各种移动装备。

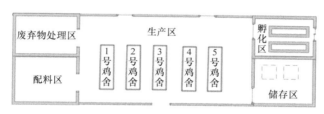

图 16-3 无人鸡场的空间布局

16.3.2 基础设施系统建设

基础设施是固定设备运行的前提，它们是建造无人鸡场的框架。基础设施系统主要包括鸡场的道路设施、供电力设施、供水设施和仓储设施。

（1）道路设施 道路设施为鸡场内生产提供便利的条件。鸡场内的道路分为净道和污道，净道的主要功能是为生产资料的运输和移动装备的行驶提供通道，而污道的功能则是为粪便、废弃物提供运输的专用通道。道路建设主要包括水泥道路建设和轨道建设。水泥道路平整，可满足消毒机器人等移动作业装备通过。轨道更适合饲料、药物等运输作业车。两种道路在运行时应合理调度移动设备，以面发生碰撞。

（2）供电设施 供电设施为鸡场的正常运转提供能源保障。电力设施包括配电室、电线、发电机及电力设备等设施，用于鸡场的发电、变电、送电，以保障鸡场的电力供应。

（3）供水设施 供水设施包括进水口、水管网络和消防栓等设施，用于保障鸡

场的基本用水供应，以及污水排放和消防用水。

（4）仓储设施　仓储设施包括货架、分拣车、托盘和冷藏设备，主要用于储存生产中所需的饲料、鸡蛋、物资与设备等。

16.3.3　作业装备系统集成

1. 自动饲养装备

自动饲喂装备可分为三种：转运链式饲喂设备、塞盘式饲喂设备、自走式饲喂机器人。饲喂设备的选取应结合鸡只密度、鸡舍布局、养殖方式、资金等因素综合考虑。

（1）转运链式饲喂设备　料箱自动投料到传送带上，利用传送带将饲料运送到料槽。该系统主要适用于散养的肉鸡或蛋鸡，有效地避免了由于群体栏饲养而在采食阶段出现的抢食与打斗等行为。

（2）塞盘式饲喂设备　在饲喂过程中，料管中安装有可以旋转的链条，链条通过带动链式塞盘向料管中投料，在重力作用下饲料将通过料管进入料盘。链式塞盘存在磨损问题，须定期检查更换。

（3）自走式饲喂机器人　采用个体识别技术识别鸡只编号，云平台对不同个体计算出对应饲喂配方、饲喂量等。自走式饲喂机器人在接到指令后按照饲料配方信息完成饲料配备，并在相应出料口出料。喂料结束后记录投喂量、投喂时间、投料配方、鸡编号等信息，及时上传至云平台，实现饲料精准定点投放。

2. 环境监测装备

无人鸡场采用农业物联网等技术实现对环境信息的实时在线监测。采集到的信息被用来评估鸡场养殖环境质量的优劣。主要监测指标包括有害气体含量、光照强度和温度、湿度等。

1）温湿度传感器主要应用在生产环境以及孵化环境中。鸡舍温度信息采集用于保障鸡舍处于合适的环境温度。鸡舍湿度信息采集用于保障饲料的储存和鸡只正常生命活动。温湿度传感器采集的数据可用于环境智能控制系统模型的计算。

2）二氧化碳、一氧化碳和氨气传感器用于保障鸡的正常生长和孵化过程处于合适的氧气浓度。孵化过程中一氧化碳、氨气和硫化氢等气体的浓度不宜过高，这是因为这些气体对鸡的呼吸系统会造成损伤，甚至造成中毒。

3）光照传感器用于保障鸡场内的采光和鸡生长所需要的光照强度。光照强度和光照时间影响鸡的生长发育、采食量和产蛋，鸡蛋和鸡肉的品质也离不开适宜的光照。光照强度不足时，可采用补光灯进行调控。

3. 鸡蛋收集装备

鸡蛋收集装备包括传送带、挡板、收集器、卡槽和蛋槽。传送带使用 PVC 材料制作，并且挡板表面粘贴有海绵，这样目的是减少鸡蛋在传送带区间因碰撞造成的损失。收集器是鸡蛋收集装备的核心构件，主要作用是将鸡蛋排列成整齐有序的正方形。卡槽是具有圆形网格状的托盘，卡槽可容纳鸡蛋的数量与蛋槽相等。蛋鸡产蛋后，鸡蛋自动滚落到传送带上。在传送带上，分级装置开始对鸡蛋进行破损检测等分级操作，目的是将破损、有血迹的鸡蛋挑选出来。传送带将鸡蛋传送到收集器位置，收集器将鸡蛋排列成有规则的正方形并装入蛋槽。

16.3.4 测控装备系统集成

无人鸡场测控装备系统集成物联网、移动通信、自动化控制等技术，实现环境信息感知、数据信息传输、设备自动控制等功能。测控装备系统主要包括环境测控装备系统、生产信息测控装备系统和生长状态测控装备系统。

1. 环境测控装备系统

鸡舍通过安装温湿度传感器、空气质量传感器和光照传感器等设备感知周围环境信息，管控云平台通过计算模型自动对鼓风机、暖气和日光灯等设备进行控制，从而构建无人化环境测控系统。

环境测控装备系统主要用于控制各种环境设备和作业设备。环境测控装备系统通过控制器与控制设备相连接，控制器不仅传递感知信息，而且能够完成控制系统的指令操作。主控制器既可以实现对控制设备的手动控制，也可以实现远程智能控制功能。手动控制是指通过软件平台进行的控制操作。自动控制是完全由管控云平台根据采集到的传感器数据进行智能化自动操控。管控云平台系统根据鸡舍内的传感器检测的空气温度与湿度、光照及二氧化碳等参数，计算出最佳控制方案，环境测控装备系统对鸡舍内的控制设备进行控制，实现鸡舍环境自动控制功能。控制器还可以根据预先设定的环境规则自动输出控制信号。

2. 生产信息测控装备系统

生产信息测控装备系统主要针对无人鸡场内的饲料、水电消耗情况和鸡蛋信息进行实时监测。采用数字化智能水表与电能表，对生产过程中的用水量与用电量进行实时自动计量；采用有自动记录料量功能的饲喂设备，对生产过程中的饲料消耗量进行实时自动计量。采用有质量传感器的传送带，记录鸡蛋的质量和数量。

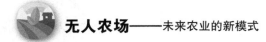

管控云平台系统根据鸡舍内的传感器检测的气候信息、运动量等参数输入动物生长模型，计算出最佳控制方案。鸡场作业自动控制包括饲料自动供给、鸡蛋自动收集和粪便自动处理等。控制器通过无线网络将控制信号传递给作业装备系统。喂料机器、清粪车和捡蛋机器人等在接收到控制命令后，分别按照控制信息各自执行任务。

3. 生长状态测控装备系统

生长信息感知和行为分析是实现无人鸡场精准饲喂的核心。机器视觉技术可以量化动物行为。实时数字图像系统可以监测肉鸡的运动和健康状况，并自动将病鸡与正常鸡区分开来。3D 摄像系统能同时测定多只肉鸡质量或预测单只肉鸡质量。无人鸡场主要使用非接触的自动识别技术实现个体识别和行为分析。生长信息包括个体识别、体重信息、运动信息和体温信息等。

1）个体识别通过电子标签、RFID 技术识别每只鸡的身份信息。

2）体重信息使用电子地秤传感测量每只鸡体重数据。

3）运动信息表示鸡行走活动的数据，依托于计步器。

4）体温信息使用红外热成像仪设备，监测每只鸡的体温信息。

生长状态测控装备系统利用载有图像传感器和声音传感器的移动装备或固定装备对生产目标的尺寸、质量、健康情况进行实时监测。通过对生产目标图像数据的自动获取、处理与计算，能够获得生产目标的尺寸和质量信息，并根据这些信息自动调整饲喂与管理方法。生产目标的尺寸、质量、健康情况数据，通过网络自动上传至云平台系统进行处理与分析。通过云平台系统对数据的智能分析，及时地了解每一个生产目标的生长过程与状态，并对未来的饲养方案重新做出规划与调整。

16.3.5 管控云平台系统集成

管控云平台是将采集的环境信息和动物生长状态信息数据进行存储、计算与分析，并通过数据分析向设备发送指令，对动物的生长进行实时监控和合理调控的智能管控平台。将各种信息存储在云端，云数据管理中心将有效解决大量数据的存储和计算问题。本地服务器和云平台之间通过有线互联网连接。信息传输系统主要将采集到的数据信息传送到云平台，并将云平台发出的控制信息传送到作业装备。无人鸡场可以向网络公司购买获得云空间，数据的日常备份、维护等操作则由网络公司负责，从而为无人鸡场节约了成本。图 16-4 所示为云平台系统架构。

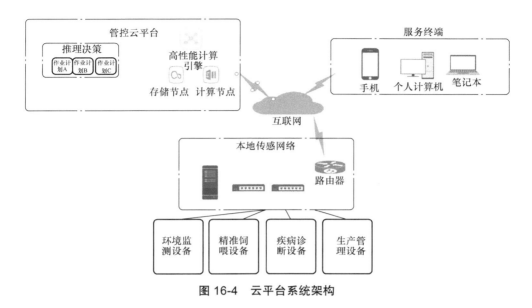

图 16-4　云平台系统架构

云平台系统提供无人鸡场业务相关的系统功能和数据接口，终端设备连接互联网完成和云端数据的交互。无人鸡场信息服务云平台包括：鸡场监控系统、生产管理系统、预警系统和系统管理。

1. 鸡场监控系统

鸡场监控系统实时监测禽舍环境、活动情况、蛋鸡质量和设备工作状态等信息。用户通过云平台查看现场情况，并且可以远程手动控制鸡场设备。云平台自动分析数据信息，实现远程监控。

2. 生产管理系统

生产管理包括饲料精准饲喂、鸡蛋自动收集、禽舍管理和禽只信息管理。云平台记录每只鸡的采食量、活动量、产蛋时间和体重等信息，通过动物生长模型计算出个体的生活习性。用户远程操控窗口实现鸡的入舍和转舍，以及饲料的入库和出库等操作。

3. 预警系统

预警系统针对鸡场内存在的异常信息及时推送给用户。异常信息主要包括环境异常、生长异常和行为异常等。环境异常指温度、湿度、阳光、二氧化碳等参数超过阈值区间。生长异常指鸡只的日平均饮食量、日平均活动量和平均体重等参数超过阈值区间。通过云平台，可进行音视频在线分析，从而识别异常行为。

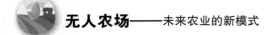

4. 系统管理

系统管理包括用户管理、权限管理和备份。用户管理可以实现用户的增、删、改和查等基本操作。权限管理则是给用户设定不同的管理权限，保障操作的安全性。数据库定时备份，可保障数据的安全性。

16.3.6　系统测试

1. 硬件测试

硬件测试针对基础设施、作业装备、测控系统和云平台四大系统的硬件进行测试。基础设施测试主要测试供水设施的开关、水管网络是否正常；供电设施能否满足鸡场设备的供电需要；电压是否平稳，有无漏电等；鸡场内的轨道和道路是否平稳等。作业设备测试主要是作业设备的感知和控制功能的测试，如无人送料车能否感知道路环境信息，能否控制无人车到达指定位置，鸡蛋收集装备的传送设备和分拣设备能否正常工作等。测控系统测试主要测试各种传感器采集的温度、湿度、二氧化碳等各种环境数据状态是否正确，各个摄像头是否能够拍摄到图像信息是否清晰，对控制命令的操作是否正确等。云平台测试主要包括计算机集群性能、数据的存储和计算的最大速度等方面的测试。

2. 软件测试

（1）通信模块　测试内容为消息能否及时送达，通信协议工作状态是否正常，稳定可靠性如何，能否满足设备和服务器之间的通信需求等。

（2）系统管理模块　测试内容为鸡场云平台用户权限分配是否正常，用户增、删、改、查等操作能否完成，以及修改个人密码、注册和登陆能否完成等。

（3）信息显示模块　测试内容为禽舍环境、设备工作状态等信息显示是否正确，对个体蛋鸡质量和活动情况等信息查询显示是否正确等。

（4）生产管理模块　测试内容为云平台对某几只鸡的采食量、活动量、产蛋时间和体重等信息记录是否正确，云平台通过模型计算出的喂养时间、喂养量是否合理等。

第**17**章 无人渔场

17.1 概述

17.1.1 无人渔场的定义

无人渔场就是人工不进入渔场的情况下，利用物联网、大数据、人工智能、5G、云计算、机器人等新一代信息技术，对渔场设施、装备、机械等进行远程控制、全程自动控制或机器人自主控制，完成所有渔场生产、管理作业的一种全天候、全过程、全空间的无人化生产养殖模式。

无人渔场按照技术的先进程度，大致可以分为三个阶段：

1）初级阶段，通过远程控制技术，实现渔场的大部分作业无人化，但仍需要人远程操作与控制。

2）中级阶段，人不再需要24h在监控室对装备进行远程操作，系统可以自主作业，但仍需要有人参与指令的下达与生产的决策，属于无人值守渔场。

3）高级阶段，完全不需要人的参与，所有作业与管理都由管控云平台自主计划、自主决策，机器人、智能装备自主作业，是完全无人的自主作业渔场。

无人渔场中，在养殖区域内布置各种温湿度传感器、CO_2传感器、光照传感器，以及各种水质参数传感器、摄像机等数字图像数据采集设备，将收集到的数据通过节点传输到控制中心，即通过测控装备来获取渔场信息，包括鱼类的生长情况、环境参数、作业情况、资源分配等相关信息；由云平台进行决策、处理，运用数据分析手段，改变传统渔业经验养殖、人工操作的现状，可大幅降低养殖风险，提升养殖效率；通过云计算技术进行分析后反馈给各个执行设备，进行智能化、自动化操作和作业，从而实现水产养殖"高效、优质、生态、健康、智能"的绿色可持续化。

无人渔场主要通过多功能无人车、无人机、机器人、智能投饵机等机械，完成水产养殖鱼苗的孵化、育苗、幼鱼与成鱼养殖，循环水处理，精准饲喂，水质检测，清污，分池，防疫，分级出售的全流程。多功能无人车可以在云平台的控制下，对分布在不同池塘、车间或无人机的投饵机进行补给。智能增氧机根据水质、鱼类行为和气象信息，在云平台的控制下，对增氧机、循环水处理设备、清污装备等进行精准的控制，实现水质的精准调控；依靠智能投饵机与深度学习技术相结合，根据鱼的生物量、水质及环境、行为，适时适量地进行饲喂，保障鱼的健康快速生长等；自动分鱼机可以对不同尺寸、鱼龄的鱼苗进行分池、收获；故障诊断预警系统可以全天候保障循环水系统的安全运行。

17.1.2　无人渔场的组成与功能

无人渔场总体是由基础设施系统、固定装备系统、移动装备系统、测控装备系统、云平台系统五大部分组成的，不同系统之间相互协调、相互影响，共同保障无人渔场的安全、高效运行。

1）渔场基础设施是一切作业安全进行的基础，建设完善的基础设施才能为更加有效地进行渔场的无人作业提供保障。不同类型的无人渔场基础设施会有较大差异：无人池塘养殖的基础设施主要包括：工程化池塘改造（护坡加固、池底构型、集排污提升装置、防渗设施）、生态湿地（物理过滤、生物过滤）、无人车道路、电力设施和管线、通信基站、库房、管理房、沟渠管网、集中水处理设施等；无人循环水养殖的基础设施主要包括循环水车间（鱼池、沉淀池、生物池、杀菌池、沟渠管网）、电力设施（发电机、电线桩、输配线路、充电桩等）、蒸汽管道、液氧管网、运输道路、饲料库、管理房等；无人网箱养殖的基础设施包括：码头、仓储、车库、网箱（围网）主体框架，双层PE网衣、基础值守工作间等；无人海洋牧场的基础设施主要包括：人工渔礁、职守工作间、码头等

2）池塘和陆基工厂的固定装备主要包括增氧机、投饵机、水泵、微滤机、生物过滤装备、曝气装备、杀菌消毒装备等；网箱与海洋牧场的固定装备包括：投饵装备、电力供给装备、捕捞装备等。固定装备的主要特点是：使用频次高，寿命长，可以智能化控制。固定装备是进行水产养殖作业的执行系统，可完成水质监测、水质处理、饲喂、生产等工作，从而有效代替人工作业。

3）移动装备主要是指鱼苗自动化分级分池机、自动化疫苗注射仪、饵料自动补给机器人、清污机器人、无人运输车、无人机、无人驳船等。移动装备的主要特点是：使用频次低，流动性大，用于某一固定阶段。移动设备依赖于基础设施的建设，

与固定设备相配合，执行云平台所下达的指令，实现对人工作业的替换。

4）测控装备系统主要包括水质监测系统（温度湿度、pH、三氮、溶解氧）、机器视觉系统（残饵检测、行为分析、食欲分析、疾病预警、远程诊断）、信息采集器、控制器等。该系统除了完成测控和作业外，还要进行数据收集，并将收集到的数据传输到数据中心，由云平台对数据进行分析后反馈给各个执行机构。

5）云平台是智能化、无人化、自动化的中枢神经系统，相当于"大脑"，对获取的信息进行处理，做出决策，并将重要信息储存至云端。它控制作业装备的统一调动和协同作业，对无人渔场养殖状况进行实时反馈，是全面替换人工生产、管理的关键。

无人渔场是现代养殖技术、装备技术和信息技术的有效组合，是传统渔业与数字化技术、信息化技术、互联网技术的深度融合。

17.1.3　无人渔场的类型

无人渔场根据养殖模式的不同可以分为：池塘型无人渔场、陆基工厂型无人渔场、网箱型无人渔场与无人海洋牧场四类。

1）池塘型无人渔场主要通过传感器实时采集水质信息，通过无人机巡检获取池塘鱼类水面活动，通过仿生鱼观测鱼类生长状况和水质、投饵，通过无人船施肥和喷洒调水质，通过无人车运输饲料，通过自动增氧系统实现溶解氧精准控制，通过智能投饵机实现精准自动投饵，通过自动捕捞网具和分鱼器开展智能收获，进而实现池塘养殖无人作业。

2）陆基工厂型无人渔场主要是实现了循环水养殖（RAS）的无人化。该类型无人渔场主要通过集成应用微滤机、生物滤器、智能投饵机、尾水净化与利用装置，以及全要素、全过程、全天候数字化智能化模型与装备技术，构建鱼类循环立体养殖模式。基于养殖生物学基本需求和 RAS 系统运行特征的深度融合，通过生产监测数据的广泛采集，整合大数据技术，科学决策循环水养殖模式的底栖鱼类最适养殖密度、适宜水环境需求及高效养殖管理策略，并通过集成优质苗种生产和选择技术，建立适合循环水养殖的良种良法配套技术，实现亲鱼交配、孵化、育苗、成鱼养殖、销售包装等全流程的无人化。

3）网箱型无人渔场主要通过传感器获取海水水质、洋流信息，通过机器视觉、声呐等技术获得鱼类运动、摄食等信息；驳船投饵系统根据鱼类生物量、水质信息及摄食行为，进行精准自动投饵；通过洗网机器人自主洗网，通过自动起网系统和吸鱼泵实现无人捕捞和鱼的分级；通过补光、应急增氧系统实现水质的应急控制。该类型渔场主要分为浮沉式和固定式两种形式，渔场将根据不同养殖对象生活的水层，形成立体化养殖模式。渔场所需的饵料、能源等物资，将由无人船只从陆基仓库运送至养殖区域，在缓解近海资源压力的同时，可以有效解决陆基养殖大量占用场地的问题。

4）无人海洋牧场建设的重要目的是为了增加区域内水产品种类和产量，进而实现海洋资源和水产品经济效益的双增加。另外，还有一部分海洋牧场的建设旨在保护海洋资源，提高生物和系统多样性，也就是将人工放流的海洋生物通过规模化、体制化的渔场设施聚集起来，对鱼、虾、贝、藻等各种海洋生物资源进行放养。依据其功能可以分为五种类型：渔业增养殖型海洋牧场、生态修复型海洋牧场、休闲观光型海洋牧场、种质保护型海洋牧场、综合型海洋牧场。这五种海洋牧场基本上都是采用高清水面摄像机、水下摄像头、水下机器人等视频采集设备、视频储存设备，并通过传输网络将视频传输到岸基信息控制中心中的数据服务器，进行生物识别、生物量计数、生物行为分析、生物量估算等；通过安装海礁、海藻、海草床监测传感器、水下摄像头、声呐等设备，采集海礁及周边信息；通过浮标、管理船艇、监测站、雷达及水下移动监测设备、鱼类行为驯化设备、生物量监测设备和休闲观光设备，实现海洋牧场的无人化监测。

17.2　无人渔场的业务系统

无人渔场的业务系统主要包括饵料精准饲喂系统、水质测控系统、巡检系统、自动收捕系统，如图17-1所示。

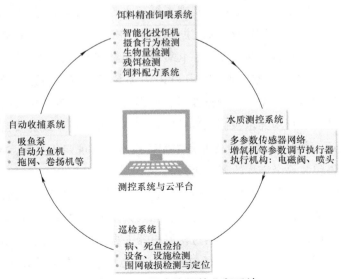

图 17-1　无人渔场的业务系统

17.2.1　饵料精准饲喂系统

传统的水产养殖行业在饲喂作业过程中，无论是饲喂量的设定，还是饲喂频次的设定，主要都是依据养殖者的经验，对养殖对象行为、养殖环境质量参数等因素考虑不足，因此普遍存在着投喂过量或不足，养殖效率低，影响养殖者的经济利益等问题，同时很难保证动物的养殖福利。无人渔场配备的饵料精准饲喂系统将能够很好地解决上述问题。饵料精准饲喂系统是无人渔场中保障养殖对象健康快速生长的关键系统，它主要包括水质信息获取系统、视觉监测系统、饲料配方系统、智能化投饵装备等。

（1）水质信息获取系统　溶解氧、水温、氨氮等水质参数直接影响投喂量，实时的水质信息获取是无人渔场饵料投喂系统精准饲喂的前提。因此，精准饲喂系统通过水质传感器实时获取水质参数信息，通过水质数据分析并辅以生物量、行为、配方等综合分析，给出饲喂量的最佳决策。

（2）视觉监测系统　视觉监测系统是饵料精准饲喂系统的"眼睛"，它是将不同特定参数的摄像机安置在水上及水下的不同位置，通过测控系统获取养殖环境的各类图像信息。在行为分析方面，该系统可以根据养殖对象的行为活动，获取其摄食强度及摄食欲望，当监测到出现异常行为时，可以通过测控系统上传至云平台做出响应；在残饵检测方面，该系统可以利用水上水下的摄像装置获取饲喂过程中的残余饵料，再通过智能投饵装备调整饲喂量，从而可减少饵料的浪费，节约成本；在生物量检测方面，该系统利用立体视觉系统、深度相机等装置，构建出养殖对象的三维模型，结合深度学习技术，可以高精度地完成生物量的估算，辅助配方系统进行饲料模型的建立。

（3）饲料配方系统　饲料配方系统是在营养角度上，根据养殖对象的品种、体重、生长周期规律，搭配出最适合养殖对象的饲料，通过建立水产养殖管理决策系统，结合饵料投喂的各种因素影响，建立饲料配方与营养知识库和数据库，构建水产养殖饲料配方模型，最后选出最合适的饵料。

（4）智能化投饵装备　智能化投饵装备以鱼、虾、蟹、贝等养殖对象不同生长阶段的营养需求，根据不同养殖对象的长度与质量关系、光照强度、水温、溶解氧浓度等因素，以及对饵料中不同营养成分的利用率，建立不同养殖品种和生长阶段的饵料关系模型；同时利用深度学习技术、计算机视觉技术，对养殖对象的摄食行为强度、残饵量进行分析，从而实现投饵机的智能控制。根据养殖模式、养殖品种的不同，智能投饵装备可固定在养殖池边上，也可安装在无人船、无人机和网箱上。

17.2.2　水质测控系统

养殖水质环境的好坏直接影响水生动物的生长状况及其产品品质，因此水质监测与预警是养殖管理中最重要的部分。无人渔场内布置了完善的传感器、执行器，可以做到快速有效调控。养殖环境信息智能监控终端包括智能水质传感器、数据采集终端、智能控制终端，主要实现对溶解氧浓度、pH、电导率、温度、三氮浓度、叶绿素等水质参数的实时采集、处理，并采用增氧机、循环泵、压缩机等设备进行智能在线控制。以溶解氧为例，系统预测到溶解氧含量有下降趋势或者检测到低于水生生物最适宜的浓度时，将及时启动无线增氧机以增加溶解氧浓度，增氧设备主要以叶轮式增氧机为主，对经济价值较高的、受氧浓度影响较大的、养殖亲鱼的特殊车间同时应配有纯氧曝气设备，进而保证水产养殖安全进行。云平台一方面可以经过测控系统实时获取养殖水质环境信息，及时获取异常报警信息及水质预警信息；另一方面通过采用水质信息智能感知、可靠传输、智能信息处理、智能控制等物联网技术，实现对水质全过程的自动监控与精细管理。

循环水处理系统是工厂化循环水养殖的核心，包括各种循环泵、控制阀、生物滤池、增氧机等。根据养殖设备运行监测系统所采集到设备的电流、电压、温度等信息，实现对增氧机、循环泵等重要设备的运行状态实时监测，对养殖池水位变化等信息进行及时预警。当超出或低于相关设定范围值时，云平台接收报警信息并及时做出响应，实现对增氧机、投饵机、循环泵的远程智能控制，防止出现设备断电等异常状况。

循环泵、微滤机、生物滤器、杀菌消毒装备是循环水养殖的重要装备，它的运行状态直接决定了循环水养殖系统是否安全可靠。实际生产过程中需要对循环泵、微滤机、生物滤器、杀菌消毒装备的运行状态进行监控，避免出现由于跳闸、停电或泵故障造成的养殖池水位下降等生产安全隐患。各种装备的运行状态监测，可以实时监测养殖过程中电机设备的温度、振动、电流、转速等信息，所有装备工作状态数据可以通过网络实时发送。云平台根据测控系统获取的数据对泵、阀等进行智能变频控制，可有效提高水利用率和节约能源。

网箱养殖通常装备有水质环境应急处理系统，在网箱中的鱼类环境或装备突发故障时，应急系统会自动启动，确保网箱鱼类安全生长环境不发生大的变化，从而避免各种风险发生。

17.2.3　巡检系统

巡检系统主要实现 24h 不间断地对渔场的重要装备、设施、养殖对象、水体等进行巡检，及时发现并处理生产目标出现的设备设施故障或养殖对象的异常行为。该系统应用于所有养殖对象，保证了无人渔场生产目标的健康发展和生产作业的顺利进行，有效地提高了渔场的经济效益。无人巡检系统根据使用场景不同可以划分为轨道式机器人、水下机器人、无人机等。该系统的主要业务包括：病鱼发现、死鱼捡拾、关键设备设施状态检测、养殖对象行为监测及养殖水体水质监测。

养殖过程中难免出现鱼类的死亡，如果不及时处理任由其腐烂，将造成局部水质的严重污染，甚至造成大面积鱼类死亡的后果，因此病鱼的发现与死鱼捡拾业务十分必要。无人巡检系统集成的机器人以深度学习技术、计算机视觉、定位技术为基础，检测出病鱼、死鱼的位置并完成捡拾。在陆基工厂型无人渔场中，使用轨道式机器人完成该项业务；在池塘型、围网型无人渔场及海洋牧场中，主要使用无人机配合水下机器人共同完成该项业务。该项业务的完成将保证无人渔场的健康发展，有效降低渔场的经济损失。

无人巡检系统将对生产系统起保障作用的重要设备设施进行巡检，主要检测内容包括循环水系统管道、网箱、养殖池、增氧及投饵设备等关键设备设施。它们是养殖活动正常进行的基础保障，一旦出现故障和损坏将造成巨大的经济损失。轨道式机器人可以在陆基工厂型无人渔场中，按照预定巡检路线对养殖车间的循环水管道网、增氧及投饵设备等进行全天候巡检。水下机器人在完成上述任务的同时，还有另外一项重要业务——网衣破损的检测与定位。它利用计算机视觉技术，对围网进行全天候、全方位巡检。当检测到围网出现破损时，可以立即将破损处的视频图像信息、位置信息上传至云平台，以便及时对破损处进行修补，从而降低经济损失。无人机巡检主要应用在池塘、围网型无人渔场及海洋牧场中，它除了辅助水下机器人完成病鱼、死鱼的定位及路径规划和设备设施运行监测以外，还可以监测养殖对象的行为，如摄食行为、繁育行为、缺氧应激等异常行为，使系统更好地了解养殖对象的健康状况，从而更好地对其进行养殖和管理。

17.2.4　自动收捕系统

自动收捕系统是无人渔场完成养殖周期的最后一个系统，经过这个系统，无人渔场中的养殖对象将通过有水或无水保活运输进入市场。该系统的完成主要依靠网具自动牵引装置、卷扬机、滑轨、吸鱼泵、分鱼机等。

池塘型无人渔场的收捕系统包括铺设在池塘底部的拖网、池塘四周的滑轨、固定在岸上的牵引装置、筛形挡板及规定在上边的卷扬机、吸鱼泵、分鱼机。其收捕流程为：岸上以电动机或其他设备为动力的牵引装置，带动对岸的筛形挡板及拖网在滑轨上向岸边运动，同时卷扬机将多余部分的拖网卷起至岸边；完成这一步骤后，吸鱼泵开始工作，吸鱼管道将拖至岸边的鱼和水同时吸上岸，通过传送带进入分鱼机，将不同规格的鱼进行分级后送入不同的鱼舱；完成收获后，对岸的牵引装置将筛形挡板拉向对岸，同时卷扬机反向运动将拖网重新铺设在池塘底部，至此完成收捕工作的全部流程。

陆基工厂型无人渔场的收捕系统相对于池塘型更为简单，由于养殖池规格标准且规模较小，因此系统不再需要大型拖网。主要是通过牵引装置，将养殖池四周的筛形挡板向出鱼口牵引，同时利用吸鱼泵配合分鱼机，即可将不同规格的鱼进行捕捞分级，完成收捕。

网箱型无人渔场可根据渔场的形状铺设柱形（桶形）拖网，通过水下机器人将拖网固定在铺设好的锚桩上，拖网上部固定有大型卷扬机。收获流程为：水下机器人将固定在锚桩上的拖网释放，卷扬机带动拖网向水面运动，此时吸鱼泵与分鱼机配合使用，即可完成分级收获任务。收捕完成后，拖网将由水下机器人再次铺设、固定。

17.3　无人渔场的规划与系统集成

17.3.1　空间规划

1. 渔场选址

渔场选址需要考虑地质水文条件、进出交通情况、运输条件、地形地貌及附近环境（如电力水利能源是否方便，附近有无化学类工厂会对水环境造成影响）等，对所有因素进行全盘考虑后进行规划。

2. 渔场布局

无人渔场的布局分为三个区域：首先是养鱼区，是鱼、虾、蟹、贝等水产动物的生产场所，也是生产装备作业现场，应为生产装备提供作业环境；其次是生态处理区，在该区域集中进行尾水的多次过滤和净化，使生态养殖方式对环境影响最小；最后是管理区，主要包括暂养和吊水区域，无人车、无人机、无人船等装备库房，饵料仓库，粗加工处置车间，冷藏车间，综合管理中心等。

无人渔场建设应具有科学性、经济性、实用性。科学性是工程建设的前提，经济性是工程建设的保证，实用性是工程建设的价值体现。合理化的设计和布局，可使水系通畅、运营稳定、生产高效。图 17-2 所示为典型的无人渔场。

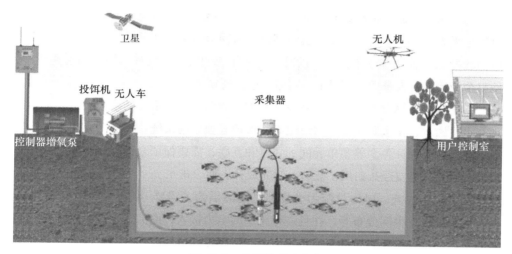

图 17-2　典型的无人渔场

17.3.2　基础设施系统建设

基础设施是无人渔场生产作业的基础支撑和前提，是生态化和工程化的集中体现。基础设施系统为渔场无人化生产作业提供了基础工程，为装备和平台提供了设施保障。基础设施系统建设关乎渔场绿色生产、标准生产、高效生产，是实现无人渔场的第一步。

无人渔场的基础设施系统主要由养殖设施、水处理设施、道路设施、沟渠管网设施、电力设施、信息化设施、仓储设施、综合中心等组成。

（1）养殖设施　养殖设施是养殖发生的直接场所，主要有养殖池、养殖缸等形式。养殖设施要有稳定、整洁的设施基础，长宽比要合理，护坡要坚固和耐用，塘底要有工程化的锥体构型，有集排污设施，进出水渠（水管）要流量够，吸力足。

（2）水处理设施　在池塘养殖中，可以用集中的生态湿地方式来进行尾水净化处理，可以将集污管网排水进行两级沉淀，辅助滤食性水生物、水生植物进行过滤，进入专门的生化池进行生物降解和水质净化，再集中到回水池或再生水池，通过生态设计进行养殖用水的大循环流动，从而显著提高了系统的生态性和可持续性；在工厂循环水养殖中，主要依靠集中的水处理区进行养殖循环水的处理，需要经过微滤机或弧形筛进行物理过滤，然后通过流化床、生化池等进行生化过滤，再经过消毒杀菌环节的处置，进入调节池，经过曝气增氧，完成集中的养殖水处理。

（3）道路设施　道路设施使渔场有路可走。渔场的道路建设要科学合理，轨道更适合无人运输作业的运输车，也使饲料、药物运输更安全可靠。道路的建设要考虑渔场的无人管理作业化要求，以及载重和作业的要求，设计出最佳的道路设施，使整个渔场在无人管理的情况下，四通八达，通畅无比。

（4）沟渠管网设施　沟渠管网设施是养殖的动脉，是重要的基础设施，主要实现补水、回水、排水等功能。该设施必须保证有独立的系统，避免循环用水被污染或破坏，也要保证各个养殖单元间的并行和互联，需要保证合适管径和高差，有充足的流量，并且要经久耐用，能够及时完成补、回、排水。

（5）电力设施　电力设施为渔场提供能源供给，需要考虑能源类型、负荷类型、电压等级、电网分布等，并且进行统一的电力接入、电力分配。为增加养殖用电的稳定，可以设置双线接入或备用电源，以保证增氧等安全性要求较高设备的用电需求。对于池塘和循环水养殖车间，可以稳定获取市电，经过负荷均衡，以保证稳定的供电质量，并且通过养殖场保护线槽进行统一配电。对于海上网箱以及海洋牧场养殖方式，要考虑多能源互补电力系统。由于无人作业的较高用电要求，需要对电网的电力指标进行智能的监控和保障，以避免出现系统瘫痪的情况。同时，要解决无人车、机、船的能量补给，设有无人充电桩、无人加油站，给无人渔船、机器人、无人车提供源源不断的能量。

（6）信息化设施　信息化设施主要包括无线基站（5G基站）、光纤网络、轨道信号等，可提供全区域的无线通信网覆盖、无人作业系统的信号导引和状态显示。基站要选取最佳位置，保证区域内无线传输网络信号覆盖、传输稳定；光纤网络一般按照线槽集中辐射，进行大通道视频数据传输和无线干网传输；信号系统是各种无人车、无人船和无人机的识别和调度系统，可避免相互之间作业碰撞，并保障它们有序的工作和高效的协作。

（7）仓储设施　渔场的仓储设施主要用来存放饲料、药物、粗加工农产品、机车设备等。利用无人仓库方式进行物资存放和调取，实现井然有序的取送和作业。对粗加工农产品进行冷库码放和存储，可便于集中销售和运输。同时，仓储设施还是无人机、无人车、无人船的检修维护中心，可对机械、电气及防腐等特殊功能进行维护和检修。

（8）综合中心　综合中心是集中管控和调度的场所，是所有数据、管理、调度的中心场所。按功能需要，综合中心可设置机房（数据存储分析）、通信站、运维调度室（大屏、办公席等）、示范展览（沙盘、多媒体展厅、接待会客室）、生活（值班、科研人员住宿、餐食）设施、办公场所（工区、办公设备）等。

17.3.3　作业装备系统集成

1. 循环水处理装备

循环水处理是指运用生化反应和物理过滤方法，实现水质净化和增氧杀菌等，为养殖对象创造适宜生长环境。循环水处理系统主要包括固形物和水溶性废物的处理。生化处理和物理过滤的结合，能够有效分解剩余的饵料、养殖对象的排泄物，过滤悬浮物与固体颗粒，去除水体中的有机物、氨氮和亚硝酸盐等。循环水处理装备主要用于池塘型循环水养殖和陆基工厂循环水养殖。陆基工厂循环水处理装备分为物理过滤设备、生物过滤设备、增氧设备和紫外线杀菌消毒等其他设备。工厂循环水处理系统通过物理过滤、生物过滤、增氧、杀菌等，实现养殖废水的净化和循环利用，各环节间协同控制，有助于实现水资源高效循环利用。池塘内循环流水养殖系统是指在养殖池塘内修建小的循环水处理单元，以实现养殖对象的圈养和养殖粪污的集中排放，保持水体溶氧的均衡。其他辅助设施去除养殖水体中的总氮和总磷，来保证养殖水体的氨氮和亚盐处于合适的水平。

2. 自动投饵装备

自动投饵装备是指无人渔场中智能投饵机和自动投饵机器人等。自动投饵装备通过对水质参数的准确检测，建立养殖对象的生长与投喂率、投喂量之间关系模型，根据养殖对象不同调控投喂量、投喂速度、投喂机抛洒半径等参数，实现科学按时、按需投喂，从而有效控制了饵料的浪费，节约了成本。自动投饵机器人具有自主导航、自动变量投饵、自动检测饵料抛撒流量及剩余量等功能，能够可靠、均匀、准确地将饵料抛洒到养殖对象的觅食区域，从而实现养殖对象的精准变量饲喂。自动投饵装备可应用于池塘型无人渔场、陆基工厂型无人渔场、网箱型无人渔场及无人海洋牧场等。此外，自动投饵装备可搭载渔业无人船和无人机，实现养殖对象的数字化喂养。工厂化循环水养殖的自动投饵系统在养殖池上方悬挂多个小型投饵机，通过操作控制面板和中央控制计算机来实现对饲料储存、计量和投饵的自动控制，用户也可通过手机或计算机等实现远程控制。

3. 智能增氧装备

智能增氧装备是指无人渔场养殖水体中溶解氧的自动测量和智能控制设备。智能增氧装备能够对水体溶解氧含量进行连续测量和智能预测，并具有自动控制功能。智能增氧装备能够自动调节溶氧含量，防止养殖对象缺氧，改善无人渔场养殖水质环境，从而减少养殖对象病害发生，节约用电成本，降低了风险，促进增产增收。智能增氧装备多用于池塘型无人渔场和陆基工厂型无人渔场。在陆基工厂型无人渔场中，循环水养殖鱼体密度高，传统的曝气增氧法效率不能满足养殖需求。在实际循环水养殖生产中，多使用液氧增氧的方式对水体进行增氧操作，以保障养殖密度与水体质量。在工厂养殖过程中，溶解氧含量值受到各种因素的影响。自动增氧设备可将测得的溶氧值与设定的范围值进行对比，当溶氧高于设定的上限时自动停止，低于设定的下限时自动启动，且会在特定的时刻进行自动补氧。

4. 自动捕捞装备

自动捕捞装备是指无人渔场中养殖对象智能捕捞设备的统称，主要包括拖网捕捞和自动捕捞机器人。拖网捕捞是捕捞产量最高的方式，无人渔场的拖网捕捞利用声呐、水下摄像头和网位仪等智能设备，可实现先进精准捕捞，极大地提高了海洋捕捞渔业的生产率，达到高效、节能和降低渔民劳动强度的目标；自动捕捞机器人装备是集 GPS 导航、计算机视觉、机械伺服控制技术于一体的水下机器人系统，主要包括机器人运动导航系统、机器视觉系统和执行系统，可实现精准捕捞，降低了成本，提高了捕捞效率。自动捕捞装备可适用于各种不同场景的无人渔场。

5. 网箱养殖装备

随着信息技术、养殖装备技术的快速发展，海水养殖逐渐从浅海走向深海，网箱养殖环境自动监测、投喂等养殖作业的自动控制、网箱养殖智能管理已变得至关重要。由于深水网箱远离海岸，单依靠人工管理生产过程，风险大，强度高，难以满足实际生产需求，在深水网箱养殖过程中，需要现代化的网箱养殖智能装备的支撑。根据工作时网箱所处的水层、抗风浪状态及沉降方式等，可将网箱分为两类：浮式网箱和升降式网箱。深水网箱养殖从投放鱼苗到捕捞成品鱼的过程中，主要包括网衣清洗、精准投喂、水下检测、死鱼回收、分级计数、捕捞收获装备等。网衣清洗设备负责清洗网衣上的附着物，改善水体交换，给养殖鱼类提供良好的生存空间。精准投喂装备根据监测设备提供的数据及网箱内鱼类生理及行为信息，实现深水网箱的精准投饵。经过鱼类分级计数装备处理后，网箱内鱼类大小等级清晰，便于养殖期间的管理。捕捞收获装备可以大大减少人工劳力，减轻捕获养殖鱼类期间对鱼体的损伤。

6. 无人船

无人船是指无人渔场中的水产养殖无人作业船，由无人驾驶机动船、环境生态监控系统、养殖设备自动调控和远程监控服务平台四个部分组成，具有自动驾驶、自动巡航、水体环境生态监控及养殖对象信息采集等智能作业功能。无人船体积小，续航能力强，且对环境要求低，主要负责池塘型、网箱型和海洋牧场等无人渔场的自动巡航和无人运输任务。此外，渔场无人船也可以搭载自动投饵机、水下捕捞机器人等各种养殖设备，完成水产养殖水体环境生态监控、水下养殖区域自动巡航、自动投饵及养殖对象自动捕捞等任务，从而实现鱼、虾、蟹、贝的无人化、数字化养殖。

7. 无人机

无人机主要是指用于渔场智能巡航和作业的无人驾驶飞机，是传感器、人工智能、5G 等新一代信息技术和无人机的系统集成，具有智能飞行控制、自主导航、渔场信息感知和智能投饵等智能作业功能。渔场无人机环境适应性强、作业效率高、使用方便、安全性能高，主要负责池塘型无人渔场的巡检和饵料投喂，也可用于网箱型和海洋牧场无人渔场的自动巡航。此外，渔场无人机可与无人船搭配，形成海对空的配合，极大地提高了无人渔场的信息化、数字化水平。

17.3.4　测控装备系统集成

无人渔场的测控装备系统一般由渔场环境信息监测站、养殖设备工况监测、渔场智能增氧 - 投饵控制站等组成。

水产养殖水体关键指标一般包括溶解氧、pH、盐度、水温、氨氮、亚硝酸盐氮、光照等。溶解氧是指溶解于水中的空气中的分子态氧。从能量学和生物学的观点来看，动物摄食是为了将存储在食物中的能量转化为其自身生命活动所必需的、能够直接利用的能量，而呼吸摄入的氧气正是从分子水平上，通过生化反应为最终实现这种转化提供了保证。溶解氧对于鱼类等水生生物的生存是至关重要的，许多鱼类在溶解氧低于 3~4mg/L 时难于生存。pH 描述的是溶液的酸碱性强弱程度。养殖水体 pH 值过高或过低，都会直接危害水生动植物，导致水生动植物生理功能紊乱，影响其生长或引起其他疾病的发生，甚至死亡。盐度作为水产养殖环境的一个

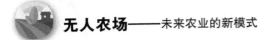

重要理化因子，与养殖动物的渗透压、生长、发育关系密切。水温是水产养殖最重要的环境因子，水温高低不但直接影响水产养殖对象的新陈代谢活动，同时，水温通过改变水环境其他要素而间接影响养殖对象的生长。氨氮和亚硝酸盐氮中毒后，血液的携带氧的能力减弱，虾类中毒的外表症状有黑鳃、黄鳃、肠道充血发炎、肝胰脏空泡甚至糜烂。此外，水产动物的摄食、生长、发育及存活等都直接或间接受到光的影响。光照被认为是引起鱼类代谢系统以适当方式反应的指导因子。因此，应用传感器技术实时监测无人渔场的水质信息，探索环境参数对不同动物、不同发育阶段的影响机制，就可有目的地精准调控养殖动物的生长发育，更好地为无人渔场生产服务。

目前，对鱼群行为的监视主要集中在四个方面，即繁殖行为、摄食行为、攻击行为与患病行为。养殖生产中如果了解了鱼类的繁殖行为规律和原理，便可对其繁殖行为进行人为的控制。使鱼类的成熟期适当提前，可降低养殖成本，延长生长时间，从而提高养殖效率。研究鱼的摄食行为，可以为养殖过程中的投饵、人工饵料的驯食、人工饵料研制和养殖环境条件提供指导信息，以提高饵料利用率，降低养殖过程中的饵料成本，减少水环境的污染。鱼群的攻击行为会引起鱼的皮肤和鳍受伤，使鱼易感染疾病和死亡，攻击行为还消耗用于生长的能量，导致养殖生产量的损失、降低食物转化率和生长缓慢。鱼体患病首先表现在其游泳姿势的呆滞、皮肤颜色纹理及形体轮廓的差异，通过机器视觉技术可对其进行快速标记与疾病诊断，对于鱼病的早期防控、病鱼的治疗等具有重要的意义。

无人渔场中的养殖设备主要涉及投饵作业、增氧控制、工厂化循环水处理等应用。这些设备一旦工作异常，势必对养殖生产造成巨大的损失。为了降低养殖风险，通常通过加装特定传感器的方法来监视其工作状态，从而实现养殖设备的远程故障诊断和预警。

水体环境与养殖现场气象环境的变化，间接影响着养殖动物的摄食量和需氧量，养殖对象、养殖密度与养殖对象生长阶段同样影响着投饵量和需氧量。安装在无人渔场现场的智能投饵机和增氧机，在管控云平台对无人渔场环境信息的综合分析的基础上，通过接收远程决策指令，实现按需投喂与精量增氧。

典型的无人渔场测控装备系统的集成方案如图 17-3 所示。

图 17-3 无人渔场测控装备系统的集成方案

17.3.5 管控云平台系统集成

管控云平台系统是无人渔场的核心，它的主要作用是对无人农场进行生产调控。云平台系统是各个系统的枢纽站，是生产调控的指挥，是农场主观察渔场生产的重要平台，如图 17-4 所示。

首先，云平台是各个系统的枢纽站，它连接着测控系统和作业装备系统，同时又监控着基础设施系统。物联网技术是云平台连接各个系统的重要手段，基础设施的状态、作业装备系统中设备的状态及测控系统中设备的状态和测量参数等，利用物联网技术统一显示在各自系统中，云平台对各个系统的数据进行调度、处理及反馈。

1）基于 SOA 技术，实现云平台对基础设施系统的参数监测，包括对电力、水力、仓库、道路等基础设施进行状态检测，确保基础设施满足支撑其他系统运转。

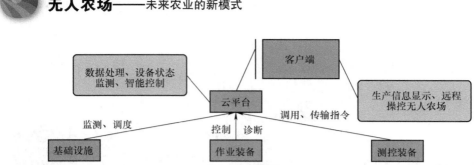

图 17-4　云平台与其他系统的关系

2）云平台与作业装备系统连接，主要任务是监测作业装备系统各个设备的运转状态，利用故障诊断算法实时对数据进行分析，保障了第一时间发现故障，并快速解决。智能调控各个设备，云平台下发相关操作指令给作业装备系统，作业装备系统完成相应工作。

3）云平台与测控系统连接是调用测控系统中的数据信息，包括环境信息及作物生长状态信息，并对数据预处理、存储、汇总、分析与管理。

其次，云平台是无人渔场生产调控的指挥中心。云平台中集成了相关的专家知识库、病虫害知识库及养殖信息等相关数据，利用 SOA 技术，云平台实现对各个数据的调用，确保产生的决策指令具有针对性和准确性。云平台作为指挥中心的核心，集成了各种人工智能算法，如基于深度学习和大数据的数据处理算法，基于人工神经网络的智能诊断算法。云平台通过调用测控系统的数据，结合相关知识库，利用人工智能算法对数据分析、处理，并做出相关决策。

最后，云平台与无人渔场客户端相连，农场主通过无人渔场客户端观察渔场生产、远程控制渔场生产。无人渔场客户端显示无人渔场中各个设备的状态、鱼的生长状态、渔场环境信息及云平台产生决策的日志等信息。农场主可通过客户端实现远程控制无人农场，包括设定生产规模，调整生产决策以及控制所有设备运行。

17.3.6　系统测试

1. 硬件测试

无人渔场硬件测试是指测试无人渔场中的智能装备和硬件设施，目的是确保渔场的基础设施和设备能够正常运转。主要测试内容如下：

1）基础设施测试，包括电力、水力、仓库、道路、网箱等设施的测试。通过设备试运行与模拟结合，测试各种设施是否符合渔场的生产要求，以及是否支撑其他系统（主要是作业装备系统）的正常运行；还应测试各类基础设施的抗压能力、可靠性等数据。

2）渔场设备测试，包括作业装备和测控装备的测试。先单独将各类设备投入到实际的场景中，给定相关指令，检测设备的灵敏性和准确性；再将各类设备统一运行，检测基础设施的支撑性能和各类设备之间协调运行的能力。其中，传感器设备还要检查其场景应用的可靠性，各种设施要严格设定相应测试次数，以减小测试的偶然性，提高测试的准确性。

2. 软件测试

无人渔场系统中的软件测试的内容主要包括：通信系统测试、测控系统测试、作业装备系统和云平台系统测试。

1）通信系统测试测主要测试网络通信是否能够在设备和云平台之间进行正常的作业通信，以及测试网络系统的传输速率、带宽和延时等情况。

2）作业装备系统测试主要测试系统是否能够实现对作业装备的控制和状态监测，查看系统是否显示各设备的参数，以及给定一个协同任务，如控制局部增氧，系统是否可以完成局部增氧机控制。

3）测控系统测试主要测试测控系统是否显示相关数据，包括溶解氧、pH、氨氮、亚硝氮、温度、盐度等水质参数和鱼的大小、摄食、疾病等生长状态参数。

4）云平台系统测试主要包括数据的处理能力、信息的调用能力和客户端的显示情况的测试。首先测试云平台系统是否可以任意调用其他系统的数据和相关知识库的数据；其次，测试云平台各种算法，如使用各种数据分析计算出相应的生产决策，要考虑计算的快速性和准确性；最后，测试云平台在客户端的显示情况，包括数据显示和远程控制等。

另外，各类软件和系统测试，还应注意数据传输的安全性和系统的稳定性。

第18章 无人农场发展战略

18.1 战略目标

18.1.1 无人农场技术取得重大突破

我国支撑无人农场运行的物联网、大数据、云计算、人工智能、5G、机器人等新一代信息技术不断创新发展，核心技术接近国际先进水平。一批具有自主知识产权的重大技术及无人智能装备取得突破，在无人农场得到广泛应用，实现了对种植、养殖对象的精准化管理、生产过程的智能化决策和无人化作业。"数在转、云在算、机器在干"的无人农场成为现实，无人农场在东部沿海发达地区、国有垦区和国家现代农业示范区已从"盆景"成为"风景"。

18.1.2 无人农场发展机制不断健全

我国科研体制的不断创新，将进一步促进无人农场关键适用技术的研发和成果转化，推动建立技术产品检测认证制度。无人农场的选址、用地、用电等纳入"十四五"国家规划，相关部门建立专项规划，各省（区、市）建立起规划落实的组织协调机制，统筹推进本地区无人农场发展相关工作。跨界融合、共建共享、众筹共赢的无人农场推进格局初步形成。无人农场关键信息基础设施得到有效防护，网络安全保障能力显著提升。

18.1.3 无人农场发展政策持续完善

各地充分利用现有的智慧农业基本建设和财政预算资金渠道，无人农场新增投资持续增加，相关产业发展支持力度持续加大。在政府引导，市场主导的前提下，无人农场投入保障制度加快健全，逐步形成财政优先保障、金融重点倾斜、社会积极参与的多元投入格局。各级政府相关部门加强政策措施研究和制定，加大农业物联网、大数据、人工智能等政策支持力度。构建起激励、研发、创新的政策措施，平台创新、技术突破和产品研发不断涌现，企业加大相关技术与产品研发投入。

18.2 战略行动

18.2.1 加强无人农场关键共性技术攻关

集中力量加强攻关，突破涉及农业物联网核心技术和重大关键技术是农业物联网走向成熟的关键。要瞄准农业农村现代化与乡村振兴战略的重大需求，重点攻克高品质、高精度、高可靠、低功耗农业生产环境和动植物生理体征专用传感器，从根本上解决无人农场数字农业高通量信息获取难题。突破农业大数据融汇治理技术、农业信息智能分析决策技术、云服务技术、农业知识智能推送和智能回答等新型知识服务技术，构建动植物生长信息获取及生产调控机理模型。突破农机装备专用传感器、农机导航及自动作业与精准作业、农机智能运维管理等关键装备技术，推进农机、农艺和信息技术等集成研究与系统示范，实现农机作业信息感知、定量决策、智能控制、精准投入、个性服务。

18.2.2 加强物联网技术集成应用与示范

物联网技术可以确保动植物生长在最佳的环境下；可以动态感知动植物的生长状态，为生长调控提供关键参数；可以为装备的导航、作业的技术参数获取提供可靠保证，确保装备间的实时通信。要在无人农场开展遥感、北斗导航、地理信息系统、智能感知、模型模拟、智能控制等技术及软硬件产品的集成应用和示范，熟化推广一批技术模式和典型范例。加强农业科技创新数据与平台集成服务。加强标准体系建设，建立数据标准、数据接入与服务、软硬件接口等标准规范。通过无人农场的示范带动，促进新型农业生产经营主体利用互联网技术，对生产经营过程进行精细化、信息化管理，加快推动移动互联网、物联网、二维码、无线射频识别等信息技术在生产加工和流通销售各环节的推广应用。加快传统农机装备的数字化改造，推进农业智能传感与控制系统应用，提升装备智能化、作业精准化、管理数据化、服务在线化水平。

18.2.3 加快人工智能与农业机器人研发

人工智能技术一方面给装备端以识别、学习、导航和作业的能力，另一方面为

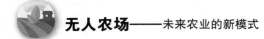

农场管控云平台提供基于大数据的搜索、学习、挖掘、推理与决策技术，复杂的计算与推理都交由云平台解决，赋予装备以智能的大脑。目前人工智能技术已广泛应用于无人机喷药、水肥一体化、滴灌系统等领域。未来，要在大宗农产品规模生产地区，加快构建空天地一体化的农业物联网测控体系，实施智能节水灌溉、测土配方施肥、农业病虫害监测、农机定位耕种等精准化作业。在畜禽标准化规模养殖基地，推动畜禽的健康状况识别、发情期探测和预测、喂养情况监测等动物行为分析应用。在水产健康养殖示范基地，推动饲料精准投放、疾病自动诊断、废弃物自动回收等智能设备的应用普及和互联互通。加快研发农产品质量安全快速分析检测与冷链物流技术，推进品质裂变检测、农产品自动化分级包装线、智能温控系统等应用。研发适应性强、性价比高、智能决策的新一代农业机器人，加快标准化、产业化发展。要适应不同作物、不同作业环境，开发嫁接、扦插、移栽、耕地等普适性机器人及专用机器人。以畜牧生产高效自动化为目的，研制放牧、饲喂、挤奶、分级、诊断、搬运等自动作业辅助机器人。研制鱼群跟踪和投喂、疾病诊断等水下养殖机器人。加强无人机智能化集成与应用示范，重点攻克无人机视觉关键技术，推动单机智能化向集群智能化发展，研发人工智能搭载终端，实现实时农林植保、航拍、巡检、测产等功能。

18.2.4　加强农业大数据建设力度

当前，在中央政策引导下，乡村振兴战略稳步实施，农业适度规模经营开始加速推进。农业转型发展是乡村振兴的重要一环。在这种形势下，建立农业大数据中心，将云计算、大数据挖掘等新技术与农业相结合，是解决我国农业信息化发展瓶颈的重要手段。在实施乡村振兴战略的背景下，农业大数据已成为农业研究与应用的热点。目前，我国在农产品质量安全、农业病虫草害、农产品价格、农产品市场等领域已有成熟的应用模型，能够实现农业数据关联预测、农业数据预警多维模拟等，大幅度提高了农业监测预警的准确性。下一步，要加强农业大数据建模分析、模拟预测方法研究。针对农业生产、市场运行、消费需求、进出口贸易及供需逆差等数据进行建模分析，发现农产品市场运营规律，感知市场异常波动，及时预警突发事件，提前防范农业风险等。通过建立模型模拟农作物产量与作物生长环境变量、化肥使用量、施肥时间等影响因素之间的潜在关系，从而指导无人农场科学生产，实现高效增产。

18.3 战略布局

18.3.1 东部沿海发达地区

东部沿海地区农业现代化水平高，农业基础设施建设走在全国的前列，为农业信息化、数字化、智慧化奠定了重要的基础。在东部沿海经济发达地区，要完成一批无人农场示范区县，农场初具规模并取得显著成效，智慧农业建设经验逐步向中西部地区推广。

18.3.2 国有垦区

国有垦区的组织化、规模化、集约化、机械化水平明显高于其他地区，农业基础设施建设相对完善。此外，各地农垦区结合自身优势，加快发展应用现代信息技术，建立了生产指挥、项目管理和产品监测信息平台，实现了科学、便捷、高效的数字化管理。农垦具备建立无人农场的基础条件，要针对不同垦区主要农作物、奶牛、生猪，探索建立无人作业模式，形成成熟模式后在其他垦区进一步推广，发挥农垦在质量兴农、绿色兴农中的示范引领作用。

18.3.3 国家现代农业示范区

国家现代农业示范区是全国现代农业发展的先行区，肩负着引领现代农业建设的历史重任。推动在国家现代农业示范区内建成一批无人农场，不断推进无人农场相关技术在示范区内率先取得突破，建成一批大田种植、设施园艺、畜禽养殖、水产养殖物联网创新示范场。在各地国家现代农业示范区推广，充分发挥示范区的科技示范作用，进而促进产业升级，农业增效，农民增收。

18.4 战略政策

18.4.1 编制无人农场发展规划

围绕无人农场技术研发、转化、推广、应用和服务过程中的重大问题，应做好顶层设计，制定无人农场在农业主导产业和特色区域的发展方向、重点领域、发展模式及推进路径。合理布局无人农场重大应用示范和产业化项目，强化政府对无人农场工作的宏观指导和统筹协调，集聚项目、资金、科技、人才等资源，促进无人农场全天候、全系统、全过程、全空间的应用发展。

18.4.2　强化科技人才支撑

　　吸引和培养人工智能高端人才和创新创业人才，支持一批领军人才和青年拔尖人才成长。依托重大工程项目，鼓励校企合作，在高等学校加强人工智能、大数据等相关学科专业建设，引导职业学校培养产业发展急需的技能型人才。鼓励领先企业、行业服务机构等培养高水平的物联网、大数据、人工智能与机器人领域的人才队伍，面向重点行业提供行业解决方案，推广行业最佳应用实践。鼓励信息化领域人才进入无人农场领域开展相关科学研究与应用推广。积极开展技术培训，建设懂技术会操作的智慧农业推广队伍。设立无人农场战略联盟，研究无人农场发展的前瞻性、战略性重大问题，对无人农场重大决策提供咨询评估。

18.4.3　加强技术标准建设

　　统一的技术标准是农业物联网成功运行与建设的前提，可确保农业物联网数据准确性、传输实时性、控制可靠性及智能化决策，从而实现"万物相连"和大数据应用。农业物联网涉及多层次的交叉学科和技术，当前的农业物联网标准体系还不足以全面支撑农业物联网发展的标准化。要根据农业信息化发展需求，加强农业物联网国家标准制定。加大对标准化研究的投入力度，加强标准化队伍的建设。制定农业物联网标准要与国际接轨，要重视技术标准国际化，注重农业物联网国际标准化战略的研究与实施。

18.4.4　探索可持续的发展模式

　　加强无人农场理论、技术、产品、商业模式研究。无人农场是新生事物，无人农场的理论体系、技术体系、产业体系和商业模式及运行机制仍有许多问题值得进一步深入探索。要统筹技术、标准、人才和基地建设，突破一批核心关键技术，通过技术转让、联合开发、委托开发和共建研发基地、产业化中试基地，促进无人农场技术试验示范与产业化。探索无人农场发展商业模式。充分发挥协会、联盟、企业的作用，构建以应用需求为牵引、以企业为主体、以市场需求为导向、产学研相结合的无人农场合作发展模式，鼓励大型农业龙头企业积极探索。探索政府购买服务、政府与社会资本合作、贷款贴息等方式，吸引社会力量广泛参与，引导工商资本、金融资本投入数字农业农村建设。

18.5　愿景展望

18.5.1　5G 等新技术得到广泛应用

物联网、大数据、人工智能、5G、机器人等新一代信息技术在无人农场得到广泛应用，从而可实现全天候、全过程、全空间的无人化生产作业模式。无人农场土地产出率、劳动生产率、资源利用率得到显著提升，在经营成本控制、产品质量标准化等领域比传统农耕生产方式发生翻天覆地的变化。

18.5.2　农业机器与人脑深度融合

农业机器人不断改变农业劳动方式，促进现代农业发展。机器人在采摘、除草、巡检、耕作、分拣、施肥、挤奶等领域得到成熟应用。人机共融技术通过机器人预测人的意图并与人交互，机器人可轻松完成无人农场复杂的生产任务。农业大数据系统不断完善，无人农场建立起农业超级大脑，指挥农场内机器人系统有序作业。

18.5.3　机器换人成为现实

无人大田、无人猪场、无人渔场等应用模式不断成熟。农业机器人深度参与农业生产全过程，逐步替代人力。农业机器人升级换代和推广应用，逐步替代农民手工劳动，破解农业"用工难、用工贵""谁来种地、怎么种地"等难题。农业将成为有奔头的产业，农民将成为有吸引力的职业，农村将成为安居乐业的美丽家园。

参 考 文 献

[1] 邱红. 发达国家人口老龄化及相关政策研究 [J]. 求是学刊, 2011, 38（4）: 65-69.

[2] 刘妮娜, 孙裴佩. 我国农业劳动力老龄化现状、原因及地区差异研究 [J]. 老龄科学研究, 2016, 3（10）: 21-28.

[3] 金三林, 朱贤强. 我国劳动力成本上升的成因及趋势 [J]. 经济纵横, 2013（2）: 37-42.

[4] 郑文钟, 苗承舟, 周利顺. 农业机械化对浙江省农业生产贡献率的研究 [J]. 现代农机, 2012（4）: 10-12.

[5] 杜美丹. 农业领域"机器换人"环境条件分析及效果估算方法研究 [D]. 杭州: 浙江大学, 2016.

[6] 汪懋华. 物联网农业领域应用发展对现代科学仪器的需求 [J]. 现代科学仪器, 2010（3）: 5-6.

[7] 葛文杰, 赵春江. 农业物联网研究与应用现状及发展对策研究 [J/OL]. 农业机械学报, 2014, 45（7）: 222-230.

[8] SUN Z, DU K, ZHENG F, et al. Perspectives of Research and Application of Big Data on Smart Agriculture[J]. Journal of Agricultural Science & Technology, 2013, 15（6）: 63-71.

[9] ZHANG Y, LIAN Q, ZHANG W. Design and test of a six-rotor unmanned aerial vehicle（UAV）electrostatic spraying system for crop protection[J]. International Journal of Agricultural & Biological Engineering, 2017, 10（6）: 68-76.

[10] 罗锡文, 王在满, 曾山, 等. 水稻机械化直播技术研究进展 [J]. 华南农业大学学报, 2019, 40（5）: 1-13.

[11] 胡怀国. 中国传统社会的"国营农场"及其转轨路径——兼论古代屯田的制度背景与演进逻辑 [J]. 中国经济史研究, 2015（05）: 100-111, 144.

[12] 刘运梓. 英国几百年来农场制度的变化 [J]. 世界农业, 2006（12）: 12-15.

[13] 刘鹏. 浅析美国农业机械化进程及对中国的启示 [J]. 农村经济与科技, 2015, 26（09）: 227-229.

[14] 黎海波. 德国农业机械化的发展情况及特征 [J]. 福建农机, 2005（04）: 38-39.

[15] 吴晨. 家庭农场经营规模影响因素分析——以美、加等 7 国历史数据为例 [J]. 当代经济管理, 2016, 38（06）: 35-40.

[16] 深化国有农场农业机械化管理体制改革研究 [J]. 中国农垦经济, 1999（09）: 8-11.

[17] 谢铮辉, 郑倩, 姚伟. 智能农业发展回顾及中国智能农业展望 [J]. 热带农业科学, 2019, 39（03）: 125-133.

[18] DABERKOW S G, MCBRIDE W D, ROBERT P C, et al. Adoption of precision agriculture technologies by U.S. farmers [C] // International Conference on Precision Agriculture. Bloomington, Minnesota, USA, 2015.

[19] 李瑾, 冯献, 郭美荣, 等. "互联网+"现代农业发展模式的国际比较与借鉴 [J]. 农业

现代化研究，2018，39（02）：194-202.

[20] 梁颖慧，蒋志华.国外人工智能技术在现代农业中的应用及其对中国的启示 [J]. 安徽农业科学，2019，47（17）：254-255，265.

[21] WANG C H，LI X S，HU H J，et al. Monitoring of the central blood pressure waveform via a conformal ultrasonic device[J]. Nature Biomedical Engineering，2018，2（9）：687-695.

[22] 贺橙林，施光林.一种基于机器视觉的苹果采摘机器人 [J]. 机电一体化，2015（4）：15-23.

[23] 王宝梁.多功能自主农业机器人研制 [D]. 南京：南京农业大学，2013.

[24] 李军锋，李逃昌，彭继慎.农业机器人视觉导航路径识别方法研究 [J]. 计算机工程，2018（9）：38-44.

[25] 韩瑞珍，何勇.基于计算机视觉的大田害虫远程自动识别系统 [J]. 农业工程学报，2013（29）：156-162.

[26] 潘梅，李光辉，周小波，等.基于机器视觉的茶园害虫智能识别系统研究与实现 [J]. 现代农业科技，2019（18）：229-233.

[27] DOWLATI M，MOHTASEBI S S，OMID M，et al. Freshness assessment of gilthead sea bream（Sparus aurata）by machine vision based on gill and eye color changes[J]. Journal of Food Engineering，2013，119（2）：277-287.

[28] RERKRATN A，KAEWPOONSUK A. System development for quality evaluation of fish fillet using image processing[C]//International Conference on Computer，Communications and Information Technology：CCIT 2014，Beijing，2014.

[29] ZHANG D，LIIIYWHITE K D，LEE D J，et al. Automatic shrimp shape grading using evolution constructed features [J]. Computers &Electronics in Agriculture，2014，100（2）：116-122.

[30] 林立忠.大数据技术在现代农业中的应用研究 [J]. 信息记录材料，2019，20（02）：88-89.

[31] 吴重言，吴成伟，熊燕玲，等.农业大数据综述 [J]. 现代农业科技，2017（17）：290-292，295.

[32] ANDREAS K，FRANCESC X P. Deep Learning in Agriculture：A Survey[J]. Computers & Electronics in Agriculture，2018，147（1）：70-90.

[33] SJAAK W，LAN G，COR V，et al. Big Data in Smart Farming – A review[J]. Agricultural Systems，2017，153：69-80.

[34] TANOMKIAT P，SRIPRAPHA K，SINTUYA H，et al. The Development of Smart Farm with Environmental Analysis[C]// Proceedings of the International Conference on Green and Human Information Technology.Singapore：Springer Nature Singapore Pte Ltd，2018.

[35] CARBONELL I M. The Ethics of Big Data in Big Agriculture[J]. Social Science Electronic Publishing，2016，5（1）：1-13.

[36] PAN YUNHE. Special issue on artificial intelligence 2.0[J]. Frontiers of Information Technology & Electronic Engineering，2017 18（1）：1-2.

[37] BARBEDO J G A. Detection of nutrition deficiencies in plants using proximal images and

machine learning：A review[J]. Computers and electronics in agriculture，2019 162：482-492.

[38] 孙佰清.智能决策支持系统的理论及应用 [M].北京：中国经济出版社，2010.

[39] CHANDANAPALLI S B，REDDY E S，LAKSHMI D R. FTDT：Rough set integrated functional tangent decision tree for finding the status of aqua pond in aquaculture[J]. Journal of intelligent and fuzzy systems，2017，32（3）：1821-1832.

[40] 李道亮，互联网＋农业：农业供给侧改革必由之路 [M].北京：电子工业出版社，2017.

[41] ZHANG Q，WANG X Y，XIAO X，et al. Design of a fault detection and diagnose system for intelligent unmanned aerial vehicle navigation system[J]. Proc Inst Mech Eng Part C-J Mech Eng Sci，2019，233：2170–2176.

[42] 李成进，王芳.智能移动机器人导航控制技术综述 [J].导航定位与授时，2016（5）：22-26.

[43] 刘宇峰，姬长英，田光兆，等.自主导航农业机械避障路径规划 [J].华南农业大学学报，2020，4（12）：117-125.

[44] ESKI O，KU Z A. Control of unmanned agricultural vehicles using neural network-based control system[J]. Neural Computing & Applications，2017，31：1-13.

[45] 汪沛，罗锡文，周志艳，等.基于微小型无人机的遥感信息获取关键技术综述 [J].农业工程学报，2014，30（18）：1-12.

[46] 孟祥宝，黄家怿，谢秋波，等.基于自动巡航无人驾驶船的水产养殖在线监控技术 [J].农业机械学报，2015，46（3）：276-281.

[47] 魏晓东.现代工业系统集成技术 [M].北京：电子工业出版社，2016.

[48] 韩洁华.BIM 技术在城市轨道交通中的应用 [J].工程建设与设计，2020（2）：58-59.

[49] 李道亮，杨昊.农业物联网技术研究进展与发展趋势分析 [J].中国农业文摘 - 农业工程，2018，30（2）：3-12.

[50] 杜尚丰，何耀枫，梁美惠，等.物联网温室环境调控系统 [J].农业机械学报，2017，48（S1）：296-301.

[51] 丁启胜，马道坤，李道亮.溶解氧智能传感器补偿校正方法研究与应用 [J].山东农业大学学报（自然科学版），2011，42（4）：567-571，578.

[52] DU Z H，YAN Y，LI J Y，et al. In situ，multiparameter optical sensor for monitoring the selective catalytic reduction process of diesel engines[J]. Sensors and Actuators B：Chemical，2018，267（8）：255-264

[53] 江煜，许飞云.基于 M2M 平台的智能农业物联网监控系统设计 [J].金陵科技学院学报，2018，34（04）：52-55.

[54] JHA K，DOSHI A，PATEL P，et al. A comprehensive review on automation in agriculture using artificial intelligence[J]. Artificial Intelligence in Agriculture. 2019（2）：1-12.

[55] LOHCHAB V，KUMAR M，SURYAN G，et al. A Review of IoT based Smart Farm Monitoring[C]//2018 Second International Conference on Inventive Communication and Computational Technologies（ICICCT）.Coimbatore（IN）：IEEE，2018.

[56] DHARMARAJ V，VIJAYANAND C. Artificial Intelligence（AI）in Agriculture[J]. Interna-

tional Journal of Current Microbiology and Applied Sciences. 2018，7（12）：2122-2128.

[57] AHMED E M E, ABDALLA K H B, ELTAHIR I K. Farm Automation based on IoT[C]// 2018 International Conference on Computer，Control，Electrical，and Electronics Engineering（ICCCEEE）.Khartoum，Sudan：IEEE，2018.

[58] DUCKETT T, P EARSON S, BLACKMORE S, et al. The Future of Robotic Agriculture[R]. London：Engineering and Physical Sciences Research Council, 2018.

[59] 李道亮. 农业 4.0 —— 即将到来的智能农业时代 [M]. 北京：机械工业出版社，2018.

[60] 赵春江，李瑾，冯献，等 .“互联网 +”现代农业国内外应用现状与发展趋势 [J]. 中国工程科学 . 2018，20（02）：50-56.

[61] 罗锡文 . 对我国农业机械化科技创新的思考 [J]. 农机科技推广 . 2019（2）：4-7.

[62] 贠鑫，吕猛，王文彬，等 . 果园除草机研究现状与发展趋势 [J]. 农业工程，2020，10（1）：18-21.

[63] 闫晓玲，许小梅，段景峰，等 . 黄土高原沟壑区沙棘引种概况及病虫鸟兽害防治措施 [J]. 现代农业科技，2020（1）：109-110.

[64] PRINCE M S, LAKSHMI S V, ANUHYA S. Color Detection and Sorting Using Internet of Things Machine. Journal of Computational and Theoretical Nanoscience（JCOMPUT THEOR NANOS），2019，11（2）：3276-3280.

[65] 袁帅，宗立波，熊慧君，等 . 一种智慧果园系统的设计与实现 [J]. 农业工程，2019，9（4）：20-25.

[66] 翟长远，赵春江，NING W，等 . 果园风送喷雾精准控制方法研究进展 [J]. 农业工程学报，2018，34（10）：1-15.

[67] 周国民，樊景超，吴定峰，等 . 基于 XML 的果园环境数据采集和数据表示 [J]. 天津农业科学，2015，21（12）：76-79.

[68] KONG Y, NEMALI A, MITCHELL C, et al. Spectral quality of light can affect energy consumption and energy-use efficiency of electrical lighting in indoor lettuce farming[J]. HortScience，2019，54（5）：865-872.

[69] LI C, ADHIKARI R, YAO Y, et al. Measuring plant growth characteristics using smartphone based image analysis technique in controlled environment agriculture[J]. Computers and Electronics in Agriculture，2020，168：1-8.

[70] 辜松 . 我国设施园艺生产作业装备发展浅析 [J]. 现代农业装备，2019，40（1）：4-11.

[71] 郑述东，史志明，曹亮，等 . 小粒种子丸粒化包衣技术的推广应用研究 [J]. 农业开发与装备，2019，（11）：56，64.

[72] 武岳，王丛笑，王海林，等 . 智能玻璃温室补光系统选型和设计经济性研究 [J]. 农业工程技术，2019，39（19）：51-54.

[73] 徐振兴，仪坤秀，李斯华，等 . 荷兰蔬菜机械化发展的启示与思考 [J]. 农机科技推广，2018，（12）：49-53.

[74] 侯振全，薛平 . 荷兰设施园艺产业机械化智能化考察纪实（续 1）[J]. 当代农机，2019，（2）：58-60.

[75] 番茄平均每平方米产 70 公斤，荷兰是如何做到的 ?[J]. 农家之友，2019（7）：52.

[76] LAO F，BROWN-BRANDL T，STINN J P, et al. Automatic recognition of lactating sow behaviors through depth image processing [J]. Computers and Electronics in Agriculture，2016，125：56-62.

[77] ERIK V，DRIES B. Precision livestock farming for pigs [J]. Animal Frontiers. 2017, 7（1）：32-37.

[78] 何晓玉 . 猪舍的建造技术 [J]. 河北农业科技，2007,（6）：39-39.

[79] 刘平，马承伟，李保明，等 . 猪舍夏季降温技术应用研究现状 [J]. 农业工程学报，1997，13（S1）：54-59.

[80] 高岩 . 猪舍局部加热系统简介 [J]. 今日养猪业，2017（1）：104-106.

[81] SHI C，ZHANG J L，TENG G H. Mobile measuring system based on LabVIEW for pig body components estimation in a large-scale farm [J]. Computers and Electronics in Agriculture，2019，156：399-405.

[82] 翁晓星，郑涛，朱建锡，等 . 规模化养猪场清粪技术现状及发展建议 [J]. 农业工程，2019,（7）：4-7.

[83] WEBER R，HEROLD C，HOLLERT H.Life cycle of PCBs and contamination of the environment and of food products from animal origin [J].Environmental science and pollution research，2018，25（17）：16325-16343.

[84] KERN C，FU D，KORTUEM K. Implementation of a cloud-based referral platform in ophthalmology：making telemedicine services a reality in eye care [J]. British journal of ophthalmology，2020，104（3）：312-317.

[85] KASSAI M.Energy Performance Investigation of a Direct Expansion Ventilation Cooling System with a Heat Wheel [J].Energies，2019，12（22）：1-16.

[86] 杨洁，石凯，廖飞 . 规模化种鸡场常见喂料设备的应用 [J]. 中国家禽，2012，34（20）：50-51.

[87] CHEN Y Y ，ZHEN Z M，YU Z Z，et al. Application of Fault Tree Analysis and Fuzzy Neural Networks to Fault Diagnosis in the Internet of Things（IoT）for Aquaculture[J]. Sensors，2017，17（1）：1-15.

[88] 胡金有，王靖杰，张小栓 . 水产养殖信息化关键技术研究现状与趋势 [J]. 农业机械学报，2015，46（7）：251-263.

[89] LEI H，ISRAR U，Do-Hyeun Kim. A secure fish farm platform based on blockchain for agriculture data Integrity[J]. Computers and Electronics in Agriculture ，2020，170：1-15.

[90] 杨宁生，袁永明，孙英泽 . 物联网技术在我国水产养殖上的应用发展对策 [J]. 中国工程科学，2016，18（3）：57-61.

[91] 陈勇 . 中国现代化海洋牧场的研究与建设 [J]. 大连海洋大学学报，2020，35（2）：147-154.